动 物 星 球

WILDLIFE OF THE WORLD

动物星球

WILDLIFE OF THE WORLD

Original Title: Wildlife of the World
Copyright © Dorling Kindersley Limited, 2017
A Penguin Random House Company

北京市版权登记号：图字01-2022-2316
审图号：GS京（2022）0185号
图书在版编目（CIP）数据

DK动物星球 / 英国DK公司著；汪俊译.—北京：中国大百科全书出版社，2022.7
书名原文：Wildlife of the World
ISBN 978-7-5202-1161-1

Ⅰ.①D... Ⅱ.①英...②汪... Ⅲ.①野生动物—普及读物
Ⅳ.①Q95-49

中国版本图书馆CIP数据核字（2022）第126535号

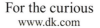

For the curious
www.dk.com

顾问

■ 哺乳动物
戴维·麦克唐纳，教授、爵士，动物学家。同时，他也是英国牛津大学野生动物保护研究中心的主任兼创始人。他不仅发表了多篇科研论文，而且所编写的书籍和拍摄的影片也屡屡获奖，例如《狐獴国度》等。

■ 鸟类
戴维·伯尼，在英国布里斯托大学从事动物学研究，伦敦动物学会会员，曾为150多本关于动物和环境的书籍撰稿。

■ 爬行动物
科林·麦卡锡，博士，生命科学部研究员。在此之前，曾任英国自然历史博物馆的经理，负责收集和管理爬行动物、两栖动物和鱼类的标本。

■ 两栖动物
蒂姆·哈利迪，两栖动物学家。曾担任英国开放大学生物学教授，于2009年退休。从事两栖动物生殖学和保护领域的研究。

■ 无脊椎动物
乔治·C.麦加文，博士，动物学家、作家、探险家和电视节目主持人。英国牛津大学自然历史博物馆的名誉副研究员，英国牛津大学动物学系的副研究员。他参与制作的电视作品有《婆罗洲岛探险》《美洲豹失落之地》《老虎失落之地》和《猩猿星球》。

■ 总顾问
金·丹尼斯－布赖恩，博士，人类学家。曾在英国自然历史博物馆工作，现在是英国公开大学生命与环境科学学院的副讲师。她不仅发表了不少科研论文，还为很多动物学和地质学方面的书籍撰稿和提供专业咨询。

撰稿人

杰米·安布罗斯，作家、编辑及记者，现居英国。他对自然世界兴趣盎然。

理查德·比蒂，编辑、作家，现居英国爱丁堡。

埃米－简·比尔，博士，生物学家、自然作家。同时，他也是《野生动物世界》杂志的编辑，该杂志隶属于英国濒危物种信托慈善机构。

本·霍尔，英国《BBC野生动物》杂志的特约编辑。

罗布·休姆，自然历史作家、编辑。他对野生动物充满兴趣，尤其是鸟类。他编写了20多本书籍，包括《DK鸟类百科》和《欧洲和北美洲的鸟类》等。

史蒂夫·帕克，拥有动物学学位。他编写了200多本书籍，给多家网站供稿，内容涉及自然、生态、野生动物保护和演化等。

凯蒂·帕森斯，博士，研究方向为动物行为学和生态学。目前，她是博物学自由撰稿人和野生动物保护顾问。

汤姆·杰克逊，动物学家、科普作家，现居英国布里斯托。

译　　者：汪　俊
策 划 人：杨　振
责任编辑：吴　琴
特约编辑：高林辉　顾亚娟
专业审定：张劲硕
封面设计：殷金旭

DK动物星球

中国大百科全书出版社出版发行

（北京阜成门北大街17号　邮编 100037）

http://www.ecph.com.cn

新华书店经销

北京华联印刷有限公司印制

开本：889毫米×1194毫米　1/8　印张：50

2022年7月第1版　2022年7月第1次印刷

ISBN 978-7-5202-1161-1

定价：398.00元

数据表

本书中的物种介绍了基本特征。测量的对象为成熟个体，数据为一个范围、个体平均值或最大值，这些都取决于现有的数据记录。

体长（所有种群）
哺乳动物：指头部及躯体的长度，不包括尾部（海豚、鲸、海豹、海狮、海牛和儒艮等，尾部也包含在内）。鸟类：指喙顶端到尾部末端的长度（企鹅、鸵鸟、美洲鸵和鸸鹋除外，这些鸟类的长度指从头到脚的高度）。爬行动物：指吻部顶端到尾部末端的长度（陆龟和海龟的体长指背甲的长度）。鱼类和两栖动物：指头部及躯体的长度，包括尾部。昆虫：指躯体的长度（蝴蝶和蛾还包括翅膀的长度）。

体重（仅限于哺乳动物、鸟类、爬行动物、两栖动物和鱼类）身体的重量。

食物 所有的食物已列出，用逗号或顿号隔开以示区别。

繁殖期（仅限于两栖动物）一年中动物繁殖的时间。

野生动物的生存情况参见《世界自然保护联盟受胁物种红色名录》和其他受到威胁的物种类别，具体如下：

极危（CR）：面临灭绝的概率非常高。

濒危（EN）：在不久的将来，面临灭绝的概率很高。

易危（VU）：在未来一段时间，面临灭绝的概率较高。

近危（NT）：在未来一段时间，接近符合或可能符合受威胁等级。

无危（LC）或常见、局部常见：低风险类别，包括分布广泛和种类丰富的分类单元。

数据缺乏、未予评估（DD, NE）或未知：种群及分布数据缺乏而无法进行评估。根据世界自然保护联盟标准，数据无法进行评估。

栖息地标志

温带落叶林、开阔的林地

常绿林、针叶林、北方森林和林地

热带森林和雨林、马达加斯加干燥林

山脉、高地、碎石斜坡，处于高寒和亚高寒地带的栖息地

沙漠和半沙漠

开放式栖息地，包括草地、沼泽、荒地、热带草原和斜坡

湿地等所有的平静水域，包括湖、池塘、沼泽和湿地

河流、小溪等所有流动水域

红树林沼泽，水面线以上或以下

沿海地区，包括海滩和悬崖，高潮线以上的区域、潮间带区域及近岸浅水水域

海洋

珊瑚礁和环绕在周围的水域

两极地区，包括苔原和冰山

人类居所，包括高楼、公园和花园

地理位置图

物种的分布情况

目 录

前言
9

动物栖息地
10

12 森林

14 草原

16 极端环境

18 水生环境

北美洲
20

22 山峰和大草原

24 加拿大极地

34 黄石国家公园

44 中央大平原

52 内华达山脉

60 莫哈韦沙漠

66 佛罗里达大沼泽地

**中美洲和
南美洲**
74

76 美洲豹之乡

78 哥斯达黎加热带雨林

84 安第斯山脉永加斯地区

90 亚马孙雨林

100 潘塔纳尔湿地

108 安第斯高原

114 潘帕斯草原

122 科隆群岛

欧洲
130

133 平原和半岛

134 挪威峡湾

140 苏格兰高地

146 卡玛格湿地自然保护区

152 塔霍河峡谷

158 阿尔卑斯山脉

164 巴伐利亚森林

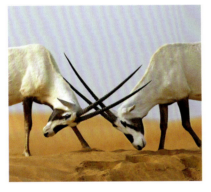

非洲
174

- 176 烈日炙烤之地
- 178 埃塞俄比亚高原
- 184 东非大裂谷湖泊
- 192 塞伦盖蒂大草原
- 208 刚果盆地
- 218 奥卡万戈三角洲
- 228 卡拉哈迪沙漠
- 236 马达加斯加森林

亚洲
244

- 246 极端之地
- 248 阿拉伯高原
- 254 特莱–杜阿尔草原
- 266 东喜马拉雅
- 272 长江上游森林
- 278 戈壁大沙漠
- 284 日本海山地林
- 292 婆罗洲雨林
- 302 苏禄–苏拉威西海

大洋洲
310

- 313 红色大陆
- 314 新几内亚山地林
- 320 澳大利亚北部热带稀树草原
- 328 大沙沙漠–塔纳米沙漠
- 334 澳大利亚东部森林
- 344 大堡礁
- 354 新西兰混交林

南极洲
360

- 363 冰雪之地
- 364 南大洋群岛
- 370 南极半岛
- 377 词汇表和索引
- 378 词汇表
- 382 索引
- 398 致谢

前言

本书所展示的生命范畴、多样性真是令人赞叹不已。通读全书后，我们几乎无法说出最喜欢的生态区域、最有趣的群落、最具吸引力的物种，甚至最有效的生存策略，因为每一页可能都会有"竞争者"。这本书中不仅介绍了最勇猛、最有魅力的动物——虎、游隼和北极熊，也介绍了最可爱的动物——西部大猩猩、大熊猫和北美浣熊，还介绍了巴氏豆丁海马、侏食蚁兽和鹦鹉蛇。最重要的是，书中几乎涵盖了所有的动物类群。

根据地理分布，此书将野生动物的分布划分了不同的区域，并列举了这些区域中具有代表性的栖息地和生态系统。每个区域中都栖息着许多动物物种，它们显示了该区域内物种的分布范围和类型，并诠释了其适应力和生存策略。有些物种看上去很普通，有些很奇特，有些很罕见，有些很常见，有些非常惹人喜爱，有些则令人望而生畏。书中的动物配有独具匠心的图片和有趣的描述，这既能给人带来视觉上的享受，又能让人获得关于动物学的知识。

在我看来，这本书有多层含义。对年幼的读者来说，它对野生动物做了精彩的介绍；对野生动物爱好者来说，它值得从头到尾细品读；对于需要丰富见闻的人来说，它也很适合粗略浏览；对于那些对某一物种或其栖息地感到困惑，希望找到答案以满足自己好奇心的人来说，这本书也可用于查阅。书中包含了 10 岁时的我想要知道的一切。如果那个时候能在当地图书馆找到这本书，我一定会满心欢喜！不过，即便我已经 40 岁了，看到这本神奇的书籍时仍然会感到激动不已。确实，事实证明，这本书能够对人们的思想产生影响，激发读者对生物的兴趣和热爱。我还记得自己曾将注意力从捕捉蝌蚪转向阅读与犰狳、鲨鱼、乌龟和其他动物物种相关的书籍上，一直幻想着与一些珍稀动物来一场完美的邂逅。这也不断激励着我成为一名自然科学家。

我们生活在一个信息唾手可得的时代。瞬息间，我们便可以通过手机、平板电脑和电脑获取数据。不过，这些数据单看不成系统，缺乏语境。只有当所有相关的数据相互连接、产生更为深刻的理解时，知识才会发展，从而创造更大的价值。这也就是此书所包含的一切——不是关于任意物种之间毫不相关的数据，而是关于这些物种之间的关系、概念、策略和一切事物相交织在一起的复杂方式。这是一本关于生命科学的书。

科学是理解真和美的艺术。这本书是一件充满真理的美丽艺术品——多么神奇的组合啊！

克里斯·帕克汉姆
自然科学家和野生动物摄影师

动物栖息地

地球表面三分之二的面积被海洋覆盖。正是因为拥有这么丰富的水资源,地球才能够孕育数以亿计的生物体,这些生物体广泛地分布于海洋、大陆及岛屿上。生物生存的环境就是其栖息地,陆地上大范围的栖息地是许多植物和动物的家园。

地理学家将地球上结构相似、气候相同的地方划分为不同的生态区域,例如森林、草地、湿地、沙漠或极地地区等。这些生态区域又可以更加精确地被划分为无数的栖息地,每个栖息地都拥有独一无二的动植物群落。

气候对世界上每一个大的生态区域都产生了深远影响。赤道地区能够吸收最多的太阳能,这些能量通过大气层和海洋进行传输,产生了推动世界天气系统运转的气流和水流。在陆地上,岩石风化形成了植物生长所需的土壤,这也是形成生态群落的基础。

生物多样性

生物多样性是指在特定栖息地或生态区域内生物及这些生物构成的生命综合体的丰富程度。一般而言,越接近赤道地区,生物多样性越丰富,热带雨林和温暖的沿海海域中拥有数量最庞大的物种;两极地区栖息的物种相对较少,在北极,很多动物生活在海冰上,但是在南极,大部分动物则栖息在海洋中。

通过自然选择,动植物越来越适应它们的栖息地——那些最能适应环境条件的物种,存活下来的个体数量越多,繁衍的后代也更多。这个过程一直在持续,因为随着时间的推移,栖息地发生变化的速度非常缓慢。尤其是对那些已经适应了某种生存方式的物种,一些突发性事件会带来毁灭性的影响,如火山爆发、洪水或人类活动。也就是说,广幅种能更好地适应环境变化,如温度升降等,但是一旦条件稳定,它们可能会被狭幅种所取代。

据科学家估计,到目前为止,地球上只有14%的物种已为人所知,其中91%的物种生活在陆地上。

生态区域

阿尔卑斯山脉是世界上最知名的山地生态区域之一。它跨越了8个国家,顶部被白雪覆盖形成了一个弧形,从法国和意大利西南部一直延伸至奥地利东部。

大陆

在南欧,地中海温暖的海水拍击着海岸,很多陆地被地中海森林和灌丛覆盖着。高耸的阿尔卑斯山脉成为一道物理屏障,越过屏障便是寒冷湿润的北方。

阿尔卑斯山脉生态区域

如果你在地球上随意挑选一个地方,你就会发现每个地方都具有独一无二的生存条件。它们深受地形、纬度和气候的影响。也就是说,阿尔卑斯山脉这样的生态区域上生活着许多当地特有的动植物物种。

动物栖息地 | 11

栖息地

阿尔卑斯山脉中各种不同类型的栖息地在世界各地都有分布,但这些栖息地随着海拔高度的不同而体现出明显的差异性。例如,在高地草甸上发现的草类和草本植物与低地草原上的迥然不同。

食物链

生活在同一栖息地中的所有动植物都通过食物链相互影响。植物把太阳能转化为生长和繁殖所需的能量,而植物会被食草动物吃掉。同样,食草动物又是食肉动物或食腐动物的食物。

山脉和碎石斜坡

山脉实际上是内陆岛屿,有些独特的物种能独立在此生存并进化。斜坡上的栖息地深受纬度、海拔高度、坡度、朝向和地下岩石的影响。林线(低矮树木、单株树木生长的界限)以上的环境非常恶劣。

雕鸮

雕鸮是阿尔卑斯山脉上的顶级捕食者。它们主要捕食小型哺乳动物,也会捕食其他鸟类。

山地林

山地林随着海拔高度呈带状分布,海拔较低、较温暖的斜坡上主要分布着阔叶林,在海拔较高地带到林线之间的区域,针叶林繁荣生长。由于坡度的原因,岩石地面难以耕种。与较平坦的地面相比,山腰上的森林覆盖率更高。

旱獭

夏天,阿尔卑斯山旱獭以茂盛的青草等草本植物为食,它们囤积脂肪得以度过阿尔卑斯山区漫长的寒冬。

高山草甸

因洪水泛滥或地面不平稳,有的地方树木无法生长,但是草地和草本植物却在此蓬勃生长,并显示出惊人的多样性。在高海拔地区,这些植物在春季和夏季飞速生长,草地上到处鲜花怒放——为很多动物提供了重要的食物来源。

蒲公英

阿尔卑斯山脉上的蒲公英不仅为土拨鼠提供了食物,也为蝴蝶和蜜蜂提供了可口的蜜源。

森林
地球之肺

世界上大约三分之一的陆地被树木覆盖着。有些树木是地球上最庞大、存活时间最长的生物。它们的根、树干、树枝和树叶形成了各种微生境，由于地理位置不同，其特征也各不相同。枯死、腐烂的树叶和树干是森林生态系统的重要组成部分。它们不仅提供了栖息地和食物，还将营养物质释放并回归到森林土壤中。在新的树木填补空缺之前，树木倒下后留下的空地上挤满了喜欢阳光的植物和昆虫。

寒带森林和温带森林

温带地区气候范围广，能够支持针叶林、落叶阔叶林、常绿灌木林和混交林的生长。最北端生长着寒带森林，那里冬季时间长，温度低，降雪更为频繁——针叶林能够很好地适应这些条件。针叶树的树冠呈三角形，树叶很窄，可以防止过多的雪堆积在树枝上将树枝压断。针叶树常年保持深绿色，只要有阳光照射就可制造食物。饱含树脂的树叶口感很差，除少数昆虫外，大部分昆虫都不喜欢吃。即便食物匮乏，它们也不愿意吃。

在较远的南部，冬天仍然寒冷，但是夏天更长更温暖。这里通常生长着落叶阔叶林。这些树木的叶子宽大，树枝向外伸展，可以最大限度地吸收阳光，从中

温带落叶阔叶林

有些食物具有季节性，这给森林中的动物带来了不便。为了解决这个难题，有些动物，如灰松鼠，会将坚果和种子藏在树洞或地窖里，等到冬天再回到这里。

温带针叶林

一些隐花植物，如针叶树，种子藏在球果内。当天气变得干燥，球果裂开时，种子就会散落。西部铁杉的种子非常小，通常会被山雀、松黄雀和鹿鼠吃掉。

北方针叶林

由于气候恶劣，生长季节短暂，北方针叶林中常见的耐寒常绿针叶树能够给动物提供的食物比其他树木少。冬天，当食物匮乏时，很多动物会迁徙到较温暖的地带或选择冬眠。

塞舌尔 ▷
位于印度洋上的塞舌尔的锡卢埃特岛有着郁郁葱葱的热带雨林。

获取能量。但是，一旦遭遇疾风和暴雪，树叶就会非常危险，因此温带地区阔叶树的树叶较薄，每到秋季就会脱落。这些树木整个冬天差不多都处于冬眠状态，等到下一年春天才长出新叶。

在最南端的温带地区，夏天漫长、炎热而干燥，冬天温暖而湿润。在这种气候下，常绿阔叶林分布范围非常广泛，如澳大利亚的高大桉树林，还有美国加利福尼亚州和地中海地区的开阔林地上也分布较为矮小的林木。

热带森林

赤道地区全年气候温暖而湿润，不仅为植物提供了理想的生长条件，也创造了最具生物多样性的陆地栖息地。树木和其他植物繁荣生长，形成了辽阔的热带雨林、云雾林及常绿的山地林。在热带地区的北部，东南亚的热带森林受到强烈的季风降雨的影响，干湿季分明。雨季，森林郁郁葱葱，但是到了旱季，很多树木的叶子会脱落，因此阳光就可以穿过树冠到达地面。

森林分布图

相对于温带森林，针叶林通常分布在高海拔和高纬度地区，北方针叶林带一直延伸至北极苔原。热带森林全年对温度都有需求，因此主要集中分布在赤道地区。

■ 北方针叶林　　■ 温带森林　　■ 热带森林

在旱季漫长的地区，如马达加斯加和加勒比海地区，主要分布着热带和亚热带干燥林。这些森林主要由阔叶树组成。为了保存水分，这些树木在旱季都会落叶。因此与其他热带森林相比，这里的生物多样性相对没有那么丰富。不过，对于各种能够适应如此干热气候条件并生存下来的动物群体而言，这里仍然是它们的家园。

地中海森林

地中海森林也被称为常绿阔叶林，其代表性树木包括栓皮栎、某些种类的松树和桉树。栓皮栎是极其重要的栖息地，它们为多种动物提供食物、避难所和筑巢地。

热带干旱森林

在热带干旱森林中，树木的叶子可以脱落，树皮粗厚，树根深深地扎向土壤深处以获取地下水，因此它们得以度过漫长的旱季。很多物种长有棘刺。对那些企图以它们为食的动物而言，这些棘刺具有威慑作用。

热带湿润森林

大部分热带雨林中生长着树冠浓密的阔叶树，其树冠能够存储森林中大部分的食物。这也意味着很多动物非常适应树上的生活，极少会出现在地面上。它们包括绯红金刚鹦鹉和蜘蛛猴。

草原

缺乏避风躲雨之处，但食物充沛

对于树木生长来说，草原上的气候太过干燥，但对于植物生长而言，其湿润度刚好。禾本植物和低矮的草本植物在草原上独占风光。这些植物具有丰富的多样性，草原栖息地既包括欧洲的高山草甸，也包括非洲树木丛生的稀树草原；既有北美洲的高草草原，也有受大风肆虐的亚洲高山草地；既包括印度、中国和南美洲一些地区高过人头的草海，也包括澳大利亚干燥沙漠中的灌丛。如今，它们已经占据了陆地总面积的40%。

温带草原

温带草原地势相对平坦，树木稀少，形成了相对统一的广袤景观，疾风吹过毫无阻挡。温带草原上的栖息地类型比森林少，因此，这里动物物种数量也相对较少。但是，这些草地足以养育大量的食草动物。由于草类的生长点都在地表以下，那些以草为食的动物不会伤及这里，因此即使草类被啃食，随后又可以迅速地重新长出来。正因为草类具有这种适应性，即便没有足够的降水，很多植物会因干旱而死亡，而草类仍然可以存活很长时间。

过去，草原覆盖了温带地区的大片土地，但随着农业的出现与发展，草原上很多地方都被用来种植农作物——通常会产生一些无法预见的后果。草类的不同寻常之处在于它们将大部分的能量传递到根部而非叶子上。这样，它们就可以获得生长所需要的水分和营养，同时还能产生"副作用"——固定土壤。如果它们被当作杂草被清理干净，那么土壤会迅速恶化，只留下裸露的地表。

山地草原

这些位于高海拔地区的草原分布在各个纬度。栖息在此的物种，如南美洲的栗色羊驼，必须耐得住低温、强烈的日照和可能会产生危害的紫外线辐射。

温带草原

虽然禾本植物在温带草原上占绝对优势，但草本植物也有分布。鲜艳的花朵吸引了昆虫，昆虫又吸引了以昆虫为食的鸟类。温带草原也为野牛、野兔等各种大型或小型哺乳动物提供了食物。

卡斯特州立公园 ▷

卡斯特州立公园位于美国南达科塔州，这片草原栖息地为美洲野牛群提供了天然的庇护所。

热带草原

热带草原四处是灌木丛，还有零星分布的树木，因此热带草原比温带草原的栖息地更具多样化，物种也更丰富。但是，热带草原无法延伸到更远的地方，因为草原上的树木和灌木丛与草类不同，它们无法在旱季频繁发生的火灾中幸存下来。这些火灾虽然看似极具破坏性，但其产生的灰烬为土壤提供了营养。在随之而来的雨季里，这些灰烬能够促进青草的茁壮成长。

热带草原上的一些草类长得非常高，如禾本科的象草等。但是大部分热带草原上没有什么遮蔽物，捕食者和被捕食者都难以躲藏。捕食者们凭借潜伏和快速出击来捕食，有时也通过合作来捕食，而被捕食者必须在捕食者靠近之前发现它们才能逃过一劫。被捕食者通常成群地生活在一起，依靠群体数量获得安全感，并通过各种感官来躲避捕猎者。它们的眼睛长在头的两侧，能够获得全方位视野；它们的耳朵很大，可以旋转，嗅觉非常敏锐——野兔就是一个很好的例子。

草原的分布情况

北美洲大草原和亚洲高山草原是最大的温带草原，这些草原从欧洲的远东地区一直延伸到中国北部。热带草原包括撒哈拉沙漠以南的非洲地区和巴西。

■ 温带草原　　■ 热带草原

灌木

像加利福尼亚和地中海这些夏季漫长而干燥的地区，森林和草原之间有一个过渡地带，这个地带主要分布着低矮的木本灌木。矮灌丛也曾被称为矮石南灌丛，为动物提供了更多的遮蔽。

热带草原

这些草原通常全年温暖，漫长的旱季结束后会出现一个短暂的雨季，在雨季植物会茁壮成长。非洲稀树草原上的非洲草原象会吃掉木本灌木，或是撞倒树木并取食树叶，以此来维护它们的栖息地。

湿地

经常被淡水或盐水淹没的土地上通常长满了芦苇和莎草，而水葫芦则形成了自由漂浮的植被垫。湿地养育着很多物种，特别是鸟类。

极端环境
绝境逢生

极地和沙漠是地球上最缺乏吸引力的栖息地。降水极少加之气候极端,生命难以在此环境中生存。很少有人居住在此,他们过着一种半游牧式的生活。现在,由于石油、天然气和其他矿产资源的发现,很多脆弱、未被开发的生态区域都受到了威胁。

两极地区

南北极大部分地区实际上像是一个被冰覆盖的沙漠。冬天漫长,整天处于黑暗之中;夏天短暂,但是太阳不落到地平线以下,为植物生长提供了源源不断的能量。岩石裸露在外,几乎没有任何土壤,温度通常处于冰点或冰点以下。树木无法在此生存,植被也仅限于苔藓、地衣、菌类和少量的开花植物。这种毫无特色的开阔景观,又被称为苔原,分布在赤道南北纬 60°~80° 之间的地区。在北半球,苔原分布范围更为广泛,占据了加拿大和俄罗斯北部的大片土地。在山地,林线以上的类似地区被称为高山苔原。

极地地区生活着一些大型陆地动物,但是它们大多都依赖海洋获取食物。这是因为尽管有着冰冻的环境,大量海洋生物仍然生活在此。北冰洋和南大洋的寒冷水域富含氧分,而海床则提供了大量的营养物质。夏天,这些海洋为很多海洋哺

北极苔原

北极罂粟是生长在北极苔原上的少数开花植物中的一种。它们的生命周期很短暂,这就意味着这种植物必须迅速生长、开花和结果。它们通常通过苍蝇来授粉,不过必要时也会进行自花授粉。

高山苔原

高山苔原位于海拔 3000 米的高原上,苔原上面覆盖着白雪,下面是北方森林。该地区寒冷多风,植被稀少。夏季,金雕会在这里捕食,因为开阔的地面几乎不能给它们的猎物提供任何遮蔽之处。

极地

极地地区看似没有吸引力,但是这里冰冷的水域滋养了海象和海狮等一些哺乳动物。例如,髭海豹需要一个前往水中捕食的捷径,因此小块的浮冰和破碎的浮冰群就成为它们理想的栖息地。

南极洲 ▷

冬天,位于南极半岛东北端的苔原上覆盖着皑皑白雪。

乳动物和海鸟提供了食物，一些海鸟定期迁徙到此觅食和繁殖。苔原上也有很多夏季访客，如驯鹿，它们在南方的针叶林过冬，但是每年夏天返回苔原避暑。

沙漠地区

世界上炎热的大沙漠，如非洲的撒哈拉沙漠，大多分布在亚热带地区，这里的干旱天气会一连持续数月。其他地区的沙漠，如美国西南部的莫哈韦沙漠，则位于山脉干燥的背风面。还有一些沙漠位于沿海地带，如南美洲的阿塔卡马沙漠，这是由于寒冷的近海海水抑制了云层的形成而缺乏降水。寒冷的沙漠位于大陆内部，夏天非常炎热，冬天极其寒冷。所有的沙漠都非常干燥，年降水量不足15厘米，而且大部分沙漠上空没有云层。海岸沙漠是一个特例，它们可以从海洋上空飘过来的晨雾中获得水分。寒冷的沙漠昼夜温差非常大，在冬天温度会降到0℃以下，但是降雪却不罕见。

沙漠和极地冰川的分布情况

南半球沙漠的面积比北半球小，北半球拥有全球最大的沙漠——撒哈拉沙漠。南极洲整个大陆以及北极圈内格陵兰岛的大部分区域几乎都被冰川覆盖着。

■ 沙漠　　■ 冰川

生长在沙漠中的植物不仅必须应对缺水的状况和极端的气候，还必须适应土壤缺乏有机物和微生物的恶劣条件。所有的沙漠植物和动物都倾向于在雨季繁殖，并对高温具有高度的适应能力，例如，它们可以收集或存储水分，很多动物还能够在夜间捕猎。

寒冷的沙漠

虽然寒冷的沙漠中气候恶劣，树木无法生长，降水量有限，季节性温差也非常大，但是这里栖息着各种各样的动物。小型哺乳动物有侏儒仓鼠，大型哺乳动物有极度濒危的戈壁熊。

海岸沙漠

清晨，从内陆飘来的薄雾能够给海岸沙漠带来些许水分。对于很多节肢动物和爬行动物而言，这是非常重要的水源。其中一些动物拥有特化的适应性机制，收集水和储存水的能力非常强大。

热带沙漠

热带沙漠白天温度非常高，即便是依靠太阳取暖的"冷血"的节肢动物也需要寻找树荫来躲避酷热。包括毒性极强的以色列金蝎在内的一些动物为了避开阳光常常在夜间捕猎。

水生环境
地球其实是一个海洋星球

地球表面 70% 被水覆盖着，液态的水是生命不可或缺的物质。水在地球上不断地循环，从地球表面蒸发，在大气层中以水蒸气的形式出现，然后又以降水的形式回到地面。地球上大约 95% 的水都为盐水，广泛分布于海洋、沿海潟湖和少数内陆的碱湖和盐湖中。剩下的 5% 为存在于河流和湖泊中的淡水，还包括两极地区和冰川中的冰，以及看不见的地下水。在淡水中和在咸水中面临的生存挑战完全不同，只有少量的动物物种既可在淡水中生存，也可在咸水中生存。

境，并经受住河流和浅水湖因夏季干旱而消失的窘境。包括树木在内的一些植物往往生活在水流较缓的地方，如小溪边、河岸上或河道中的沙洲上。不过，像水葫芦这类在淡水中生活的植物会抢占水面。有些动物一生都在水中生活，例如鱼类，还有

河流和湖泊

淡水对陆地上的生命至关重要——没有水，植物不能生长，动物也无法生存。河流和湖泊中存在着各种不同类型的栖息地，有湍急的河流和沼泽，也有很多相对平静但水较深的湖泊。生活在河流和湖泊中的有机体必须能够应对强大的水流，熬过冬天冰冻的环

湖泊

湖泊通常相对独立，新的水生物种几乎没有机会移居于此（除非由人类引入）。因此，湖泊中可能生活着大量当地特有的物种或亚种，这些物种已进化到非常适应栖息地的生活。

红树林

这些湿地不仅给众多海洋动物提供了安全的近海托儿所，还为很多鸟类如红鹮提供了繁殖场所和栖息地。这些涉禽的喙修长且弯曲，非常敏感，可在淤泥中寻找食物。

河流

河流的坡度越陡，流速越快，水流越强。更多的动物物种一般会出现在河流下游，这里的水流速度较缓，适合水生植物生长。因此，栖息地数量也不断增加。

加利福尼亚海岸 ▷
美国蒙特雷湾，这里的破碎波拥有惊人力量。

一些动物只是部分时间生活在水中，例如蛙、河马和蜻蜓。对特定的河流或湖泊而言，每种物种拥有其特定的栖息地，它们共同创造了一个独一无二的生态群落。

红树林

红树林沼泽主要分布在热带和亚热带地区，通常形成于海岸边的潮间带，不过也有一些延伸至内陆。只有红树林才能在被盐水浸泡的泥浆中生长，并且能够禁受定期被海水淹没。不同的物种适应能力不同，红树植物长有支柱根，可以在柔软的沉积物中给植物的主干提供额外的支持，还能够过滤进入根部的盐分，或是将盐分储存在叶子里，叶子凋落时将盐分释放。近年来，由于人类大规模地砍伐红树林，发展水产养殖，饲养鱼类、甲壳动物和软体动物等，红树林湿地已成为世界上最濒危的栖息地。

大洋和海

世界上的大洋都是相互连通的，它们的边缘分布着特征各异的海。阳光直射的海洋上层水域中拥有最多的有机物，其中珊瑚礁具有最丰茂的生物多样性。不过，更深的海域也分布着不同的生物群落，这里的食物网以海洋表层沉下来的有机物为基础，或者以不需要光照、只通过化学反应便能生产食物的细菌为基础。对于野生动物而言，海岸地区环境极其恶劣，海岸上的岩石和沙质定期暴露在空气中，生存在这里的生物如果不能把自己紧紧固定在岩石上，海浪的冲击就会将其毁灭或冲走。海洋滋养了无数生命，有支撑海洋食物链的微型藻类，也有地球上现存的、最大的动物蓝鲸。

海岸

海水周期性涨落和海浪不停冲击是海岸的两大特点，这使海岸成为最特别的栖息地。在多岩石的海岸边，许多动物的身体被硬壳保护着。

珊瑚礁

珊瑚礁能够提供丰富的食物和藏身之所，这里的岩礁鱼类通常体色鲜艳，大小和形态也各不相同。它们不同于其他海洋鱼类，没有流线型的身体，也不需要通过快速游动来捕食或躲避捕食者。

远海

远海中，大多数生物生活在海洋表层或略低于海洋表层的地方，因为这一地带是大部分食物的产地。尽管这个栖息地面积非常辽阔，但世界上仅有5%的动物物种栖息于此。

英属哥伦比亚
在产卵期,一头小灰熊在加拿大的一条河流中搜寻大麻哈鱼。小灰熊两岁左右才能完全独立,因此它的母亲仍在不远处守护着。

北美洲

山峰和大草原

北美洲

世界上第三大大陆与太平洋、北冰洋、大西洋和加勒比海相邻。从地理学上说，格陵兰岛和加勒比海上的岛屿都属于北美洲的一部分。大部分的大陆位于一块板块上，只有墨西哥和加利福尼亚的小部分地区位于附近的太平洋板块之上，在恶名远扬的圣安德烈亚斯断层处与北美洲板块毗邻。西部山系对大陆西边的气候产生了严重的影响。例如，山脉东侧形成了雨影沙漠，东部海岸一带分布一些较古老的山脉，而北美洲内陆地势低洼。

大陆幅员辽阔，南北跨度大，这也就意味着大陆地区拥有广泛的气候类型，从北极的严寒到热带的酷暑。处于优势地位的生态系统包括苔原、北方针叶林、温带森林、草原、沙漠和广阔的湿地。这些多种多样的栖息地孕育了一系列的动物，从最大的哺乳动物——美洲野牛和美洲黑熊——到栖息在东南部沼泽和湿地中的短吻鳄，真是令人印象深刻。

加拿大地盾

加拿大地盾是世界上最大的地盾（外露的前寒武纪结晶岩）之一，从美国五大湖向北延伸到北冰洋。大约在40亿年前，加拿大地盾就已屹立于海平面之上。由于冰川的反复作用，岩石被腐蚀，只剩下薄薄的一层土壤，或完全没有土壤。

阿留申群岛
一座拥有69座火山岛的弧形群岛，大部分地区没有树木，长期被雾气缠绕，拥有众多的植物和海鸟繁殖地。

山峰和大草原 | 23

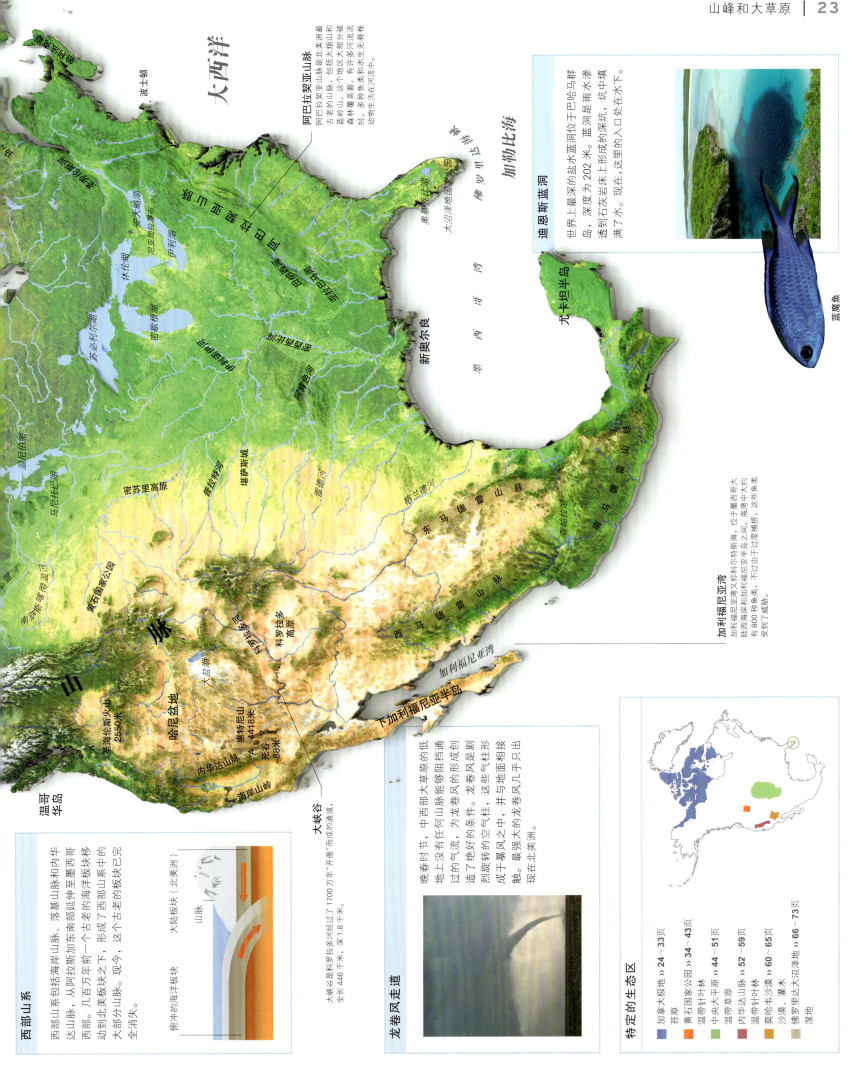

西部山系

西部山系包括海岸山脉、落基山脉和内华达山脉，从阿拉斯加东南部延伸至墨西哥西部。几百万年前一个古老的海洋板块西移动到北美板块之下，形成了西部山系中的大部分山脉。现今，这个古老的板块已完全消失。

大峡谷

大峡谷是科罗拉多河经过了1700万年开凿而成的通道，全长446千米，深1.8千米。

龙卷风走道

晚春时节，中西部大草原的低地上没有任何山脉能够阻挡通过的气流，为龙卷风的形成创造了绝好的条件。龙卷风是剧烈旋转的空气柱，这些气柱形成于暴风之中，并与地面相接触。最强大的龙卷风几乎只出现在北美洲。

阿巴拉契亚山脉

阿巴拉契亚山脉，包括大烟山和蓝岭山，是北美洲最古老的高山。这个地区大部分被森林覆盖着，有许多河流流经，多种鱼类和水生无脊椎动物生活在河流中。

迪恩斯蓝洞

世界上最深的盐水蓝洞位于巴哈马群岛，深度为202米。蓝洞是雨水渗透到石灰岩床上形成的坑，坑中填满了水。现在，这里的入口处在水下。

蓝魔鱼

加利福尼亚湾

加利福尼亚湾又称科尔特斯海，位于墨西哥大陆西海岸和加利福尼亚半岛之间。海湾中大约有800种鱼类，不过由于过度捕捞，这些鱼类受到了威胁。

特定的生态区

- 加拿大极地 》》24～33页
- 苔原
- 黄石国家公园 》》34～43页
- 温带针叶林
- 中央大平原 》》44～51页
- 温带草原
- 内华达山脉 》》52～59页
- 温带针叶林
- 莫哈韦沙漠 》》60～65页
- 沙漠 灌木
- 佛罗里达大沼泽地 》》66～73页
- 湿地

加拿大极地
位于最北方的冰雪之地

加拿大极地沿岸分布着世界上最多的群岛——36563座岛屿，大部分的岛屿都荒无人烟。最东边的岛屿多山地，西部地势较低。在漫长而黑暗的冬季，陆地和海洋大部分时间呈现出一望无际的冰景，除了一些岩石岛峰和偶尔出现的冰间湖——结冰较晚、融化较早的大片海域。对于白鲸和弓头鲸等哺乳动物而言，冰穴是至关重要的资源，可用来当作呼吸孔；对于海豹和北极熊而言，它们需要从海冰中获得水源。夏天，巨浪会冲毁岛屿之间的通道。

冻土

夏天，陆地上的上层土壤会解冻，但是下层地面一直处于冰冻状态（永久冻土）。这里的植物只有苔藓、200多种禾本科草类、莎草科植物和低矮的灌木。耐寒的陆地动物有驯鹿、麝牛、北极狐和旅鼠等。无脊椎动物的数量较少，但是到了夏天，蜱螨和跳虫的数量非常多，为处于繁殖期的北极燕鸥、象牙鸥、欧绒鸭和红瓣蹼鹬等鸟类提供了食物。

永久冻土融化，释放出沼气和碳，加快了全球变暖的速度。

长途跋涉
北极燕鸥比地球上任何动物飞行的距离都要遥远。它们在北极繁殖地和南极之间往返迁徙。很多北极的动物都前往南方过冬——驯鹿前往加拿大苔原地区。它们的旅途虽然相对较短，但同样很艰难。

这里栖居着36种哺乳动物，其中17种为海生动物

夏天太阳永远不会落

生命伊始之艰难
刚出生的冠海豹靠母亲营养极其丰富的乳汁过活，这可以让它们的体重在4天内从25千克增加到55千克。之后，它们的母亲再返回大海中进食。为了活下来，每只小冠海豹都必须学会潜水和捕猎。

冬季结冰
树蛙依靠冬眠来度过寒冷的冬天，它们的血液和皮肤都会凝结成固态。它们的肝脏中能够产生具有保护性的葡萄糖，这些糖会被输送到细胞中。与之相对的是北极鳕鱼，它们的体内含有抗冻蛋白，可以防止血液凝固。

加拿大极地

这里有世界上岛屿最多的岛屿群，鸟类飞往加拿大的北极地区繁殖，不过它们会在冬天之前返回南方。

缓慢而平稳

伊莎贝拉虎蛾拥有很长的生命周期，它们可以在北极地区存活14年，然后作为成虫只能存活几天。它们的幼虫又称灯蛾毛虫，进食一个月，会在夏天孵化，进食几周后，它们会被冻成固态过冬天，它们的身体融化过冬眠。开始进食，然后化蛹。这个过程要重复14年。

灯蛾毛虫

北极野兔

冬季变白

与很多北极的陆地哺乳动物一样，北极野兔的皮毛特别密实，可将温暖的空气包裹在皮肤表层。在北极南端的纽芬兰岛，野兔的皮毛在夏天会变成棕灰色。在更远的北方，冰雪几乎不会融化，它们的皮毛全年为白色。

特有鱼类

北极鳕鱼不会因商业贸易被捕捞，但是它们却是其他捕食者的特色美食。在水面上，它们的目标：白鲸和独角鲸会成为海豹、白鲸和独角鲸的捕食对象。这些鸟可以潜入水下100米，用它们的翅膀在水下"飞翔"。

北极鳕鱼

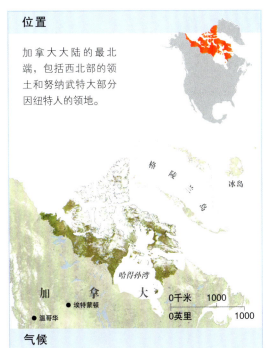

位置

加拿大大陆的最北端，包括西北部的领土和努纳武特大部分因纽特人的领地。

气候

全年气温很低，夏天只有6～10周的时间温度会升到0℃以上。全年平均温度在0℃以下，因此所有的降水以雪的形式出现。

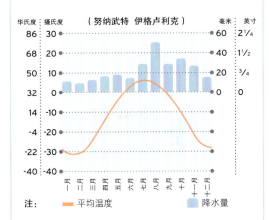

（努纳武特 伊格卢利克）

注： —— 平均温度　　▮ 降水量

变暖

现在的北极比4万年前的任何时间都要温暖，而且海冰覆盖面积在缩小，持续的时间也在缩短。2007年，连接北极和太平洋的西北航道出现了有史以来的第一次无冰状态。这一变化对浮游生物产生了巨大的影响，而所有的海洋生物最终又必须依赖这些浮游生物。对北极熊而言，海冰极其重要，它们需要依靠海冰来捕猎和繁殖。

麝牛
Ovibos moschatus

麝牛是常年游荡在北极的少数大型哺乳动物中的一种，对严寒有着很强的适应力。它们的底层绒毛非常厚，上面覆盖着一层粗糙的"斗篷"。"斗篷"由长达60厘米的针毛所组成，因此麝牛看起来毛发蓬松。它们的腿短小而结实，蹄子很大，在雪地上行走时可以提供良好的动力。它们的角主要用于防御以及与其他雄性麝牛的统治权之争。

雄性麝牛

麝牛喜群居，为雌雄混合群，数量可达10头到100多头，雄性麝牛和幼年麝牛常组成各自的小组。7月到9月之间，牛群规模变小，领头的雄性麝牛控制了多头处于繁殖期的雌性麝牛。在交配的季节，雄性麝牛会发出一种麝香的气味，麝牛的名字也源于此。夏天，麝牛在低洼地带觅食，吃一些花和常见野草。冬天，它们会前往地势较高的地方，寻找更容易获得的食物。

弯弯的牛角几乎在头骨中间交汇

- ↔ 1.9~2.3米
- ⚖ 200~410千克
- ✕ 局部常见
- 🍽 莎草和树叶
- 🏠 ❄

北美洲北部、格陵兰岛

▷ **面对天敌**
当麝牛受到捕食者的威胁时，如遇到狼或北极熊，它们会面朝外围成一个圈。

> 两头正在搏斗的雄性麝牛相撞时发出的声音，1.6千米以外的地方都能听见。

驯鹿
Rangifer tarandus

- ↔ 1.2~2.2米
- ⚖ 120~300千克
- ✕ 濒危
- 🍽 树叶、树根、树皮和地衣
- 🏠 ❄

▽ **颜色变化**
栖居在北极高纬度地区的驯鹿亚种，如皮尔里驯鹿，比生活在低纬度地区的驯鹿形体小，被毛颜色浅。不管是雄性还是雌性，驯鹿都长有一对角，角每年都会脱落并重新长出来。

北美洲北部、欧洲北部和亚洲北部

分叉的角

外层是硬而易断的粗毛，能够隔绝寒冷

驯鹿，在北美又称北美驯鹿，非常适应北极苔原区的生活。它们的被毛浓密，吻部很宽，在寒冷的空气抵达肺部之前就能使其变暖。驯鹿是游泳健将，它们的四只蹄子宽阔而扁平。夏天，这些蹄子为驯鹿在松软地面行走提高了稳定性；冬天，蹄子变得更加坚硬而锋利，可以充当雪地鞋——是穿越冰雪的最佳利器。尽管驯鹿蹄子非常宽大，但是它们奔跑的速度仍然可达80千米/时。它们能够看见紫外线，这可以帮助它们在黑暗的冬日寻找地衣和被雪覆盖的植被。

四处奔波

驯鹿几乎一直处于奔走状态。有的一年迁徙5000千米——比陆地哺乳动物行走的距离都长。驯鹿群数量最多可达50万头，年幼的驯鹿按性别集群，在春季或秋季聚集在一起大规模迁徙。秋季，雄性驯鹿会为了争夺雌性驯鹿而战斗，雌性驯鹿将在来年春天产下一只幼崽。

吻部被厚毛覆盖

圆乎乎的身体非常结实,覆盖着厚厚的皮毛

北极狐

Alopex lagopus

北极狐对北极圈的恶劣环境具有极强的适应性,当温度下降到-50℃时,它们仍然可以生存。冬天,它们那密实的被毛可以长到几厘米,能够将它们的短耳朵、吻部及脚底与寒冷的空气隔绝开来,因此它们在冰上行走时也不会滑倒。冬天,大多数北极狐会长出白色的被毛(有的北极狐被毛会变成淡蓝色),可以与白雪融为一体。

食物多样化

虽然北极狐在夏天以旅鼠、田鼠和北极野兔等小动物为食,如,但是冬天它们会从海豹的冰下分娩室中挖出幼崽。它们也会尾随北极熊和狼,吃它们留下的残羹冷炙。对于雪雁等北极鸟类而言,北极狐是最常见的捕食者。不过北极狐也会捕食鱼类,还吃蛋、海草和浆果。

北极狐喜欢单独活动,有时也会聚集在腐肉或刚被捕杀的猎物周围,并且会定期"袭击"阿拉斯加北部人类居所附近的垃圾堆。夏天不捕猎时,北极狐会蜷缩在地下洞穴里休息,冬天则会钻进雪堆里躲避暴风雪。雌性北极狐在春天产崽,一胎产下14只幼狐。父母双方一起养育幼崽,到了8月份,家庭将会解散,各自生活。

生活在北极的动物中,北极狐的皮毛保暖性最强。

△ **雪中捕猎**

在雪地上狩猎时,北极狐会先倾听雪层下猎物的动静,然后高高跳起,头部朝下俯冲到地面。这种冲力可以穿透积雪,捕获躲藏在雪层之下的猎物。

- ↔ 53~55厘米
- ⚖ 平均4千克
- ⊗ 常见
- ⋔ 啮齿动物、鱼类和鸟类
- ⌂

加拿大北部、阿拉斯加、格陵兰岛、欧洲北部和亚洲北部

◁ **夏季被毛**

到了夏季,北极狐的白色被毛变得非常薄,并且变成灰褐色,与周围的岩石和苔原区低矮的植被的颜色保持一致。

北美洲

▷ **安全在家**
雪洞可以防止幼崽受冻。洞穴只有一个入口,不过里面通常有几个房间,温度比外面要高 40℃。

▷▷ **游泳健将**
北极熊的前爪很宽,局部长有蹼。它们非常擅长游泳,能以 10 千米/时的速度连续游 100 千米。

北极熊

Ursus maitimus

小耳朵可以将温度损失降低到最低

比其他熊的脖子长

北极熊和棕熊竞相角逐世界上现存最大的食肉动物的头衔。北极熊属于海洋哺乳动物，北极浮冰是其首选的捕猎场所。北极熊非常适应它们生存的环境，由于爪子不能伸缩，上面有凹陷，局部还长有可提供额外抓地力的毛茸茸的脚垫，因此它们可以轻松地在冰面上行走和奔跑。

北极熊的身体覆盖着两层被毛——是所有熊类中最厚的。内层是浓密的绒毛，外层被毛由透明的空心管组成，可以裹住空气，与外界隔绝。由于空心管能够反射所有的可见光，使北极熊看起来全身为白色，这样它们就可以与皑皑的冰雪融为一体。它们的皮肤是黑色的，皮下脂肪层的厚度可达10厘米。

盛宴和节食

在野外的北极熊寿命为25～30年。在其一生中，享受盛宴和节食一直在交替进行，它们的肠道很适合处理脂肪，脂肪比肉类更容易消化，储存更多的热量。当食物匮乏时，它们也可以减缓新陈代谢的速度。北极熊主要以海豹为食，但是它们偶尔捕捉白鲸和独角鲸。饥饿时，它们也会捕捉海象，但是受伤的风险很高。它们可以在1千米之外或是冰层下1米处嗅到猎物的味道。北极熊通常都是独居，除了繁殖期成对生活，或是母亲带着幼崽。不过，它们也会聚集在鲸群的尸体等大量的食物四周。秋天，北极熊也会在"过渡区"集结，如西南部的哈得孙湾和加拿大的丘吉尔城，等待海冰形成后，它们就会游到冰下捕捉环斑海豹。

北极熊领地辽阔。距离加拿大北极岛屿最近的北极熊领地平均面积为5万～6万平方千米，更加靠近白令海的领地面积甚至可达35万平方千米。

冬季产崽

北极熊每两年或三年产一次幼崽——是繁殖率最低的哺乳动物之一。它们通常会在3月下旬到5月之间进行交配，但是胚胎到秋天才开始发育。怀孕的雌性必须在夏天增重200千克才能熬过冬天。在冬天它们可能会长达8个月不进食。它们大部分会在朝南的雪堆里挖产房，初冬时在此产下1～4只幼崽。多数幼崽为双胞胎。

成年的雌性北极熊在真正意义上是不冬眠的，会保持比较温暖的体温，以便照顾幼崽。即便如此，在栖居洞穴的那几个月，它们也不会进食、排尿或排便。直到第二年3月或4月初，母亲才会带着幼崽从洞穴里出来，前往海冰捕食。

> **北极熊比奥运短跑运动员跑得还快。**

◁ **模拟战斗**
年幼的雄性北极熊经常打打闹闹——后腿直立，直接对打或试图推倒对方。有些雄性会一同迁徙数周，甚至是几年。

- ↔ 1.8～2.8米
- ⚖ 400～680千克
- ✗ 易危
- 🍴 海豹、鱼类、鸟类和植物
- 🏠

北冰洋、加拿大北部和俄罗斯北部

上唇上长有獠牙

独角鲸
Monodon monoceros

独角鲸是独一无二的鲸,大多数雄性独角鲸有一颗从头上伸出的长牙。这颗獠牙实际上是一颗穿透上颌左侧的细长的犬齿。牙齿呈逆时针螺旋状,难免让人联想到中世纪欧洲传说中的独角兽。

科学家们曾经一度认为长牙只是单纯用于防御,与争夺统治权相关。近年来,研究发现长牙的表面分布有数百万个神经末梢。这些神经末梢能够帮助独角鲸探测水压、温度及水中盐度的变化。这一发现表明,雄性独角鲸摩擦长牙的典型动作可能只是在捕捉感受——或者在练习寻找信息——而非仅仅只是"格斗"。长牙可长到 2.5 米,而且非常灵活,向任何方向弯曲 30 厘米也不会折断。如果长牙断裂,新的生长物质会修复受损的部分。

超级鲸群

独角鲸喜欢群居。通常它们会集小群,这些小鲸群再与其他的鲸群一起组成多达数百只鲸的超级大群。鲸个体之间通过"滴答"声、"吱吱"声和其他叫声来交流。鲸群每年都会迁徙,冬天在北冰洋的浮冰中过冬,夏天在内陆的海湾或深邃的峡湾中避暑。它们的食物主要是大比目鱼和北极鳕鱼,有时也会捕食乌贼。

△ **极度拥挤**
独角鲸鲸群沿着海冰中打开的狭窄水道游动时,由于空间有限,它们会浮出水面。

独角鲸是深层潜水者,可以潜至海洋极深处,能够达到水下 1800 米。

▷ **海上独角兽**
雄性独角鲸浮出水面时长牙会指向天空。长牙表面附着很多深色的海藻。

加拿大极地 | 31

白鲸
Delphinapterus leucas

胸鳍宽阔，活动自如

白鲸是唯一一种成年后通体呈白色的鲸类，这一特性可以帮助它们在海冰中躲避捕食者。白鲸有背脊，而没有背鳍，一旦被追赶，它们就可以迅速潜至冰下逃走。白鲸的颈椎不发达，因此头部可以上下左右摇动。它们体重的40%为鲸脂。每到夏天，白鲸就会蜕皮，外层的皮肤剥落，部分皮肤是在浅水水域的砾石上擦掉的。白鲸是高度群居的哺乳动物，也非常擅长"口技"——能够发出多种声音，如"滴答"声、口哨声、"啾啾"声和尖叫声，也被称为"海洋金丝雀"。

▷ **吹泡泡**
白鲸能够吹出泡泡圈，然后将泡泡圈咬破，它们喜欢这样自娱自乐。发出警告或感到惊讶时，它们也会吹泡泡。

- ↔ 3~4.5米
- ⚖ 500~1600千克
- ⊗ 近危
- 🍴 鱼类、头足类和虾类
- 🏠 ～

北冰洋

竖琴海豹
Pagophilus groenlandicus

竖琴海豹的名字源于其身体上的斑纹，它们是所有北半球的海豹物种中进化得较为成功的一种，数量大约为800万只。大部分海豹栖息在寒冷的北部水域，但是有些也会迁徙到美国南部的弗吉尼亚和法国。冬天，它们在浮冰上交配，来年2月下旬到3月中旬产下一只幼崽。竖琴海豹不仅可以在冰上迅速移动，而且也是游泳高手。它们的视觉和听觉都非常敏锐，使其成为强大的猎手，而且还能帮助它们提防潜伏的捕食者，如北极熊。

- ↔ 平均1.7米
- ⚖ 平均130千克
- ⊗ 常见
- 🍴 鱼类和磷虾
- 🏠 ～

成年竖琴海豹头上长有黑色的斑纹

▽ **竖琴般的条纹**
这只成年竖琴海豹身体两侧的黑色斑纹向上延伸，在两肩处交汇，形如竖琴。

向后的鳍肢

北冰洋和北大西洋

- ↔ 3.7~5米
- ⚖ 0.7~1.8吨
- ⊗ 濒临灭绝
- 🍴 鱼类和头足类
- 🏠 ～

北冰洋

海象
Odobenus rosmaus

海象是一种大型的海洋哺乳动物,它们的鼻子宽阔,上面长有数根像胡须的硬髭,被称为触须。触须可以帮助它们寻找食物。贻贝等软体动物是海象最喜欢的食物,不过食物缺乏时,它们也会吃小海豹的尸体。

海象之歌

海象喜欢群居,它们成群结队地在陆地上或海冰上"长途跋涉"。秋天雌海象会跟随着浮冰向南迁徙,春天向北迁徙,不过大部分雄海象全年成群地栖息在北极南部,到交配期才会与雌海豹汇合。雄海豹会通过视觉表演和演奏复杂的"歌曲"来争夺交配地点,或是用獠牙来格斗。从12月到来年3月,一头成功的雄海豹可以与多头雌海象交配,雌海象会在来年春天产下一头幼崽。野生海象的平均寿命为40年。它们的皮肤非常厚,肩部和颈部都堆积了大量的鲸脂,因此能够在酷寒的环境中生存。

海象可以放缓心跳速度,在冰冷的海水中存活下来。

超大的獠牙

皮肤粗糙,布满了褶皱

△ **长长的"冰镐"**
海象的獠牙可用于防御,也是得心应手的"冰镐",不仅可以帮助它们爬到浮冰上或陆地上,还可用来在冰层上钻呼吸孔。海象的獠牙终生生长,每年会长1厘米。

▷ **奇妙的变化**
海象的身体大多呈肉桂棕色,它们在冰水里待了很长一段时间后,为了保持身体的热量,皮肤中的血管会收缩,肤色变得苍白。当天气较温暖时,有的海象血管会扩张并排出多余的热量,因此皮肤又呈现出粉红色。

- 2.3~3.6米
- 1200~2000千克
- 不详
- 软体动物、头足类和鱼类

北冰洋和沿海地区

加拿大极地 | 33

雪鸮
Nyctea scandiaca

成熟的雄性几乎通体雪白

雪鸮是一种极端的生物，生活在位于高纬度的北极苔原地区。它们长着极其浓密的羽毛，可以隔绝寒冷，成年的雄雪鸮像天鹅一样，通体雪白。雌性雪鸮长相迥异，身体上有更多的暗色斑点和条纹，这种情况在猫头鹰中相当罕见。

冬日漫步

雪鸮主要以旅鼠为食，只要有食物，它们就可以熬过漫长而黑暗的北极冬天。如果食物匮乏，它们冬季就会向南迁徙，前往加拿大中部和西伯利亚地区。随着各种旅鼠数量的激增或骤降，每隔几年，数百只雪鸮就会向更南端迁徙。有时，它们会一直飞到佛罗里达。雪鸮每四五年繁殖一次，一窝产下3～13枚卵，然后几年间不再生育，因此种群数量差异很大。

长长的翅膀

- 52~71厘米
- 1~2.5千克
- 常见
- 小型哺乳动物和鸟类
- 北美洲北部、欧洲东北部和亚洲北部

▷ 优雅的飞行者
雪鸮是一种大型猫头鹰，它们的翅膀长而有力，能够悄无声息地超低空飞行，并会不时降落在地面上。

腿部和脚趾上长满了羽毛

雪雁
Chen caerulescens

雪雁在北美洲最北端繁殖，穿越西部、中部和东部多个州，去往遥远的南部过冬。成百上千只雪雁停在固定的"服务站"进食，嘈杂的鸟群发出巨大的声响，形成一幅壮观的景象。尽管面临着被射杀的危险，它们仍然会在农田里寻找食物，而且非常善于社交。

- 69~83厘米
- 2.4~3.4千克
- 常见
- 草类、根和种子
- 北美洲、弗兰格尔岛和俄罗斯

翼尖为黑色

▷ 亮白色
雪雁通常有两种色型：白色型全身亮白色（如右图）；蓝色型头部雪白，身体呈蓝灰色。

红点鲑
Salvelinus alpinus

红点鲑能够适应深水和严寒的环境，是生活在最北边的一种淡水鱼。红点鲑有些种群生活在海洋中，洄游到河流中进行繁殖，有些种群仅生活在内湖里。它们在4℃时产卵。雌性红点鲑会挖一个浅窝或产卵区，在干净的砾石上产卵。

- 平均96厘米
- 平均12千克
- 常见
- 昆虫和甲壳动物
- 北美洲北部、欧洲北部、亚洲北部和北冰洋

▷ 打斗的雄性红点鲑
在繁殖季节，为了保护自己的领地，雄性红点鲑会变得极具攻击性。它们长出了钩状下颌，腹部也变成了鲜艳的红色。

黄石国家公园
被森林覆盖的美国地热自然公园

黄石国家公园位于落基山脉生态区内，生境多样，有大片原始森林，树种以针叶林为主。1.1 万年以来，这里一直是美国印第安人的家园。黄石国家公园中 8% 的森林由黑松构成，这种松树的树干挺拔，非常适合用来做圆锥形帐篷的支杆。

1872 年，黄石公园被设立为国家公园——世界上第一座国家公园，现在仍然是美国最大的国家公园，面积约为 9000 多平方千米，大部分为原始森林。该地区是野牛最后的根据地，1995 年苍狼被再次引入后，公园管理者们宣称该地区为北温带最大的、完整无缺的生态区。乱砍滥伐、狩猎和旅游会带来潜在的破坏，在黄石国家公园中这些行为已受到了管制。

温泉和间歇泉

大约 1700 种植物生活在黄石国家公园的森林、草甸和高地草原，以及其中的山脉、湖泊、河流和峡谷中。黄石国家公园也是世界上最大的地热活动中心，在全球享誉盛名——拥有地球上约一半的已知地热地形，包括老忠实间歇泉。不过，由于生态环境的破坏使黄石国家公园面临威胁，人们对池塘、沼泽和草甸等栖息地都进行了保护和恢复，因此人们参观黄石国家公园时，也能看到灰熊、黑熊和美洲河狸等动物。

现在，老忠实间歇泉每隔约 93 分钟喷发一次，每次历时约 4 分钟。

地热活动
地热活动的局部效应包括植物生长周期变长、积雪变薄——这样野牛就可以在冬天牧草，湖泊不结冰，水鸟全年都可以捕食。温泉也是微生物的家园，这些微生物的耐热性各不相同，因此其生长具有明显的带状特征。

每年有 300 万参观者

350 座大瀑布和 500 座间歇泉

温泉

米勒飞蛾

飞蛾盛宴
夏天，数百万只米勒飞蛾（又称行军切根虫）迁徙到黄石国家公园，在高山草甸上捕食。它们的种群数量庞大，吸引了灰熊。一头灰熊每天可以吃掉 4 万只富含营养的昆虫。在这 3 个月中，它们几乎不需要再捕食其他猎物。

67 种哺乳动物

白皮松林

白皮松森林
白皮松宽阔的树冠为鸟类提供了栖息地和食物。如北美星鸦会凿开松果取出松子，将松子藏起来。它们有时候也会忘掉一些种子，这就意味着这些种子可能发芽。

黄石国家公园 | 35

地理位置

这座国家公园主要位于美国怀俄明州西北部，是落基山脉生态区的一部分。

蒙大拿州
爱达荷州
怀俄明州
● 雷克斯堡

0千米 50
0英里 50

气候

黄石国家公园的气候受其纬度的影响很大，低海拔地区全年比较温暖；高海拔地区夏季凉爽，冬季漫长而寒冷。全年降水量变化较大，10月到次年3月常降大雪。

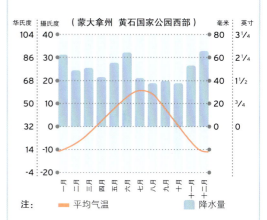

（蒙大拿州 黄石国家公园西部）

注： ― 平均气温　■ 降水量

超级火山

大约64万年前，一座大型的火山曾经爆发数次，这便是黄石火山。现如今这座超级火山仍然很活跃。根据监测，黄石火山越来越活跃，每年该地区记录的地震和余震约有1000～2000次。

景观改变者

20世纪20年代黄石国家公园中狼的数量不断减少，这意味着，在短短几年里，加拿大马鹿数量不断增长，公园中的森林也因此而遭到了破坏，特别是颤杨林一直被再次引入用来帮助控制马鹿的数量。

加拿大马鹿

激烈的开端

美国黑松已经可以应对偶尔发生的野火。尽管松树燃烧得非常快，但是紧闭的松果需要野火的热量来融化密封它们的树脂胶，释放出种子，以便在新开垦的空地上发芽。

美国黑松

太多的竞争

割喉鳟因其下颌有明显的红色条纹而容易被辨识出来。由于栖息地的流失、疾病以及引入其他鱼类带来的竞争，它们已濒临灭绝。黄石国家公园中的割喉鳟为克拉克大麻哈鱼的一个亚种。它们是白头海雕最主要的食物，因此这种鱼数量的减少也会导致这些食肉鸟类数量下降。

美国黄石国家公园的割喉鳟

世界上第一座国家公园，建立于1872年

黄石国家公园中的超级火山是地球上唯一的超级火山

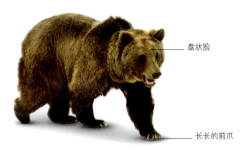

盘状脸

长长的前爪

北美灰熊

Ursus arctos horribilis

所有的灰熊都是棕熊，但并非所有的棕熊都是灰熊。这个亚种的名字源于它们身体上浅色的皮毛，但不是所有的北美灰熊都身披"灰色外套"——它们的皮毛颜色从淡黄色到几乎通体全黑。背部的"驼峰"由肌肉组成，这些肌肉可以帮助它们高效地挖洞，用前爪给对手强力的打击。

虽然灰熊令人恐惧，但是大部分灰熊主要以坚果、草类、植物的根、种子为食，也吃飞蛾等昆虫。它们所吃的肉大多来自于腐尸，不过它们也捕食地松鼠和驼鹿。灰熊更喜欢有河流穿过的针叶林，林中有田野、草甸等多种生境。灰熊是游泳高手，擅长捕捉鲑鱼、鲈鱼和鳟鱼。

来自灰熊的威胁

灰熊在晚春至初夏之间交配。雌性灰熊通常会生下4头幼崽，它们通常在洞穴里哺育幼崽，一直到第二年四五月。幼崽与它们的母亲一起生活到2~4岁，它们面临的主要威胁来自于成年的雄性灰熊。灰熊在美国西部一度很常见，不过现在只有少量出现在美国的爱达荷州、蒙大拿州、华盛顿州和怀俄明州等地，大部分种群分布在阿拉斯加地区和加拿大。

- 1.5~2.5米
- 60~330千克
- 局部常见
- 果实、根茎、腐尸和鱼类

北美洲西北部

△ **食物之战**
北美灰熊身体健硕，它们会因为争夺最佳的捕鱼点而打斗。但是，在造成重大伤害之前，通常战斗已结束。

◁ **谁是爸爸？**
在繁殖季节，雌性灰熊会与多头雄性灰熊交配，产下多头幼崽，这些幼崽可能会有不同的父亲。

狼
Canis lupus

灵敏的大耳朵有助于侦测猎物

强壮有力的长腿

巨大的足部和爪子

这种狼也叫灰狼，但它们皮毛的颜色其实为黑色、棕色、灰色或几乎全身为白色。所有的狼都是集体捕猎者，主要捕食大型有蹄类哺乳动物，如麋鹿、鹿和北美驯鹿，也捕食较小的猎物，如野兔、海狸等。它们也会吃腐尸，尤其是在冬季。

一个狼群平均有7~8头成年狼，一头雄狼首领和一头雌狼首领统治狼群。领头的一对狼带领狼群捕猎、建立领地并选择巢穴地点，通过尖叫声或嚎叫声来建立和维护狼群之间的联系。狼首领在1月到3月之间进行交配。大约3个月之后，雌狼一胎产下4~7头幼崽。整个狼群一起养育幼崽，直到它们长到10个月大，这时有的狼会离开，长途跋涉800千米寻找其他的狼。

成功地引入

落基山地区的北落基山狼 (*C. l. irremotus*) 是狼的一个亚种，体色较浅，于1995年再度被引入黄石国家公园。自从这些狼群回归后，麋鹿和鹿不得不频繁地四处走动，这样树木和草地才得以再生。

▷ **耐力持久**
成年狼一天可以行走70千米，奔跑速度可达70千米/时。

- 1~1.5米
- 16~60千克
- 常见
- 有蹄类、野兔和腐尸

北美洲北部、欧洲和亚洲

> 每头狼都有其独特的嚎叫声。

短尾猫
Lynx rufus

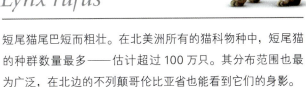

- 65~110厘米
- 4~15.5千克
- 常见
- 啮齿动物和鸟类

加拿大南部、美国和墨西哥

短尾猫尾巴短而粗壮。在北美洲所有的猫科物种中，短尾猫的种群数量最多——估计超过100万只。其分布范围也最为广泛，在北边的不列颠哥伦比亚省也能看到它们的身影。

适应性极强的猫

这种顽强的小猫之所以如此成功，其秘诀在于拥有良好的适应性。它们喜欢茂密的森林，但是在沼泽、山脉和沙漠中也可以生存。近年来，郊区和城市也成为它们的新栖息地。由于它们会捕食家养宠物和小型家畜，因此也会与人类发生冲突。在野外，短尾猫主要以野兔为食，也会捕食啮齿动物、鸟类、海狸和小鹿。它们主要在晨昏时分捕捉猎物。有时候，它们也会躲藏在灌木丛、空心树和岩石裂缝中的洞穴里。

与大多数猫科动物一样，除了12月到来年4月的交配季节，短尾猫喜独居。经过长达两个月的妊娠期后，雌性短尾猫会一胎产下3只小猫，这些小猫会与它们的母亲在一起生活8个月。

▷ **严冬肆虐**
冬季食物匮乏时，短尾猫通常会在白天出没。它们是潜伏的猎手，身上的条纹能够使其与周围的环境融为一体。

貂熊

Gulo gulo

貂熊也被称为"贪吃者",虽然这可能并不贴切,不过为了满足自己贪婪的胃口,它们会捕杀与鹿大小相当的猎物。它们的下颌强而有力,可以撕开最坚韧的兽皮,咬碎最大的骨头从中找出骨髓。事实上,它们是一种大型的鼬科动物,只不过它们的皮被毛厚,四肢结实,脚很大,看上去像熊。它们的脚掌宽大,可以在雪上行走,也适应在北极周围荒凉的森林、苔原和山脉等极端环境中生存。

大开杀戒后,貂熊会储存食物。它们将麋鹿和驯鹿肢解,埋藏在雪里或土壤中,或拖进岩石裂缝和沟壑中。它们在夏天交配,来年春天产下2~4只幼崽。

- ↕ 65~105厘米
- ⚖ 6~18千克
- ✕ 常见
- 🍖 鹿、野兔、鸟类和水果
- 🏠

北美洲西北部到西部、欧洲东北部及亚洲北部和东部

▽ **四处奔走**
貂熊四肢短小强健,动作缓慢,可以在消耗最少体力的条件下,坚持不懈地行走很长的距离寻找食物。

◁ **掌状鹿角**
每年夏天,雄鹿都会长出一组新的大鹿角。鹿角上覆盖着一层柔软的茸,到了秋季——也就是交配季节,这层"天鹅绒"会脱落。

▽ **必败之仗**
这头雌鹿想方设法在狼群中保护自己仅一周大的小鹿,它们对峙了10分钟。不过,尽管它在体形和力量上占据优势,狼群还是将小鹿从它身边拖走了。

驼鹿
Alces alces

尖尖的蹄子可以在雪中挖洞

驼鹿是最大的鹿科动物,在北极圈附近生活,栖居在针叶林、落叶林、沼泽和湖畔间。在欧洲,驼鹿也被称为麋鹿,但是在北美洲,麋鹿则是另一种完全不同的物种。

孤独的流浪者

不同于大部分其他鹿科动物,雄性驼鹿喜独居,雌性驼鹿会与小鹿们一起生活。它们不用保卫自己的领地,全年都在四处行走。在选择栖息地时,雄鹿会挑选拥有最大食物来源的地方,而雌鹿则偏爱给它们及小鹿提供最佳掩护的地方。驼鹿为昼行性食草动物,在夏天最炎热的时候,它们会泡在水中降温,以百合和其他水生植物为食。它们用灵活的上唇啃食最新鲜的树叶和嫩枝。冬天,当绿叶食物匮乏时,它们会踢开积雪寻找雪下的苔藓和地衣,咀嚼杨树和柳树的枝条,从树干上撕下树皮。宽大的蹄子可以帮助它们在松软的雪地上行走,也有助于它们徒涉底部柔软的湖泊和沼泽。

雄性驼鹿在秋天发情,雌鹿和雄鹿都会吼叫以吸引伴侣。雌鹿通过观察鹿角的长度来选择伴侣。鹿角长度能达2米,上面最多长有20个尖叉。互为情敌的雄鹿通常会为了争夺交配权而打斗。雌鹿在来年夏天产下一到两只小鹿,小鹿6个月后断奶。健康的成年驼鹿既不怕人类,也不怕其他捕食者,因为它们的鹿角或蹄子可用于防卫。熊和狼会捕食较小的小鹿。

- 2.4~3米
- 280~600千克
- 常见
- 树叶、树皮、水生植物、苔藓和地衣

北美洲北部、欧洲北部、亚洲北部和东部

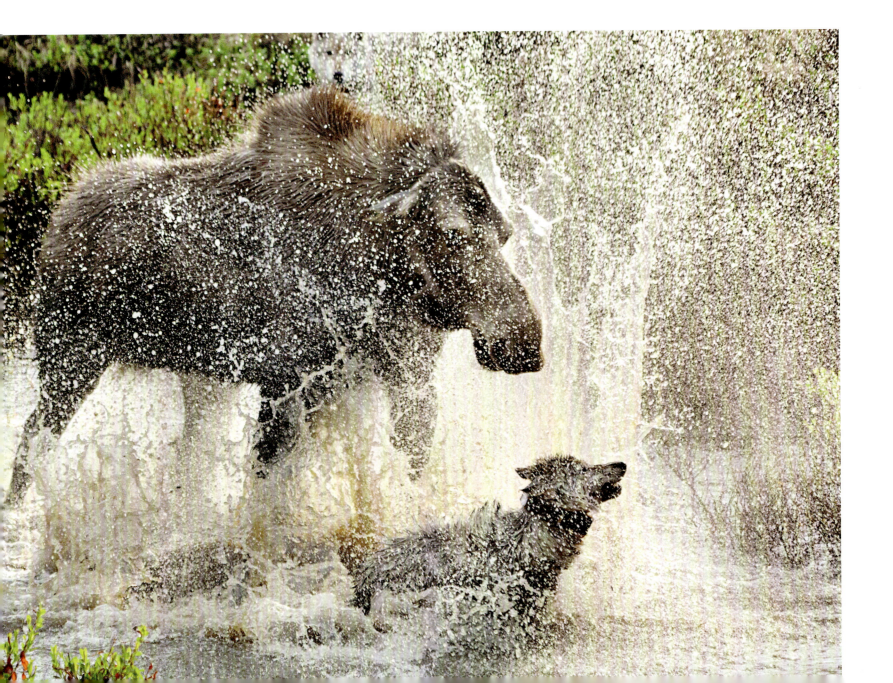

白尾鹿
Odocoileus virginianus

尽管白尾鹿分布广，种群数量庞大，但是它们通常待在人们看不见的地方。一年中大部分时间，这种鹿都独自生活，在很小的范围内活动，极少会超过1平方千米。它们在沼泽、林地或灌木丛中安家——只要有足够多的灌木可以隐藏它们即可。它们行动迟缓，时刻警惕捕食者，如美洲豹。一旦有危险，白尾鹿就会惊慌地发出啸叫声，迅速逃开，摆动它们的白色尾巴恐吓袭击者。

白尾鹿的领地可提供它们全年所需的食物。其领地的北部边缘地带冬季漫长而寒冷，每当冬天来临，它们也不会离开，只会沿着经常行走的小道在雪地里寻找一切可以找到的绿色植物。冬天时，它们的皮毛呈灰色，不过到了夏天，被毛就会变薄，变成红色。

斑点伪装

在秋天，雌鹿准备好繁殖后代，雄鹿准备好战斗的鹿角，争夺每一次交配权。小鹿在春天出生，当母亲外出捕食时，它们就潜藏在灌木丛下面。最初，它们会跟随母亲，到3个月大时断奶。它们的皮毛上长有斑点，可以提供掩护。这些斑点在小鹿出生后的第一个冬天就会消失。

- ↔ 1.2~1.9米
- ⚖ 52~140千克
- ✕ 常见
- 🌱 嫩芽、树叶、树枝和仙人掌

加拿大南部至南美洲北部

▷ **成年雄鹿**
只有雄性白尾鹿才有鹿角，而且每年会长出一组新的。每次成长都会增添一个新分叉，也就是鹿角尖。

北美鼠兔
Ochotona princeps

被毛柔软浓密，能够抵御严寒

从外形上看，北美鼠兔像是腿短头大的豚鼠与耳朵浑圆、长着胡须的野兔进行杂交的产物。它们的尾巴很长，隐藏在皮毛中。这种动物白天活动，它们以短距离跳跃的方式穿过石岗，停下来时会发出鸟叫般的"吱吱"声，这是在提醒同伴捕食者出现了，如土狼、鼬鼠和白鼬；或是发出悠远的"喵喵"声，这是在宣告领地。北美鼠兔的领地由觅食区和藏在地洞或岩石缝中的巢穴组成。它们与一名异性成员为邻，形成了一个由雌雄窝巢拼凑而成的领地。

夏天，北美鼠兔会采集枝叶，如夹竹桃、柳叶菜和长草。它们将这些枝叶堆放在洞穴旁晾干。冬天来临时，它们将干草拖到岩石缝深处，储存好以防止被积雪覆盖。鼠兔会选择分解速度最慢的植物，从而保证储存的食物能够维持整个冬天。这种动物非常适应在高海拔、寒冷的地区生活，但是由于气候变化，它们的活动范围在不断缩小。

- ↔ 16~22厘米
- ⚖ 125~175克
- ✕ 局部常见
- 🌱 草类和草本植物

加拿大西南部和美国西部

▷ **制作干草**
鼠兔寻找青草和草本植物，每天吃一部分，剩下的被制成干草储存起来过冬。

北美鼠兔用颊部腺体散发出的气味来标记自己的领地。

长长的胡须可以帮助河狸在黑暗中探路

美洲河狸

Castor canadensis

△ **双唇紧闭**

在水下时，河狸会紧闭嘴唇，但可以露出门牙，这样它们可以继续啃食树枝和树干。

美洲河狸是北美洲最大的啮齿动物，被誉为夜间活动的"工程师"，它们可以改变整个大陆的景观，除沙漠地区和加拿大最北部外。这种水栖哺乳动物身材矮壮，头骨很大，能够啃倒大树，然后将树木井然有序地排列起来，在河流或溪流上筑坝，或建造栖身之所。美洲河狸是优雅的游泳健将，它们的尾巴扁平，覆盖角质鳞片，后脚上有蹼，皮毛具有防水性，也可帮助它们抵御冬天的严寒。

以木为食

河狸橘色的长门牙从未停止过生长，非常适合它们啃食木质树皮、树枝和树干。它们也吃植物的形成层——树干下面一层柔软的组织。最喜欢的食物来源包括桦树、桤木和山杨，它们通常将这些植物储存起来作为过冬的食物。河狸喜欢聚居生活，一夫一妻制。4月到6月，雌性河狸一胎产下3~4只毛茸茸的小河狸。两年后，小河狸离开父母，创建自己的家园。

河狸沿着河岸或湖畔筑巢，它们在水域中间的小岛上修筑的巢穴总是最令人印象深刻。巢穴唯一的入口在水下，是躲避狼和土狼等捕食者最安全的藏身之地。它们会根据水流的速率调整所筑的水坝，在水流缓慢的地方修筑笔直的水坝，在水流较快的地方修筑弯曲的水坝。

▽ **建筑大师**

美洲河狸将原木、树枝、草和苔藓用泥粘在一起，用来建造水坝。

- ↔ 74~88厘米
- ⚖ 11~26千克
- ❌ 常见
- 🍴 树皮、树枝和树干

北美洲

▷ **捕鱼之旅**
和其他海雕一样，白头海雕不会进入水中捕捉猎物；而是凌空盘旋，然后俯冲下来，从水面抓起鱼，无论是死鱼还是活鱼。

▷▷ **毛茸茸的幼鸟**
白头海雕幼鸟要在鸟巢中待10～13周，它们完全依赖父母提供食物和庇护。

头部和颈部的羽毛为白色

△ **身体开膛手**
锋利的钩状喙不是用来杀死猎物的，而是将它们撕成可以吞咽的块状，并且能够把大型动物身上的皮毛撕扯下来。

黄石国家公园 | 43

白头海雕

Haliaeetus leucocephalus

黑棕色的身体

长长的爪子

白头海雕只在北美洲才能看到，但它们的形象被全世界熟知，象征着力量、优雅和耐久性。就像很多猛禽一样，它们凶猛的外表看起来威风凛凛，战斗力极强，但事实并非如此，它们多数时间都无所事事，主要以腐尸为食。它们也会做大型猛禽都会做的事情：在一轮又一轮捕猎和饱餐之间保存能量。

水边的生活

在全球范围内巨型海雕有 8 个物种，如白尾海雕、非洲鱼雕以及亚洲远东地区的虎头海雕等。所有这些物种，包括白头海雕在内，身体都很强壮，翅膀宽大，展开时翅膀尖端呈手指状，尾巴相对短小，头部和颈部都很长，飞翔时看上去像一个十字架。与金雕不同，白头海雕在空中展翅翱翔。所有海雕的下腿和脚都没有覆盖羽毛，脚强劲有力，爪子锋利，可以抓住并刺穿猎物。同时，它们的喙也非常强大，可以将猎物撕成碎片。

白头海雕以鱼类为主要食物，不过有时候也会捕食其他猎物。它们可以捕捉并杀死海獭那么大的动物或鹅那么大的鸟。夏天，很多白头海雕以捕捉栖息在海滨的海鸟为生。这些海鸟主要是生活在水边的鸟类。在那里有各种各样被海浪带来的尸体和食物残渣，都是白头海雕可以轻易获得的食物。

白头海雕生活在北美洲，从阿拉斯加一直延伸到加利福尼亚的西部海岸，其活动范围也逐渐渗透到河流沿岸和湖泊附近的内陆地区。它们在加拿大最北部繁殖，冬季前往南部的佛罗里达州和墨西哥湾越冬——只要能找到水的地方。

如果食物充足时，一小群白头海雕会一起捕食，在小块适合防御的领地上筑巢，领地面积约为 0.2 平方千米。这些领地分成了不同的小组，紧密相连。鸟巢可以建在任何地方，从看似平坦的地面到小斜坡、悬崖、裸露的峭壁和树丛。

一对或三只成鸟一起抚育幼鸟

每对白头海雕通常建造几个巢——其中一个最常用的巢，由一大堆树枝、青草和海藻组成，深 4 米，宽 2.5 米。白头海雕一般会产下两枚卵，不过只有一只幼鸟能存活下来。大约四分之三的幼鸟活不到一岁就死亡了，仅有十分之一的幼鸟能活到 5 岁。白头海雕在 4 岁的时候开始繁殖。但是，奇怪的是，居然有一半的成鸟无法繁殖，有些会 3 只鸟一起栖居在一个鸟巢里。一旦长大，成鸟就可以活很久，繁殖后代，它们在野外的寿命差不多可达 50 年。

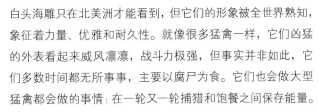

钩状喙又长又锋利

- ↔ 71~96 厘米
- ⚖ 3~6.5 千克
- ✖ 常见
- 🍴 鱼类、鸟类和哺乳动物

北美洲

1782 年，白头海雕被定为美国国鸟。

中央大平原
一幅滚动的风景，曾经被青草的海洋所覆盖

在落基山脉和密苏里河之间的宽广的带状地带就是中央大平原，纵贯北美洲，一直延伸至墨西哥。这里曾经是一幅一望无际、绵延起伏的草原风景画，数百年来一直长满了各种青草。美洲野牛、叉角羚及草原犬鼠等当地食草动物的啃食和野火的侵袭，使得灌木和乔木难以生存。大平原曾经也是各种爬行动物、鸟类和无脊椎动物的家园，生活在此的美国印第安游牧部落与这些动物之间形成了很好的生态平衡。

转向农业

直到19世纪初，这片广袤的土地仍然被草原覆盖。现在，大部分肥沃的土地都已变为农田。20世纪早期，人类过度开发可耕作的土地，导致20世纪30年代爆发了环境危机，从而引发了经济萧条，也就是著名的"黑色风暴事件"。干旱和风蚀引发了一系列沙尘暴，使大片地区的表层土壤全部流失了。如今，大部分土地已经恢复，可以支持放牧，但是曾经在草原上漫游的庞大野牛群多数已消失，取而代之的是家养的牲畜。

美国和加拿大还保留了一些原始草原，如俄克拉何马州的威奇托山野生动物保护区，幸存的野牛群都受到了保护。即便是在此处，也几乎没有树木，草原上大型的植被主要是豆科灌木和仙人掌。

成为害虫
这种甲虫喜食草原上的刺萼花铃茄。这种植物很多居者种植了另一种茄属植物——马铃薯，甲虫也随之改变了食性，变成了臭名昭著的农作物害虫。

马铃薯甲虫

极其喧闹
由于保护措施的实施，草原松鸡的春季交配仪式已成为一个新的生态旅游资源。雄鸡一般会在特定的"繁殖地"相互竞争，它们发出响亮的叫声，而颈部气囊充气后会放大这种叫声。

栖居在箱子里
丽箱龟是大平原上现存的两种陆生龟之一。它们之所以得其名，是因为腹甲和背甲可以开合，以防止头部和四肢遭到捕食者的袭击。但是，每年有很多丽箱龟在穿越公路时丧生。

丽箱龟

> 只有1%的天然草地保存下来

> 大平原上曾经生活着3000万头野牛

叉角羚

Antilocapa americana

鼻子非常灵敏，可以闻到其他叉角羚散发的气味

叉角羚，又称美洲羚羊，是美洲大陆奔跑速度最快的兽类，最高纪录达86千米/时。它们位于头部的角前端分叉，与鹿角相似，是分辨叉角羚的典型特征。鹿角每年都会脱落，但是羚羊一生只长有一对角。叉角羚的骨质角基会终生保留，而角鞘则每年冬天脱落。

- 1.3~1.4米
- 30~80千克
- 局部常见
- 草本植物、树叶和草

北美洲中部和西部

"牧场是我家"

叉角羚是叉角羚科中现存的唯一成员，早在500万年前，叉角羚科有几十个物种。虽然叉角羚长有独一无二的角，但是它们与其他偶蹄类动物有很多相似之处——过着群居的生活，以树叶和草类为食，长有长长的腿。在19世纪，由于狩猎的兴起，叉角羚的种群几乎被灭绝。现在，叉角羚生活在美国西部的偏远地区，正如美国西部经典歌曲《牧场是我家》中所提到的，这个地方再合适不过了。

地理位置

美国中部，包括内布拉斯加州部分地区、堪萨斯州、俄克拉何马州和得克萨斯州。大平原的一部分，向北一直延伸到加拿大。

气候

气温具有巨大的季节差异性，冬季极其寒冷，夏季炎热潮湿。该地区经常发生极端天气事件。

（南达科他州 卡斯特州立公园）

注：平均温度　　降水量

叉角羚一次跳跃可达6米。

▽ 逃离危险

在夏季，叉角羚集成小群一起生活，体形较大的雄性叉角羚控制了交配领地。它们会打响鼻或竖起臀部白色的长毛，向彼此发出危险警告。

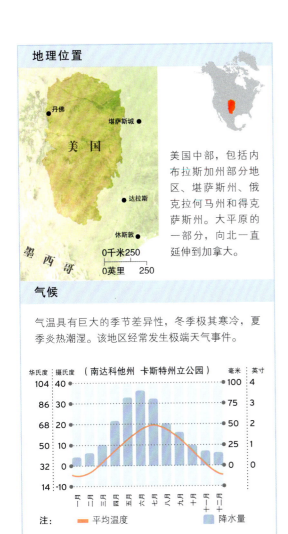

重建生物多样性

草原狐身材矮小，是短草草原上的特化物种之一。60%的草原狐已从其分布区消失，这也反映了更大范围的生态退化。政府实施了一些项目，旨在恢复该物种的栖息地，同时也造福了其他物种，如在地上筑巢的鸟类。

松鸡　　草原狐　　包括龙卷风走廊

▷ 惊逃的牛群
野牛群受惊后,开始四处乱窜,速度最快可达60千米/时。

| 中央大平原 | 47

美洲野牛
Bison bison

短小、向上翘起的角

美洲野牛是辽阔草原上的一个代表性物种，其活动范围一度从落基山脉东部延伸到北美洲中部，从加拿大南部扩展到美国的得克萨斯州。这种体格魁梧的动物也被称为美洲水牛，它们的头部巨大，脖子粗壮，肩膀后有一个明显的驼峰。它们的胡须很长，脖子和前肢上覆盖着蓬松的粗毛，大大改善前额笨重的特征。发育成熟的公牛体重为950~1000千克，是母牛体重的两倍。尽管体积庞大，但是野牛奔跑的速度可达60千米/时。无论雌雄，美洲野牛都长有一对短小、向上翘的角。

因捕猎而濒临灭绝

野牛曾组成大的牛群，一起过着游牧的生活，穿行遥远的距离去寻找牧草。数量曾多达数百万，其中约有3000万头生活在大草原上。长期以来，它们一直遭到美国印第安人的捕杀。不过，到了19世纪，欧洲殖民者进入大草原，为了获得肉类和兽皮，捕杀野牛的行为愈演愈烈。野牛在草原上的栖息地变成了农田，到19世纪80年代，其数量只剩500~1000头。

在禁止捕猎行为和建立国家公园之后，野外的野牛数量已经增加到3万头，但是还不足以前的百分之一。私人牧场和农场大约圈养着50万头野牛。不过，这种家畜是野牛与家养牛杂交的产物，已经丧失了很多野生特性。野牛的听力和嗅觉极其敏锐，在侦测其头号捕食天敌狼时发挥了至关重要的作用。

追随草地

10~60头成年雌性野牛和小牛生活在一起，其中一只年老的雌性野牛为首领。雄性野牛组成单独的群体或独自生活。繁殖季节从7月开始，一直持续到9月，这时雄性野牛会加入到雌性领导的牛群中。雄性野牛会因为争夺配偶权和统治权而打斗。在斗争中，双方以坚硬的角为武器，互相撞击头部。经过10个月的妊娠期，雌性野牛会产下一头小牛，通常是在新鲜青草刚长出来的四五月份之间。

野牛的胃部非常复杂，有4个腔室帮助它们消化大量的草，它们会花很长的时间反刍食物。它们可以用爪子扒开积雪，找到下面的草，但是在严冬季节，它们会迁徙到没有降雪的低纬度地带。

森林野牛和欧洲野牛

生活在加拿大的野牛属于美洲野牛的一个独立的森林亚种，也被称为森林野牛（*B. b. athabascae*）。加拿大的伍德布法罗国家公园是为保护野牛群而建，最大的森林野牛群就栖息在此。在波兰和白俄罗斯边境的比亚沃维耶扎森林中也有野牛群，这些野牛可能是欧洲野牛（*B. bonasus*）。

△ **冬季迁徙**
野牛长有浓密的皮毛和厚重的鬃毛，不仅可以帮助它们御寒，还拥有很好的隔热性，即便是背上覆盖了一层积雪也不会融化。

◁ **小野牛**
小野牛出生后几个小时就可以站立、行走，或是和妈妈一起奔跑。小野牛大约在6个月之后断奶。

- ↔ 2.1~3.5米
- ⚖ 350~1000千克
- ✗ 局部常见
- 🌾 草类
- 🏠

北美洲北部和西北部、加拿大

成年的美洲野牛可以跳过成年人的头顶。

黑尾草原犬鼠
Cynomys ludovicianus

黑尾草原犬鼠是一种个头较大的地松鼠，属于高度群居的啮齿动物。它们居住在"城镇"——地下隧道和地下室构成的巢穴网络。一座"小镇"能容纳数百只黑尾草原犬鼠，这样一个群体是"城镇"的一个基本单位。这个集群由十几只成年黑尾草原犬鼠及其幼崽组成，它们一起协作，修补隧道，防止遭到非法入侵。群体中的成员散发出相同的气味，将其与其他群体区别开来。

黑尾草原犬鼠通常把隧道挖得很深，可以避开冬季的霜冻。被推到地面的松散泥土，在隧道入口形成了土丘堆，这里是捕食者找到它们的理想地点。

▷ 以家庭为单位
幼鼠6周后从地下钻出来，由集群中的所有成员共同照看。大多数雄性黑尾草原犬鼠过完第一个冬天后就会离开这个团体。

- 34~43厘米
- 0.7~1.5千克
- 常见
- 草类

加拿大西南部和墨西哥北部

黑足鼬
Mustela nigripes

这个喜欢独处的穴居猎人是北美洲最罕见的哺乳动物之一。20世纪80年代中期，其数量曾减少到18只，不过现在又出现了增长趋势。90%的黑足鼬以草原犬鼠为食。它们在草原犬鼠的"城镇"中心挖洞，甚至在草原犬鼠隧道网络中未使用的部分安家。它们会尾随草原犬鼠进入洞穴，将草原犬鼠杀死并吃掉。

▽ 独特的"面罩"
年幼的雄性黑足鼬和雌性黑足鼬眼睛周围都有一个轮廓分明的"面罩"。

- 40~50厘米
- 0.8~1.1千克
- 濒危
- 草原犬鼠、老鼠和松鼠

再次被引入美国中部

灰红色和棕色的皮毛

小脚

丛林狼

Canis latrans

由于人类侵占其栖息地，大部分野生犬类都面临着巨大的生存压力。不过，丛林狼仍然能够茁壮成长，甚至入侵人类的居住地。它们擅长偷猎家禽，还是处理人类垃圾的清道夫。

丛林狼的大小介于狐狸和狼之间，生活方式有极高的适应性。虽然它们会成群捕猎较大的动物，如鹿，但是大多数时间它们是孤独的猎人，喜欢独自捕捉较小的猎物，如草原犬鼠。丛林狼整天都待在洞穴里，它们可能会自己挖洞，但是通常会扩建被獾或地松鼠遗弃的洞穴。

参与到育儿中

养育后代时，丛林狼会用尿液和粪便在灌木或其他地标上做标记，来确定自己的活动区域。它们通过尖叫和嚎叫声来宣布各自的领土权。丛林狼会结成配偶，这种关系能够持续数年。它们在冬末进行交配，两个月后产下6只幼狼。父母双方在洞穴中养育幼狼，用反刍的食物喂养孩子。

丛林狼和獾共同协作，捕猎穴居的啮齿动物。

◁ **嚎叫的丛林狼**
丛林狼非常聒噪，经常会通过嚎叫来宣誓领土权或向家庭成员问好。

- ↔ 74~94厘米
- ⚖ 7.7~15.8千克
- ✕ 常见
- 哺乳动物、昆虫和水果

北美洲和中美洲北部

艾草松鸡
Centrocercus urophasianus

北美洲最大的松鸡没有肌胃,无法消化硬种子和嫩枝。艾草松鸡依靠蒿属植物来充饥、掩护自己。在繁殖季节,雌性艾草松鸡在公共的表演场地——求偶场上观看雄性艾草松鸡表演。它们会选择最强壮的雄性松鸡来交配。少数具有优势的雄性松鸡会与几只雌性松鸡交配,雌性松鸡会产下6~9枚卵。6~8周后小松鸡就可以四处活动,这时整个家族可能会迁徙到低纬度的冬季草场上觅食。

- ↔ 48~76厘米
- ⚖ 1.5~3千克
- ⊗ 濒临灭绝
- 🍴 蒿属植物和昆虫
- 🏠

北美洲西部到中部

▽ **昂首阔步的表演**
雄性艾草松鸡在求偶场上表演时,会迅速将胸部的气囊充气并放气,发出响亮而悠远的气泡爆炸声。它们也会展开尖尖的尾羽。

剑纹带蛇
Thamnophis sirtalis

剑纹带蛇是北美洲最常见的爬行动物之一,除了太干燥或太寒冷的地方之外,它们经常出没于各种栖息地。在凉爽的北部地区,剑纹带蛇聚集在地洞、树洞和类似的地方过冬,通过减缓新陈代谢来保存能量。在夏末,雌蛇一胎会产下10~70条小蛇。

- ↔ 50~125厘米
- ⚖ 140~180克
- ⊗ 常见
- 🍴 蠕虫、鱼类和两栖动物
- 🏠
- 📍 北美洲

▽ **条纹或斑点**
这一物种一般长有3条纵向延伸的浅色条纹,不过有些剑纹带蛇长了成排的斑点。

紧密排列的龙骨状鳞片

美洲沙漠木蝎
Centruroides vittatus

白天,美洲沙漠木蝎潜伏在岩石和原木下面的潮湿角落或是茂盛的植被中。日落时,它们才钻出来捕食。美洲沙漠木蝎最后一对附肢上长有梳状的感觉器官。它们利用嗅觉和感觉器官来侦测猎物,然后用其蝎钳压碎猎物,用毒刺将猎物杀死。

经过约为8个月的妊娠期后,雌蝎产下幼蝎。雌蝎会将30~50只幼蝎背在背上,直到它们完成第一次蜕皮。

- ↔ 5.5~7.5厘米
- ⊗ 不详
- 🍴 昆虫、蜘蛛和蜈蚣
- 🏠
- 📍 北美洲中部到中美洲北部

▷ **完美的伪装**
蝎子的体色可以帮助它们躲避捕食者和迷惑猎物。

背部长有两条宽条纹

翅膀边缘为黑色，上面有两排白色斑点

黑脉金斑蝶
Danaus plexippus

- 9.4~10.5厘米
- 常见
- 乳草类植物的叶子、花蜜

北美洲西部和东部、南美洲北部

美丽的黑脉金斑蝶在北美洲很常见，翅膀边缘有黑白相间的斑纹。秋天，生活在落基山脉西部的黑脉金斑蝶会迁徙到加利福尼亚海岸，而生活在落基山脉东部的则向南飞往位于墨西哥米却肯州的一个小小的高原地区。3月，熬过了墨西哥冬天的幸存者会迁徙至得克萨斯州和俄克拉何马州，产下继续向北传播的新一代。第3代和第4代仍然会向北迁徙，穿越美国和加拿大，在秋天返回南部。

捕食者，小心！

黑脉金斑蝶体色鲜艳，而且对比鲜明，似乎在向捕食者宣告，它们尝起来口感不佳。幼虫从乳草类植物的汁液中吸取类固醇，这类植物对捕食者来说具有毒性。不过，黄蜂和有的鸟类可以吞食黑脉金斑蝶的幼虫。黄鹂吃掉幼虫觉察到有毒后会呕吐，而松雀有一定的免疫力，可以直接消化黑脉金斑蝶的幼虫，不会受到任何伤害。

在美国，农药的使用给黑脉金斑蝶造成了威胁，这些农药杀死了乳草类植物——黑脉金斑蝶的食物。同时，它们进入墨西哥后，森林的砍伐造成栖息地减少，使它们更容易受到寒冷和大雨的侵袭，因此也面临着威胁。米却肯州的黑脉金斑蝶自然保护区，也就是它们过冬的地方，于2008年被宣布为世界遗产地。

▽ **大规模迁徙**
秋天，数百万只黑脉金斑蝶向南迁徙。它们利用储存的脂肪为飞行提供能量，随气流滑翔以节省能量。

▷ **以乳草类植物为食**
马利筋等乳草类植物的叶子和花蜜为黑脉金斑蝶提供了食物来源。

内华达山脉
加利福尼亚的雪脊

内华达山脉约有400万年的历史,是一座相对年轻的山脉。它长640千米,宽约100千米,形成了一片沿加利福尼亚州东部边缘延伸的壮观山地。惠特尼山位于南端,高4418米,是除阿拉斯加以外美国境内最高的山峰。该地区也拥有北美洲最大的高山湖泊——因湖水清澈而闻名于世的塔霍湖以及3座国家公园(约塞米蒂国家公园、红杉国家公园和国王峡谷国家公园)。

森林和气候带

位于内华达山脉西部的山麓覆盖着稀树草原和落叶橡树林,东坡气候干旱,植被稀疏,主要以针叶林为主,低纬度地区分布的杜松和美国黄松为松叶林的起点。巨杉最初出现在海拔1000米处,在更高地带的森林中主要生长着美国黑松、红杉、冷杉和白皮松。最后,在海拔3200米高的地方,这些树木被耐旱的高山植物所取代。森林中还零散分布着河流、湖泊、潮湿的草甸、干燥的草甸以及广阔的灌木林地。

内华达山脉的海拔和气候差异跨度大,从该地区野生动物的多样性中便可窥见一斑。栖息在高纬度地区的动物,如高山花栗鼠和北美鼠兔,必须忍受一年中大部分时间的低温和降雪。这里也是黑熊、棕熊、秃鹰以及数量不断增长的美洲河狸的家园。

数量锐减的捕食者
渔貂是一种主要在森林中捕食者。它们来自这里的渔貂数量仍然非常少,一旦它们从生态系统中消失,捕食者和被捕食者之间的平衡就会打破。

渔貂

源源不断的超级美食
内华达山脉中的河流是大鳞大麻哈鱼重要的产卵地,春季它们在河流中繁殖,为熊类和其他捕食者提供了源源不断的水源。不过,由于该地区开发,这一物种也受到了威胁。

大鳞大麻哈鱼

烧毁的森林
黑背啄木鸟充分利用火灾后的余烬,迅速地在枯木上定居下来,那里有大量的甲虫幼虫。随着该地带的重生和甲虫数量的减少,这些啄木鸟们会逐渐离开。

黑背啄木鸟

谢尔曼将军树生长在这里,这株巨杉是全世界数一数二的大树 › 拥有北美洲面积最大的高山湖泊

地理位置

内华达山脉沿着加利福尼亚东侧向南延伸,卡森山脉是一个支点,缓缓融入内华达山脉。

气候

受到海拔的影响,该地区为温和的地中海气候,夏季温暖,冬季凉爽。大部分降雨出现在西部。

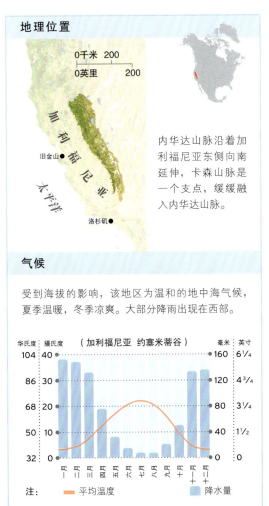

加拿大盘羊
Ovis canadensis

这种北美野羊因成年雄羊长有巨大的弯角而得其名,角长达1米。雄羊根据其角的大小论资排辈,年长的雄羊成为首领。如果伯仲难分,竞争对手就会用大角相撞,相互搏斗,以此方式来解决问题。雌羊的角稍微小点,从头部向后卷。它们的角主要用于防御,可以震慑鹰和美洲狮等捕猎者。

生活在海拔高地区

夏天,加拿大盘羊在高山草甸上吃草。它们从一块突出的岩石跳到另一块岩石上,从来没有在陡峭、崎岖的地面滑倒过——当它们踩着地面时,叉状羊蹄会分开,可以紧紧抓住脚下的岩石。冬天来临时,领头的雄羊带领10来只羊的羊群前往地势较低的地方,与其他羊群汇合,再组成多达100只羊的大羊群。加拿大盘羊蹄子的外缘非常坚硬,可以切割冰雪,能够更好地抓住地面。它们在山谷中繁殖,羊羔在春季出生,几周后就会跟着羊群长途跋涉返回山顶。

- ↔ 1~1.7米
- ⚖ 60~145千克
- ⊗ 易危
- 🌿 草本植物和灌木

北美洲中部

▽ 弯曲的角

雄羊的角一直在成长,长到足够大时,角的两端甚至会挡住视线。因此,年长的雄羊会在岩石上摩擦羊角,以防止羊角长得太长。

"巨人"之地

地球上最大的单株树木——巨杉依靠两种小动物来繁殖。钻木甲虫的幼虫和道氏红松鼠都以巨杉的球果为食,它们会引发持续的种子雨降落到森林地面。

雄羊的羊角和其骨架重量相当

浓密而光滑的皮毛
强有力的爪子适于挖洞

条纹臭鼬
Mephites mephites

条纹臭鼬的大小与家猫相当,和獾、水獭和鼬有亲缘关系。臭鼬与这些动物有着很多共同特征,如身体粗壮,不过它们可以向潜在的捕猎者喷出一种有毒的液体。这种液体是由尾巴下面的肛门腺产生的。臭鼬首先会将尾巴像旗子一样举到空中,然后前爪跺地发出警告。一旦入侵者踏入它们的领地,臭鼬就会倒立,扭动身体,朝袭击者脸上喷射毒液。

投机取巧的食客

条纹臭鼬生活在各种各样的栖息地中,栖息地通常靠近水边。事实上,它们会吃一切东西,包括家庭垃圾。大多数时候它们喜独居,在夜间活动,有时也会在天半亮的晨昏时分外出觅食。条纹臭鼬在二三月间进行繁殖。雌性条纹臭鼬在建筑物、枯树下面的地洞或巢穴中产崽。大约七八周后,小臭鼬就可以完全独立生活了。

△ 鸟巢袭击者
条纹臭鼬会偷袭野火鸡的巢穴。臭鼬擅长寻找鸟蛋,通常会一口气吃掉一整窝鸟蛋。

又长又浓密的尾巴

▷ 警戒色
臭鼬的背部和尾巴上长有黑白相间的皮毛,当尾巴竖起时,条纹呈现粗体的"V"字形,是对潜在的捕猎者发出的一种警告。

- 55~75厘米
- 2.5~6.5千克
- 常见
- 啮齿动物、鸟蛋和蜂蜜

加拿大中部到墨西哥北部

- 1.3~1.9米
- 55~300千克
- 常见
- 水果、坚果和其他植物

北美洲、中美洲北部

四肢强劲有力,可以爬树

美洲黑熊
Ursus americanus

黑熊体形比灰熊小,身材较挺拔,也更擅长攀爬。它们喜欢温带森林,但是也能适应佛罗里达湿润的沼泽和加拿大亚北极的酷寒气候。它们是真正意义上的杂食动物,主要以水果、坚果和其他植物为食,辅以昆虫、昆虫幼虫、鱼或腐肉——偶尔也会捕食哺乳动物。黑熊具有强烈的好奇心,是机会主义者,它们会挖掘露营地旁的垃圾堆,寻找残余食物。

除了从 5 月中旬持续到 7 月的交配期外,它们都是独居的。1 月到 3 月,黑熊在洞穴中产下幼崽,这时黑熊母亲正在冬眠。雌性黑熊一胎通常会产下两三头幼崽,但是也可能有四五头。幼崽会与母亲待在一起,直到两岁左右。

健康的数据

美洲黑熊的数量是世界上其他熊类总数的两倍——尽管美洲黑熊只栖息在 3 个国家:加拿大、美国和墨西哥。路易斯安那黑熊(*U. a. luteolus*)是已知 16 个黑熊亚种中最小的一种,由于栖息地丧失和过度捕猎,已被《美国濒危物种保护法》列为濒危物种。黑熊皮毛的颜色多种多样,从肉桂色、浅金色、灰蓝色、深棕色到黑色,以及不列颠哥伦比亚省的白色的"白灵熊",即柯莫德熊亚种(*U. a. kermodei*)。黑熊的数量与它们皮毛的颜色一样,在不同的地区都保持非常稳定的状态。

△ **久经沙场**
黑熊非常害羞,通常会避开人类,但是雄性和雌性都会经常打斗、相互残杀,有时甚至会吃掉对方。

△ **挠背**
黑熊经常会靠树挠痒,不过树干上留下的咬痕和抓痕可能是其领地的标记。

◁ **爬树**
黑熊母亲教幼崽爬树以躲避危险——如避开成年雄性黑熊的袭击。

黑熊的嗅觉比警犬灵敏 7 倍。

高山花栗鼠
Tamias alpinus

高山花栗鼠形似松鼠，生活在开阔地带。它们只栖息在加利福尼亚的内华达山脉地区，在海拔 2500 米高的断崖和碎石堆里生活，那里有很多洞穴，还有大量的草籽、莎草和低矮的松树。它们从 10 月中旬开始冬眠，直到来年 6 月才苏醒，以避开冬天最寒冷的时节。它们储存的脂肪极少，但是会在夏天储藏足够多的食物，在冬眠期间，它们经常会醒来进食。高山花栗鼠不需要寻找水源或喝水，它们可以从食物中获得足够的水分。

- 17~18 厘米
- 27.5~45.5 克
- 局部常见
- 种子和水果
- 美国西南部

◁ **栖息在岩石丛生的地带**
在岩石的高处，又深又窄的缝隙可以帮助它们保存身体的热量，有助于这种小动物存活下来。

北美白眉山雀
Poecile gambeli

山雀在全球都很常见。北美白眉山雀非常活跃，喜欢杂耍，是群居性鸟类。秋冬季节，它们与其他鸟类混群，在位于高纬度的针叶林中觅食。分散的雀群比单独的山雀更容易找到好的觅食地，而且多双眼睛一起协作也有利于发现危险。

- 平均 14 厘米
- 8~10 克
- 常见
- 种子、小型昆虫和蜘蛛
- 北美洲西南部和南部

独特的白色"眉毛"

▷ **唯一目标**
一旦有鹰等捕食者出现，形单影只的山雀将会成为唯一的目标。因此，待在山雀群中更加安全。

笨重的身体

红头美洲鹫
Cathartes aura

红头美洲鹫是 7 种新大陆秃鹫中的一种，这 7 种秃鹫都以动物的尸体为食，它们乘着温暖的上升气流在广阔的天空中飞翔。在翱翔盘旋时，它们的身体呈 "V" 字形，可以获得更大的稳定性。它们的翼尖有槽，可以减少空气干扰——早期设计师在设计飞机时借用了这一特性。

相互依赖

所有秃鹫都视力极好，但极少数嗅觉敏锐。红头美洲鹫可以通过气味找到食物，因此在森林中，其他的秃鹫会尾随它们寻找藏在树下的尸体。当找到大型哺乳动物的尸体时，红头美洲鹫会躲在一旁，等待喙更强劲的较大物种剥开坚硬的兽皮。相对于腐肉而言，所有的秃鹫更偏爱刚刚死去的动物。

冬天，在北方繁殖的红头美洲鹫会迁徙到热带地区，但也有许多红头美洲鹫一年四季都待在美国南部。早春时节，它们在南方繁殖；七八月份在更远的北方繁殖，将卵产在悬崖边，有时也在空心树或浓密的灌木丛中产卵。红头美洲鹫一般会产下两枚卵，孵化 40 天，然后在巢穴中哺育雏鸟约 10 周。

红头美洲鹫可以闻到刚刚死去的动物的味道。

- 64~81厘米
- 0.9~2千克
- 常见
- 动物尸体

北美洲中部至南美洲南部

宽阔的翅膀

裸露的头和钩状的喙

强健有力的脚和趾

◁ **宽阔的翅膀**
在清晨,红头美洲鹫会展开双翅,让太阳的热量温暖它们的身体,烘干潮湿的羽毛。这样它们的羽毛就可以保持良好的状态。

△ **降落**
这只秃鹫展开尾巴以控制飞行,双翼不停地拍击可充当刹车,眼睛注视着下方。它把双脚向前伸以减缓冲击力,因为着陆时会产生巨大的力量。

▷ 卵齿

这些刚孵出的雏鸟喙的末端仍然长有坚硬的白色卵齿,这颗卵齿是用来戳破卵壳的。

具有宽阔的褐色纵纹

乌林鸮
Strix nebulosa

这种鸮身披厚密的能够隔热的羽毛,因此看起来比较大,但实际上它们的体形比雕鸮或大雕鸮小得多,体重也轻得多。乌林鸮是一种不那么可怕的捕食者,主要捕食小猎物,通常都是在困难的条件下捕食。它们的脸像圆盘,宽约50厘米,听觉极其灵敏,不过它们的眼睛很小,似乎更适合在白天而非夜间活动。乌林鸮昼夜捕猎,这对于鸮类来说非常少见。它们的脸部长有一撮弧形羽毛,这撮羽毛可以直接将声音导入它们的耳朵中。这样乌林鸮就可以精确无误地定位声音的来源。

乌林鸮通常会在栖木上观察田鼠,并聆听它们的声音,然后安静地飞过去逮住它们,给它们一个措手不及。乌林鸮能够听见啮齿动物在积雪下挖掘隧道的声音,并且能够穿透四五十厘米厚的积雪,头部首先俯冲下去,然后用双脚给猎物致命的一击。乌林鸮主要分布在北美洲北部,不过有部分种群栖息在加利福尼亚的内华达山脉。

▽ 无声飞行

乌林鸮身体轻盈,翅膀宽阔,不仅可以在低空中缓慢、安静地飞行,还能够帮助它们精确地掌控树与树之间的距离。它们的翼羽边缘非常特别,几乎可以消除翅膀拍击时发出的噪声。

- ↔ 59~69厘米
- ⚖ 0.8~1.7千克
- ✕ 常见
- 🍴 野鼠、鸟类和蛙类

北美洲北部和中部,欧洲和亚洲东部

宽宽的脸部像圆盘

双翼宽阔,边缘呈指状

短而宽的尾巴

加州山王蛇
Lampropeltis zonata

加州山王蛇广泛分布于墨西哥的下加利福尼亚州，北至美国的华盛顿州。正如其名，这个物种的内华达亚种（*L. z. multicincta*）仅出现在内华达地区。加州山王蛇适应各种栖息地，它们生活在海拔3000米以上的高地和山脉中，白天在偏僻的沟壑中或破旧的木头上晒太阳，晚上在巨石或树根间休息，整个冬天都躲在洞穴里。

伪装色

与其他大多数王蛇一样，这种无毒的大蛇长有红色或橘色、黑色、白色或冰淇淋色的圆环，颜色酷似有毒的珊瑚蛇，可以震慑捕食者。它们行踪鬼祟，依靠视觉和嗅觉捕食，主要以蜥蜴和小蛇为食。不过，它们也会吃其他猎物，如鸟类——特别是红眼雀和画眉的雏鸟及鸟蛋，极少数情况下也会捕食啮齿动物、蛙类和其他两栖动物。它们会蜷起来挤压猎物将其制服，然后一口吞下。

- 50~120厘米
- 最重1.5千克
- 局部常见
- 小蛇、蜥蜴和鸟类

北美洲西南部

△ 三色环纹
生活在内华达山的王蛇亚种会在进攻时先展示自己异常斑斓的体色。并不是所有的亚种都具有如此华丽的背鳞，有些甚至没有斑纹。

加州山王蛇会吃其他蛇——甚至是有毒的小响尾蛇。

埃氏剑螈
Ensatina eschscholtzii

埃氏剑螈是生活在美国西部山林中的一种本地物种，它们无法呼吸空气。这种夜行性两栖动物没有肺部——它们所需的氧气全部都是通过湿润的皮肤直接吸收。鼻孔只能用来闻气味。埃氏剑螈的尾巴上长有毒腺，但是如浣熊这样的捕食者已经学会了要先吃它们的头部和身体，然后丢弃尾巴。

它们通常在较冷的季节进行交配。夏天，怀孕的雌性剑螈撤回到潮湿的角落，产下12枚卵。大约4个月后，小剑螈孵出，它们的外形与成年剑螈一样，没有经历幼体为蝌蚪的阶段。第一场秋雨结束后，它们会离开巢穴。

- 6~8厘米
- 春季和夏季
- 局部常见
- 蠕虫、昆虫和蜘蛛
- 美国西部

△ 在陆地上生活
在整个生命周期中，埃氏剑螈都生活在陆地上，这对两栖动物来说极不寻常。

内华达黄腿林蛙
Rana sierrae

内华达黄腿林蛙生活在海拔3600米的地方，在山间的小池塘和溪流中很常见。冬天，它们在结冰的湖底冬眠。夏天，它们白天捕食，很少会前往离水源一两米外的地方。

目前已经命名和描述的林蛙中，有3种林蛙的身体下侧呈淡黄色。它们之间主要的差别在于交配时发出的鸣声不同。春天冰雪融化，林蛙的繁殖期也拉开了帷幕，交配结束后，雌蛙在水生植物上产卵。蝌蚪需要三四年的时间才能成熟。

后腿下侧为黄色

△ 防御性气味
一旦被抓，内华达黄腿林蛙的皮肤会散发出一种辛辣刺鼻的大蒜气味。

- 6~8厘米
- 春季
- 濒危
- 昆虫、蜘蛛和蠕虫
- 北美洲西南部

莫哈韦沙漠

美国面积最小、气候最干燥的沙漠

莫哈韦沙漠主要位于南加利福尼亚，面积为 65000 平方千米，沙漠中有山有水，有部分是典型的低洼平坦的盆地地形。莫哈韦沙漠南部是索诺拉沙漠，北部为大盆地沙漠，它坐落于两大沙漠之间，几乎很难被发现。莫哈韦沙漠的范围与其特有物种——短叶丝兰（见主图）的分布情况相吻合。莫哈韦沙漠中特有的植物有两百多种，短叶丝兰就是其中的一种，这些特有植物占该沙漠植物物种的四分之一。

极端之地

莫哈韦沙漠坐落于落基山脉的雨影面，非常干燥。它是一个高原沙漠，大部分区域的海拔超过了 600 米。白天气温高，其中位于北部的死谷温度最高，1913 年 7 月 10 日死谷中火炉溪的气温竟达 56.7℃，保持着全球最高气温的纪录。死谷的恶水盆地也是美国最低点，位于海平面以下 86 米。"恶水"这个名字指的是一条小溪，溪水中含有高浓度的溶解盐类，人类无法饮用。不过，这条小溪滋养了其他生命，如商陆、各种水生昆虫，还有这里特有的恶水蜗牛——一种莫哈韦沙漠中常见的物种。其他栖居在莫哈韦沙漠中的特有物种有更格卢鼠、沙漠龟和致命的莫哈韦响尾蛇。

等待时机
莫哈韦地松鼠通过不繁殖或延长夏眠来节省稀缺的食物资源，从而熬过旱季。即便如此，地松鼠种群的数量经常会减少，但是一旦雨季来临，其数量又会迅速恢复。

莫哈韦地松鼠

沙漠繁荣
很多沙漠植物的休眠时间可长达几年，直到有充足的降雨支持它们生长。开花和结果。那里生长着罂粟和其他沙漠最西边，羚羊谷位于沙漠最西边，冬雨的降临，这些植物的花儿会竞相绽放，羚羊谷也因此而闻名于世。

加州罂粟

互惠互利
丝兰蛾以其赖以生存的植物命名。雌蛾在丝兰花上产卵，然后把花粉携带到柱头上，帮助丝兰授粉。幼虫孵化后，会吃掉一些正在发育的种子，剩下的种子会继续成长。

丝兰蛾

> 200 多种特有的植物 · 北美洲最热的地方 · 年平均降水量为 170 毫米

地理位置

莫哈韦沙漠位于索诺拉沙漠和大盆地沙漠之间,大部分区域在加利福尼亚东南部。

气候

莫哈韦沙漠每年的降水量不足330毫米,有些地方根本不降雨。温差巨大。

躲避高温

干旱季节,峡谷蟾蜍会躲在地下休眠,但是一旦降雨来临,上千只蟾蜍夜间会钻到地面上待在凉爽的地方。雌蟾蜍在临时性小水池中产卵。3天后,卵孵化,蝌蚪迅速长大,变成了蟾蜍。

北美狐
Vulpes macrotis

鼻子两侧都长有黑斑

北美狐长有巨大的耳朵,因此听觉极佳,可以帮助它们寻找猎物,从昆虫到长耳大野兔和蜥蜴等。不仅如此,超大的耳朵也有助于调节体温,使这位"沙漠居民"保持凉爽。在最炎热的季节,巨大的表面积可以释放出大量热,这样北美狐的体温就可保持在舒适的范围内。

生存技巧

北美狐是北美洲最小的野生犬科动物,拥有一些特别的沙漠生存技巧。它们的双脚长有脚垫,不仅可以增加牵引力,还能防止脚掌被炙热的地表烫伤。北美狐主要在夜间行动,白天待在某个洞穴中,以避开高温和捕食者,如土狼。它们有很多洞穴,这些洞穴要么是它们自己挖掘的,要么是从草原犬鼠等动物那里抢夺的。它们也会在人工建筑中筑窝,如雨水管道。

北美狐主要实行一夫一妻制,但是成对的北美狐不会生活在同一个洞穴中,它们总是独自捕猎。雌狐平均一胎产4只幼崽,这些幼崽与母亲一起生活五六个月。

- ↔ 45~54厘米
- ⚖ 1.6~2.7千克
- ⊗ 常见
- 🍴 啮齿动物、蜥蜴和昆虫

北美洲西南部

北美狐极少喝水,主要从食物中获得水分。

▽ 被毛变色
北美狐的被毛会随着季节的不同而变化,夏天会变成类似于铁锈的棕色和黄灰色,冬天变成银灰色。

▷ 叫声

小型猫科动物无法像大型猫科动物那样大声吼叫。但美洲狮恼怒时，也会发出咆哮声和"咝咝"声；当它们感到满足时，则发出"呜呜"声。

圆圆的脑袋上长着一对立耳

与身体大小不成比例的巨爪

浓密的皮毛呈淡黄色

美洲狮
Puma concolor

美洲狮是北美洲最大的猫科动物，有40多个常用名，如山狮和佛罗里达豹。人们通常不将它们看作大型猫科动物，而是最大的小型猫科动物。它们曾出现在美国各地，不过现在实际上已经从东部和中西部地区消失了。栖息地离赤道地区较远的美洲狮体形比栖息在赤道附近的美洲狮大。地理位置不同，美洲狮皮毛的颜色也相差迥异。分布在最北边的美洲狮为银灰色，栖息于气候湿润的南方的，体色往往呈红棕色。

过去，美洲狮总是神出鬼没，形单影只，常常想方设法避免与人类接触，但是据悉，当它们被逼入绝境时也会袭击人类。不过，自从20世纪90年代起，北美洲记载的美洲狮袭击事件急剧增长，徒步旅行者、山地自行车爱好者和滑雪爱好者尤其容易遭受袭击。

灵活的猫科动物

美洲狮具有高度的适应性，能够在沙漠和热带雨林等不同的栖息地中生活。这种适应性也体现在其饮食上。尽管偏爱有蹄类哺乳动物——特别是在喂养幼崽的雌性，美洲狮也会捕食野兔、野猪、昆虫、鸟类、老鼠、土狼，甚至其他的美洲狮。虽然它们白天非常活跃，不过多半会在晨昏时分狩猎。

雌性美洲狮全年都可繁殖。当雌性美洲狮处于发情期时，雄性美洲狮会与它们一起待上几天。随后，雄性美洲狮会离开，寻找其他潜在的配偶，不参与哺育后代。大约3个月后，雌性美洲狮产下2～3只长有斑点的幼崽，这些幼崽与母兽在一起生活18个月。12～14周后，幼崽身体上的斑点开始消失。

△ 敏捷而强壮

美洲狮的后腿强劲有力，能疾速奔跑，可以跳12米高，跨越5.4米远。

- ⬌ 86~155厘米
- 34~72千克
- ⊗ 常见
- 有蹄类哺乳动物

北美洲西南部、中美洲和南美洲

黑尾长耳大野兔
Lepus californicus

尾巴上部有一撮黑色被毛

大耳朵上布满了血管

黑尾长耳大野兔是真正的野兔。它们虽然在地面生活,但更喜欢靠速度来抵御捕食者的追捕,而非躲进洞穴里。它们身体强健灵活,后腿长而有力,脚像弹簧一样,因此黑尾长耳大野兔起跑时就可快速向前冲。

黑尾长耳大野兔广泛分布于长满蒿属植物和石炭酸灌木的半干旱地区以及其他开阔的灌木林地。它们大多数在夜间活动,以避开炎热的天气。为了逃避炎热,它们偶尔也会躲进洞穴。这对野兔来说并不常见。

早熟的幼崽
雌兔每胎产 3～5 只全身毛茸茸、眼睛大睁的幼崽。小野兔出生后很快就可以开始活动。雌兔不到一岁就可以繁殖后代,不过它们沦为猎物的概率也很高——很多动物,如美洲狮、土狼、老鹰和响尾蛇都会捕食黑尾长耳大野兔。如果条件适宜,它们的数量会迅速增长,但是一旦食物匮乏,数量又会骤降。

▷ **双耳两用**
黑尾长耳大野兔不仅拥有极好的听力,它们的耳朵还像散热器一样,可以毫不费力地降温。

- ↔ 47~63厘米
- ⚖ 1.5~3.5千克
- ✕ 常见
- 🌿 草本植物和嫩枝

北美洲中部、西部和南部

走鹃
Geococcyx californianus

颈部和胸部颜色较浅,有暗色条纹

走鹃是一种在地面活动的鸟类,隶属于杜鹃科。它们双腿裸露,长而有力,两个脚趾朝前,两个朝后——这种特征看上去不太适合快速奔跑。走鹃喜欢开阔的半沙漠地区,那里常被干燥的灌木丛所覆盖。不过它们也会迁徙到树木稀疏的更潮湿、更青翠的栖息地。它们不擅长飞行,但可以爬到树顶、电线或路边的电线杆上。走鹃以蜥蜴和老鼠为食,也会吃小蛇和小鸟,用喙将其啄死。它们适应缺乏饮用水的恶劣环境,可以从猎物中获取身体所需的水分。此外,走鹃也可以通过眼睛附近的腺体分泌多余的盐分来保持湿润,而非通过肾脏排水。

- ↔ 平均56厘米
- ⚖ 平均325克
- ✕ 常见
- 🦎 蜥蜴、老鼠、小蛇和小鸟

北美洲南部

◁ **沙漠逃亡**
走鹃非常适应快节拍的生活。它们在沙漠中不停奔跑,驱赶猎物。

钝尾毒蜥
Heloderma suspectum

被钝尾毒蜥咬伤后痛感强烈，但很少会致命。

粗壮的尾巴储存食物和水

念珠状鳞片闪闪发光

钝尾毒蜥又称怪物"吉拉"，身体结实强壮，行动缓慢，是神出鬼没的独居动物。它们是北美洲最大的本土蜥蜴——也是少数有毒蜥蜴中的一种。钝尾毒蜥的毒腺可以分泌出毒液，借助强大的咬合力，毒液依靠毛细作用沿着下颌里的牙沟进入猎物的体内。因此，钝尾毒蜥几乎没有天敌。

超级大餐
钝尾毒蜥90%的时间都待在巢穴里，巢穴建在它们强占的地洞中，地洞位于树根之间或岩石之下。钝尾毒蜥食性广泛，会吃鸟类和爬行动物的蛋、小型哺乳动物、鸟类（特别是未离巢的雏鸟）、蜥蜴、蛙和其他两栖动物，以及昆虫、蠕虫等。考虑到它们习惯于节省能量，而且可以将脂肪储存在尾巴里，一顿大餐足以让钝尾毒蜥连续几周不进食。小钝尾毒蜥一顿吃下的食物重量可达其体重的一半，而成年毒蜥可以吃下相当于自己体重三分之一的食物。所以，有些钝尾毒蜥一年只吃6餐。

小盾响尾蛇
Crotalus scutulatus

这种响尾蛇是蝰蛇科中的一员，它们的眼睛下面长有碗状的凹陷，可以探测到温血动物体内的红外线（热量）。它们的毒液毒性猛烈，既可以用来制服老鼠等猎物，又可以用来进行自我防卫。响尾蛇可以发出"咔嗒"的警告声——它们也因此而得其名。随着一次又一次的蜕皮，它们的响环会慢慢增加。

小盾响尾蛇与它们著名的近亲西部菱背响尾蛇的不同之处在于，小盾响尾蛇向尾巴延伸的背部条纹消失得更早一些，而且白色的尾环比黑色的更宽。

响环

△ **莫哈韦绿蛇**
有些小盾响尾蛇身体上拥有一抹橄榄绿——当地人称它们为莫哈韦绿蛇。

- 1~1.3米
- 2~4千克
- 局部常见
- 老鼠和小型哺乳动物
- 美国西南部和中美洲

库奇掘足蟾
Scaphiopus couchii

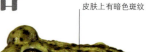

皮肤上有暗色斑纹

掘足蟾是以它们后肢上的铲状棱脊来命名的，这对棱脊可以用来在沙子里挖洞穴。库奇掘足蟾会一连几个月待在地下以躲避干燥的气候。在地下的时候，它们会保留通过尿液排出体外的毒素。因此，库奇掘足蟾体内的化学物质浓度很高，它们可以利用具有渗透性的皮肤从土壤中吸收水分。

当雨季来临时，它们开始繁衍生息。第一场大雨之后，库奇掘足蟾会钻出地面，雌掘足蟾在临时性的小池塘里产卵。卵会在36小时内孵化，蝌蚪在40天之内长成小掘足蟾。

△ **进食和繁殖**
除了繁殖期外，掘足蟾还会在夜间钻出地面，捕捉它们能够找到的尽可能多的猎物。

- 5.5~9厘米
- 雨季
- 常见
- 昆虫、蜘蛛
- 美国南部和墨西哥

莫哈韦沙漠 | 65

▷ 将卵藏起来
雌毒蜥夏天会产下5～10枚卵，并将其埋在干燥的土壤里。9个月后小蜥蜴破壳而出，身长约为15厘米。

▽ 体表呈串珠状
"吉拉"体表的鳞片呈圆形或近圆形。每一只毒蜥的体色都是独一无二的，由黑色中点缀着粉色、红色或橘色的斑块所组成——这也是在警告潜在的捕食者，被它们咬伤后会中毒。

- 40～60厘米
- 1～2千克
- 近危
- 蛋、小鸟和小型哺乳动物

美国西南部和墨西哥北部

墨西哥金背

Aphonopelma chalcodes

这种沙漠捕食者视力欠佳，白天极有可能会沦为猎物。因此，它们会待在洞穴里，等待夜幕降临。在黑暗中，墨西哥金背依靠触觉来感知环境。它们的洞穴入口处织有向外辐射的丝状网，当过往的动物触碰到这张网时，它们的腿和口器可以探测出丝网产生的震动。这种蜘蛛潜伏以待，一旦时机成熟，它们就会冲出来咬住猎物，用毒液将其杀死。

寻找配偶
墨西哥金背生长发育十分缓慢，需要10年才能达到性成熟。接着，雄性金背开始寻找配偶，向它们找到的每只雌性金背展示自己的丝囊。卵都挂在洞穴入口处的丝网上，这里可以享受到阳光的直射。孵化出来的小蜘蛛只在洞穴里待几天。

▽ 毛茸茸的捕猎者
墨西哥金背的体毛不仅能感知触觉，还能起到防御作用。一旦遭遇威胁，墨西哥金背就会用后腿把身体上的刺激性短毛踢向袭击者。

- 5～7厘米
- 不详
- 蟋蟀、蚱蜢和小蜥蜴

北美洲西南部

深色的腹部

腿上长着灰白的毛

佛罗里达大沼泽地
美国最大的湿地荒原

佛罗里达大沼泽地是一片地势低洼、植被茂密的湿地，各种动植物栖息地相互交织，星罗棋布。这块湿地与美国其他的国家公园不同，这里自然风光尽管不够壮丽，却拥有独一无二的生态系统和生物多样性，特别是佛罗里达半岛最南部。美国国会于1934年通过了建立大沼泽地国家公园的法案。由于该地区水域的深度、水质和盐度以及潮汐淹水的频率和持续时间各不相同，大沼泽地中的各类栖息地相互依存，却又状况迥异。

青草河

国家公园中的生态区域包括河口、潮汐红树林沼泽和长满耐盐耐旱的多肉植物的草甸。在地势稍高的小岛上，这些生态系统被草甸和湿地松林所替代。湿地松林长势迅猛，但顶部枝叶稀疏，每隔一段时间就会被大火夷为平地。草甸中零星分布着些许洼地，河水从奥基乔比湖向东缓缓流入佛罗里达湾，部分河水滞留，形成大片泽国。这里的地标就是漫无边际的锯齿草甸，因此国家公园也被称为"草之河"。一条流势缓慢的淡水河穿过其中，造就了独特的沼泽湿地。地势较高的地带分布着小块儿的硬木林群落，群落中的树木主要是热带桃花心木和温带橡树，通常也覆盖着蕨类植物和气生植物（这两类植物都属于附生植物）。

大沼泽地中栖息着300多种鱼类，还拥有北美洲最大的热带涉禽繁殖种群。该地区也是美洲短吻鳄和濒临灭绝的美洲鳄等50多种爬行动物的家园。

鲨鱼"托儿所"
年幼的公牛真鲨很容易沦为捕食者的猎物，因此雌性公牛真鲨会游到较浅的水域中产崽。在这种情况下，它们要承受巨大的生理压力，这种压力足以杀死大多数海生生物。小公牛真鲨最后会洄游到较温暖的近海水域。

公牛真鲨

柏木沼泽
美国水松和池杉可以在沼泽地中茁壮成长，并形成森林带，其边缘簇拥着一些根基不太稳固的小型树木。森林中大树的树干基部会膨大，可以固定根基，还有伸出水面的气根。

美国水松和池杉

濒危的食肉动物
佛罗里达美洲狮，也称为佛罗里达山狮，是美洲狮的一个亚种，是大沼泽地中最濒危的哺乳动物之一——现存活数量不足一百只。美洲狮的数量曾逐渐减少，但随着其他美洲狮亚种从得克萨斯州引进后，其数量已出现明显增长。

佛罗里达美洲狮

位于北美洲的亚热带沼泽湿地

世界上短吻鳄和鳄唯一可以共存的地方

佛罗里达大沼泽地 | 67

地理位置

位于佛罗里达半岛南端，主要在奥基乔比湖南部。大沼泽地中规模更为庞大的生态系统向北延伸至基西米湖。

气候

大沼泽地位于热带地区，全年分两个季节：12月到次年4月气候温暖干燥，5月到10月炎热潮湿。

注： ── 平均气温　　■ 降水量

令人讨厌的入侵者

大沼泽地中四分之一的脊椎动物都是外来物种，它们对本土野生动植物造成了严重威胁。体形巨大的缅甸蟒没有天敌，因此它们种群数量不断增长，因此给当地的浣熊和野兔种群带来了灭顶之灾。

缅甸蟒

西印度海牛
Trichechus manatus

西印度海牛身体臃肿，头部宽阔，鼻口上有胡须，虽然外形与海象相似，但大型哺乳动物大象和体形较小的啮齿动物蹄兔是现存的、与它们亲缘关系最近的物种。海牛非常温和，行动缓慢，从来不在陆地上休息，也无法在寒冷的环境中生存。它们以盐水植物和淡水植物为生，这一特殊饮食习惯，加上憨厚的外形和温驯的性格，给它们赢得了"海牛"的昵称。

- ↔ 2.5~3.9米
- ⚖ 200~600千克
- ⊗ 易危
- 🌿 海草等水生植物

美国东南部到东北部、南美洲、加勒比海

◁ **步调慵懒**
海牛游泳速度慢，通常每隔5分钟就会浮出海面呼吸空气。它们可以在水中潜游约20分钟。

灰狐
Urocyon cinereoargenteus

灰狐体形纤细，行动迅速而敏捷，是攀爬高手。它们能爬到18米高的树上休息，土狼等捕食者无法达到这里。它们主要在夜间行动，是孤独的捕猎者，冬季主要以野兔等啮齿动物为食，但是随着季节的变化，其食物也大不相同。与大部分狐狸一样，它们几乎会吃一切能找到的食物。灰狐父母共同养育幼崽，一年后幼崽可以完全独立生活。

- ↔ 54~66厘米
- ⚖ 2~5.5千克
- ⊗ 常见
- 🌿 啮齿动物、鸟类和昆虫

北美洲中部到南美洲北部

◁ **类似犬吠的叫声**
灰狐可以发出各种声音，包括狂吠声、尖叫声和咆哮声。

- ↔ 60~95厘米
- ⚖ 2.7~10.4千克
- ❌ 常见
- 🍴 昆虫、啮齿动物、鸟卵和浆果

加拿大南部到中美洲

▷ "蒙面大盗"

北美浣熊的面部有黑色眼斑,仿佛"蒙面大盗",这也似乎表明了它们投机主义者的身份。它们可以利用前爪攀爬、挖洞,甚至打开门闩和推开大门。

北美浣熊
Procyon lotor

被毛颜色从浅灰到黑

北美浣熊聪明灵巧，而且适应力强，几乎在北美洲所有环境中都能生存，从沼泽地到山脉，从城市到农田。它们曾经是一种热带动物，主要在河岸边觅食，现在已成为陆地上常见的物种。人们在各种栖息地中都能见到其踪影，包括它们以前极少出现的沙漠和山脉地区，不过它们仍然更喜欢河岸边。

适应与发展

"灵活"一词用来描述这种杂食动物再恰当不过了。北美浣熊是适应性极强的生存者，能够在野外的池塘和小溪中、树丛里、平地上以及城市的排水沟、垃圾桶和屋顶寻找食物。在野外，它们主要以昆虫、蛙类、啮齿动物、鸟卵、坚果和浆果为食。在城市中，它们几乎会吃掉所有找到的可以吃的东西——甚至会偷袭鸟食器或是在户外的家畜喂食处中的食物。北美浣熊通常在树洞中筑巢或是在野外挖洞穴，白天藏在巢穴里，黄昏时分出来捕猎。它们也喜欢住在畜棚里、人类房屋的低矮处和楼顶。城镇可以提供大量的食物，又没有土狼、山猫和美洲狮等天敌，因此北美浣熊也能够在此茁壮成长。

操控大师

北美浣熊非常灵巧。它们前爪上的5个趾就像人类的手指一样，可以抓住并控制食物，也能拧开门把手、打开门闩。浣熊非常强壮，擅长游泳。在水下寻找蛙或贝类等猎物时，它们在很大程度上依靠于触觉——它们的触觉在水下可能会更加敏感。它们的后腿比前腿长，看起来就像一团毛球，但是奔跑的速度最快可达24千米/时。它们在春天发情，雌浣熊一胎产3~4只幼崽，并独自哺育它们。小浣熊长到8~10周大时，开始跟随母亲一起在夜间捕猎；到13~14个月大时，它们会离开母亲。

> 成年北美浣熊非常强壮，力气大到能把狗的头部按到水下。

◁ 牢牢地抓住
成年北美浣熊可以抓住与鲑鱼大小相当的猎物。它们的爪子锋利，可以牢牢抓住这份滑溜溜的大餐。

△ 摸索食物
北美浣熊的手指既灵活又敏感，非常擅长在水下寻找食物。它们最喜欢的食物是小龙虾。

颈部弯曲
趾间有蹼

美洲蛇鹈
Anhinga anhinga

美洲蛇鹈隶属于蛇鹈科，分布广泛，通常出现在沼泽里和水道中，与分布在非洲的蛇鹈亲缘关系较密切。它们栖息在树丛中和红树林里，不过太阳升起后，会迅速离开巢穴，飞往开阔的水域捕食。它们游泳时身体淹没在水中，头部和脖子与水面持平，头和脖子可以像蛇一样左右摆动，因而也被称为"蛇鸟"。

鱼叉捕鱼

美洲蛇鹈的骨头致密，尾脂腺不发达，羽毛不但不防水，反而能够迅速吸收水分，因此很容易下沉，在水下只能潜泳大约一分钟。它们的双腿不如鸬鹚强劲有力，不能积极追寻猎物，只能像苍鹭一样捕食，静待时机刺穿游过的鱼。它们的脊椎和颈部肌肉很特别，脖子可以保持弯曲状态，能够瞬间快速向前伸。然后，蛇鹈浮出水面，将捕捉到的鱼抛到空中，再将其吞下。

美洲蛇鹈与依树筑巢的其他鸟组成了混合群，它们的巢穴也建在附近。雌蛇鹈利用雄蛇鹈收集的树枝和芦苇筑巢，在3~4周之后6枚卵孵化。最初，父母会先从喉咙吐出准备消化的鱼喂给雏鸟，后来就直接喂食整条鱼。6周后，雏鸟能够离开巢穴，但有时它们仍然会再依赖父母几周。

长长的喙像利剑一样

窄而小的头部

翅膀上部长有银白色的斑纹

▽ **展开的翅膀**
美洲蛇鹈进行炫耀性表演时，会展开大大的翅膀，有时只伸展一边的翅膀。它们在捕鱼后展开翅膀晒干浸湿的羽毛，是为了使身体变得干燥和温暖。

大蓝鹭
Ardea herodias

肩部有黑斑
脚趾细长

大蓝鹭是北美洲最大的涉禽之一。世界各地的鹭都长有相似的长脖子，飞翔或休息时，它们会把脖子缩回两肩之间。不过，捕食时，它们则把脖子伸展开来，用长而锋利的喙以闪电般的速度咬住游鱼。大蓝鹭是擅长静观等待的捕食大师。它们非常耐心地追踪猎物，如同雕像一般在滩上一连站立几个小时。它们会围绕树顶的巢穴附近表演令人赞叹不已的飞行特技。雌鸟会在巢穴中产下约6枚卵，27天后雏鸟破壳而出。在幼鸟学会飞翔之前，父母会共同抚养它们80天。大蓝鹭印度亚种（*A. h. occidentalis*）的翅膀是纯白色的，分布在佛罗里达。

◁ 被刺穿的猎物
大部分捕食鱼的鸟都会利用它们的喙捕捉猎物。被誉为"鱼叉捕鱼者"的美洲蛇鹈还会利用喙刺穿小鱼，甩到空中，再吞食。

- ↔ 85~89厘米
- 平均1.2千克
- ⊗ 常见
- 鱼类

北美洲南部到南美洲中部

- ↔ 0.9~1.4米
- 2.1~2.5千克
- ⊗ 常见
- 鱼类、蛙类和鸟类

北美洲到南美洲北部

◁ 生活在高处
大蓝鹭将巢穴建在高高的树上，可以避开捕食者。巢穴建得非常牢固，足以支撑到几只幼鸟长大。

紫青水鸡
Porphyrio martinica

双腿和脚趾修长，呈黄色

紫青水鸡既能在陆地上轻松行走，也能在漂浮的树叶上轻松移动。尽管它们的脚上没有蹼，却可以像鸭子一样在水中游泳。它们生活在热带湿地中，是水边的多面手，不过，它们似乎更喜欢水道宽阔、水草繁茂的地方。它们的巢穴呈盘状，是用漂浮在水面的水草或与芦苇等搭建而成的。巢穴建造好了之后，雌鸟会产下10枚卵，20天之后这些卵全都会孵化。雏鸟长到1周大时开始自己捕食，3周后可以独立，5~7周后可以飞翔。

▷ 敏捷的舞者
紫青水鸡可以将其身体的重量分散到细长的脚趾上，敏捷而有节奏地走过漂浮于水面的植被。然而它们攀越茂密的树枝时会显得有几分笨拙。

- ↔ 27~36厘米
- 200~275克
- ⊗ 常见
- 种子、水果和无脊椎动物

北美洲南部到南美洲中部

尾巴上覆盖着龙骨状的鳞片
短吻鳄的鼻子比鳄鱼更圆

美洲短吻鳄
Alligator mississippiensis

这种可怕的捕食者生活在美国东南部的湿地和沼泽中。它们的尾巴强健、侧向扁平，可以推动它们在水中自由游动。在陆地上爬行时，美洲短吻鳄腹部着地，或是将身体稍稍抬离地面，蹒跚前行。它们向前冲的速度比很多人类奔跑的速度还快，即使将四肢全部缩到身体下面，仍可以急速前行小段距离。大部分短吻鳄是夜间捕食者，会悄悄随波逐流或游动，然后突然冲向猎物。

求爱期和交配期在 4~5 月拉开序幕，雄短吻鳄发出咆哮声或怒吼声以吸引雌性。雌性短吻鳄会用枯萎的植物筑成巢穴，并在这里产卵。到了 8 月，在巢穴中将会有 30~50 只小鳄鱼孵化出来。整个孵化期雌性短吻鳄都会一直守护在旁，它会聆听刚破壳而出的小鳄鱼发出的"唧唧"声，帮助它们离开巢穴，用嘴巴将它们衔到水中。成年美洲短吻鳄体形庞大、力量惊人，性格凶猛不驯，几乎没有天敌，但是小鳄鱼很容易受到捕食者的伤害，需要母亲保护 3 年。

- 3~4米
- 平均300千克
- 局部常见
- 鱼类、水鸟和哺乳动物

美国东南部

▷ **强有力的颌**
短吻鳄颌部强劲有力，长有 80 颗锥形牙齿，可以紧紧咬住猎物。下颌中有一颗独特的大牙齿，正好与上颌中的一个压槽相吻合。

拟鳄龟
Chelydra serpentina

拟鳄龟的地向北延伸至加拿大的亚伯达，向南扩展到美国的墨西哥湾沿岸，有些拟鳄龟甚至栖息在落基山脉——这说明，它们大部分时间并不喜欢待在泥泞的淡水湖或河流中。成年拟鳄龟性情暴躁，会主动攻击人类。它们在陆地上极具侵略性，会咬住任何它们碰到的东西，包括其他的龟。较年长的拟鳄龟背甲上通常覆盖着藻类，当它们隐藏起来等待猎物时，这些藻类可以提供更好的伪装。有时候，成年的拟鳄龟会在陆地上长途跋涉，偶尔会因交通事故而丧命，而刚孵化的小拟鳄龟很容易遭到浣熊、苍鹭、臭鼬及其他乌龟的袭击。

背甲黄褐色、浅褐色或灰棕色

- 25~48厘米
- 平均16千克
- 常见
- 鱼类、哺乳动物和植物

美国中部和东部

△ **残忍的拟鳄龟**
成年拟鳄龟生性好斗，背甲坚硬，几乎没有天敌，可以存活 40 多年。

络新妇

Nephila clavipes

络新妇是美国最大的结网型蜘蛛之一。它们可以在沼泽和森林中的树丛间织一张牢固的圆网。成熟雌性络新妇织的网可达1米宽，它们常进行修补，不必每天重新结网。它们结的网呈淡黄色，丝网经周围植物反射后会泛出一种绿色的光，在树荫下更难被发现。一旦有阳光照射，丝网又呈现出丝绸般的金色，可以吸引寻找花朵的昆虫，如蝴蝶、蜜蜂，这些昆虫都沦为了它们的猎物。

↔ 1.25~7.5厘米
⊗ 不详
ᵐ 昆虫

北美洲南部到南美洲

◁ 小和大
如图所示，雄性络新妇正待在潜在的配偶旁边，它的身体大小只有雌性的十分之一。

哥斯达黎加

绯红金刚鹦鹉在热带雨林上空展翅飞翔,四处找寻树顶盛开的颜色鲜艳的花朵。这些大型鹦鹉只在树洞中繁殖。

中美洲和南美洲

美洲豹之乡
中美洲和南美洲

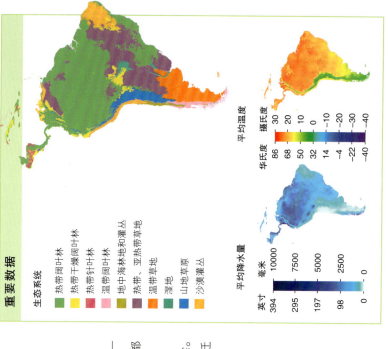

重要数据

生态系统
- 热带阔叶林
- 热带干燥阔叶林
- 热带针叶林
- 温带阔叶林
- 地中海林地和灌丛
- 热带、亚热带草地
- 温带草原
- 湿地
- 山地草原
- 沙漠灌丛

平均温度

华氏度	摄氏度
86	30
68	20
50	10
32	0
14	-10
-4	-20
-22	-30
-40	-40

平均降水量

英寸	毫米
394	10000
295	7500
197	5000
98	2500
0	0

中美洲和南美洲面积约1800万平方千米，具有各种不同的地形和气候。构成南美洲脊梁的安第斯山脉是世界上最长的山脉，最高的山峰海拔约7000米。亚马孙河及其支流所处都是茂密的热带雨林，河流冲击形成了辽阔的流域盆地。盆地中央是世界上最大的热带湿地——潘塔纳尔湿地。南美洲的南部和东部地势较高，到处是热带稀树草原和草地。这片广袤陆地上栖息了各种相差迥异的植物和动物，它们中有很多在其他地方都无法找到。

有史以来，中美地峡一直是南北美洲陆地动物交流的重要桥梁，这也是鸟类在北美洲的阿拉斯加和南美洲的巴塔哥尼亚之间迁徙的重要航道。

亚马孙热带雨林

亚马孙热带雨林是地球上最大的热带雨林，位于南美洲北部亚马孙平原，占据了亚马孙热带雨林至少一半的面积。亚马孙热带雨林至少有5500万年的历史，这里栖息着多样性极为丰富的动植物。这里涵盖了世界上10%的已知物种，也为美洲豹、角雕、亚马孙河豚和数千种鸟类、蝴蝶提供了避难所。

连接北美洲的陆地

中美地峡大约形成于300万年前，是两块大陆间的陆地动物来往返徙的天然桥梁。

哥斯达黎加热带雨林

生态旅游者蜂拥而至，观赏美丽的丛林和野生动植物。

加勒比群岛

加勒比群岛有7000多座岛屿及世界上约9%的珊瑚礁。

科隆群岛

这些火山是由喷出柱形成的——从地球深处升起的岩浆柱。

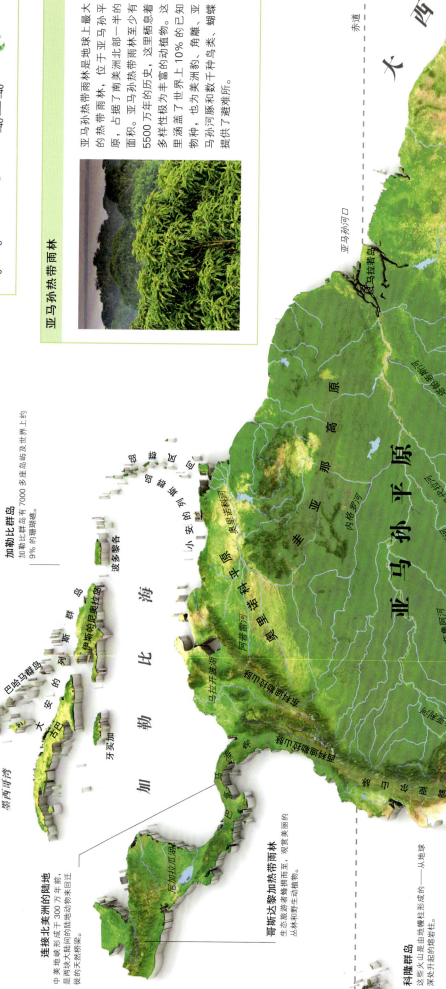

地理屏障

地理屏障,如河流,将动物分隔为不同的种群,限制了它们的分布,并刺激了不同物种的成长。两种僧帽猴就被巴拉那河和阿拉瓜亚河分割开来,基因证明,在200万年前,这些物种就已经隔离分化了。

蓝色僧帽猴

安第斯山脉雨影效应

在雨影效应的影响下,安第斯山脉东南部很多地方非常干燥。来自巨大平洋的海风在山脉附近冷却,使其所携带的水蒸发以雨水的形式在山脉的迎风面(西面)降落下来。

上升气流降温后冷凝　盛行风　蒸发　温暖的海洋

肥沃的草原

阿根廷这片肥沃的温带草原是很多珍奇动物的家园。

马尔维纳斯群岛

合恩角

麦哲伦海峡

鱼类通过这条海上巷道在太平洋和大西洋之间游动。

阿塔卡马沙漠

阿塔卡马沙漠是世界上最干燥的沙漠,在沙漠中一些地方从来没有过下雨的记录。然而约500种植物和少数几种动物,两栖动物、爬行动物、鸟类和哺乳动物已经适应了这里,包括蝎子、盐滩蜥蜴、洪堡企鹅和安第斯火烈鸟等。

月亮谷

特定的生态区

- 哥斯达黎加热带雨林 》 78～83页 热带、亚热带常绿阔叶林
- 安第斯山脉永加斯地区 》 84～89页 热带、亚热带常绿阔叶林
- 亚马孙雨林 》 90～99页 热带、亚热带常绿阔叶林
- 潘塔纳尔湿地 》 100～107页 洪泛平原湿地
- 安第斯高原 》 108～113页 山地草原、灌丛
- 潘帕斯草原 》 114～121页 温带草原
- 科帕品草原 》 122～129页 沙漠、灌丛

哥斯达黎加热带雨林
热带雨林中的"生态天堂"

哥斯达黎加面积不大，但是这里的生态多样性非常丰富——仅占世界上陆地面积的0.3%，但拥有全球近5%的物种。哥斯达黎加拥有世界上最具生物多样性的热带雨林，森林郁郁葱葱，到处是树木、河流和瀑布，各种各样独特的动物在这里生活。大多数栖息在此的动物外表非常漂亮——包括在鲜花怒放的树丛间飞来飞去的蝴蝶和蜂鸟。虽然该生态区面积非常小，但是这里生长着大量不同种类的兰花。

哥斯达黎加拥有如此丰富的生态多样性，完全得益于其独特的地理位置——这里是沟通南北美洲的桥梁，也是南北美大陆的典型代表。除了热带雨林外，这个国家还分布着其他类型的生态栖息地，如位于较高海拔地区的云雾林、干燥林和红树林沼泽。

环保领军者

哥斯达黎加在保护自然环境上处于世界领先地位。大约四分之一的国土都被指定为国家公园或自然保护区，哥斯达黎加一直被誉为"可靠的生态旅游"的楷模，人们蜂拥而至，前来观赏多种多样的灵长动物和树懒等独一无二的哺乳动物。自20世纪60年代以来，森林砍伐率大大降低，很多地区已经重新进行了植树造林。对于那些提供环境服务以支持环保措施和保护热带雨林完整性的土地所有者，哥斯达黎加也开创了为其支付薪水的先河。

高大的树木
高于热带雨林主体部分的树木，如木棉树，可以照射到周围林最上部的阳光。吸蜜蝠为它们的花朵授粉，降落在其他的种子随风飘扬，降落在新的地方。

木棉树

如果喙大小合适
蝎尾蕉属植物的花朵几乎只能依靠蜂鸟授粉，蜂鸟们应邀前来吸食花朵中的花蜜，顺便完成传粉。这两种物种同时进化，因此花柱较深的蝎尾蕉属植物只能通过这些喙足够长的物种来协助授粉。

庞大的捕猎者
角雕捕食生活在热带雨林树冠中的猴子和树懒。它们的翅膀短小而宽阔，长长的爪子和强有力的双脚有助于抓起较大的猎物，甚至能够猎捕与其体形大小相当的鸟。

角雕

世界5%以上的鸟类栖息在此 › 50多种蜂鸟 › 75万种昆虫

地理位置

哥斯达黎加位于南北美洲之间的中美地峡上。

气候

哥斯达黎加属于热带干燥气候。加勒比海的降水量比太平洋沿岸更多。

伞护种

黑头巨蝮以小型哺乳动物为食，如刺鼠和有袋动物。它们将卵产在其他动物栖居的地洞中。保护黑头巨蝮这一物种可以惠及许多其他物种。

黑头巨蝮

洪都拉斯白蝙蝠
Ectophylla alba

这种小型蝙蝠生活在遍布蝎尾蕉属植物的热带雨林中。夜间，它们以水果为食，白天栖息在自己建造的帐篷里——通过啃食叶片的中脉使两侧塌陷下来，形成一个倒置的"V"形，帐篷保护它们免受阳光的暴晒和雨水的侵袭。当阳光透过翠绿的树叶时，它们雪白的皮毛上也会点缀着些许绿色，这样它们就可以伪装起来，不被潜在的捕食者发现。

- 3.5~4.8厘米
- 平均7.5克
- 近危
- 水果

中美洲

◁ 树叶帐篷

洪都拉斯白蝙蝠通常组成4~10只的小群，包括一只雄蝙蝠和若干只雌蝙蝠，它们成群地栖息在离地面2米高的树叶下面。

霍氏树懒
Choloepus hoffmanni

- 55~75厘米
- 4~8.5千克
- 常见
- 树叶、嫩芽、水果和树液

中美洲及南美洲西部和北部

树懒行动缓慢以保存能量。其新陈代谢的速度比其他身体大小相当的哺乳动物慢一半。它们的肠道比食肉动物的短——这一特性通常与消化速度快相关，植物性食物通常需要6~21天才能被完全消化。不过，这样树懒可以最大限度地从低能量食物中吸取营养，同时也可以中和毒素。每周树懒会下到地面排便一次，它们在地面活动时既笨拙又脆弱。它们的皮毛上覆盖着藻类，可以帮助它们在树丛中伪装起来，躲避角雕和美洲豹等捕食者。

▷ 闲荡

树懒生命中大部分的时间都待在树上。它们用巨大的钩状前爪倒挂在树上，在那里进食、睡觉、交配和产崽。

独特的链状花结

虎猫
Leopardus pardalis

虎猫是游泳高手，捕食鱼类、龟和蛙。

中美洲和南美洲有三种特有的身体有斑纹的猫科动物，虎猫是其中最大的一种。这些猫科动物较为罕见。它们皮毛上的图案极具伪装性，行踪也非常诡异——主要在夜间活动。我们对虎猫所知甚少，大多数已知的信息都来自对其粪便的分析或对其进行无线电跟踪。据追踪记录，虎猫夜间会行走很长的距离，成年雌性虎猫可走4千米，而雄性可走7.5千米。

独行侠

虎猫午后非常活跃，在植被茂盛的地区巡逻，寻找猎物。它们不仅喜欢吃在地面活动的小型啮齿动物，尤其是老鼠，也会捕食小鹿、野猪和树懒，偶尔捕食蜥蜴、陆蟹、鸟类、鱼类和蛙等。虎猫是敏捷的攀爬者，白天通常在树上休息。与大多数猫科动物一样，它们喜独居——成年虎猫只有在繁殖期才会群居。一只成年雄性虎猫与几只雌性虎猫共同分享一片栖息地。雌性每2年繁殖一次，虎猫的孕期约80天，每胎产下一两只幼崽。

◁ **野心勃勃的捕食者**
虎猫可以捕捉体重为其一半的猎物，如绿鬣蜥。捕猎时，为了避开爬行动物的爪子和甩动的尾巴，虎猫会瞄准猎物的喉咙突袭。

短而浓密的皮毛

前爪比后爪大

▷ **具有斑纹的皮毛**
虎猫的皮毛上有斑纹，为其躲藏在树丛中提供了极好的伪装。以前，这种物种因皮毛贸易遭到猎杀而导致陷入濒临灭绝的边缘。

- ↔ 50～100厘米
- ⚖ 11.5～16千克
- ⊗ 常见
- 🜨 小型啮齿动物

北美洲南部到南美洲南部

凤尾绿咬鹃
Pharomachrus mocinno

绿咬鹃栖息在热带雨林中，羽毛具有金属光泽。凤尾绿咬鹃的羽毛最为华丽，但是当它们保持直立、静止和沉默时，那绿色的羽毛在森林中又变得非常不明显。大多数情况下，它们主要以水果为食，特别是牛油果，不过偶尔也会吃昆虫、蛙、蜥蜴和蜗牛。

凤尾绿咬鹃成对生活在领地上，在腐烂的树木中挖洞筑巢。雌凤尾绿咬鹃产下一两枚卵，父母双方一起孵化18天。雄鸟和雌鸟轮流喂养幼鸟，不过，在幼鸟学会飞翔前的最后几天，通常只有雄鸟继续喂养它们。

- ↔ 35～65厘米
- ⚖ 200～225克
- ⊗ 近危
- 🜨 水果和昆虫

中美洲

▷ **华丽的羽毛**

凤尾绿咬鹃名副其实，处于繁殖期的雄性尾巴上长有如同凤凰一样的华丽尾羽。

黑框蓝闪蝶
Morpho peleides

黑框蓝闪蝶收起双翼时，能看到它们翅膀的底面呈棕色，上面点缀着大块的眼状斑点。不过，黑框蓝闪蝶在飞翔时，上翼呈现出明亮的蓝色和青绿色，非常神奇。即便是在茂密的树叶丛中，它们也能通过闪闪发光的翅膀发现同类——雄蝶相互保持距离，而雌蝶会寻找伴侣。

- ↔ 9.5～12厘米
- ⊗ 不详
- 🜨 成熟水果的果汁

中美洲到南美洲北部

黑框上的白色斑纹

◁ **外形各异**

黑框蓝闪蝶的颜色和外形各异，翅膀中间和边缘都点缀着不同的斑纹。基于这些特征，它们被分为不同的亚种。

黑黄相间的环形眼状斑

红眼树蛙
Agalychnis callidryas

背部是明亮的绿色，便于在树林间伪装自己

休息时，红眼树蛙会将橘红色的脚趾藏起来

红眼树蛙是热带雨林中的标志性两栖动物之一。正如其名，它们有一双醒目的红眼睛，尽管双眼通常是隐藏起来的。为了在树叶上伪装自己，它们会蜷起腿，让自己看起来很小，即便靠近观察，也只能看见绿色的背部。它们也会紧闭双眼，藏起容易被曝光的红色虹膜。当捕食者靠近时，树蛙突然双眼大睁，瞬间将捕食者吓一大跳。当它们跳到安全地带时，不再蜷缩腿和脚，身体两侧和大腿间更多隐藏的颜色也随之显现出来。

灵活的攀爬者
红眼树蛙在夜间捕食。它们的虹膜形状呈垂直的菱形，可以使其集中注意力追踪那些在树干上爬上爬下做垂直运动的昆虫。与所有的蛙类一样，红眼树蛙不仅擅长跳跃，而且还很会爬树。它们可以利用脚趾端的吸盘牢牢地抓住树枝。与大多数蛙类的不同之处在于它们虽然会游泳，但是成年后的红眼树蛙大部分时间都待在树上。它们会定期回到水中——通常是树叶上雨水形成的小水坑——通过腹部薄薄的一层皮肤来吸收水分。

力量的展示
交配期在雨季。雄性红眼树蛙选择显眼的栖木，通过叫声来发起求爱信号。它们也会使劲抖动身体，力气如此之大，以至于周围的树叶也开始跟着摇晃。这种力量的展示可以吸引雌蛙，一旦有雌蛙靠近，同一区域中所有雄蛙就会相互打斗，争相与之交配。胜者可以获得交配权，然后雌蛙将受精卵分几批产在树叶上。

身体两侧分布着独特的蓝黄相间的斑纹

▷ **绚丽的色彩**
红眼树蛙身体两侧明亮的蓝黄斑纹只有在移动时才能被看见。当红眼树蛙匆忙逃离时，这绚丽的色彩会吓到捕食者。

哥斯达黎加热带雨林 | 83

◁ **成对交配**
雄蛙爬到雌蛙背上进行交配。交配会持续几个小时，当雌蛙寻找产卵地点时，体形较小的雄蛙会紧紧地攀附在雌蛙的身体上。

△ **蛙卵**
红眼树蛙将卵产在池塘或小溪上空悬挂着的一片树叶上。当卵变成蝌蚪时，就会掉到下面的水中。

垂直的瞳孔

脚趾上的吸盘可以帮助它牢牢抓住东西

- 4~7厘米
- 夏天
- 局部常见
- 昆虫

中美洲

红眼树蛙可以通过改变皮肤颜色的深浅进行伪装或表达情绪的变化。

安第斯山脉永加斯地区
山峰直插云霄,森林物种丰富

安第斯山脉永加斯生态区位于安第斯山脉东部的斜坡上,海拔从1000米到3500米。它的东边是亚马孙盆地的低洼地带与格兰查科草原,西边为安第斯高原。永加斯地区地形差异显著,既有高耸的山脊,也有由山间河流开凿而成的陡峭峡谷。这一地区涵盖了不同的气候带,而这些气候带中又产生了种类各异的栖息地,包括湿润的低地森林、高地落叶林、高地常绿林和亚热带云雾林。

多样性的热点地带

该生态区中生长着3000多种植物物种,有蕨类、竹子、秘鲁胡椒树和古柯灌木等。几个世纪以来,安第斯地区的居民一直将古柯叶当作茶来咀嚼和饮用,用它来治愈高原反应。除了数量繁多的植物物种之外,这里还栖息着200多种脊椎动物。从生物学的角度来看,安第斯山脉永加斯地区也被认为是一个热点地带,一方面这里拥有很多特有物种,另一方面亚马孙热带雨林等附近生态区中的很多物种也在此活动。

特有物种通常仅生长在垂直自然带上,也就是说它们只出现在特定的海拔高度,或者是因为它们无法跨越特殊的地理屏障,如河流或山脉,或者是只吃生长在特定高度的植被。

近期发现

如今,人们仍然可以在永加斯地区不断发现新的物种。例如,在2014年,枯叶蟾蜍被发现,人们对其进行命名和描述,之所以得其名,是因为枯叶蟾蜍身体的形状和颜色可以完美地伪装成森林地表的枯叶。

枯叶蟾蜍

兰科植物的避难所

永加斯地区有200多种特有的兰科植物,这是一种高度特化的现象。特别是在云雾林中,兰科植物的数量数不胜数,这主要是因为兰科植物可以依附树干和树枝繁荣生长。这里还着很多岩石峭壁上也生长着岩生植物。

猴面兰花

小小的陌生人

1967年,人们在秘鲁发现了长须鸮,如今它们的种群数量大约为350~1000只。长须鸮体长约14厘米,脸上长有胡须,拉丁名中的属名为"Xenoglaux",意思为奇怪的鸮。

长须鸮

> 这个地区拥有很多世界一无二的物种 > 大约3000种植物物种 > 新物种仍在不断地被发现

安第斯山脉永加斯地区 | 85

地理位置

安第斯山脉永加斯地区位于安第斯山脉东侧，北部接秘鲁，南部临阿根廷。

气候

由于海拔不同，该地区的气候带跨越了温带和热带。常被低矮的云层所笼罩的湿润山林被称为云雾林。

（帕洛斯布兰科斯）

注： ― 平均温度　　降水量

山貘
Tapirus pinchaque

鼻子很短，可伸缩

山貘是四种貘中体形最小、最濒危的一种——据估计，在野外其数量不足 2500 只。它们栖息在安第斯山脉中，其皮毛厚度可达 3～4 厘米，因此也被称为长毛貘。

潜入水中以寻求安全

山貘的腿短小而结实，脚趾长有特别的软垫，行动平稳而灵活，能够越过陡峭的斜坡和茂盛的下层丛林。与其他貘一样，它们白天躲在灌木丛中，在晨昏时分出来捕食。它们具有灵敏的听觉和嗅觉，一旦受到威胁就会迅速逃跑，常会藏在水下，将鼻子作为通气管呼吸空气，直到危险消除才浮出水面。山貘也会发出尖叫声呼唤彼此，这种高音量的啭鸣声通常被误以为是鸟儿在歌唱。

- 1.8~2米
- 150~200千克
- 濒危
- 树叶、草本植物、草类和水果

南美洲西北部

◁ **长长的条纹**
小山貘因其伪装条纹而常被称为"腿上的西瓜"，这些条纹可以使其与斑驳的阳光融为一体。

最小的鹿
普度鹿是世界上最小的鹿，站立时肩高为 38 厘米。它们借助于隧道网络和永加斯地区的植被中被踏出的小路来寻求庇护，以躲避捕食者。

很多区域都受到了保护

北方普度鹿

独特的白唇

▷ **引人注目的鼻子**
山貘利用灵活的鼻子卷摘食物。在进食和消化的过程中，它们可以帮助 86 种植物传播种子。

脚底柔软而敏感

侏食蚁兽
Cyclopes didactylus

皮毛光滑而浓密

侏食蚁兽是世界上最小的食蚁兽之一，体长不及人类的手掌。它们非常罕见，白天在藤蔓间或树冠中休息，在日落到日出这段时间出来捕食，每晚要吃掉 5000 只蚂蚁。这种夜行性习性可以保护它们免遭人类的伤害，但是它们也沦为角雕、老鹰和眼镜鸮等动物的猎物。

完美伪装

侏食蚁兽生活在吉贝树上，树上有大豆荚，豆荚中含有银灰色的长毛，如丝绸般光滑，可以给侏食蚁兽提供完美的伪装。侏食蚁兽的前腿上长有两个长爪，非常适合攀爬和挖掘蚂蚁的巢穴，当它们在地面行走时会收起长爪。尽管侏食蚁兽极少下到地面上，但它们仍然可以在平坦的地面行走，因此人们会看见它们穿越马路。侏食蚁兽尾巴卷曲，后腿可以紧紧地抱住树枝，这样它们就能够在树冠间移动。交配结束后，侏食蚁兽会在巢穴中产下一只幼崽，巢穴通常建在树洞里，铺满了树叶。父母双方共同抚养幼崽，反刍蚂蚁喂养幼崽。雄兽会将幼崽背在背上。

- 16~21厘米
- 175~357克
- 常见
- 蚂蚁、白蚁和瓢虫

中美洲到南美洲北部

◁ **迅速入睡**
侏食蚁兽白天都在树冠高处休息，用钩状的爪、卷曲的尾巴和向后弯曲的后脚悬挂在树上睡觉。

长鼻浣熊
Nasua nasua

长鼻浣熊能够在不同的环境中自由活动。尽管生活在地面上，但是它们在树上睡觉、交配，甚至产崽。它们前腿强劲有力，擅长攀爬，踝关节可以旋转，即使从树上往下爬时也能使头部保持向前。同时，它们也可以利用长长的尾巴保持平衡，在树枝间轻松地跳跃。它们的爪子强健有力，鼻子灵活，是捕食专家，也是游泳高手。

雌长鼻浣熊会集结成约 65 只的群。在繁殖季节，每个群中都会加入一只雄长鼻浣熊，它会与所有处于发情期的雌性交配，然后离开。长鼻浣熊会在春季至初夏间诞下 1~7 只幼崽。等到幼崽学会了行走和攀爬，雌长鼻浣熊就会重返雌性群体。

▽ **健康的饮食**
长鼻浣熊是浣熊家族中生性活泼又充满好奇心的成员之一。它们的食谱非常宽泛，从小型脊椎动物、昆虫到水果和树叶。

尾巴有环形条纹

- 43~58厘米
- 2~7.2千克
- 常见
- 果实、昆虫和蛙类

南美洲

安第斯山脉永加斯地区 | 87

- 1.3~1.9米
- 60~175千克
- 近危
- 水果、仙人掌和鸟类

南美洲西部

乳白色的条纹

眼镜熊
Tremarctos ornatus

眼镜熊是现今南美洲唯一的熊科动物，也是陆地上最大的哺乳动物之一。它们肩高有60~90厘米，可以在安第斯山脉中各种栖息地上安家，从云雾林到雨林周边的高地草原。眼镜熊大部分时间都待在树上。它们用树枝在树丛中搭建一个休息和捕猎的平台。它们主要以植物性食物为食，包括果实、花朵和仙人掌等，有时候也会捕食昆虫、鸟类和小型啮齿动物。

眼镜熊通常独居，但是在4~6月的交配季节，雄性眼镜熊和雌性眼镜熊会共同生活两周。从12月到次年2月，雌性眼镜熊产下幼崽。雄性不参与养育幼崽，它们甚至可能会杀害幼崽。虽然美洲狮和美洲豹会捕食眼镜熊幼崽，但是栖息地的退化和人类的猎杀是该物种当前面临的最大威胁。

▷ **独特的斑纹**
眼镜熊因其眼周长有乳白色或黄色的环或半环而得名。白色半环位于颈部，通常会延伸到胸部。

长长的针状喙可以伸进花朵深处

翅膀修长，能疾速挥动

盘尾蜂鸟
Ocreatus underwoodii

盘尾蜂鸟腿部有一撮松散的白色羽毛，人们形容它们有双"泡芙腿"。它们是潮湿雨林中的常见物种。盘尾蜂鸟在空中盘旋时，会以"8"字形挥动翅膀。这些神奇的鸟不仅能悬停，甚至还能倒着飞翔。

蜂鸟从芳香怡人的花朵中吸食花蜜，非常喜欢盛开的红色花朵。它们一边盘旋，一边用细长的舌头舔食花液。它们也会吃小昆虫，雌性蜂鸟可以捕捉数千只小昆虫，为成长中的小蜂鸟提供重要的蛋白质。

一夫多妻制

雄性盘尾蜂鸟通过迅速地炫耀飞行来吸引雌性盘尾蜂鸟。羽毛最炫丽的雄鸟会与几只雌鸟交配，每只雌鸟也可能与很多只雄鸟交配。雌性盘尾蜂鸟会自己筑巢，养育两只幼鸟。鸟巢用植物纤维、苔藓和蜘蛛网等筑成，形如杯子，通常安置在裸露的树枝上。巢穴具有很大的弹性，能伴随幼鸟的成长而不断伸展。

闪闪发光的绿色羽毛

△ **空中对峙**
为了保护绽放鲜花的领地，雄鸟会在空中表演或迅速飞行，赶走其他雄鸟，甚至大黄蜂。

- 17~23厘米
- 平均3克
- 常见
- 花蜜、昆虫和蜘蛛

南美洲西北部到西南部

雄性盘尾蜂鸟长有靓丽的羽饰

盘旋的时候，盘尾蜂鸟的翅膀每秒拍击60次。

安第斯冠伞鸟
Rupicola peruvianus

安第斯冠伞鸟躲藏在安第斯山脉云雾林高处的湿润峡谷和河谷中。每到繁殖季节，雄鸟会聚集在一起表演以吸引雌鸟。雄鸟的叫声异口同声，"嘎嘎"声伴随着它们相对笨拙的表演，甚至会吸引藏在林冠层深处的其他鸟类。在整个求偶的过程中，雄鸟都面临着被捕食的风险，因为森林中的猫科动物、食肉鸟类和蛇类都可能会袭击它们。过了繁殖季节，安第斯冠伞鸟会变得非常安静，一点也不引人注目。

泥巢

雌鸟羽毛的颜色不如雄鸟鲜艳，也没有夸张的鸟冠。它们将泥巴和唾液涂在岩石上或小洞穴里，筑成杯状巢。雌鸟花一个月的时间来孵化2枚卵，然后独自哺育幼鸟。安第斯冠伞鸟的饮食主要包括各种水果，有时也吃其他昆虫。

- ↔ 30～32厘米
- ⚖ 200～275克
- ⊗ 局部常见
- 🍴 水果和昆虫

南美洲北部到西部

◁ **雄鸟的炫耀行为**
雄鸟会聚集起来在树上争相炫耀，拍打翅膀，纷纷鸣叫。如果有雌鸟出现时，它们就会加强行动，提高音调。

瞻星蛙
Nymphargus truebae

瞻星蛙是玻璃蛙的一种，之所以得其名是因为它们腹部的皮肤是半透明的，可以看到骨骼和内部器官。这种小型两栖动物只栖息在安第斯山脉的云雾林中，为夜行性，白天在树顶的树叶丛中休息。树叶的绿色透过瞻星蛙的皮肤，使它们很容易地与树叶混为一体，将自己隐藏起来。

雌蛙在浅塘上方的树叶上产卵，雄蛙负责守卫蛙卵，直到它们孵化出来。蝌蚪落入树叶下面的池水中，在水底的碎石屑间捕食。

绿色的背部长有黄色斑点

△ **长长的四肢**
瞻星蛙头骨较宽，眼睛大而突出，四肢修长。

- ↔ 22.5～25毫米
- ⚖ 不详
- ⊗ 不详
- 🍴 昆虫
- 📍 秘鲁南部

艺神袖蝶
Heliconius erato

艺神袖蝶因其宽大的双翅而闻名，翅膀表面还有一抹红色。它们是具有高度变异性的蝴蝶，大约有29个亚种。每一个亚种的翅膀图案都是独一无二的，有的没有任何红色斑纹。总体上看，这一物种遍布中美洲和南美洲。

更为复杂的情况是，有的亚种会模仿另一种同样易变的亚种的颜色，这种亚种被称为"邮差蝴蝶"或"诗神袖蝶"，生活在同一片栖息地中。

- ↔ 5.5～8厘米
- ⊗ 常见
- 🍴 花粉和花蜜
- 📍 中美洲和南美洲

翅膀上的红色色带

▷ **秘鲁的特有物种**
图中的艺神袖蝶亚种生活在秘鲁的低地森林中。

亚马孙雨林

地球上生产力最旺盛的生态区之一

亚马孙雨林是世界上最大的热带雨林,也是一个面积为 550 万平方千米的盆地。这里的水源自亚马孙河——一条与它同名的蜿蜒曲折的长河流。亚马孙雨林是地球上生产力最旺盛、最具生态多样性的生态区,拥有世界上 10% 的已知物种,可能还有更多的物种等待人们去发现。雨林中生长着种类繁多的植物,为无数不同的动物物种提供了各种各样的栖息地和食物。同样重要的是,这些植物中还储存了大量的碳——1000 亿~1400 亿吨——否则,这些碳将会进入大气层中。

生活在不同的层次

放眼望去,亚马孙雨林一片翠绿,其间闪烁着的明亮色彩来自鲜花、水果,还有灵长类和鸟类。雨林由不同的层组成。最高的树超过了雨林中主要的林冠层,而林冠层本身构成了雨林的中间层。林冠层最具多样性,它的下面一层为林下层,然后是地面层,阳光较少,水分可以渗透。丛林中枝叶茂盛,减缓了雨水降落到森林表层的速度,而位于表层的土壤和腐殖质如同海绵一样,可以保持水分,然后慢慢将其释放到河流和小溪中。

雨林中的植被非常厚密,雨水需要十分钟才能到达地面。

救生筏
亚马孙雨林中很多地方会定期遭遇洪涝,对于火蚁等在地下筑巢的生物而言,这是一个棘手的问题。发生洪涝时,蚁群成员会用自己的身体做成一个救生筏,保护卵、幼虫和蚁后的安全。

火蚁

刺鼠

种子传播者
刺鼠是少数几种可以咬穿巴西坚果坚硬的果壳并释放种子的动物之一。当果实充足时,它们会储存多余种子以备后用,储存地点通常会远离母株。这些种子很可能会被遗忘,从而萌发出来,长成新的树木。

已经存在了 5500 万年 〉 世界上最大的热带雨林 〉 拥有氧气 40% 的供应 〉

巴西橡胶树

橡胶繁荣
巴西橡胶树的树干被砍后会释放出白色的乳胶汁。这种汁液可以用来生产靴子、胶手套等产品,或者通过化学处理做成更坚固的物品,如轮胎。

亚马孙雨林

自然栖息地
甘蔗蟾蜍是亚马孙雨林中的特有物种,其数量受到很多捕食者的控制。不过,随着大的被引入夏威夷利亚,这种有毒的两栖动物的种群数量已完全失控。

包含16000种不同的树,约3900亿棵

四处攀爬
成年麝雉大小与野雉相当,体羽色彩鲜艳,头上长有令人印象深刻的羽冠。小麝雉每个翅膀上都长有翼爪。在学会飞翔之前,它们借助于翼爪在水边的植被上爬行。到成年期后,它们的翼爪就会消失。

据估计,这里生活着250万种昆虫

环境监控者
亚马孙河豚有三个亚种,一种是粉色的指名亚种,一种是玻利维亚亚种,还有一种是奥里诺科亚种,它们都可以很好地反映所栖居的淡水生态系统是否健康。河豚很少出现在河流退化的地方,如水质变差和过度捕捞之处。

亚马孙地区的环境

地理位置

亚马孙雨林跨越了南美洲8个国家:巴西、苏里南、圭亚那、委内瑞拉、哥伦比亚、厄瓜多尔、秘鲁和玻利维亚。

气候

亚马孙雨林为热带湿润气候。虽然全年湿润,但12月到来年4月之间降水量最多,该地区最大的城市马瑙斯每月的平均降水量为200多毫米。

森林砍伐

亚马孙雨林砍伐速度如此之快,以至于每天有135种动植物物种灭绝。虽然种植大豆作物等项目导致了森林被破坏,但是由于橡胶和巴西坚果等其他野生产品的持续丰收,雨林并未遭到毁灭性破坏。

皇狨猴
Saguinus imperator

尾巴长度是头部和身体之和的两倍

狨猴是一类小型灵长动物。它们身披丝绸般的皮毛，很多物种脸部长有精美的斑纹、肉冠或胡须。皇狨猴的尾巴很长，呈橘红色，非常引人注目。它们以小的家庭为单位栖息在雨林的中下层，这些家庭群通常与鞍背狨猴一起捕食。皇狨猴主要以各种各样的植物为食，特别是浆果和水果，以及花朵、蜂蜜、树液和树叶。它们也会捕食昆虫、蜗牛、蛙和小型蜥蜴，用灵巧的双手将猎物从树叶上抓下来。雌狨猴通常会产下双胞胎，除喂奶之外幼崽都由雄狨猴背在背上。

- ↔ 23~26厘米
- ⚖ 平均450克
- ✕ 常见
- 🍴 水果、花蜜和昆虫

南美洲西部

◁ 弯弯的胡须
成年雄性皇狨猴和雌性皇狨猴都长有飘逸的白色胡须。长长的白色卷毛可垂到它们的前臂。

侏狨
Cebuella pygmaea

侏狨是一种体形极小但又极其活跃的灵长动物，也是世界上最小的猴子之一——成年侏狨与人类的手掌大小相当。侏狨生活在森林底层茂密的树丛和相互缠绕的植被间，得以躲避其他猴类、猫科动物、老鹰和蛇等捕食者。尽管体形小，但是它们非常灵敏，可以在树林中自由穿梭，最远可跳5米。

侏狨结成小群生活，每群通常由一对处于繁殖期的夫妇和七八只不同年龄的幼崽组成，大多数侏狨会产下双胞胎。不同于其他狨猴，侏狨白天捕食时，不会成群在栖息地四周活动，但是晚上它们会成群地蜷成一团休息。它们主要以含糖的树胶和树液为食，先用锋利的下犬齿将树皮咬开，然后舔食流出的液体。

△ 鬃毛
侏狨的脸颊蓄着长长的被毛，形成了鬃毛，把耳朵藏了起来。

- ↔ 12~15厘米
- ⚖ 85~140克
- ✕ 常见
- 🍴 树液和树胶

南美洲西部

- ↔ 50~63厘米
- ⚖ 5~9千克
- ✕ 常见
- 🍴 水果和树叶

南美洲西北部

肌肉发达的粗尾巴

红吼猴
Alouatta seniculus

红吼猴的咆哮声是亚马孙雨林中最独特的声音之一。黎明之前，雄猴来到树顶开始吼叫，宣布它们的巢域所有权，该区域中的其他猴群也会回应。红吼猴喉咙中的舌骨可以调整，使声音变得更大，5千米外也能听见。雄猴和雌猴都会吼叫。雄猴多数会回应周围猴群中雄猴发出的叫声，而雌性多半会回应其他雌猴的咆哮声，而且音量更高。

矮胖的猴子
红吼猴个头大，身体结实，比其他猴子行动更迟缓。它们通常大部分时间待在树冠上休息或消化食物。它们的尾巴卷曲，末端的下侧有一块裸露的皮肤，方便抓住树枝。它们以树叶和水果为食——特别是无花果。当找到一棵结果的大树时，它们会守卫这棵树，防止敌对猴群靠近。红吼猴会定期回到地面吃土，这些土里含有盐和矿物质，可以帮助中和它们所吃的树叶中的毒素。

红吼猴猴群通常由3~12只成员组成，由一只成年雄猴担当首领，在未来几年负责带领成员寻找食物和保护它们。大约5岁时，雌猴开始第一次交配，经过7个月的妊娠期产下一只小猴。出生的第一个月，小猴会紧紧地抱着母亲的肚子，然后爬到它的背上，6个月大时，小猴开始独立。尽管红吼猴个头大，但是它们也会沦为角雕的猎物。一旦发现危险，它们会发出咕噜声，以警告猴群中的其他成员。

△ **长着胡须的雄猴**
成年雄性红吼猴长着长长的大胡子，体重比雌猴重很多。

▷ **吼猴**
很多吼猴是根据其皮毛的主要颜色来分类和命名的。有的物种皮毛为棕黑色，有的物种皮毛为红色，如熊吼猴（*A. arctoidea*）。

红吼猴是陆地上叫声最大的动物之一——它们的吼声可达90分贝。

94 | 中美洲和南美洲

- 1.1~1.7米
- 32~122千克
- 近危
- 哺乳动物、爬行动物和鸟类

中美洲到
南美洲北部和中部

▷ 潜行

美洲豹的爪很宽，上面长有毛垫，当它们穿过热带密林时，完全没有声音。它们身体上的斑纹可以使其与周围的环境相融合，因此，这种猫科动物也是最佳潜行猎人。

亚马孙雨林 | 95

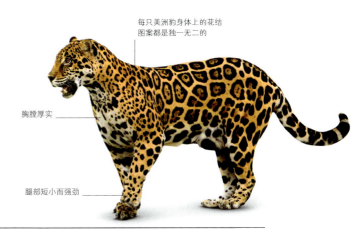

每只美洲豹身体上的花结图案都是独一无二的

胸膛厚实

腿部短小而强劲

美洲豹
Panthera onca

美洲豹是西半球最大的猫科动物，也是最少被人们研究的动物之一——科学家们尚未查明野生美洲豹的种群数量。这种行踪诡秘的猫科动物一度在美洲西南部到阿根廷之间的地带游荡，由于人类的干预，现今其原始领地只剩下45%，只生活在19个拉丁美洲国家。

成年雄性美洲豹能一口咬破猎物的骨头甚至龟壳。

可怕的捕食者

美洲豹是典型的机会主义捕食者，它们以各种哺乳动物为食，从鹿和野猪到长鼻浣熊和猴子。它们也吃昆虫、鱼类、鸟类、凯门鳄、水蟒及其卵。近年来，美洲豹袭击人类的事件并不多见，不过，当它们面临着因人类入侵导致其栖息地丧失这一难题时，也会捕食家畜和家养宠物。

美洲豹是高效的捕食者，它们的下颌力量强大，可以刺穿猎物的头骨。它们通常在晨昏时分狩猎，此时，那布满斑纹的皮毛可以提供最好的伪装。不过在有人类出没的地方，它们更倾向于在夜间活动。成年雄性美洲豹需要260平方千米的广阔领地进行狩猎——覆盖了从湿润的雨林、干燥的松树林、湿地、灌木林、热带草原到沙漠等多种栖息地类型。与狮和虎一样，美洲豹也会咆哮，不过它们更多的时候是通过咳嗽声、咕哝声、怒吼声和低吟声进行交流。

美洲豹喜欢独处，只有在繁殖期才会成对出现。雌性一胎产下1~4只幼崽，幼崽出生时眼睛为天蓝色，几周后变成黄绿色。它们的头和爪子长得比身体的其他部位快。15个月大时，它们就可以独立，不过到2岁左右才会离开母亲。

据估计，6%的美洲豹会发生基因突变，它们的皮毛会变黑。皮毛为黑色的美洲豹和花豹都被称为美洲黑豹，不过特有的花结图案仍然可见。

△ **游泳健将**
美洲豹腿部肌肉结实，是强劲的游泳高手——有人曾目睹一只美洲豹横渡河流，袭击一只在沙滩上晒太阳的凯门鳄。

▷ **在水边**
人们一般将美洲豹看作一种丛林生物，事实上它们几乎能够适应所有的栖息地，只要附近有水源和猎物。在野外，美洲豹的寿命为10~20年。

托哥巨嘴鸟
Ramphastos toco

喙超大，不过重量很轻

身体大部分为黑色，从脸颊到胸部有一片纯白色区域

托哥巨嘴鸟几乎是世界上最容易被辨认出来的鸟类之一——它们长有巨大的彩色喙。如果树枝太过单薄，无法承受托哥巨嘴鸟的体重时，长长的喙可以帮它们够到树枝末端的水果。不仅如此，当水果匮乏时，它们可以用喙来抓住小型爬行动物及卵，还有未离巢的雏鸟和较大的昆虫。托哥巨嘴鸟的喙颜色鲜艳，在社交场合可以充当一种视觉刺激，不过不管性别如何，托哥巨嘴鸟的喙都是色彩鲜艳夺目的。此外，对于捕食者来说，喙也是一种明显的警告。

很酷的发现

科学家们近期发现托哥巨嘴鸟巨大的喙有另一个作用：可以充当散热器。托哥巨嘴鸟的喙上分布着血管网，可以控制流向其表面的血液。当温度很高时，这里可发散60%的体热。

相对于身体大小而言，托哥巨嘴鸟是喙最大的鸟类。

在凉爽的时期，血液流量受到控制，可以帮助托哥巨嘴鸟保持体温。因此，晚上它们会将喙缩到一只翅膀下，维持体温。

托哥巨嘴鸟不擅长飞行。它们通常只在树冠间成对飞来飞去，寻找正在结果的树。托哥巨嘴鸟父母会扩大树洞的空间来筑巢，并在巢穴中孵化2～4枚卵。幼鸟的喙完全发育好需要几个月的时间，因此在此之前父母必须一直保护它们免遭蛇等捕食者的袭击。

▽ **突出的喙**
尽管托哥巨嘴鸟的喙很大，但是其重量相对较轻，因为大部分的喙是中空的，内部由骨质结构支持。

亚马孙雨林 | 97

- ⇔ 55～61厘米
- ⚖ 500～850克
- ✗ 常见
- 🍴 水果、昆虫和小型爬行动物
- 🏠 🌳

南美洲东北部到中部

绯红金刚鹦鹉
Ara macao

金刚鹦鹉长着长长的尾巴，巨大的喙，属于巨型鹦鹉。绯红金刚鹦鹉是金刚鹦鹉属中最大的一种，常常栖息在湿润的热带雨林中。它们生活在茂密的林冠层，常发出悠远、刺耳的嘶叫声进行交流。

绯红金刚鹦鹉一般成对生活，有时会集成小群一起行动，聚集在高大的树木上。它们吃坚果和种子，能用强有力的喙将食物坚硬的外壳咬破；它们也吃水果、花朵和树叶。大群的绯红金刚鹦鹉也会聚集在垂直的峭壁上，用舌头刮食峭壁上的土壤。土壤中的矿物质可以用来中和食物中所含的足以使大多数鸟类致命的毒素。在野外，绯红金刚鹦鹉的寿命可达50年。

脸部裸露的白色皮肤

△ **激烈打斗**
绯红金刚鹦鹉翅膀又长又宽，胸肌强而有力，尾巴柔韧灵活，可以帮助它们在空中快速飞行。

- ⇔ 84～89厘米
- ⚖ 0.9～1.5千克
- ✗ 常见
- 🍴 坚果、种子和水果
- 🏠 🌳

中美洲到南美洲北部

翡翠树蚺
Corallus caninus

这种无毒的蚺头部宽阔，下颌强劲有力，门齿发达，很擅于利用新鲜的绿叶进行伪装。这些特征帮助它们快速抓捕途经的猎物，如蝙蝠、树栖型啮齿动物、蜥蜴和鸟类，它们只需用强壮的尾部牢固地攀在树枝上等待猎物靠近。如果是小型猎物，它们会迅速将其整个都吞下，但是如果是更大的猎物，则会紧紧地缠裹猎物，使其窒息而死。

雄性翡翠树蚺到两三岁才成年。它们比雌蚺略小、略瘦，雌蚺一年后成年。交配期在5～7月，6个月后雌蚺直接产下5～20条幼蚺。幼蚺身体为红色或橘黄色，12个月后逐渐变为绿色。翡翠树蚺没有亲代抚育行为。

- ⇔ 1.5～1.8米
- ⚖ 平均3千克
- ✗ 不详
- 🍴 蝙蝠、啮齿动物和鸟类
- 🏠 🌳

△ **准备出击**
翡翠树蚺会在空中袭击猎物，或是悬挂在矮树枝上抓住地面的猎物。

南美洲北部

箭毒蛙
Dendrobates tinctorius

箭毒蛙生活在森林地面或地面附近，它们白天最活跃。雄蛙建立繁殖领地，呼唤雌蛙，而雌蛙也会因争夺求爱权而相互打斗。获胜的雌蛙用后腿轻抚雄蛙的鼻子，发出交配信号。雌蛙在树叶上产下约6枚卵，雄蛙负责使卵保持湿润。14天后蝌蚪孵化出来，父母双方将它们背在背上，再带到附近的水池中。

- 3~5厘米
- 2~3月
- 常见
- 蚂蚁、白蚁和蜘蛛
- 南美洲东北部

▷ 颜色各异
箭毒蛙身体是蓝色的，背部分布黄黑相间的宽条纹，这种图案是该物种的典型特征。很多其他物种也是同样的颜色，只不过比例不同。

电鳗
Electrophorus electricus

长长的圆柱形身体

电鳗是南美洲最大的淡水鱼之一。它们利用微弱的电脉冲探索路线，在漆黑的内陆水域寻找食物，如河流或池塘。它们也能产生高达600伏的强电流，足以杀死其他的鱼，甚至电晕人类。电脉冲产生于发电器中，发电器由肌肉组织特化而来，几乎遍布电鳗全身。

- 2~2.5米
- 平均20千克
- 常见
- 鱼类、虾和螃蟹
- 南美洲北部

▷ 具有欺骗性的外表
电鳗虽然看起来像鳗鱼，却不是鳗鱼，与鲶鱼的亲缘关系更近一些。

切叶蚁
Atta cephalotes

切叶蚁生活在巨大复杂的地下巢穴中，每个蚁群由数百万只个体组成。为了供养蚁群，体形迷你的小工蚁负责用新鲜的叶片种植真菌。这种真菌只能在蚁巢内存活，必须依靠工蚁才能繁殖。体形中等的"中等蚁"负责将一片片的树叶切割后运回巢穴中。最大的工蚁，也就是"大型蚁"，扮演着士兵的角色，负责提防入侵者袭击蚁群。蚁群中唯一的蚁后每天会产下数千枚卵。

▽ 努力工作
"中等蚁"可以搬运重量为其体重50倍的东西。切叶蚁也因其背树叶的方式而被称为"遮阳蚁"。

- 2~22毫米
- 常见
- 真菌

中美洲到南美洲北部

亚马孙雨林 | 99

亚马逊巨人食鸟蛛
Theraphosa blondi

这种食鸟蛛是世界上最大的蜘蛛之一。它们的腿长可以遮住一个大餐盘，体重约为170克，比其他蜘蛛都重得多。目前，只有亚洲巨型猎人蛛的腿长比它们长。雌性亚马逊巨人食鸟蛛的体形比雄性的大很多。"食鸟蛛"这一称谓源自于1705年德国博物学家玛丽亚·西碧拉·梅里安所作的一幅画，画中描绘了一只亚马逊巨人食鸟蛛正在吞食一只蜂鸟。这种食鸟蛛长有2厘米长的尖牙，可以捕食小鸟，但是它们偏爱大型昆虫、蛙和老鼠。

亚马逊巨人食鸟蛛生活在森林底层幽深的洞穴里，极少会爬到地面。雄蛛能活3～4年，唯一一次的交配结束后，它们很快就会死亡，而雌蛛可以活15年，甚至更久。每只雌蛛会产下100～200枚卵，一连两个月时刻守护这些卵，直到幼蛛孵化。一旦遭遇威胁，亚马逊巨人食鸟蛛会用后腿弹射腹部的具有刺激性刚毛。

- 平均28厘米
- 不详
- 昆虫、蛙类和老鼠

南美洲东北部

举起前足，露出尖牙

◁ **防御姿态**
一旦受到威胁，亚马逊巨人食鸟蛛会抬起前足，露出钩状的长牙。这种蜘蛛很少把毒液注射到受害者体内，即便尖牙已经刺穿了皮肤。

用长牙注射毒液

亚马逊巨人食鸟蛛通过感知地面的震动来探测猎物。

潘塔纳尔湿地
世界上最大的湿地

潘塔纳尔湿地是幅员辽阔的热带湿地，占世界湿地面积的3%，总面积约24万平方千米。这里拥有众多曲折的河流，大部分最后汇入巴拉圭河。富饶的泥质土壤养育了多种多样的植物，这些植物生活在潘塔纳尔湿地周围不同的生态区域内，也生活在北部的亚马孙雨林和东部的塞拉多热带草原。

潮湿和干燥

潘塔纳尔湿地具有丰富的生态多样性，较高的地带全年干燥，主要生长着耐旱的树木，而低洼的地带以能够适应季节性洪涝的植物为主，湿地中有些地方常年被水淹没，栖息着很多水生植物。植物的多样性为栖息在该地区的动物提供了绝好的生存机会。但是，潘塔纳尔湿地几乎没有特有的动物物种，这也暗示了包括巴拉圭凯门鳄在内的很多动物可以在周围生态区内被找到，不过潘塔纳尔湿地仍然是它们的大本营。

湿地是天然的水处理体系，可以过滤并清除水中的化学物质，但是由于农业活动和采矿作业会产生过多的径流，湿地也很容易被污染。森林砍伐、基础设施开发和畜牧养殖也使潘塔纳尔湿地中的水资源发生改变，进而改变湿地的生态平衡。

互惠互利

睡莲的白色花朵散发的香气吸引了圣甲虫和甲壳虫。当花瓣闭合时，这些昆虫会被困在里面，它们为花朵授粉，变成粉红色。当花朵再次水下开放时，这些沾着花粉的昆虫会被释放出来。

巨大的睡莲

成功故事

直到20世纪80年代晚期，由于栖息地丧失及宠物交易引发的非法捕猎野生鸟类活动，蓝紫金刚鹦鹉的数量减少到不足1500只。相关部门采取了严格的保护措施后，潘塔纳尔湿地中蓝紫金刚鹦鹉的数量回升到5000多只。

蓝紫金刚鹦鹉

关键物种

南美貘是潘塔纳尔生态区中的关键物种。对于生态平衡，它们发挥了至关重要的作用。南美貘可以传播很多大型果树的种子，它们也啃食青草，给这些果树的种子清理了一片发芽的地方。

南美貘

在雨季，潘塔纳尔湿地80%的陆地被淹没 ›159种哺乳动物，565种鸟类和325种鱼类生活在此

地理位置

潘塔纳尔湿地位于南美洲中心的亚马孙河谷南部。大约80%的面积在巴西境内。

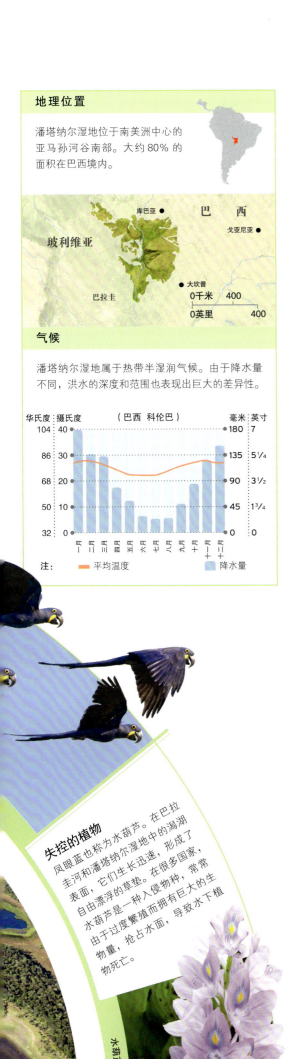

气候

潘塔纳尔湿地属于热带半湿润气候。由于降水量不同，洪水的深度和范围也表现出巨大的差异性。

失控的植物

凤眼蓝也称为水葫芦。在巴拉圭河和潘塔纳尔湿地中的潟湖表面，它们生长迅速，形成了自由漂浮的草垫。在很多国家，水葫芦是一种入侵物种，常常由于过度繁殖而拥有巨大的生物量，抢占水面，导致水下植物死亡。

白唇西貒
Tayassu pecari

巨大的犬牙非常锋利，可以相互咬合

白唇西貒是最喜群居的哺乳动物之一。它们成群结队地一起活动、捕食和休息，数量一般为五到数百只。它们的颌部可以咬破棕榈坚果，因此一群白唇西貒足以阻挡美洲豹等自然天敌。但是，人类会追踪白唇西貒群，一次次猎杀大批的白唇西貒，给该物种带来了灭顶之灾。

- ↔ 75~100厘米
- ⚖ 25~40千克
- ❌ 易危
- 🍴 水果、坚果和小型无脊椎动物

中美洲到南美洲

◁ **群体认同**
白唇西貒下背部的气味腺能够产生独特的气味，在成员之间散布，形成一种类似麝香的群体气味。

水豚
Hydrochoerus hydrochaeris

- ↔ 1.1~1.3米
- ⚖ 35~66千克
- ❌ 常见
- 🍴 水生植物、树皮和草类

水豚是豚鼠的亲戚，也是世界上最大的啮齿动物之一，体形与大型家养犬相当。它们身体笨重，四肢短小而结实，几乎没有尾巴。这种性格平和、喜群居的哺乳动物大多数时间待在河流或湖泊中，这在一定程度上是为了避开野狗、美洲狮和美洲豹等捕食者。它们的脚趾端部像蹄，趾间长有蹼，是卓越的游泳高手。它们的眼睛、鼻子和耳朵长在头顶，即便身体在水下，仍然可以观察、呼吸。

南美洲东北部

粗糙而稀疏的体毛

◁ **早熟的幼崽**
水豚幼崽出生后不久就可以跟随母亲下水游泳，一周内就能够啃食水草。

巨獭

Pteronura brasiliensis

巨獭，又称大水獭，是世界上最大的水獭，也是最稀有的水獭之一。据估计，其野生数量只有几千只。这种水獭也被称为"河狼"。它们身体柔软，长有脚蹼，肌肉强健，是鼬科动物家族中的一员，也是南美洲最大的捕食者之一。巨獭在陆地上非常凶猛。它们需要保护自己和家人免受凯门鳄、美洲豹、美洲狮的猎捕，以及减少由于河流系统或周边环境的变化对它们的生存造成的威胁。

气味警告

巨獭成群生活在一起，一群一般有 20 多只，包括相伴终生的巨獭夫妇，还有它们的后代。巨獭父母在河堤里或木头中挖掘洞穴，会毁坏周围的一部分河岸。巨獭群中所有成员的肛门腺都能散发出一种气味，用来标记领地以及震慑入侵者。它们在巢穴周围的河段捕鱼或巡逻。

巨獭是群居动物——相互梳毛，一起捕猎、玩耍和休息。它们可以发出 9 种不同的声音，从尖叫声、"吱吱"声到啭鸣声。大多数幼崽出生在旱季，一胎 1～6 只，由父母双方和年长的同胞照顾。在 2 岁半之前，小巨獭都会和家人待在一起。

- ↔ 1～1.4米
- ⚖ 22～32千克
- ⊗ 濒危
- 🍽 鱼类、蛙类和小凯门鳄

南美洲北部到中部

短粗的胡须可以探测猎物在水下的运动

蹼状脚趾

▷ **光滑的身体**

巨獭的身体修长而柔软，脚趾间有皮蹼，尾巴又大又平，底部很宽，这也说明它们非常适合潜水和游泳。不过，它们四肢很短，在陆地上行走时显得很笨拙。

冠悬猴

Sapajus cay

冠悬猴是一种体形中等、高度群居的猴子，在南美洲亚马孙河谷的热带雨林中很常见。它们之所以得其名，是因为头顶长有一片独特的黑毛，看上去像戴着一顶帽子。

森林杂技演员

这些猴子精力充沛，擅长杂耍，10～20 只成群地在森林中下层迅速移动，通过各种类似于鸟叫的声音保持联系。

冠悬猴非常聪明，会利用各种工具获得食物。潘塔纳尔沼泽中最不缺的就是棕榈坚果——它们食谱中的一部分。有人曾看到北部的冠悬猴用石头一下又一下地敲开坚硬的棕榈坚果，但事实上南部的冠悬猴也有这种行为。

独特的黑帽子

- ↔ 40～45厘米
- ⚖ 3～3.5千克
- ⊗ 常见
- 🍽 果实和树叶

南美洲中部

◁ **以水果为食**

这只冠悬猴紧紧地握着一个珍贵的水果，打算与猴群一起分享。

▷ 头先入水

巨獭的食谱主要由鱼类组成。它们喜欢吃较大的鱼，包括各种脂鲤、鲶鱼等。它们也会吃蛙类、蛇类和乌龟。

裸颈鹳

Jabiru mycteria

成年雄性裸颈鹳是南美洲最大的鸟类之一。它们拥有巨大的喙，长度为 30～35 厘米。裸颈鹳是一种喜群居的水鸟。与琵鹭一样，它们利用喙来探测水下的猎物，半张着嘴在水中左右来回扫荡。在求爱和积极表现自己时，雄性裸颈鹳裸露的黑色脖子会变得膨胀，它们也因此得名，当地人形容它们具有"充气的脖子"。它们巨大的巢穴建在繁忙、混杂的水鸟聚集地的高树上，由用树枝做成，可以使用好几年。雌性裸颈鹳会产下 2～5 枚卵，15 周大时幼鸟就会飞翔。幼鸟需要父母照看 3 个多月，因此大部分裸颈鹳夫妇每隔一年就需要修筑巢穴。裸颈鹳寿命可达 35 年。

- ↔ 1.2~1.4米
- ⚖ 5~7千克
- ⊗ 常见
- 🍽 鱼类、两栖动物和爬行动物

中美洲和南美洲

巨大的喙，向上弯曲

▷ 展翅高飞

裸颈鹳看上去很笨拙，起飞时需要克服巨大的体重的阻力，因此必须用力地挥动宽阔的翅膀。不过，它们能在上升气流中优雅而高效地翱翔。

宽阔的翅膀

下颈部裸露的皮肤就像宽阔的红色衣领

短短的尾巴

飞翔时修长的腿收在身后

灰色的竹片状喙

羽毛的颜色因饮食的不同而各不相同

粉红琵鹭
Platalea ajaja

粉红琵鹭,又称玫红琵鹭——世界上六大琵鹭物种中的一种——是美洲唯一的琵鹭,也是世界上唯一的羽毛为粉红色的琵鹭。它们扁平的喙又长又厚,极具特色,前端逐渐变宽形成了一个圆圆的"勺子"。捕食时,粉红琵鹭半张开嘴,在浅水中左右扫动喙部。当"勺子"里敏感的神经末端触碰到小鱼、水生昆虫、虾或贝类时,喙立刻紧闭。鼻孔位于喙的基部,当喙浸在水中时,琵鹭也能呼吸。粉红琵鹭通常与其他涉禽一起在河口、红树林沼泽和内陆淡水湿地中捕食。

飞翔时白色的脖子保持伸直

群体筑巢者
处于繁殖期的粉红琵鹭夫妇和其他鸟群一起,将巢穴建在附近的红树林、树丛或芦苇中。每窝产卵1～5枚,雌雄亲鸟共同孵卵,22～24天后雏鸟破壳而出。最初时,幼鸟的喙又短又直,非常柔软,9天后才长成勺子状。父母一起喂养并保护幼鸟,绝不会让它们独处。幼鸟们吵吵闹闹地乞食,吃父母从喙中反刍的食物。6周大时,幼鸟第一次飞翔,7～8周后它们可以在空中轻松飞翔。

- 70～85厘米
- 平均1.4千克
- 常见
- 鱼类、贝类和软体动物

北美洲南部、加勒比海和南美洲

△ 求爱仪式
在繁殖期,粉红琵鹭挥动它们的翅膀,在地面、水中甚至是高高的树上跳求偶舞。

长长的腿是涉水的理想工具

▷ 极其漂亮的颜色
粉红琵鹭的食谱包括某种甲壳动物,而这种动物以含有类胡萝卜素的海藻为食,因此粉红琵鹭会呈现出醒目的粉红色。

金泰加蜥
Tupinambis teguixin

这种大型的蜥蜴食谱较宽,既吃昆虫、蜘蛛和蠕虫,也吃小型脊椎动物,如鱼类和老鼠,还吃水果和树芽等,因此可以在不同的栖息地上生活。雌蜥蜴在铺满树叶的洞穴里产下 20～30 枚卵,并与这些卵一起度过寒冷的季节,直到 5 个月后卵孵化。

- ↔ 平均100厘米
- ⚖ 平均4千克
- ✕ 不详
- 🍴 昆虫、蜘蛛和小型脊椎动物
- 🏠 🌳🌱🌾
- 📍 南美洲北部到中部

▷ **致命一咬**
金泰加蜥很强壮,具有攻击性,只需一口便可咬碎猎物的骨头。

尾巴是身长的一半

长长的脚趾,锋利的爪子

森蚺
Eunectes murinus

森蚺是世界上体形最大、力量最强大的蛇之一,属于蟒蛇家族中的无毒成员。它们通常栖息在浅水中,等待机会伏击前来水边饮水的动物。森蚺用向后弯曲的利齿咬住猎物,迅速盘绕身体将其包裹在内。猎物每呼吸一次,森蚺就会缠得更紧一点,猎物通常会因窒息或心力衰竭而死亡。森蚺几乎吃所有的脊椎动物。其交配期通常在旱季。雌性森蚺会吃掉比它小很多的雄性森蚺,为孕期提供营养。

- ↔ 6～10米
- ⚖ 平均250千克
- ✕ 易危
- 🍴 两栖动物、鱼类和哺乳动物
- 🏠 🌳🌱🌊
- 📍 南美洲北部到中部

▷ **伪装伏击**
森蚺伪装成沼泽中或森林下层的植物,静悄悄地尾随猎物潜行,或在水边发动侵袭。

鹦鹉蛇
Leptophis ahaetulla

这种蛇又称"罗拉"或"巨型罗拉",具有轻微的毒性。它们白天活跃,晚上休息,藏身在森林下层的植物间,以惊人的速度伏击猎物。它们也会在石缝、洞穴和植被中搜寻食物。一旦与其他动物对峙,它们就会竖起身子,张大嘴巴发出"咝咝"声,伪装发起进攻。雌蛇会选择一个安全的地方产下 3～5 枚卵——通常在树洞里或长满青苔的树枝上。

- ↔ 1.5～2米
- ⚖ 1～1.5千克
- ✕ 常见
- 🍴 壁虎、蛙类和鸟类
- 🏠 🌳🌱🌾

中美洲到南美洲

鞭状尾巴

腹面为黄色

◁ **鲜艳的体色**
鹦鹉蛇之所以得其名是因为它们鲜艳的颜色:身体背面是鲜艳的绿色,腹面为黄色。

▷ **集体捕鱼**
巴拉圭凯门鳄通常会与同类和平相处。它们会一起挤在食物资源丰富的地方，或聚集在休息场所。

骨板可加固鳞片

眼睛和鼻子长在头顶，因此巴拉圭凯门鳄漂浮在水面时仍然能够观察、呼吸

潘塔纳尔湿地 | 107

宽阔的吻部　　　　　　　　　　　　　　　　强劲有力的长尾巴

巴拉圭凯门鳄
Caiman yacare

△ **露齿微笑**
巴拉圭凯门鳄平均有 74 颗牙齿。旧齿脱落，在更换新牙之前会留下空缺，所以牙齿数量可能会有所差异，为 70～82 颗。

▽ **贴身盔甲**
巴拉圭凯门鳄长有嵌入皮肤中的骨板，被称为鳞甲。头部和身体下侧的骨板较小，也比较灵活。

巴拉圭凯门鳄是分布在北部的普通凯门鳄或眼镜凯门鳄（*C. crocodilus*）的近亲，也是其分布区内最主要的捕食者之一。它们的"大本营"位于潘塔纳尔的沼泽湿地。湿地中某些地区聚集了大量的凯门鳄，它们集群活动，在层层叠叠漂浮的植物上或河岸边晒太阳。据统计，这里的凯门鳄数量达数百万只——很可能是地球上最大的鳄鱼种群。

捕食水虎鱼
目前已知的 5 种凯门鳄吻部都很宽，是北美鳄鱼在中美洲和南美洲的表亲。巴拉圭凯门鳄体形中等，主要在水中捕食蛇、两栖动物、鱼和软体动物——特别是名为苹果螺的水生贝类。它们将这种贝类嚼碎，连壳一起吞下。巴拉圭凯门鳄在当地又被称为"水虎鱼凯门鳄"，这是因为水虎鱼在其饮食中占了相当大的比例。这个名字也反映了它们尖牙利齿的外形特征，与水虎鱼相似。巴拉圭凯门鳄长有锋利的圆锥形牙齿，当嘴巴闭上时，有些较大的牙齿仍然会露出来。

寻找新的栖息地
全球于 1992 年开始全面禁止野生鳄鱼皮贸易，然而在 20 世纪七八十年代，数百万只巴拉圭凯门鳄惨遭杀害。巨大的捕猎压力迫使它们离开湿地，去适应其他的栖息地。这些栖息地包括更干燥的草原、灌木丛，甚至是农田，不过通常都是有水源的避难所，如附近有池塘、沟渠或小溪等。在陆地上时，它们会静静等待途经的蜥蜴、鸟类，还有体形与水豚相当的哺乳动物。同样，较小的巴拉圭凯门鳄也特别容易沦为美洲豹和蚺的猎物。

在干燥的地面筑巢
巴拉圭凯门鳄的繁殖期在雨季，这个季节的降水量非常大。交配结束后，雌鳄鱼会选择一个较干燥的地方建造巢穴，巢穴通常用能产生热量的腐烂植被堆砌而成，形似土堆，然后在此产卵。每窝卵的数量不等，一般为 20～35 枚。几周后，卵开始孵化，雌性巴拉圭凯门鳄通常会守护巢穴，以防止蛇类、蜥蜴和老鹰等入侵者，不过雌性巴拉圭凯门鳄不如雌性美洲鳄那么尽责。在某些情况下，母亲在小鳄鱼孵化后离开——通常是在 3 月——因此小巴拉圭凯门鳄必须照顾自己。

当嘴巴闭上时，下颌中的第 4 颗牙齿正好与上颌中的牙槽相吻合

巴拉圭凯门鳄一生中会换 40 套牙齿。

- 1.5～3 米
- 25～55 千克
- 常见
- 鱼类、鸟类和哺乳动物

中美洲和南美洲

安第斯高原
隐藏在山间的盐场

安第斯高原是世界上仅次于亚洲青藏高原的第二大山地高原。这片高原由山脉和火山环绕在其四周,展现出一种极端的风景。这里拥有世界上海拔最高的通航湖——的的喀喀湖,以及世界上最大的盐场——乌尤尼盐沼。整个地区的平均海拔为3750米,空气稀薄,日照强烈,风力猛烈,温差大,生存环境相当恶劣。

严酷但公平

尽管自然环境恶劣,安第斯高原仍然是一片充满了美感的神奇土地。广袤而平坦的白色盐滩上,四处点缀着一米多宽的多边形盐结晶;风沙将岩石雕刻成各种奇特的形状。富含矿物质的湖泊滋养了成千上万只火烈鸟,平坦地带和山坡上栖息着成群的骆马。安第斯人驯养骆马以获取毛,驯养美洲驼取其毛和皮肉。

安第斯高原上的植被主要为草地和灌木丛,这里也被称为普纳草原。石质土壤中生长着低矮的垫状小鹰芹和高大多叉的仙人掌。根据年降水量的多少,普纳草原生态区分为湿区、干区和沙漠区。位于安第斯山脉中心的一个区域年降水量非常少,只有400毫米,一年要经历长达8个月的旱季。

惊人的物种特化
这种蛙已特化,可以在地球上极度缺氧的湖泊中生活。皮肤上多余的褶皱增加了身体的表面积,有助于它们从水和大气中最大限度地吸收氧气。

的的喀喀湖水蛙

耐旱作物
藜麦非常适应安第斯高原干燥的沙质土壤,数千年以来安第斯人一直将它们当作一种粮食作物来种植。这个高原也是少数海拔3500米以上仍进行农业生产的地方之一。

3种火烈鸟
火烈鸟,又称红鹳。世界上共有6种火烈鸟,其中的3种生活在安第斯高原。詹姆斯火烈鸟和安第斯火烈鸟全年在安第斯高原上出没,冬季生活在温泉附近以保持温暖。夏天,智利火烈鸟也成群地来到这里。

安第斯火烈鸟

乌尤尼是地球上最大的盐场

的的喀喀湖是海拔最高的通航湖

地理位置

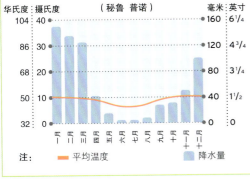

安第斯高原位于南美洲西部,包括玻利维亚、秘鲁、智利和阿根廷的部分地区。

气候

全年气候波动大。寒冷的冬夜通常会有霜降,西南部温度会降到零度以下。

山狐

Pseudalopex culpaeus

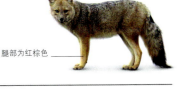

腿部为红棕色

山狐是南美洲第二大的犬科动物,也被称为安第斯狐,这个名字也反映了它们的一些特性。与大多数狐狸一样,山狐也是一个机会主义捕食者,以野生浆果和啮齿动物为食,也捕食从欧洲引入的兔子。它们有时候也会攻击家畜,如羊羔,因此也与农民产生了冲突。

- 0.6~1.2米
- 5~13.5千克
- 局部常见
- 浆果、啮齿动物和昆虫

南美洲西北部到西南部

◁ 岩石中安家

山狐通常喜独居,只有在繁殖季节才会与配偶待在一起5个月。山狐在山洞里筑巢,父母双方在巢穴中守护幼崽。

秘鲁兔鼠

Lagidium peruanum

秘鲁兔鼠的外形与长尾兔很像,但它们是一种生活在高海拔地区的啮齿动物,与绒毛丝鼠的亲缘关系更为密切。它们的皮毛柔软,特别浓密,可以防止它们在寒冷天气下被冻坏,而薄薄的动脉壁能够帮助它们在安第斯高原缺氧的环境中存活下来。

- 30~45厘米
- 0.9~1.6千克
- 局部常见
- 草类、地衣和苔藓

南美洲西部

胡须约15厘米长

▷ 悬崖居民

秘鲁兔鼠通常群居在陡峭的悬崖上,以保护自己免遭捕食者的袭击——同时这里也是晒太阳的最佳地点。

令人垂涎不已的皮毛

绒毛丝鼠长有特别浓密的皮毛,可以帮它们在高原寒冷的环境中保持体温。不过,它们的皮毛也是其惨遭祸害的根源。由于宠物贸易和皮毛贸易的兴起,它们遭到了猎人的诱捕,现在,它们已经成为极度濒危的物种。

孕期要持续8个月

绒毛丝鼠

骆马

Vicugna vicugna

长长的脖子

胸部的白色"围嘴"

骆马体形较小，身材修长，是美洲驼和羊驼的近亲。它们非常适应安第斯高原的生活。骆马以家庭群的形式生活在海拔3500米的干旱草甸上，有时候也会在海拔5750米的地带活动，不过都在雪线以下。这种环境通常白天阳光充足而且温暖，因此坚韧的灌木丛可以生长。晚上，稀薄的空气很快会变得冷冽，温度骤降到冰点以下。骆马身披一层厚厚的纤细的被毛，能够使身体保持温暖，驱走寒冷。

独一无二的牙齿

对于有蹄类而言，骆马的牙齿与众不同。与其他啮齿动物一样，它们下颌的前排牙齿一直不停地生长，而且只有这排牙齿才有釉质。此外，它们不停地用臼齿咀嚼坚韧的草类，门牙经常与上颌中的坚硬的牙垫相接触，因此门牙变得非常锋利。骆马在开阔的草地上很容易遭到袭击，总得时刻提防狐狸等捕食者。它们的听力和视力极好，一旦发现捕食者，就会发出警告性的口哨声。

骆马家族群并不庞大，只有大约10名成员，由雄骆马带领着，包括5只雌骆马和它们的小骆马。因为当小骆马长到10个月大时，领头的雄骆马会将它们赶走。在2岁之前，小骆马还未组建自己的家庭，它们要么独自生活，要么与单性别的骆马群一起生活。奇怪的是，骆马会将觅食区和休息区分割开来，大多数时候会用粪便来标记。骆马每天都要饮水，因此它们的觅食区中必须有充足的水源。

- ↔ 1.5~1.6米
- ⚖ 40~55千克
- ⊗ 局部常见
- 草类

南美洲西部

短翅䴙䴘

Rollandia microptera

这种䴙䴘极其适应水中的生活，不擅长飞翔，甚至极少在地面上行走。它们栖息在的的喀喀湖盆地的湖泊中。

在很长一段时间内，生活在不同淡水湖泊中的鸟群过着离群索居的生活，它们很容易受到栖息地变化的影响。几千对䴙䴘栖息在芦苇环绕的湖泊中，湖泊水面开阔，位于海拔3000米处。短翅䴙䴘能够非常娴熟地潜到水下捕鱼，最喜欢捕食鳉——总能见到它们扬起翅膀掠过水面的身影。它们可在一年中任何时间繁殖，在潮湿的植被上搭建形似平台的巢穴，雌鸟在巢穴里产下2枚卵，每年可以孵化几窝小䴙䴘。

- 28～45厘米
- 平均600克
- 濒危
- 鱼类

南美洲西部

◁ **匕首状的喙**
䴙䴘的喙通常侧扁，有锋利的尖端。短翅䴙䴘的喙上部分为红色，下部分是黄色。

△ **游戏式"战斗"**
未成年的雄骆马经常一起打闹或是相互撕咬。当它们达到性成熟时，打斗会变得越来越激烈，胜利者将会加入一个只有雌骆马的骆马群中，开始组建自己的家庭。

▽ **昼夜迁徙**
晚上，骆马家族会待在相对安全的峭壁斜坡上。白天，它们会从斜坡上爬下来，啃食高原上的草。

安第斯扑翅䴕

Colaptes rupicola

扑翅䴕是一类大型的啄木鸟，因其在地面的捕食行为而出名，其中安第斯扑翅䴕是在地面最常见的一种。它们广泛分布于海拔2000～5000米灌木丛生的栖息地中和开阔草原上。

倒钩舌

安第斯扑翅䴕成群地在地面捕食，用巨大的喙在草丛中挖掘和搜寻里面的蚂蚁、甲虫和飞蛾的幼虫。它们的舌头很长，可伸展，顶部呈钩状，能够捕捉猎物。它们喜群居，在路堑、沙质悬崖或土质悬崖中建造巢穴。洞穴长1～1.5米，通往直径约30厘米的鸟巢，鸟巢可容纳4只幼鸟。

- 平均32厘米
- 140～200克
- 局部常见
- 蚂蚁、甲虫和昆虫幼虫

南美洲西部

◁ **雌性安第斯扑翅䴕**
引人注目的黑色胡须和脖子后面的一抹红可判断这只安第斯扑翅䴕为雌性。

尾羽上有细条纹

安第斯神鹫
Vultur gryphus

醒目的白色颈毛

安第斯神鹫是翅膀最大的鸟类之一,双翼展开长3米多。安第斯神鹫完全依靠风和上升热气流飞翔。仅利用重力,它们就可以滑翔很长一段距离——对如此重的鸟而言,用力拍打翅膀并不是一个好的选择。幸运的是,借助于持续的风力,安第斯神鹫可以搜寻海滩、高原和山谷,自信从容地飞翔。

安第斯神鹫主要吃腐肉,利用强劲有力的喙撕开兽皮和肉。不同于雕和鹰,它们的长腿只能用于站立,不能用于捕杀猎物。过去,安第斯神鹫主要以骆马、大羊驼和海豹为食,不过现在它们更常吃死亡的家畜。尽管现已不再常见,但是在其主要的分布地,仍然可看到三四十只安第斯神鹫聚集在大型动物的尸体周围。

逐渐衰落

安第斯神鹫每两年繁殖一次,如果食物短缺会再延期一年。整个繁殖周期十分漫长:雌性仅产下一枚卵,56~58天后才孵化。雏鸟要依赖父母几个月甚至更久。幼鸟长到6岁——通常会更久——才成年,开始繁殖行为。幸亏安第斯神鹫的自然死亡率非常低,它们才得以在这种低"产出"中保持平衡,尽管它们可以活70年,但是整个种群极容易受到人类活动的影响。如果真的出现任何意外情况,它们根本无法迅速弥补损失的种群数量。

△ **集体栖息**
安第斯神鹫成群地栖息在荒僻的洞穴里或隐蔽的暗礁上。早晨,它们离开栖息地,依靠热空气毫不费力地在空中飞翔。

1~1.3米
11~15千克
近危
死亡的动物

南美洲西北部和西南部

费边蜥蜴

Liolaemus fabiani

1983年，费边蜥蜴被发现并命名。它们是智利最大的盐沼——阿塔卡马盐沼中的特有物种。白天，即便地表超过45℃，它们也能在盐堆中或高盐浅滩上奔跑。同它们体形较大的表亲海鬣蜥一样，费边蜥蜴可以喝盐水，然后将多余的盐分从鼻子上的鼻侧腺排出。费边蜥蜴不仅捕食苍蝇，可在半空中将其抓住，还捕食甲虫和其他小型猎物。

横条纹和竖条纹

费边蜥蜴头部大而强壮，嘴宽阔，四肢结实。它的鳞片形似珠子——小巧而光滑，圆润而有光泽——形成了11~13条凌乱多变的横条纹和竖条纹，黑色、硫黄色或橘红色相间，分布在身体两侧。这种着色特点在下腹部逐渐消失。

雄蜥蜴在保卫领地和选择配偶时尤其具有侵略性，会向对手展示引人注目的身体侧面的图案。它们也会轻拂四肢和尾巴，对着彼此将下颌咬得咯咯作响。

- 平均15厘米
- 30~50克
- 不详
- 苍蝇、甲虫和其他昆虫

智利阿塔卡马盐沼

▽ **在盐上安家**
白天，费边蜥蜴在盐堆和盐池中非常活跃。它们能以闪电般的速度抓住过往的苍蝇。

△ **完美的飞行**
安第斯神鹫滑翔的速度可达200千米/时，能够滑行很长的距离。

展开的翼羽

△ **不分享**
一旦因领地或雌蜥蜴发生纠纷时，雄蜥蜴会狠狠地互相撕咬。它们的下颌非常强劲有力，足以咬破坚硬的鳞甲。

潘帕斯草原
世界上最富饶的牧场之一

潘帕斯草原分布于南美洲，宽阔而平坦，面积超过75万平方千米。"潘帕斯"源自印第安克丘亚语，意思是平坦的地表。在北美洲，潘帕斯草原这种栖息地通常指大牧场，而在欧亚地区指的是大草原。草原上主要的植被包括多年生牧草，如针茅属的草本植物。

经历频繁的森林野火之后，草类仍然可以再生，但是很少有树木可以在野火中存活下来，因此树木极少出现在大草原上。由于树木稀少，没有树荫和栖息之处，很多动物在地下挖掘洞穴以藏身。

濒危的生态系统

大草原上只有少数地方保持了原始状态，没有受到人类活动的干扰，粗糙的草类形成的原始植被已经大大减少。至少在200年前高乔人就已在草原上放牧牛群、马群和羊群。草原上气候温和，土壤富饶肥沃，非常适合种植作物和水果，如大豆、小麦、玉米和葡萄。

由于过度放牧、栖息地丧失和使用化肥，天然的草原环境已不断恶化，无法像过去那么适合本地物种。尽管阿根廷政府建立了国家公园，但是草原受到的保护仍然不够完备，因此世界自然基金会将阿根廷草原的生态系统划分为濒危生态区。

濒危的南美草原鹿
这种鹿体形纤细，生性胆小，在草原上其数量一度非常庞大。但是在19世纪，由于人类大量捕杀，这一物种几乎面临灭绝。近年来，南美草原鹿因农业生产而丧失了大片自然栖息地。当前，草原鹿所剩的数量还不足3000只。

小型回收站
白蚁为社会性昆虫，所有个体都生活在群体中。它们可以回收植物物质和使土壤透气，从而改善草原环境。对于草原上的大食蚁兽和犰狳而言，白蚁是宝贵的食物来源。

白蚁和白蚁堆

15种哺乳动物和20种鸟类濒临灭绝

草原鹿

随风飘荡
蒲苇是大草原上标志性的植物种。它们成片生长，高度可达3米。蒲苇的叶子非常锋利，花朵呈羽毛状，可以产生10万颗随风飘荡的种子。

草原一瞥

地理位置

潘帕斯草原包括阿根廷东部的大部分地区、乌拉圭大部分地区和巴西最南端等。

气候

草原上的气候温和干燥。6~8月的冬季月份降水量最少。

吸血蝙蝠

Desmodus rotundus

细长的指骨支撑着皮膜

正如其名，这种蝙蝠以吸食各种动物的血液为生，袭击对象有貘、野猪、刺鼠、海狮，还有牛、马等家畜。另外还有两种生活在中美洲和南美洲的吸血蝙蝠，它们主要吸食鸟类的血。吸血蝙蝠依靠前臂和后腿的支撑，能极其迅速而灵活地在地上来回奔跑。它们通常会降落在正在休息的动物附近，用能够感温的鼻托寻找皮肤表面的温暖血管。吸血蝙蝠的唾液具有抗凝血性，一旦被它们咬住，猎物的血就会不停流出。

- 7~9.5厘米
- 19~45克
- 常见
- 血液

中美洲到南美洲

相互反刍

吸血蝙蝠喜群居，与数百只同伴一起居住在空心树洞、洞穴、矿井或旧的建筑物中。成年雌性不仅会给后代反刍血液，也会与栖息在一起的同伴分享血液。如果彼此间存在血缘关系，或者在一起生活了很长一段时间，吸血蝙蝠更有可能会相互帮助。为了判断同伴是否饥饿，它们会相互"梳妆打扮"，这样它们就能在反刍之前感受到彼此胃部的膨胀程度。

▽ **舔血者**
吸血蝙蝠牙齿锋利，舌头长鼻子短，下巴呈槽状，这些特征都有助于寻找和舔食血液。

吸血蝙蝠在 30 分钟内就可以吸食其体重一半的血液。

绿树成荫
树商陆树冠非常大，呈伞状，稀稀疏疏地分布在草原上，提供了很多草原必需的绿荫一样松软，它不仅是一个天然的储水池，还具有耐火性。

蒲苇可以产生10万颗种子

树商陆

大食蚁兽

Myrmecophaga tridactyla

黑色的条纹边缘为白色或乳白色

大食蚁兽头骨较大，吻呈管状，但是大脑却很小。它们的视力很差，不过嗅觉比人类的敏感 40 倍。小小的嘴巴位于口鼻部末端，没有牙齿，舌头长 60 厘米，上面布满了黏液，大食蚁兽每天可以用长舌舔食 35000 只白蚁。大食蚁兽行走时步伐沉重笨拙，不过奔跑起来速度飞快，而且擅长游泳。

分开的爪子

大食蚁兽的食物主要由蚂蚁、白蚁及其卵所组成。它们利用强有力的前爪刨开蚁穴和白蚁堆，也用利爪来抵御捕食者，如美洲豹、美洲狮或人类。大食蚁兽通常并不选择主动攻击，不过当它们发起反击时，会后腿直立，依靠巨大的尾巴保持身体平衡，用长有爪子的前肢猛烈搏击，这样也能够很好地保护自己。

除了寻找配偶之外，大食蚁兽喜独处，它们会根据与人类接近的程度来改变自己的行为。那些生活在居民区附近的大食蚁兽一般在夜间行动（这种物种因捕猎而受到威胁），而生活在偏僻地区的则在白天捕食。它们在灌木丛或山洞中休息，用极其浓密的尾巴蒙在头部和身体上保暖。

一旦完成交配，经过 6 个月的妊娠期后，雌性大食蚁兽会产下一只幼崽。出生后第一年的大部分时间里，幼崽会紧紧地趴在母亲的背上，直到 2 岁才离开母亲。

大食蚁兽的舌头每分钟能伸缩 150 次。

- 1~2米
- 18~40千克
- 易危
- 蚂蚁、白蚁和卵

中美洲南部到南美洲中部

长管状的吻

潘帕斯草原 | 117

阿根廷长耳豚鼠
Dolichotis patagonum

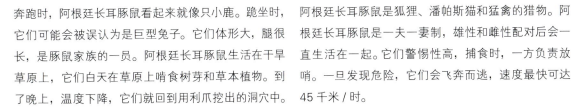

奔跑时,阿根廷长耳豚鼠看起来就像只小鹿。跪坐时,它们可能会被误认为是巨型兔子。它们体形大,腿很长,是豚鼠家族的一员。阿根廷长耳豚鼠生活在干旱草原上,它们白天在草原上啃食树芽和草本植物。到了晚上,温度下降,它们就回到用利爪挖出的洞穴中。

阿根廷长耳豚鼠是狐狸、潘帕斯猫和猛禽的猎物。阿根廷长耳豚鼠是一夫一妻制,雄性和雌性配对后会一直生活在一起。它们警惕性高,捕食时,一方负责放哨。一旦发现危险,它们会飞奔而逃,速度最快可达45千米/时。

- ↔ 69~75厘米
- ⚖ 9~16千克
- ⊗ 近危
- 🍴 草本植物和种子

南美洲南部

◁ **集体生活**
阿根廷长耳豚鼠在夏天产崽,也就是雨季。幼崽在洞穴中出生,与几对处于繁殖期的配偶一起生活。

△ **蚂蚁盛宴**
大食蚁兽从一个蚁穴中只进食一会儿,接着转移到另一个蚁穴,以保证食物不会被全部吃光。

◁ **拓行**
大食蚁兽行走时用前肢的指背和后肢的脚跟着地,前掌并不着地,看上去一瘸一拐的。

六带犰狳
Euphractus sexcinctus

六带犰狳是热带稀树草原上特有的动物物种,它们能利用巨大的前趾挖掘树根等食物。它们也吃从树上掉下来的水果,用羽毛般的长舌头舔食蚂蚁。六带犰狳喜独居,栖息在自己挖掘的洞穴中,洞穴位于地面以下一米处。它们尾巴下面长有腺体,可以散发出气味以标记领地,它们也会撕咬并刮伤迷失在领地中的其他犰狳。六带犰狳是游泳高手,进入水中之前,会吸入空气以增加浮力。

- ↔ 40~50厘米
- ⚖ 3.2~6.5千克
- ⊗ 常见
- 🍴 树根、水果、昆虫和腐肉

南美洲中部到东部

▽ **贴身盔甲**
一旦发现捕食者,六带犰狳会将自己藏起来。当它们钻到洞穴中时,盔甲似的骨质甲可以保护身体。

六带犰狳身体上长着6~8条带状条纹

浓密的棕色长尾

鬃狼因其独特外表而被称为"踩高跷的狐狸"。

喉咙处有白色的新月状标记

皮毛浓密，呈红褐色

腿部又细又长

- 1.2~1.3米
- 20~23千克
- 易危
- 小型脊椎动物和水果

南美洲中南部和东部

鬃狼

Chrysocyon brachyurus

长长的耳朵

突出的黑色吻部

鬃狼体形修长，外形与狐狸或狼相似，但与这两类动物又不是同一演化谱系。这种鲜有研究的动物可能是一种古老的残遗物种，数千年前就已在南美洲形成了隔离分化。

外表像狐狸

尽管鬃狼与狐狸没有亲缘关系，但是它们休息时外表酷似狐狸。三角形的大大的耳朵非常灵活，喉咙位于突出的黑色吻部下方，上面长有一块白色的新月状标记，使它们看起来特别像狐狸。不过，一旦站立或奔跑时，它们姿态挺拔、步幅很大，与狐狸完全相异。

鬃狼的两肩之间长有长长的黑色颈脊或鬃毛，尾巴末梢有一撮明显的白色毛。它们的腿部很长，因此能够在高大而浓密的草丛中轻松移动，看得更远。在开阔的场地，它们的步伐略显笨拙，在深草丛中，它们的步伐更加缓慢，常常会快速向前一跃，强行穿越草丛。

孤独的猎手

鬃狼是孤独的猎手——相比狼，它们更像狐狸——偶尔几只鬃狼会聚集在食物充足的地方。它们利用极其敏锐的听觉来定位、追踪并袭击猎物，然后咬住猎物的脖子或脊椎将其杀死。鬃狼喜食小型脊椎动物，特别喜欢捕食豚鼠，也会吃犰狳和鸟，甚至是鱼。不过，在鬃狼的食谱中，植物性食物占据了很大一部分比例。它们很喜欢一种长得像西红柿的洋茄，也吃各种其他的水果和树根。这种富含植物类食物的饮食习惯对鬃狼的健康来说至关重要。如果鬃狼被圈养后只吃肉类，它们的肾和膀胱中就会形成结石。

夜间巡逻

鬃狼夜间巡逻时会选择常规路线，并根据这些路线在草地上开辟小道。它们利用味道强烈的尿液作为标记，守卫以这些小道为基础建立的领地。雌性鬃狼每胎会产下2~6只幼崽，幼崽会待在父母身边一年。雄性鬃狼会帮助喂养小鬃狼。现如今，鬃狼因栖息地损失而受到威胁，而且也很容易遭遇交通事故。有时候，它们也会被家养犬杀害，而且很容易患上犬类疾病。相传，它们的身体器官具有神奇的医学价值，因此遭到人类的猎捕。鬃狼需要大量的开阔场地，而且很难圈养，更难在动物园中繁殖。因此保护鬃狼就得保护适合其生存的大片栖息地。

◁ **长腿流浪者**
鬃狼的腿长且细，可以在草丛间高效地大踏步前行。每晚它们会行走很长的距离，穿越其30~55平方千米的领地。

▷ **幼崽**
这只幼崽差不多5周大，它的好奇心越来越强烈。它将与家庭群体共同生活一年。

△ **社交接触**
耳朵可以帮助鬃狼相互交流：一只鬃狼垂下耳朵表示害怕或顺从，另一只鬃狼竖起耳朵显示它的权威。

脖子、胸部和腹部的羽毛松散

红色的长腿

喙基部的羽冠一直保持挺立

红腿叫鹤
Cariama cristata

红腿叫鹤身材高大，双腿修长，与体形更大的美洲鸵共享很多活动区域和栖息地。它们利用大量的白蚁堆作为岗哨和歌唱的舞台，这些白蚁堆分布在青草丛、草原上的灌木丛和疏林地带。拥有领土的雄性红腿叫鹤发出一系列响亮而悠远的叫喊声。这些非同寻常的声音极其洪亮，在几千米远处都能听见。叫喊时，它们把头部向后仰，喙大张，声音最大时头部几乎可以触碰到背部。

短途冲刺

红腿叫鹤脚趾很短，适合奔跑——短途爆发时速度可达 40 千米/时。它们靠奔跑来摆脱捕食者，也很适合追赶并踩踏顽强且活跃的猎物。红腿叫鹤会爬上较低的树枝或飞到更高处栖息。巢穴建在只需几次振翅飞跃便可到达的地方。此外，它们很少飞翔，而且飞翔距离很短，只是在滑翔一段距离后拍打几下翅膀。

红腿叫鹤用喙部咬住猎物，将其在地面狠狠地拍打，通过这种方式杀死它们。叫鹤有时候也被当作"看门狗"饲养在鸡群中，以保护鸡群的安全。红腿叫鹤喜欢宽敞、灌木丛生的地方，因此它们不会因为栖息地的丧失而受到威胁，有时候甚至还能从森林砍伐中受益。

△ **威吓的姿态**
雄性红腿叫鹤会用高声歌唱来宣布其领土所有权。如果它们碰巧遇到其他雄性红腿叫鹤，就会利用礼节性的姿态来解决分歧，而不是打斗。

◁ **独特的喙**
红腿叫鹤喙部宽阔，呈钩状，是其主要的捕食工具，可用于抓住、控制并撕裂如蜥蜴、蛇及大型甲虫等猎物。

身体上的羽毛具有细条纹

- ↔ 75～90厘米
- 平均1.5千克
- 常见
- 蜥蜴、蛇类和昆虫

南美洲东部

穴鸮
Athene cunicularia

棕色的身体上有白色的斑点

短草草原、遍布蒿属植物的灌丛和半荒漠地区都是穴鸮喜欢的栖息地，但是在耕地中它们也能勉强生活，甚至是高尔夫球场和飞机场。穴鸮在洞穴里休息、筑巢，可能会占用哺乳动物闲置的洞穴。它们昼夜都会捕猎，移动头部以确定猎物的精确位置，伏击从低矮的土堆里出来活动的小型啮齿动物。草原土拨鼠啃食草类，使草类保持低矮，因此穴鸮可拥有更加清晰的视野。

- ↔ 19~25厘米
- 125~250克
- 常见
- 啮齿动物和鸟类

北美洲、中美洲和南美洲

巢穴边上有些干燥的粪便，这也许可以掩盖穴鸮散发的气味，以防捕食者闻到。

△ 在洞穴里
不少穴鸮夫妇紧挨在一起筑巢，每个洞穴长1米，里面有2~12枚卵。

美洲鸵
Rhea americana

开阔的草地是美洲鸵的典型栖息地，这种南美洲最大的鸟在此寻觅大型昆虫、爬行动物和植物的种子。雄性美洲鸵筑巢后进行炫耀性表演，相继吸引六七只雌鸵鸟。雌鸵鸟在巢穴中产卵后，再继续与其他雄鸵鸟交配。每只雄鸵鸟孵化20~30枚卵，自己照顾幼鸟，或者在雄性下属的"帮助"下照顾幼鸟。雄鸵鸟对幼鸟的保护意识非常强，在这一期间它们甚至会攻击雌鸵鸟。

- ↔ 0.9~1.5米
- 15~30千克
- 近危
- 昆虫、爬行动物和种子
- 南美洲东部或东南部

◁ 生活在地面上
鸵鸟是不会飞翔的大型鸟类，比起非洲鸵鸟，美洲鸵更像澳大利亚的鸸鹋。

钟角蛙
Ceratophrys ornata

角状突出

这种身材魁梧的角蛙也被称为"霸王角蛙"，因为它们的嘴巨大，可以吞食任何嘴巴能够容得下的东西。钟角蛙采用守株待兔的策略来捕捉猎物，潜伏在落叶间，只露出眼睛和嘴巴。这种蛙的"角"其实是眼睛上方的突起，能够帮助它们伪装。当大小适宜的猎物进入攻击范围内时，钟角蛙就会向前冲去，用大嘴将猎物吞下。

△ 无所畏惧的防卫者
在地面活动时，钟角蛙极具攻击性。它们会无所畏惧地攻击比自己更大、更强壮的侵犯者。

- ↔ 10~12厘米
- 春天
- 近危
- 蛙类、鸟类和蛇类
- 南美洲东南部

科隆群岛
促成进化论产生的群岛

科隆群岛又称加拉帕戈斯群岛,是由火山岛和岩礁组成的荒僻群岛,位于浩瀚的蓝色太平洋上。地壳移到地幔(地壳正下方一个更温暖的半固态岩层)中的一个热点上时,地壳融化,形成了一系列火山。大部分海底火山喷发的岩浆在到达海平面之前就被海水冷却,冷却的火山岩浆形成了科隆群岛。由于远离其他大陆块,这些群岛上拥有很多地球上其他地方无法找到的、独一无二的特有物种。

进化的故事

英国生物学家达尔文于1835年前往科隆群岛。鉴于物种一代一代发生了演变,他的所见所闻启发他创立了关于自然选择的进化理论。达尔文发现了不少关于变异的有趣例子——在不同岛屿上的动物存在着很大的差异性,变成了不同的物种。因此,科隆群岛上拥有很多独一无二的动物,如各种各样的雀类和陆龟。

科隆群岛位于三大洋流交汇处,这些洋流带来了滋养鱼类、海洋哺乳动物和海鸟的营养物质和浮游生物。群岛定期会受到厄尔尼诺现象的影响,气候因此变得更加温暖和潮湿,给植物和陆地动物带来了巨大的好处,但对海洋生命来说却是一场灾难。

难以逃脱
历史上,科隆群岛上没有任何栖息在陆地上的捕食者,因此鸬鹚也失去了飞行的能力。自从人类抵达之后,它们的数量因引进的捕食者而锐减,如猫、狗和猪。

不会飞的鸬鹚

先锋物种
熔岩仙人掌能够在裸露的火山岩上快速生长。它们的肉质茎可以储水,是陆栖蜥蜴和陆龟等野生动物宝贵的水分来源。仙人掌动物粪地震可以播散熔岩仙人掌的种子,帮助它们在新地区生长。

熔岩仙人掌

大约有127座岛屿和小岛

109种已知的特有物种

1978年起被列入世界遗产

清洁蟹
红石蟹与海鬣蜥互惠共生。红石蟹帮助正在休息的海鬣蜥剔除皮肤上的寄生虫和海藻使其保持清洁。红石蟹会吃掉它们找到的一切东西,以此作为工作的奖励。

红石蟹

地理位置

科隆群岛位于太平洋上,南美洲西海岸 900 千米处。

气候

全年气温差异仅为 0.7℃,但年降水量差别非常大,特别是厄尔尼诺年间。

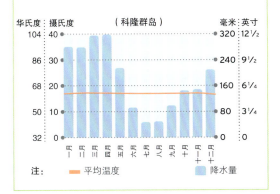

加拉帕戈斯海狮
Zalophus wollebaeki

与无耳海豹、海象不同,加拉帕戈斯海狮具有明显的外耳壳。外耳壳是它们与无耳海豹的一个不同点;另一点就是它们可以在强壮的鳍状前肢的辅助下,利用鳍状后肢在陆地上快速移动。与大多数海狮一样,它们的盆骨可以旋转,因此能够快速移动。

充满好奇心的海狮群

海狮是生活在海岸的高度社会化的哺乳动物,它们在浅海海域捕食,然后回到岸上睡觉,休息。通常由一只成年的雄海狮带领着海狮群共同养育幼崽。它们对人类活动充满好奇心,特别是幼小的海狮。因此人类的捕鱼活动常会给它们造成致命后果。此外,它们会受到厄尔尼诺现象的严重影响。这种每隔几年就会发生的气候变化,影响太平洋的海风、洋流,导致该地区的鱼类资源骤降。在 1997～1998 年的厄尔尼诺年间,科隆群岛上的海狮数量下降了近 50%。

- 1.2~1.5 米
- 50~250 千克
- 濒危
- 鱼类、乌贼和甲壳动物

科隆群岛和南美洲西部

▽ **强壮的游泳高手**
海豹游泳主要依靠鳍状后肢,而海狮则用细长有力的鳍状前肢拖着身体前行。

海狮幼崽出生 1～2 周后就开始学习游泳技能。

共同的祖先

科隆群岛上栖息着 7 种五彩缤纷的熔岩蜥蜴。其中一种在好几座岛屿上出现过,其他的每种只栖息在一座岛屿上。与加拉帕戈斯地雀一样,所有的熔岩蜥蜴都是由同一个祖先进化而来的。

中美洲和南美洲

▽ 哗众取宠者

当雄性小军舰鸟待在树顶的巢穴中时，它的喉囊会膨胀，就像一只红色的气球，向头顶飞过的雌鸟炫耀卖弄。

膨胀的喉囊

小军舰鸟
Fregata minor

飞翔时可利用长长的尾巴作方向舵

小军舰鸟看起来像史前动物，长有长长的喙、叉状尾、棱角分明的"M"形大翅膀。在所有鸟类中，它们的翅膀面积与体重之比最大，也就是翼负荷最小。同时，巨大的尾巴展开或闭合时都指向一个点，因此小军舰鸟可以毫不费力地在空中平稳翱翔数小时，也可以极其灵活地俯冲下去抓住飞鱼或追逐其他鸟。它们还会偷食其他鸟类的食物，特别是鲣鸟，不停地骚扰它们，直到它们反刍为止。小军舰鸟在海上飞翔，却避免在水上着陆，因为它们的羽毛不能完全防水。它们栖息在荒僻的热带岛屿上的树丛中，这些岛屿位于太平洋、印度洋和南大西洋上。父母双方轮流孵化1枚卵，所需时间为55天。

- 85~105厘米
- 1~1.5千克
- 常见
- 鱼类、乌贼和海鸟幼鸟

热带太平洋、南大西洋和印度洋

白天小军舰鸟一直在海面上飞翔，很少着陆，除非处于繁殖期。

加岛企鹅
Spheniscus mendiculus

加岛企鹅是唯一生活在赤道以北的企鹅，它们大多数时候在科隆群岛的费尔南迪纳岛和伊莎贝拉岛上繁殖。白天，它们在克伦威尔洋流中游泳，捕捉小鱼群，如胭脂鱼和沙丁鱼——相比寒冷的洋流，温暖的赤道水域能够提供更多的营养物质。晚上，加岛企鹅回到陆地上休息，对不会飞的鸟而言，这里既凉爽又安全。与南极企鹅一样，它们可以拍打小翅膀，释放多余的体热。

珍稀鸟类

加岛企鹅是世界上最珍稀的企鹅之一，能够繁殖配对的数量不足1000只。其繁殖季节受到食物多少的限制。厄尔尼诺现象将导致群岛周围的水域变暖，鱼类的数量也随之而减少。因此出现的食物短缺现象导致加岛企鹅在整个繁殖季节相当难熬。

加岛企鹅也受到污染、密集型捕鱼及捕食者的威胁，这些捕食者主要是人类带到群岛上的猫和狗。

- 平均53厘米
- 1.7~2.1千克
- 濒危
- 胭脂鱼和沙丁鱼

科隆群岛

▷ 生活搭档

加岛企鹅一生中都与同一个伴侣交配。雌企鹅在岩石缝里产下1~2枚卵，使卵保持凉爽。父母双方轮流孵化38~40天。

蓝脚鲣鸟
Sula nebouxii

雄性蓝脚鲣鸟的双脚颜色鲜艳,可加深潜在配偶对它的印象。由于捕食的鱼中含有类胡萝卜素,类胡萝卜素进入蓝脚鲣鸟体内后,使它们形成了独特的蓝色脚蹼。脚蹼的颜色越深,就代表雄鸟的营养越充足,这表明它能为后代提供更好的生活条件。雌性倾向于与更年轻的雄性交配,因为雄性鲣鸟双脚颜色的鲜艳程度随着年龄的增加而递减。鲣鸟与鹈鹕的联系更为密切,与鸬鹚相对较疏远,它们的脚趾上都有蹼。

适者生存

世界上大约一半的蓝脚鲣鸟种群集中在科隆群岛上,不过近年来几乎没有幼鸟在此成长。这主要是因为沙丁鱼的数量锐减,而鲣鸟几乎只吃沙丁鱼。鲣鸟的繁殖季节非常短,雌鸟只产下 2 ~ 3 枚卵,分别需要几天时间孵化。

当食物充足时,年龄各异的幼鸟都能够被亲鸟喂饱,没有任何的竞争压力。一旦食物匮乏,年长且体形较大的幼鸟会杀死同胞,因此更有可能活下来。如果食物充足,活下来的幼鸟不止一只,那么较小的那只也有机会成为具有繁殖能力的成鸟。

- 75~90厘米
- 1.3~1.8千克
- 常见
- 沙丁鱼和其他鱼类

墨西哥西部到南美洲西北部及科隆群岛

▷ **求爱舞**
蓝脚鲣鸟求偶时会炫耀它们华丽的脚蹼,双脚轮流抬起,跳一支具有仪式感的鸭步舞。

加岛信天翁
Phoebastria irrorata

加岛信天翁是唯一一种热带信天翁,它们在科隆群岛上繁殖,在厄瓜多尔和秘鲁海岸捕食。它们前往距离巢穴 100 千米的地方捕食,出现在海平面附近的鱼是它们主要的食物。加岛信天翁可以利用细长的翅膀,在气流的作用下毫不费力地飞行很远的距离。

暗黄色的喙

栗色的羽毛

△ **高声呼喊伴侣**
求爱仪式极其烦冗,包括一系列动作,如盘旋或用喙互相触碰。一旦"结为夫妇",信天翁便与伴侣相伴终生。

- 85~93厘米
- 3~4千克
- 极危
- 鱼类和甲壳动物
- 科隆群岛

鸫形树雀
Camarhynchus pallidus

科隆群岛上的树雀已经进化成 15 个不同的物种,每个物种采用不同的捕食策略。在雨季,鸫形树雀以大量的昆虫为食。不过,在炎热的早季,它们一半的食物是依靠特殊的工具找到的——极少有动物采取这种捕食策略,它们就是其中的一种。它们能够用细枝或仙人掌的棘刺从树皮缝中或树木上的洞穴里寻找昆虫幼虫吃。鸫形树雀尝试过很多工具,选出了适合这种捕食策略的工具,有时它们甚至会将树枝折断使其缩短,从而更便于使用。鸫形树雀在另外几个地方也会使用它们喜欢的不同的工具。

△ **喙的延伸器**
鸫形树雀可以用喙寻找昆虫幼虫,不过使用一根长刺意味着它们可以探到更深处。

- 平均15厘米
- 20~31克
- 局部常见
- 昆虫和昆虫幼虫
- 科隆群岛

科隆群岛 | 127

加拉帕戈斯象龟

Chelonoidis nigra

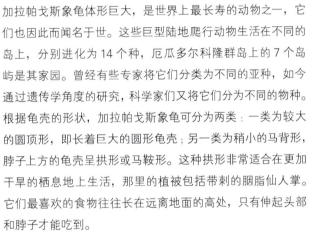
前肢有5个粗壮的趾

加拉帕戈斯象龟体形巨大，是世界上最长寿的动物之一，它们也因此而闻名于世。这些巨型陆地爬行动物生活在不同的岛上，分别进化为14个种，厄瓜多尔科隆群岛上的7个岛屿是其家园。曾经有些专家将它们分类为不同的亚种，如今通过遗传学角度的研究，科学家们又将它们分为不同的物种。根据龟壳的形状，加拉帕戈斯象龟可分为两类：一类为较大的圆顶形，即长着巨大的圆形龟壳；另一类为稍小的马背形，脖子上方的龟壳呈拱形或马鞍形。这种拱形非常适合在更加干旱的栖息地上生活，那里的植被包括带刺的胭脂仙人掌。它们最喜欢的食物往往长在远离地面的高处，只有伸起头部和脖子才能吃到。

部分迁徙者

在有些群岛上，当旱季来临时，年长的雄龟和一些成年雌龟会离开低地，前往更加湿润的高地。它们需要花费2~3周的时间才能迁徙6千米，然后待在高地，等到雨季来临再返回。其他的象龟全年都待在低地上。加拉帕戈斯象龟行动非常缓慢，消化系统的效率较低，身体可以储存食物中的能量和水，这意味着即便不吃不喝，它们也能活一整年。

传统筑巢地

交配高峰期在2~5月的雨季。当雄龟有了自己的领地，就开始嗅、追逐、撕咬并冲撞雌龟。雌龟会选择海岸附近的传统筑巢地，在松散的土壤或沙子中挖一个洞产卵。雌龟会产4次卵，每次产下5~18枚卵，然后再将洞填起来。这些卵孵化需要4~8个月，具体时间依温度而定，幼龟可能需要几天，甚至几周才能挖出一条通往地面的路。卵和幼龟都会受到引入该地区的捕食者的威胁，如猫和黑鼠。

> 加拉帕戈斯象龟寿命特别长。据悉，一只雌性加拉帕戈斯象龟活了超过170年。

◁ **马鞍形龟壳**
加拉帕戈斯象龟长有灵活的长脖子。生活在更加干燥的艾斯潘诺拉岛上的加拉帕戈斯象龟龟壳的前开口比较高，能够帮助它们够到高处的植物。

▷ **圆顶形龟壳**
背壳为圆顶形的龟体形较大，更喜欢群居，经常成群地在一起休息。

- 平均1.2米
- 平均300千克
- 易危
- 仙人掌、草类、树叶和浆果

科隆群岛

△ 共生关系
与其他科隆群岛上的爬行动物一样，海鬣蜥与小型雀类建立了共生关系，如达尔文雀负责清洁海鬣蜥的皮肤。

科隆群岛 | 129

年长的雄海鬣蜥背部的棘状鳞很高

短钝的吻部

海鬣蜥

Amblyrhynchus cristatus

荒僻的科隆群岛横跨太平洋上的赤道地区，群岛以其独一无二的动物物种而闻名。岛上的海鬣蜥特别有趣，它们是唯一一种只吃海藻的海洋蜥蜴。

在水中很灵活

海鬣蜥主要栖息在岩石海岸线。清晨时，它们会晒几个小时的太阳使身体变暖，以支撑忙碌的一天——游泳和捕食。准备好后，海鬣蜥就跳进深水中，潜入水下10米处啃食短小的海藻，这些海藻长在阳光直射的海床岩石上。必要时，海鬣蜥可以在水下待一个小时，但大多数时候摄食潜水只持续几分钟，随后它们就浮出海面呼吸。由于身体圆胖，腿较短，海鬣蜥在陆地上显得有些笨拙，但是在水中却非常灵活。它们四肢格外强壮，长有长趾和尖爪，游泳时主要依靠扁平的、形状像桨一样的尾巴驱动，背上的峰状鬣鳞提供了稳定性。

在陆地上取暖

海鬣蜥不能在海洋中待太久。寒冷的海水会让它们移动能力变差，因此必须定期离开水中，在太阳下取暖。进食结束后，它们爬回岸上的岩石，用长长的钩状爪子紧紧抓住岩石。它们暗淡的深色皮肤有助于快速吸收热量。当它们把身体晾干后，身体的颜色会变成更浅的灰色，橘色、绿色和其他颜色的斑纹也开始显现。这些体色特征在成年雄性身体上表现得更加显著，它们靠鲜艳的体色吸引伴侣。这些颜色来自它们吞食的海藻中所含的色素。栖居的岛屿不同，它们身体上的颜色也大不相同。雄海鬣蜥和雌海鬣蜥的头部由于盐液变干而变成白色。这是它们从食物中所摄取的多余盐分，通过鼻孔和眼睛之间的腺体排出来。

随着体温的上升，海鬣蜥待在陆地上的时间为其提供了消化坚韧海藻的机会。海藻难以消化，而且能量有限。海鬣蜥的肠道中存在大量能够分解藻类的微生物，因此海鬣蜥的体形庞大而浑圆。

个子大并不总是最好的

雄性的体形可以长到雌性的两倍大，在繁殖季节，它们要守卫一群伴侣不被对手骚扰。冲突通常只是一场虚张声势的表演，处于优势地位的雄性用头部敲击对手，而对手一般会撤退。不过，如果它们继续敲击，对手就会与之打斗，彼此试图用头将对方推开。庞大的身体在这时可以发挥作用，但是在其他方面也会成为障碍。体形越大，海鬣蜥在两次潜水摄食之间所需的热身时间越长，当某些气候现象出现导致海藻数量减少时——如厄尔尼诺现象——它们不可能像体形较小的同伴那样频繁捕食。

△ **海鬣蜥种群**
海鬣蜥成群聚集在一起晒太阳，黑色的身体不仅有助于它们吸收阳光，还能使它们与火山岩石和沙子融为一体。

◁ **水下盛宴**
海鬣蜥所有的食物都取自海床。它们利用坚硬的牙齿刮食长在岩石上的海藻。

- ↔ 50~100厘米
- ⚖ 1~11千克
- ⊗ 易危
- 🍽 海藻
- 🏠 栖息地

科隆群岛

当食物匮乏时，海鬣蜥会将身体缩小，把骨骼缩小10%。

中部亚平宁山脉
一只灰狼小心翼翼地靠近一小群马鹿，但是马鹿对于捕食者的出现非常警惕。生活在意大利的灰狼数量不足1000只，而且仅在亚平宁山脉活动。

欧洲

欧洲

冰火之地

冰岛位于大西洋中脊的火山缝隙上，两块地壳构造板块在此逐渐向外扩张，被迫分开。陆地上火山、间歇泉和冰川星罗棋布。

农业影响

在欧洲，人类开发对生态造成了巨大的破坏，如大规模的城镇化、森林砍伐和农业用地。

特色生态区

- 挪威峡湾 》》134～139页
  近岸海域、高山苔原
- 苏格兰高地 》》140～145页
  温带针叶林、沼泽地
- 卡玛格湿地自然保护区 》》146～151页
  湿地、河流三角洲
- 塔霍河峡谷 》》152～157页
  地中海林地、灌丛
- 阿尔卑斯山脉 》》158～163页
  温带针叶林、高山草甸
- 巴伐利亚森林 》》164～173页
  温带针叶林、阔叶林和混合林

挪威峡湾 挪威海岸的地形是探索北欧冰川历史最重要的线索之一，这里包括被洪水淹没的"U"形峡谷，也被称为峡湾。

暖流 一股温暖的大西洋洋流——墨西哥湾暖流的延伸——冲刷着欧洲海岸，使北纬地区气候相对稳定，降雨频繁，温度适中。

地中海 地中海是一片温暖的盐度很高的海域，几乎完全被陆地所包围着。这里几乎没有受到渔业和海运产生的影响，栖息着各种各样的水下生命。

平原和半岛 | 133

平原和半岛
欧洲

欧洲位于欧亚大陆的西部，黑海、里海、乌拉尔山和高加索山将其与亚洲分割开来。它是一片具有地理及生态复杂性的大陆，古老的冰蚀高地屹立于北部和西部，辽阔的平原从英格兰南部向东横穿俄罗斯，中部高地位于阿尔卑斯山脉陡峭的岩石地带之下——阿尔卑斯山脉也是欧洲最长的山脉。这里一半的大陆几乎都由主要的半岛组成——斯堪的那维亚半岛、日德兰半岛、伊比利亚半岛、亚平宁半岛和巴尔干半岛等。欧洲还有一些大的岛屿，如大不列颠岛、爱尔兰岛和冰岛。环绕在四周的大海和海洋对气候产生了很大的影响。

由于自然栖息地分布的纬度不同，栖息地上的动植物物种也各不相同。北部主要是苔原区和针叶林，南部多为落叶林、农业用地、山脉和地中海栖息地。每年，很多鸟类和昆虫都会在亚洲繁殖地和欧洲越冬地之间来回迁徙。

乌拉尔山脉
乌拉尔山脉从北极圈延伸至塔吉克斯坦温暖干燥的草原，在欧洲与亚洲之间形成天然边界。

石灰岩洞穴
喀斯特地貌由位于石灰岩岩床上面的贫瘠而干燥的碱性土壤所组成，岩床下有洞穴和地下河流，如斯洛文尼亚和意大利都具有喀斯特地貌。有些岩洞中还栖居着洞螈。

马尼塔佩奇溶洞　　洞螈

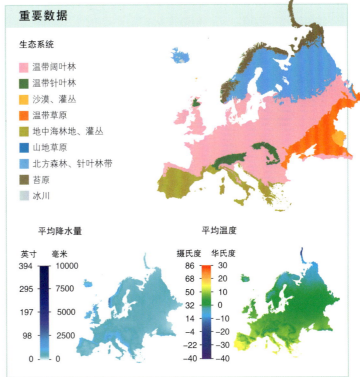

重要数据

生态系统
- 温带阔叶林
- 温带针叶林
- 沙漠、灌丛
- 温带草原
- 地中海林地、灌丛
- 山地草原
- 北方森林、针叶林带
- 苔原
- 冰川

平均降水量
英寸　毫米
394　10000
295　7500
197　5000
98　2500
0　0

平均温度
摄氏度　华氏度
　　　　86　30
　　　　68　20
　　　　50　10
　　　　32　0
　　　　14　-10
　　　　-4　-20
　　　　-22　-30
　　　　-40　-40

挪威峡湾
海岸边隐蔽的避风港

挪威海滨分布着一些地势陡峭的峡谷，由冰河时代的冰川开凿而成。当时，这些山谷都被海水淹没，形成了狭长的水湾，两岸耸立着蜿蜒盘旋的岩壁，也被称为挪威海峡。这片水域中全是海水，不过非常隐蔽，大部分地区从陆地上无法到达，而且水位一般极深。虽然地处高纬度，不过在墨西哥湾暖流的影响下，峡湾通常全年不结冰。峡湾哺育着丰富的半洄游和洄游鱼类、海豹、海豚、海鸟，以及世界上数量最庞大的深海珊瑚礁。

冷水珊瑚

早在1869年冷水珊瑚就已为人们所发现，但是其大小和范围却耗费了一个多世纪的时间才得以揭示。大西洋上的主要造礁珊瑚是多孔冠珊瑚，多孔冠珊瑚礁长13千米，宽30米，主要分布在挪威沿海。有一些珊瑚礁甚至已存活了数千年。2000年，人们也曾在峡湾中非常寒冷的较浅的水域中发现过这些珊瑚。它们的存在大大提高了峡湾的生态价值，为海里各种无脊椎动物和鱼类提供了育儿场所和捕食场地。

峡湾附近和峡湾之间的山地覆盖着落叶林和针叶林，险峻的山谷中点缀着些许冰湖和夏季草场。在海拔1700多米的地方，树和草场逐渐被高山植物和雪峰所替代。

产卵地 大西洋鲱鱼长到5岁时，就会洄游到挪威峡湾产卵。它们是海洋中很多其他鱼类、海豹、鲸及海鸟的主要食物来源。因此，如果人类过度捕捞鲱鱼，这些海洋动物也会面临危机。

大西洋鲱鱼

繁荣与萧条 挪威旅鼠的繁殖速度非常快。一旦条件适宜，它们的数量就会激增，进而出现大规模扩散。据说这些旅鼠会冲进峡湾以逃避过度拥挤。不过，食物短缺也会导致其数量骤减。

挪威旅鼠

啄出巢穴 挪威海岸的原始森林中栖息着大量的白背啄木鸟。作为生态系统健康和成熟的指标，它们在树上凿出的洞成为很多其他鸟类的巢穴。

白背啄木鸟

松恩峡湾是世界上最长的无冰峡湾

最大的多孔冠珊瑚礁有8000多年的历史

地理位置

峡湾沿挪威西海岸分布,其中最大、最深的地方位于斯塔万格和特隆赫姆之间。

气候

气候温暖,具有季节性,不过由于受墨西哥湾暖流的影响,气候相对温和。全年都有降雨。

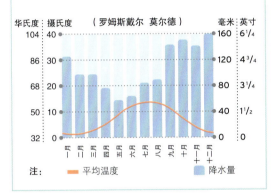

注: —— 平均温度   ▓ 降水量

深海暗礁

多孔冠珊瑚是一种不太常见的珊瑚,能够在较深的冷水区存活下来。其生长速度非常慢,主要食用从阳光照射的海洋表面沉下去的死亡浮游生物。挪威海岸聚集了世界上已知的最密集的多孔冠珊瑚礁。

多孔冠珊瑚

灰海豹
Halichoerus grypus

前鳍肢上长着锋利的长爪

灰海豹身披6厘米厚的鲸脂,可以完美地适应冷水环境。这层脂肪不仅给它们提供了极好的保温效果,还能够辅助血液从皮肤输送到体内的重要器官中。它们能潜入海底60～300米的深处捕食,通过呼气压缩肺部,即使能见度为零,也能够利用敏锐的胡须来追踪沙鳗等猎物的踪迹。

- ↔ 1.7～2.3米
- ⚖ 100～310千克
- ✖ 鱼类和头足类
- ⅲ 常见
- ⌂

大西洋北部

◁ **冲上海岸**

灰海豹会成群聚集在沙滩、冰面和岩石上,在这里休息、求偶或产崽。

鼠海豚
Phocoena phocoena

鼠海豚经常沿着海岸线活动,尤其是在较浅的冷水海湾,它们沿着那里的海底寻找食物。从远处看,鼠海豚和海豚经常会被弄混淆,但事实上鼠海豚的背鳍更小,体形更圆润,吻端更加圆钝。它们会避开船只,并且极少在船边乘风破浪。

- ↔ 1.3～2米
- ⚖ 45～74千克
- ✖ 常见
- ⅲ 鱼类和头足类
- ⌂

太平洋北部、大西洋北部和黑海

△ **大声呼吸**

鼠海豚通过喷水孔呼吸时,发出的声音就像打喷嚏,因此也曾被称为"吹气的猪"。

尾鳍后缘有明显的缺刻

雄性背鳍长达 1.8 米
巨大的鳍肢呈桨状

虎鲸
Orcinus orca

虎鲸，又称逆戟鲸，并非真正的鲸，而是海豚科动物中体形最大的一员，寿命可达 90 岁。除了鱼类、鸟类、头足类等，它们也会捕食海洋哺乳动物，如其他鲸类。

聪明的捕猎者

虎鲸分为 3 种生态类型：居留虎鲸、过境虎鲸和近海虎鲸。每个生态型在饮食特征和分布范围上都各不相同。居留虎鲸组成了最大的虎鲸群，主要捕食鱼类、乌贼和章鱼。过境虎鲸是世界上最大的温血动物捕食者，几乎只以哺乳动物为食，偶尔也吃诸如企鹅之类的海鸟。近海虎鲸以鱼类为食，尤其是鲨鱼。

所有的虎鲸都很聪明。成年虎鲸会教小虎鲸如何捕食海豹：围堵猎物，用尾巴将猎物打晕，借助波浪将海豹冲下海冰。

虎鲸群数量不一，少则几头，多达 50 头。一个普通的虎鲸群通常包括一些小的虎鲸群，小虎鲸群由一头成熟的雌虎鲸和它的雌性后代组成。它们通过声音交流，如"滴答"声、口哨声和呼叫声（人类听起来像尖叫声），不同的种群有其独特的叫声。

虎鲸全年均可交配，但大多数繁殖发生在春末和夏季。经过 15～18 个月的妊娠期——在所有鲸类中时间最长——雌虎鲸产下一头幼崽，幼崽的尾巴通常最先从母体中出来。

◁ **冲出水面**
先将头部探出水面，做"侦探式跳跃"，然后冲出水面，拍打尾巴和背鳍——这是虎鲸之间最为熟知的交流方式。

- ↔ 7.5～10 米
- ⚖ 2600～6600 千克
- ✕ 不详
- 🍴 鱼类、软体动物和海鸟
- 🏠 ≈

全世界

王绒鸭
Somateria spectabilis

多数情况下，这种海鸭在北极圈以北过冬，在海岸苔原区和沼泽地中的小湖泊或河流中产卵。王绒鸭可潜至水下 35 米深的地方觅食，也会倾斜着身子在浅滩上寻找食物。它们求偶时的炫耀行为也极具仪式性，公鸭抬高臀部，压低尾巴，然后将头和嘴向前推。

- ↔ 47～63 厘米
- ⚖ 1.5～2 千克
- ✕ 常见
- 🍴 软体动物和螃蟹
- 🏠 🧊 🌿 ≈ ≈
- 📍 北冰洋、太平洋北部、北美洲北部、欧洲北部和亚洲北部

▽ **直线飞行**
王绒鸭快速拍动翅膀，沿直线快速飞行。大群王绒鸭并肩齐飞，而不是一只接着一只纵向飞行。

处于繁殖期的公鸭长着鲜红色的喙，巨大的前额形如盾牌，呈黄色

大西洋鲑鱼
Salmo salar

在洄游到大海之前，幼小的大西洋鲑鱼通常会在奔流不息的清澈河流上游生活一年，或生活更久的时间。一旦回到大海中，它们就会沿洋流寻找食物，迅速发育成熟。在海中生活三四年后，成年鲑鱼又会根据水流和独特气味定位其出生河流，然后返回河流中产卵。

- ↔ 0.7～1.5 米
- ⚖ 2.3～9.1 千克
- ✕ 常见
- 🍴 鱼类
- 🏠 🌿 ≈ ≈
- 📍 北美洲东北部、欧洲西部和北部、大西洋北部

◁ **逆流而上**
很多大西洋鲑鱼会在艰难的溯游途中丧生，但幸存者会重复此旅程 3～4 次。

- 28~30厘米
- 平均400克
- 常见
- 沙鳗、毛鳞鱼和鲱鱼

大西洋北部和北冰洋

灰白色的脸颊在冬季变为黑色

▷ **新鲜的猎物**
海鹦的舌头呈槽状，强劲有力。喙两侧朝内，长有锯齿状突起，可将沙鳗一条条悬挂着固定起来。

夏季时喙上长出了鲜艳的皮膜

蹼足

北极海鹦

Fratercula arctica

海鹦可能是最容易辨认的鸟类之———尤其是北极海鹦,它们的喙色彩鲜艳,呈三角形。它们体态小巧,是一种以直立姿态站立的海鸟,在陆地上产卵。企鹅利用脚踝和尾巴保持直立,而海鹦不同于企鹅,更像其表亲海鸠,能够将双腿缩到身体后面。海鹦的双腿位于身体更中心的位置,行走起来更容易。

转瞬即逝的华丽外表

春天,北极海鹦喙上的外膜会不停地生长,到了夏天就变成了鲜艳的红色。红色喙尖上长有黄色的凹槽,凹槽的数量暗示了鸟的年龄。到了秋天,外膜蜕去,喙变小;到了冬天变得更小、更钝。在繁殖群落中,北极海鹦不用借助视觉进行交流,因此喙变成了一种捕鱼的实用工具。它们可以轻松地掠过水面,潜入水中寻找食物。它们几乎每次潜水都能抓住几条小鱼,尤其在给幼崽捕食时。

悬崖顶上的群落

北极海鹦喜欢集群活动,有的群由成千上万只海鹦组成,在悬崖顶部的斜坡和碎石坡上休息。同一种群中的北极海鹦通常会成群飞过海洋,场景十分壮观。它们在空中盘旋,将猎物逼至海湾中,同时也降低了北极海鹦个体被杀的概率。在陆地上,它们非常嘈杂,尽情炫耀着它们鲜艳的喙和脚,有时还具有攻击性。

北极海鹦的寿命为 10~20 年,它们一般每年都会返回同一个巢穴中。如果新的繁殖对找不到以前栖居的巢穴,它们就再建造一个巢穴,用脚挖一个洞,踢出洞中的泥土,直到洞穴有一米深。雌鸟每次产下一枚卵,由父母双方共同孵化。它们会用翅膀将卵抱在腹部下方的一个赤裸而炽热的部位孵化。36~45 天后雏鸟破壳而出,由双亲共同养育 60 天。当雏鸟日渐羽翼丰满,它们在巢穴的一端站立几晚后就会飞向大海独自谋生。由于繁殖期同时到来,所有的成年海鹦几乎会一起离开种群,因此平日熙熙攘攘的栖息地会在几天内迅速安静下来。

据记载,一只北极海鹦的喙可容纳 83 条沙鳗。

◁ 飞向天空

北极海鹦每分钟可以扇动翅膀 400 次,因此它们的飞行速度最快可达 90 千米/时。

△ 繁殖种群

为了给幼鸟寻找食物,成年海鹦会飞往 100 千米远的大海,然后再结群返回到栖息地中。

苏格兰高地
英国最后的荒野

苏格兰高地在文化和生态环境上都独具特色。这里群山环绕,地势复杂,既有青草丛生的高原、泥炭沼泽、密集的小河和湖泊及人迹罕至的原始森林,还有广阔的种植园和广袤的石楠沼泽。有人认为赫布里底群岛属于苏格兰高地,但事实上其地势相对低洼,由于无法发展集约型农业,人口稀少,使得该地区较为荒芜。

恢复原生森林

高地中最高的山峰都远远超出了森林线,其中包括海拔1334米的英国最高峰本尼维斯山。凯恩戈姆高原上动植物的多样性与亚北极苔原区非常相似。与此同时,海拔较低的地带也有明显的冰蚀特征,遍及宽广的峡谷、蜿蜒的大河和广阔的沼泽。这里大部分的森林为人工针叶林,林中生长了外来物种挪威云杉、阿拉斯加云杉和道格拉斯冷杉。不过,森林管理者正逐步将注意力转向森林修复工作,致力于重建类似于苏格兰原始森林的更加天然的植物群落。苏格兰原始森林中的低地上一度长满了欧洲赤松、杜松、桦树、柳树、山梨和山杨等。

为了重建该区域内的生态平衡,森林管理者们还采取了其他办法,如重新引入已灭绝了400年的欧亚河狸,以及在阿拉达尔荒野保护区内开展备受瞩目的野化实验,从而让灰狼和棕熊在防卫严实的区域内自由生活。

不足为奇
红褐林蚁对保护生态环境起到了至关重要的作用:松动土壤、传播种子、控制害虫以及为其他物种提供食物。它们的巢穴也常驻蚁客,如木虱、金龟子幼虫也生活在此。

红褐林蚁

只有1.2%的苏格兰原始森林保存下来了,遍布84个地区

沼泽赤松鸡
人类对广袤的沼泽地进行着约定的种群数量。不过,为了促进赤松鸡种群数量的增长,以满足人类食用之需,相关部门采取了一些措施,如对赤松鸡的栖息地进行定期焚烧,以保证赤松鸡拥有一定量的石楠。相关部门采取了一些措施,如亚格控制捕食者和林线石楠,但是这些做法仍有争议性。

赤松鸡

覆盖沼泽
苏格兰所拥有的沼泽在全球占有相当大的比重,这里的泥炭是由枯萎的苔藓形成的,尤其是泥炭藓。泥炭在形成过程中吸收了空气中大量的二氧化碳,这对缓解气候变化起到了重要的作用。

泥炭藓

本尼维斯山是英国最高的山

苏格兰高地 | 141

地理位置

苏格兰高地位于苏格兰北部和西部。

气候

受大西洋气候系统和纬度的影响，这里气候凉爽，降雨频繁，经常会有大风。

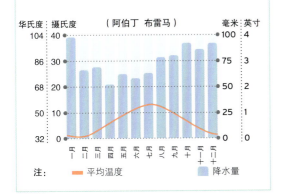

援助性恢复

20世纪末，英国的田鼠数量急剧下降，在一定程度上是因美国水貂的引进使其被大肆捕猎。由于高地河水流域太过暴露，水貂无法生存，因此田鼠在此建立了庇护所。

水鼠

欧洲马鹿
Cervus elaphus

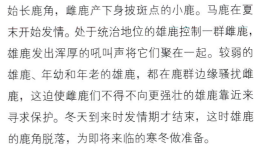

腿部修长

马鹿是苏格兰（也是很多其他欧洲国家）体形最大的动物之一，因夏天皮毛的颜色而为人所熟知。夏季时，马鹿被毛很短，常常集小群在森林中的开阔地带吃草。冬天，在恶劣的天气条件下，马鹿撤退到森林中，这时它们的皮毛会变成又厚又密的灰色。

同一性别的马鹿通常成群生活在一起，不过冬季时也会出现雌雄混群。随着春天的到来，雄鹿开始长鹿角，雌鹿产下身披斑点的小鹿。马鹿在夏末开始发情。处于统治地位的雄鹿控制一群雌鹿，雄鹿发出浑厚的吼叫声将它们聚在一起。较弱的雄鹿、年幼和年老的雄鹿，都在鹿群边缘骚扰雌鹿，这迫使雌鹿们不得不向更强壮的雄鹿靠近来寻求保护。冬天到来时发情期才结束，这时雄鹿的鹿角脱落，为即将来临的寒冬做准备。

- ↔ 1.7~2.1米
- ⚖ 75~220千克
- ⊗ 常见
- 🍴 树叶和草类
- 🏠 🌳🌿

欧洲、亚洲西部和非洲北部

成熟的马鹿鹿角上长有多个尖齿

鹿角每天长2.5厘米

▷ 傲视群伦
雌鹿通过鹿角来判断和选择雄鹿。年轻的雄鹿鹿角上的尖齿较少，而年老的雄鹿鹿角则不那么对称。

△ 低头
处于发情期的雄鹿会尽力避免发生打斗。它们并肩行走，相互打量，只有当彼此都不肯退让时才会打起来。

- 20~25厘米
- 200~475克
- 常见
- 松柏科植物的种子和坚果

欧洲西部到亚洲东北部

▷ **长有簇状毛的耳朵**
和北美灰松鼠不同，红松鼠的耳朵上长有簇状毛，冬天会长得特别长。

毛茸茸的尾巴每年都会蜕一次毛

欧亚红松鼠
Sciurus vulgaris

随着季节和分布地点的不同，欧亚红松鼠的皮毛呈现出明显不同的颜色，从极浅的红色到黑色。不过，红色被毛的欧亚红松鼠通常只出现在英国。这些啮齿动物是身手敏捷的攀登者，可以跳跃4米高。它们的视力极好，听觉和嗅觉也相当敏锐。

关注食物

欧亚红松鼠一天中大部分时间都在觅食或储存食物。它们喜欢吃种子和坚果。在夏季最炎热的时候，它们待在巢穴中避暑。它们不冬眠，依靠储存的食物就可以熬过冬天，不过天气恶劣时它们会躲进巢穴。为了争夺雌松鼠，雄松鼠会相互竞争，但它们不参与抚育幼崽。除了交配期，这些啮齿动物大多喜欢独自生活。在欧洲大部分地区可以发现其踪影，在某些区域内的少数混合林地中则更常见到它们。在这些区域内，它们还得与从北美洲引进的、体形更大的灰松鼠竞争。

△ **双眼睁开**
欧亚红松鼠幼崽诞生的第一周会待在窝里，窝中铺满了柔软的苔藓和青草。大约5周后，它们才睁开双眼。

欧洲野猫
Felis silvestris

野猫有 27 个亚种，乍一见，其中任何一种都可能会被误认为是家猫——这点完全不足为奇，欧洲野猫是家猫的祖先。不过，仔细观察便可发现不同之处，例如，欧洲野猫体形通常比家猫大，被毛更厚、更长，头部更宽，脸部更扁平。它们的尾巴更加短小，上面长有黑色的环斑，末梢为黑色，较圆钝。在欧洲，野猫主要栖息在混交林和阔叶林中。在世界其他地区，它们的栖息地范围还包括沙漠和高山草甸。

传授捕食技巧

野猫夜间视力极其敏锐，主要捕食小型哺乳动物，不过有些亚种偶尔也会捕杀幼鹿。它们具有极强的领地意识，除了繁殖季节和抚育幼崽之外，通常独居。雌性野猫一胎通常会产下 2~5 只幼崽。开始断奶时，雌猫会将活体食物带到洞穴中，教授幼崽如何捕食——它们的洞穴通常是兔子或狐狸废弃的巢穴。五六个月后，幼崽开始独立生活。家猫很容易与野猫进行繁殖，因此杂交也被认为是该物种的主要威胁。

浓密的皮毛上分布着明显的暗色条纹

▷ 走开
野猫通常利用尿液和粪便来宣告其领地权。它们也会通过声音进行交流，发出怒吼声和咆哮声，警告入侵者离开其领地。

- 40~75厘米
- 2~7.25千克
- 常见
- 啮齿动物、鸟类和爬行动物

欧洲西部、亚洲中部和非洲

苏格兰交嘴雀
Loxia scotica

苏格兰交嘴雀隶属于燕雀科，是苏格兰的特有种，栖息在苏格兰高地的松林中。它们吃成熟的松果，利用特化的喙撬开鳞片，这样舌头就可以舔到里面的松子。

求爱期始于冬末春初，成群的雄性交嘴雀相互竞争，看谁的歌声最嘹亮。如果雌雀选中一只雄雀，雄雀便用它的喙触摸雌雀的喙，然后给雌雀喂食。它们用树枝在松树高处搭建一个巢穴，一般在 3 月或 4 月产下 2~6 枚卵。雌鸟大约需要花费两周的时间孵卵，在此期间，雄鸟负责给雌鸟喂食，然后双方共同喂养雏鸟。3 周后，雏鸟准备离开巢穴，但父母还需养育雏鸟十多天——直到雏鸟的喙呈现出交叉状。

难以区分

另外还有两种交嘴雀也在英国繁殖：一种是红交嘴雀，以云杉的果球为食；另一种是鹦鹉交嘴雀，体形较大，专门吃坚硬的松子。尽管这几种交嘴雀从外形上难以辨别，但是其叫声各具特色，可以将其区分开来。

雌鸟羽毛为绿色
喙的顶部呈交叉状

◁ 雄性苏格兰交嘴雀
与红交嘴雀、鹦鹉交嘴雀一样，雄性苏格兰交嘴雀的羽毛也是红色的，但它们更为强壮，喙的大小介于其他两种交嘴雀之间。

- 16~17厘米
- 36.6~49克
- 局部常见
- 松柏科植物的种子

欧洲西北部

身体宽阔结实

游隼
Falco peregrinus

游隼以其卓越的飞行技术而著称，追踪猎物时一飞冲天，然后向下俯冲，或在低空盘旋，用锋利的爪子抓紧猎物。当它们表演精彩绝伦的"俯冲"时，其实是将翅膀折起来，头缩到肩部，以 200～240 千米/时的速度，从较远的距离开始呈一定角度向下猛扑。水平飞行时，全速飞翔的鸽子有时会超越游隼，这时如果游隼瞬间加速，其速度任何鸟类都无法超越。

可怕的捕食者

尽管游隼捕食的成功率高达 50%～60%，但它们通常只会追逐而非攻击鸟类。它们捕捉大小与鸽子相当的鸟类，偶尔也会捕捉鸭子或更大的物种。到了 20 世纪 60 年代，滴滴涕杀虫剂的使用给自然环境带来了灾难性后果，导致游隼数量锐减。这一影响更集中地体现在食物链顶端的物种中，食肉的鸟要么死亡，要么产下无法孵化或薄壳的卵。后来，借助鸽子的数量增长（鸽子为游隼的猎物），游隼的数量得以缓慢恢复，它们也会在人类居住地筑巢。通常游隼在悬崖边上筑巢，不过现在高楼大厦也成为它们的筑巢点。

尖尖的锥形翅膀

- 34～50 厘米
- 0.6～1.5 千克
- 常见
- 鸟类

全世界

△ **安全着陆**
着陆时，游隼会突然向上减速，展开双翼和尾部，将其当作减速装置，然后伸出脚爪减缓着陆时的冲击力，再抓紧栖木。

◁ **极小的份额**
和大多数食肉的鸟类一样，游隼将刚杀死的动物带回巢穴中。它们将食物撕成小片，小心翼翼地喂给雏鸟吃。

苏格兰高地 | 145

松鸡
Tetrao urogallus

松鸡是松鸡科动物中最大的一种，它们大多生活在长有大量嫩枝和浆果的原始松林中及附近的空地上。夏季，松鸡在地面寻找食物，但是到了冬天，它们通常啃食树木高处的嫩枝。雄性松鸡聚集在求偶场上进行表演以吸引雌性松鸡，给它们留下深刻的印象，然后离开求偶场休息或觅食。

鹿越来越多，松鸡越来越少

全世界松鸡的数量都在锐减，部分森林地区中的松鸡甚至已经消失。全球气候变化产生了一定的影响，但是松鸡栖息地中鹿的数量不断增加，在一定程度上也导致了松鸡栖息地的环境被破坏。

松鸡需要健康生长的矮灌木丛，为其提供必需的掩护和丰富的食物。由于太多的鹿啃食这些灌木丛，松鸡面临着食物短缺的危机。修筑的高栅栏又带来了另一个难题。松鸡飞得不高，很多会因为撞上那些本用来隔开鹿的栅栏而死亡。

丰满的短翅膀

- 60～85厘米
- 1.8～4.1千克
- 常见
- 种子、浆果和嫩枝

欧洲西部、北部和南部，亚洲西部到中部

▷ **竞相献殷勤**
雄性松鸡发出"哇哇"声、"咯咯"声和类似软木塞打开时的"砰砰"声，以此来"讨好"雌性松鸡，博得它们的欢心。

极北蝰
Vipera berus

极北蝰是蝰科动物中分布最广的一种，也是欧洲西北部唯一一种有毒的蛇。它们的牙位于口腔上前部，通常沿着下颌向后叠合。攻击猎物时，毒牙瞬间向下倾斜，将毒液注入猎物体内。极北蝰的食物包括蛙类、蜥蜴、鸟类、田鼠和一些小型哺乳动物。它们不是一种具有攻击性的蛇，但是一旦遭到人类踩踏或被抚摸，它们就会咬人。被咬伤后会感到疼痛，可能会出现肿胀，但毒性很少会致命。

冬季大撤退

在位于南部的分布区内，极北蝰一直生活在地面上，而且全年活跃。但是，在更远的北部，它们整个冬季都成群栖息在山洞、巢穴或类似的隐蔽之地。春末夏初，它们钻出洞穴，进行交配。一条雌性极北蝰会同时与多条雄性进行交配，但每隔两三年才繁殖一次，每次直接产下10～15只幼蛇，幼蛇出生后几个小时就得自己照顾自己。

▷ **充满敌意的舞蹈**
为了确立统治地位，雄性极北蝰之间会相互打斗。它们抬起身体的前半部分，试图将对手扑倒在地上。

- 60～90厘米
- 平均180克
- 常见
- 蛙类、爬行动物和啮齿动物

欧洲中部到亚洲东部

头部扁平

背上布满了黑色的锯齿形纵带纹

卡玛格湿地自然保护区
欧洲最著名的沿海湿地

西欧最大的河流三角洲形成于罗讷河分叉处，围起了930多平方千米的盐碱滩、低洼的群岛、沙洲、盐水潟湖和芦苇荡。1986年，卡玛格湿地被正式列为国际重要保护区。同时，这里也被列入联合国教科文组织评定的世界自然遗产。

不断变化的地貌

卡玛格湿地的地貌时刻在发生变化，淤泥和沙子不断堆积，说明三角洲在逐步扩张。沿岸浅滩上长有耐盐性的海生薰衣草和厚岸草。较远的内陆是杜松林，三角洲北部地势较平坦，适合发展农业，包括种植牧草、水稻和葡萄。该地区除了拥有著名的大红鹳和野马之外，到了夏季，卡玛格湿地还拥有最引人注目的野生动物——蚊子，据说是法国最贪婪的蚊子。不过，这种极不受欢迎的吸血昆虫是鸟类重要的食物来源，如家燕、燕子和阿尔卑斯雨燕。这里还生活着30多种蜻蜓，但是，湿地中最出名的要数鸟类。约有400多种鸟类栖息在此或在此停留，在其他地方并不常见的白鹭、苍鹭和鹞在这里几乎无处不在。

小龙虾危机
自从20世纪80年代美国红沼泽螯虾被引进后，由于物种竞争、捕食及传播霉菌，本生植物和两栖动物虚弱，其数量和丰富的生物多样性都出现了锐减。

美国红沼泽螯虾

不可或缺的食草动物
黏液瘤的频繁爆发导致卡玛格湿地中野兔的数量骤降。虽然牛群和马群仍在继续牧草，但它们在控制生命力旺盛的灌木入侵的效率上远远不如野兔。

穴兔

自由放牧的牛群
栖居在卡玛格湿地的半野生黑牛外形俊朗。它们主要是为了食肉和斗牛而被饲养的。作为一种食草动物，它们对生态具有重要意义，不仅可以控制湿地中挺水植被的生长，还能维护开放水域。

卡玛格黑牛群

1970年起卡玛格湿地被列为区域性自然公园，部分地区受到了保护　这里生活着30多种蜻蜓

卡玛格湿地自然保护区 | **147**

地理位置

卡玛格位于法国东南部地中海沿岸的罗讷河三角洲中。

气候

夏季气候炎热，湿度为100%，冬季和春季经常受到持续寒冷的密史脱拉风（法国地中海沿岸地带的一种干冷性北风）影响。

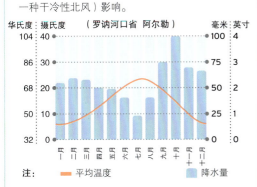

野马

Equus caballus

体格健硕

尽管马的确切起源尚未知晓，但它们已在法国南部的盐沼地中生活了数千年，尤其是罗讷河三角洲附近。现在，作为受保护的物种，这里的马处于半野生状态。如果从马匹养殖角度说，这些小巧而结实的马皮毛呈灰色而非白色。刚出生时，小马驹的皮毛为黑色或棕色——只有生长到4岁左右时才会变成灰色。

- 平均2.1米
- 300~400千克
- 濒危
- 草类和树叶

水边骏马

这些马体格强健，既没有被关在马厩里，坚硬的马蹄上也没有包蹄铁。它们能在极其恶劣的天气环境中生存，某种程度上是因为它们可以啃食对其他食草动物而言太过坚硬的植物。它们性情温和，行动矫健，因此很多被人们驯化用来当作坐骑。同时，它们也被用来帮助管理野生的卡玛格黑牛，这些野牛也生活在这片湿地上。

欧洲南部

法国的卡玛格被誉为"马的海洋"。

▽ **自由奔跑**
卡玛格湿地的马喜欢集小群生活，一头成年雄马首领带领着一些雌马和马驹。

400多种鸟类栖息于此

濒危的鱼类
欧洲鳗鲡曾是卡玛格湿地中最常见的掠食性鱼类，但与其他地方一样，其种群数量现在也开始下降。这主要是受到环境污染、洄游通道筑坝和寄生线虫等因素的多重影响。

欧洲鳗鲡

成年疣鼻天鹅的喙呈橙色，基部有黑色球块

蹼足巨大，有助于天鹅在水上"狂奔"

疣鼻天鹅

Cygnus olor

疣鼻天鹅，又称大天鹅。虽然疣鼻天鹅不会绝对保持沉默——例如，一旦受到威胁，它们会发出低沉的"嘶嘶"声，但它们是所有天鹅中发声最少的。其他的天鹅飞行时会发出响亮的鸣叫声，但疣鼻天鹅在飞行时会发出一种不同的声音以保持联系：它们扇动双翼时会产生了一种类似于心跳、悠远而深沉、富有节奏感的声音。

成年疣鼻天鹅体形健壮，几乎没有任何天敌。虽然偶尔会有狐狸或水獭袭击毫无防备的天鹅，但是它们根本不需要任何伪装。它们也不需要过多地表现其领地意识，因为它们巨大的体形和洁白的羽毛非常醒目。然而，疣鼻天鹅需要频繁驱赶入侵者。它们允许较小的天鹅进入领地，但是会赶走竞争对手。它们会拱起翅膀上的羽毛，脖子向后弯曲，胸部挺起，在其大蹼足的推动下，迅速向来犯的天鹅冲过去，速度之快真是令人感到惊叹。

夏季的天鹅群

大群的疣鼻天鹅聚集在一起换毛。它们通常会前往隐蔽的浅水水域或开阔的旷野中捕食。在这些天鹅群中，有些疣鼻天鹅和其他天鹅一样整个夏天都不繁殖，即便是有些天鹅看上去已经完全发育成熟。

春天，共同筑巢的配偶会分别守护领地，用芦苇秆和其他水边生长的植被筑一个巨大的巢穴。那些幼小的"丑小鸭"羽毛呈暗淡的灰褐色，两三年后，小天鹅通体变白，还会长出橙黄和黑色的喙，与成年疣鼻天鹅的颜色一样。成年的雄性疣鼻天鹅脖子最粗，喙最大，基部具有巨大的黑色球块。

疣鼻天鹅是世界上最重的飞行鸟类之一。

- ↔ 1.2~1.6厘米
- ⚖ 9.5~12千克
- ✗ 常见
- 🌱 水生植物和软体动物

欧洲西部和亚洲东部

△ 起飞和着陆
疣鼻天鹅从水中或陆地起飞前需要助跑加速，然后才能产生足够大的升力。当它在水中着陆时，巨大的蹼足和翅膀还能起到刹车的作用。

◁ 外出兜风
小天鹅需要父母陪伴和照顾数周。当它们小的时候，常会骑在父亲或母亲的背上。

大红鹳
Phoenicopterus roseus

大红鹳，又称大火烈鸟。它们进食的方式与其他鸟类不同。由于喙突出，形似靴子，寻找食物时只需把喙向两边扫动，就能像筛子一样收集到水中的无脊椎动物和藻类。一旦受到惊吓，大红鹳就会奔跑着逃走。它们体形苗条，修长的脖子和双腿，还有红黑相间的双翼，使其飞行时的体态呈十字形。

▷ 踩高跷
大红鹳双腿修长，这表明它们能在深水区涉水，颈部也极为修长，从而可以轻松地触到水底取食。

深红色的上翼

大"膝盖"实际上是踝关节

蹼足

- ↔ 1.2~1.45米
- 平均4千克
- ✗ 常见
- 藻类、昆虫、软体动物和甲壳动物
- 欧洲西南部、亚洲和非洲

反嘴鹬
Recurvirostra avosetta

在欧洲所有的鸟类中，反嘴鹬的喙向上弯曲的角度最大。喙的顶端纤细而敏感，略显扁平。反嘴鹬用喙在柔软的泥浆中横扫而过，通过触觉寻找小虾和其他生物。欧洲几乎没有适合反嘴鹬栖息的天然区域，不过在很多人造潟湖和盐田中——大多数为自然保护区——反嘴鹬形成了许多聚居群落。冬天，数千只反嘴鹬会成群聚集在温暖湿润的淤泥河口。

- ↔ 平均46厘米
- 225~400克
- ✗ 常见
- 甲壳动物和昆虫
- 欧洲、亚洲和非洲

▷ 开阔地带的巢穴
反嘴鹬的巢穴建造于裸露地上的凹坑内，没有内垫物，所以它们几乎是直接把卵产在地上。虽然成鸟会团结一致全力防卫，但鸟群仍然很容易沦为捕食对象。

胸前长有一大片蓝绿色的斑块

黄喉蜂虎
Merops apiaster

黄喉蜂虎名副其实——它们的食物主要是昆虫,尤其是蜜蜂和黄蜂。由于季节和栖息地的不同,其食性也略有差异。这些鸟对昆虫的毒液具有部分免疫力,不过在吞下蜜蜂之前,它们会小心地将毒刺拔出。黄喉蜂虎更加青睐无毒的雄蜂,会特地选择这种无毒的食物喂养幼鸟。

合唱歌手

黄喉蜂虎成排地在电线上休息,或是三五成群地停留在树枝上。它们飞出去捕捉猎物时,扁平的双翼完全伸展,不停地快速拍击,有时还伴有滑翔。它们的叫声也会吸引人的注意力——浑厚的鸟叫声形成了大合唱,与合唱团的声音很像。迁徙时,黄喉蜂虎种群中个体的数量有时可达100多只,它们连续不断地鸣叫,将同伴聚集在一起。

黄喉蜂虎喜欢集群筑巢,巢穴数量不等,从少数几个到上百个。规模大的群落非常热闹,充斥着各种嘈杂声和活动。为了保护巢穴和附近的栖息地,这些鸟会相互打斗。繁殖配偶会终生厮守。只有当雄鸟喂养雌鸟时——不仅有助于巩固配偶之间的伴侣关系,也有助于在产卵前储存营养——才便于分辨性别。雌鸟产下4~7枚卵,20天后卵孵化,父母会在巢穴中喂养雏鸟一个月。雏鸟羽翼丰满后,会继续在巢穴中生活一段时间。秋天,黄喉蜂虎举家迁徙,在非洲过冬。

翅膀很长,呈三角形

喙弯曲,形似匕首

▷ 受控着陆

黄喉蜂虎身体圆润,呈流线型。当它们在半空中加速、扭动身体并转身追捕飞行的昆虫时,三角形的翅膀和修长的尾部可以帮助它们轻松地控制身体。

尾巴宽大,中间尖削

一只黄喉蜂虎每天能够吃掉225只大小与蜜蜂相当的昆虫。

卡玛格湿地自然保护区 | 151

△ 处理猎物
黄喉蜂虎将黄蜂和蜜蜂衔在喙中，然后用树枝摩擦它们，除去毒刺或挤出它们的毒液。

△ 巢
黄喉蜂虎在路堤或沙地上用喙挖掘并用脚将挖出的泥土刨出来，挖出了一米长的洞穴。

- 平均28厘米
- 45~80克
- 常见
- 蜜蜂和黄蜂

欧洲、非洲中西部和亚洲西部

头部略显圆润

塔霍河峡谷
伊比利亚的天然大通道

塔霍河发源于西班牙,最终在葡萄牙注入大海,它流经了欧洲最具生物多样性的地带。河流及其沿岸既有生长在欧洲的动植物,也有生长在北非的动植物。塔霍河发源于西班牙被森林覆盖的奥拓塔霍自然公园,沿途开凿出一系列壮观的石灰岩峡谷。它蜿蜒曲折,穿过稻田、橄榄树林、栓皮栎林和闻名于世的葡萄园,为60多座水电大坝提供能量。接着,它在蒙弗拉格国家公园壮丽的峡谷中开辟出航道,这里有很多常见的猛禽,如西班牙帝雕、黑秃鹰、秃鹫和欧洲雕鸮。

受保护的河流

国际塔霍自然公园于2000年建立,塔霍河从这个自然公园的边界流入葡萄牙,河流及其周边的栖息地都受到了保护。塔霍河峡谷距大海约100千米,水流向宽广的泛滥平原敞开,形成了欧洲最大、最重要的湿地之一。此处,广阔的盐泽和溪流为种类繁多的鸟类提供了最好的栖息地,包括大红鹳、小白鹭、紫鹭、靴雕和乌灰鹞。这里也是鸟类在欧洲和非洲两个大陆之间迁徙的中转站。

在河流流经的大多数国家公园内,商业种植与砍伐被禁止,根除蒙弗拉格国家公园内引进树种的工作仍在继续,尤其是桉树。

两栖动物数量不断下降
欧洲树蛙特别喜欢森林冠层开阔的森林和草地。这些森林和草地位于塔霍河某些河段两侧。欧洲树蛙在池塘和沼泽中繁殖,但它深受排水和水污染的影响。它们数量下降还有另外的原因,即宠物贸易的兴起。

爬行动物避难所
地中海石龟因湿地干涸和污染而受到威胁。它们受法律保护,塔霍河峡谷被认为是该物种重要的根据地。

当地的帝雕
由于栖息地丧失和与输电线碰撞,20世纪70年代,西班牙帝雕的数量一度锐减到30对。此后,人们对数千座架线塔进行了改造,成年西班牙帝雕的数量已经超过了600只。

> 伊比利亚最长的河流全长1000多千米
> 塔霍河中45%的鱼类在其他地区未曾找到过

地中海石龟　欧洲树蛙　西班牙帝雕

地理位置

塔霍河向西南流经西班牙半干旱的内陆和葡萄牙中部,最后注入大西洋。

气候

气候温暖,大部分降水一般集中在较温暖的冬季,夏季则炎热干燥。

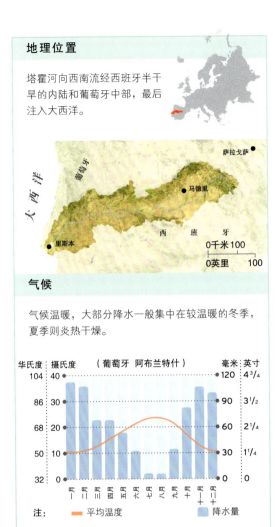

西方狍
Capreolus capreolus

这一物种是欧洲特有的最小的鹿之一,也是小鹿斑比的原型——沃特·迪斯尼在制作动画片时,将其角色改成美国的白尾鹿。西方狍大部分时间在林地活动,偶尔也会来到草地寻找食物,通常是在它们最为活跃的晨昏时分。

通常独居

西方狍一年中大部分时间过着独居的生活,夏末发情时才聚在一起。确立领地后,雄狍在树林里追逐雌狍,它们的蹄子会踏平林间的灌木丛,从而形成独特的狍环。10个月后雌狍诞下幼崽。新出生的幼崽藏在高草之间,它们身体上的白斑在斑驳的阳光下成为极好的伪装。

- 0.9~1米
- 11~15千克
- 常见
- 草类和树叶

欧洲和亚洲西部

蹄子窄小

▷ 鹿角的生长
每年10月雄狍的鹿角脱落,11月开始重新生长。直到来年的发情期,最后一块茸皮就会被坚硬的骨头所取代。

西班牙羱羊
Capra pyrenaica

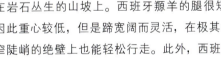
矫健的四肢

这种野生山羊栖居在橡树林中,这些橡树生长在岩石丛生的山坡上。西班牙羱羊的腿很短,因此重心较低,但是蹄宽阔而灵活,在极其狭窄陡峭的绝壁上也能轻松行走。此外,西班牙羱羊还能爬到捕猎者无法到达的地方。春天,雌羱羊和它们的幼崽会与年长的雄羱羊分开,组成独立的羊群。

- 97~155厘米
- 31~90千克
- 局部常见
- 草类、树叶和嫩枝

欧洲西南部

△ 安全地带
为了躲避猎人,西班牙羱羊会爬到陡峭的悬崖上。熟悉陡峭地形中最佳路线的年长羱羊会带领着羊群前往安全地带。

栓皮栎的需求

几个世纪以来,栓皮栎森林一直受到人们的悉心看管。栓皮栎森林也是地球上最具生物多样性的栖息地之一。这些独一无二的生态系统也因全球对栓皮栎的需求下降而受到影响。

栓皮栎

伊比利亚猞猁

Lynx pardinus

耳朵上方长有黑色的簇毛

脸部周围长着明显的胡须

伊比利亚猞猁是地球上最濒危的动物之一。它们曾一度出没在整个西班牙、葡萄牙和法国南部。现在正值繁殖期的成年野生猞猁数量不足250只，大部分只生活在西班牙南部的小区域。其种群数量下降的主要原因是人类活动的影响，不过猞猁的饮食高度单一化和对栖息要求较高也是另外两大原因。

以兔为食

这种肌肉发达、长满斑点的野生猫科动物已经进化到主要以一种动物——野兔为食。夏天，野兔占据了伊比利亚猞猁食物总量的93%，这意味着，如果野兔的数量因捕猎或疾病而骤减，那么伊比利亚猞猁的数量也会随之减少。一旦别无他选，伊比利亚猞猁也会捕食啮齿动物、鸟类或体形更小的鹿，不过它们口味很单一，没有野兔，它们的数量不可避免地会下降。

更糟糕的是，随着人口数量的增加，伊比利亚猞猁的栖息地不断遭到破坏。伊比利亚猞猁偏爱拥有茂盛灌木丛的大块区域，也喜欢石楠丛生的大片草原。由于成年伊比利亚猞猁极具领地意识，而且喜独居，小猞猁长大后会离开其出生地，寻找属于自己的领地。因此，它们极可能会被来往的车辆撞到，近几十年来这类事故在西班牙南部地区的发生频率不断增加。即便小猞猁成年后，雌猞猁也只会在建立好自己的领地后才开始繁殖。

伊比利亚猞猁在1~2月进行交配，产崽前，怀孕的雌猞猁会在树洞、山洞或其他隐蔽的地方建一个巢穴。两个月后，雌猞猁产下4只幼崽，极少情况下2只以上的幼崽能够存活到断奶期。照顾后代在很多方面给雌猞猁施加了额外的压力：带着幼崽的雌猞猁一天至少得捕捉3只野兔，而它本身只需要1只。除此之外，为了保证幼崽的安全，雌猞猁需要经常更换巢穴。和很多野生猫科动物一样，伊比利亚猞猁主要在夜间活动，白天休息，从而远离太阳的照射。

前程未卜

人工繁殖计划、更严格地控制捕猎和限制开发等措施实施后，伊比利亚猞猁的数量出现了小幅度上升，但自然资源保护者仍无法确定人工繁育的猞猁是否可以在野外存活。

- 85~110厘米
- 10~13千克
- 极度濒危
- 野兔

欧洲西南部

▷ 长着"胡须"的猫科动物
成年伊比利亚猞猁脸部长了一圈长长的簇毛，看起来就像是长了胡子，这样原本狭窄的下颌似乎显得较为宽阔。

▷ 致命之咬
不同于较大型的猫科动物，伊比利亚猞猁只需咬一口就能杀死猎物——刺穿野兔的脖子，咬断它的颈椎。

▷ 母猞猁和猞猁幼崽
猞猁幼崽10周大就会断奶，到七八个月时开始独立，不过它们可能会与母亲待更长时间。

皮毛上长有坚硬锋利的刺

刺猬
Erinaceus europaeus

刺猬身上约有8000根棘刺，是最容易辨认、最让人感到惊奇的哺乳动物之一。蚯蚓、蛞蝓和蜗牛是刺猬主要的食物，其实它们也喜欢吃昆虫，最合意的要数蚂蚁和甲虫。带毒刺的昆虫对其没有任何影响，因此它们甚至可以吞食蜜蜂和黄蜂。刺猬对蛇毒有种天然的免疫力，因此也可以捕蛇。白天刺猬待在用树叶和嫩枝搭建的浅巢中休息，夜间它们变得非常活跃，在附近2千米的范围内寻找食物。

谨慎处理

刺猬的交配过程非常复杂。最初，雄刺猬围着雌刺猬转圈，发出"咝咝"声和"哼哼"声。如果雌刺猬放松肌肉，放平身上的棘刺，雄刺猬就会与它交配，然后再去寻找其他雌性。每年，雌刺猬可以产下1～2窝小刺猬，每窝2～7只。刚出生时小刺猬的皮肤上沾满了液体，上面还长有白色的刺。一旦液体消失，白刺就会显现，两三天后被颜色更深的棘刺所取代。等到两三周大时，它们就会长出成熟的棘刺。当刺猬受到威胁时，身体就会紧紧地缩成一团。它们也会将口水涂抹在棘刺上，但为何出现此行为，原因尚不清楚。

- ↔ 22～27厘米
- ⚖ 0.9～1千克
- ✕ 常见
- 蚯蚓、软体动物和昆虫

欧洲

△ **取暖**
树叶堆、倒下的树木、掉落的树枝或是花园中的堆肥堆都是刺猬最喜欢的冬眠地点。

◁ **出生时没有视力**
小刺猬出生时没有视力，处于失明的状态，如左图中的两只小刺猬，出生后11～14天，它们开始睁眼睛。

凤头䴘

Podiceps cristatus

凤头䴘以其求爱仪式而闻名。一只䴘在水面游动，将头部和喙伸长，贴着水面，然后突然潜入水中，再次浮出水面时几乎正好在其伴侣的下方。这也是求爱仪式中最精彩的瞬间。然后，两只䴘举行"除草仪式"并翩翩起舞。巢穴是一团潮湿的水草，如果父母中的一方离开，巢穴没人看管时，就把水草盖在卵的上方。䴘幼鸟头上长有条纹，它们会啸鸣，向父母讨鱼吃。

- ↔ 46~51厘米
- ⚖ 0.6~1.5千克
- ✕ 常见
- 🍴 鱼类
- 🏠 🌿〰
- 📍 欧洲、亚洲、非洲和大洋洲

▽ **雄鸟的攻击**
在繁殖季节，雄性凤头䴘会因为领地边界纷争而打斗。

戴胜

Upupa epops

— 扇状羽冠末梢为黑色

戴胜大部分时间都在地面安静地觅食。它们用喙搜寻昆虫。戴胜歌唱时，头顶的羽冠会垂直展开，就像一把扇子，从树上或屋顶发出低沉、悠扬的"呼呼——呼呼——呼呼"声。它们的巢穴建在树洞里，很快就会被雏鸟的粪便和腐烂的食物弄脏。

- ↔ 平均28厘米
- ⚖ 平均75克
- ✕ 常见
- 🍴 昆虫、蚯蚓和蜗牛
- 🏠 🌳🌲
- 📍 欧洲、亚洲和非洲

△ **色彩斑斓**
一只戴胜正返回巢穴中，黑白相间的羽毛尤其引人注目。

蓝斑蜥蜴

Timon lepidus

欧洲最大的蜥蜴——蓝斑蜥蜴，因其身体两侧的蓝色"眼睛"或玫瑰形的斑纹而得名。它们的头部和身体都很壮实，细长的尾巴占身体全长的五分之三。白天，蜥蜴大多数时间待在较干燥的开阔栖息地中捕食。隆冬时，它在洞穴或树根处冬眠两到三个月，到了初夏开始繁殖。雌蜥蜴一窝产下8~25枚卵，并将其藏在松软的土壤或矮灌木丛中。一旦受到捕食者的威胁，蓝斑蜥蜴会张开嘴巴，发出"咝咝"声来保护自己。它们的咬合力很大，一旦被它们咬住就很难脱身。

▽ **颜色鲜艳的雄蜥蜴**
雄性蓝斑蜥蜴比雌性体形更大、体重更重、颜色更鲜艳。

- ↔ 50~80厘米
- ⚖ 平均0.5千克
- ✕ 易危
- 🍴 昆虫和蛙类
- 🏠 🌳🌲⛰

欧洲西南部

蓝色的眼状斑纹

阿尔卑斯山脉
欧洲的中心山脉

阿尔卑斯山脉面积约 21 万平方千米，其 82 座山峰海拔高于 4000 米，形成了一道天然的气候屏障，将欧洲分割为凉爽湿润的北部区和温暖干燥的南部区。阿尔卑斯山脉蜿蜒曲折，西南部为法国和意大利，东至奥地利，横跨八国。山脉从海平面升起，顶峰海拔高达 4810 米——勃朗峰的顶端，位于法国和意大利的边界。

富饶的山谷

阿尔卑斯山脉拥有各种栖息地，包括冰川、湖泊、山谷、森林、高山草甸以及位于森林线以上的山坡。冰川消融后，裸露的岩石上长出了大批特化的高山植物，形成了高山草甸。早在史前时期，该地区便有人烟，以自给为主的农业经历了漫长的历史时期，大大改变了山谷和山腰的自然属性。不过，由于地势险峻以及需要树木来防止雪崩，大部分区域仍然处于一种自然的状态。因此，阿尔卑斯山脉孕育了具有丰富生物多样性的动植物，这些动植物因其独特的地理位置而得到了充分研究。这里的 1.3 万种植物物种中有 388 种为当地特有物种。同时，阿尔卑斯山脉也是 3 万多种动物的家园。

灰狼、欧洲棕熊和猞猁的种群数量在逐渐增加，这表明人们对于野生肉食动物和增加森林覆盖面积的态度正在转变。不过，这些恢复也并非毫无后顾之忧——由于缺乏保护，家畜很容易沦为捕食者的猎物。

小巧而洁白 高山火绒草是阿尔卑斯山的一种象征，生长范围从海拔 1800 米到雪线处。它们那毛茸茸的星状草叶上覆盖着一层洁白的绒毛，不仅可以帮助该植物御寒，还能抵御干燥的风和紫外线。

高山火绒草

森林之美 由于森林管理方式的改变，昆虫幼虫赖以生存的干燥枯木供应量减少，神奇的罗莎琳天牛的数量也随之而严重下降。收藏者毫无顾忌地捕猎也带来严重的负面影响。

罗莎琳天牛

阿尔卑斯山脉拥有欧洲 75% 的植物多样性

再度回归 灰狼一度因遭到猎杀而在西欧濒临灭绝。不过，近几十年来，由于土地用途的改变、栖息地的改善和法律保护的实行，灰狼又再度聚集在从前的部分领地上。

灰狼

阿尔卑斯山脉占欧洲总面积的 11%

地理位置

阿尔卑斯山脉占欧洲总面积的11%，其中包括奥地利和瑞士的大部分地区。

气候

位于海拔3000米以上的山脉全年被冰川覆盖着，不过夏季山谷中的温度通常高达30℃以上。

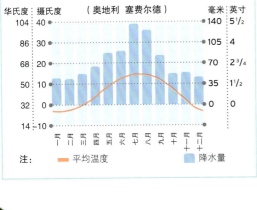

注： 平均温度　　降水量

高山臆羚
Rupicapra rupicapra

夏季被毛呈黄褐色，长有短短的绒毛

敏捷是高山臆羚的典型特征——这是一种适应陡峭的山地环境的能力，也是应对猞猁和狼等捕食者追逐的一种重要的生存技能。臆羚的蹄子能够在光滑的岩石上产生最大的摩擦力，即使是在白雪覆盖的地面，它们也能奔跑，步伐稳健，速度可达50千米/时，一次可跳跃2米高，6米远。

致命的角

无论雄性还是雌性，都长有空心的角，末端锋利，形如弯钩，不过雄臆羚的角稍厚。雄臆羚不仅利用角来抵御捕食者，还利用角来相互搏斗，以便接近雌臆羚。不同于那些头对头搏斗的有蹄动物，雄臆羚会袭击彼此的腹部和两侧，常常会带来致命后果。

- 1.1~1.3米
- 25~60千克
- 常见
- 草类、花和树叶

欧洲中部到南部

臆羚出生后，只需几分钟就能站立，准备好跟着母亲行走。

◁ 登山专家

冬季，臆羚的被毛变得十分厚密，保温效果极好。蹄子四周有一层薄而坚硬的边缘，脚底柔软而坚韧，能够提供很好的抓地力，因此它们能够跨越最陡峭的悬崖，在结冰的地面上行走。

这里有20%的地区受到保护

多样性的丧失

高山湖泊是多种鲑鱼亚种的栖息地，它们在湖泊中不同的深度上产卵。由于肥料流失导致藻类大量繁殖，有些亚种发生了杂交，鲑鱼的多样性也因此而出现了衰退。

白鲑鱼

锋利的爪子便于挖土

阿尔卑斯山旱獭
Marmota marmota

▷ **相互搏击的雄性**
阿尔卑斯山旱獭会抵御入侵者,保护它们的领地,维护其在群体中的统治地位。

阿尔卑斯山旱獭隶属于松鼠科,是松鼠家族中体形较大的地栖鼠类。它们的体格比其树栖表亲更结实,四肢粗壮且强劲有力,前爪发达,可以挖掘坚硬的岩石。

向下挖掘

阿尔卑斯山旱獭生活在海拔 600～3200 米的地方,常常在海拔 1200 多米处活动。它们在森林线以上的高山草甸和高纬度牧场中建立了大量深邃的地洞系统。到了夏季,阿尔卑斯山旱獭白天啃食茂盛的草类和草本植物,储存脂肪以度过漫长的冬眠期。它们每年要花上 9 个多月的时间来冬眠,一直待在用铺满干草的地洞中以保持温暖和保证安全。由于旱獭的体温会降至 5℃,成年的旱獭和较大的幼崽会与较小的幼崽抱成一团,以保持体温。冬眠时,旱獭每分钟只呼吸 1～2 次,心跳降至每分钟 28～38 次。4 月,它们开始钻出洞穴,此时山上仍然覆盖着白雪。占统治地位的旱獭夫妇很快就会交配,大约一个月后幼崽出生。

传统医学上认为阿尔卑斯山旱獭体内的脂肪可以治愈风湿,因此人们会对其大肆捕杀。直到现在,旱獭仍会因宠物贸易而遭到捕杀。

▽ **母亲和幼崽**
阿尔卑斯山旱獭每年繁殖一次,每胎产 1～7 只幼崽。母亲承担了照顾幼崽的主要责任。

- ↔ 45～68 厘米
- ⚖ 2.2～6.5 千克
- ⊗ 常见
- 灌木和草本植物

欧洲中部

黄嘴山鸦

Pyrrhocorax graculus

红色的腿

- 36~39厘米
- 160~250克
- 常见
- 昆虫和水果

欧洲、非洲西北部、亚洲西部到中部

阿尔卑斯山脉的滑雪者和攀登者都对鸦科中这一优雅的成员非常熟悉,不过黄嘴山鸦群有时也在海拔较低的地方出没,特别是巴尔干半岛。这些山鸦通常会前往旅游景点,寻找食物残渣。它们喜欢集结成群,成员多达数百只。在绿色的牧场上捕食时,鸦群像一阵旋风一样毫不费力地在山峰和深邃的冰斗上空盘旋。黄嘴山鸦的叫声柔和,非常独特,它们那浑圆的尾巴和双翼也是如此。成对的黄嘴山鸦结合成终身伴侣,它们也会一直使用在洞穴或岩石缝隙中筑造的巢穴。

◁ **世界之巅**
成群的黄嘴山鸦栖息在高高的山脊上,在高原牧场上捕猎。在喜马拉雅山脉,它们可以飞到海拔8000米高的地方。

岩雷鸟

Lagopus muta

双腿长满羽毛

- 33~38厘米
- 430~740克
- 常见
- 浆果、嫩枝、树叶和种子

北美洲北部、欧洲中部和北部、亚洲中部和北部

岩雷鸟为一夫一妻制,对于松鸡科鸟类来说这并不常见。岩雷鸟配偶在一起生活,共同抚养成长中的雏鸟。但是,冬天当它们集群越冬时,岩雷鸟会按照性别组群。在欧洲大部分地区,岩雷鸟分布在高纬度地带,而在遥远的北方和西北地区,岩雷鸟所在的纬度较低,它们经常出现在冰岛的海平面上。人们担心由于气候变化,栖息在低纬度地区的南部岩雷鸟种群会消亡,因为它们的栖息地发生变化,气候阈值已经超过了现有峰值。岩雷鸟褪毛后会相继长出几种不同颜色的羽毛,如白色、黑白相间、灰白相间及漂亮的杂色,与从雪白到色彩斑斓的岩石、沙砾、苔藓和地衣等融为一体。一年四季,它们在飞翔时都会展现白色的翅膀,成为蓝天中的一道风景——也为老鹰等捕食者提供了重要的线索。

▷ **夏羽**
岩雷鸟的杂色夏羽可以提供伪装,帮助它们躲避金雕和北极狐。

金雕

Aquila chrysaetos

腿上长满了浓密的羽毛

金雕飞行技术娴熟，姿态优雅，当它们飞过山峰和悬崖时，看起来就像遥远天际上的黑点。它们在高空翱翔，双翅微微弯曲，呈"V"形。它们的视力极佳，比人类的视力敏锐几倍，甚至可以看见2~3千米外的猎物，如野兔。金雕会吃一切能捕捉到的猎物，猎物的大小通常与鹅相当。冬天，它们一般以死亡的羊和鹿为食，用钩状喙将尸体撕碎。比起更加寒冷潮湿的山峰和森林，金雕更喜欢在富饶的沼泽上空捕食，那里栖息着大量的猎物。

沿用旧巢

金雕成对一起生活，一般在树上或悬崖峭壁处筑巢，还会修筑一些备用的巢穴，以防万一。金雕有沿用旧巢的习惯，每年到了繁殖季节，它们都会在旧巢上添加一些树枝进行修补，因此巢穴变得越来越大，深度可达4米。它们求偶时的炫耀行为包括高空翱翔、上下迂回飞行，还有出其不意的俯冲。当金雕收起双翅从高处向下俯冲时，速度极快。雌性金雕通常产下2枚卵，不过首先孵出的雏鸟会袭击后孵出来的较为弱小的同胞，常常只有较大、较强壮的雏鸟才能活下来。

在野外，金雕的寿命可达38年。不过近年来，在某些栖息地中，金雕深受人类非法射杀、诱捕和使用毒饵等行为的威胁。

- ↔ 75~90厘米
- ⚖ 3~6.5千克
- ⊗ 常见
- 🍴 野兔、松鸡和腐肉
- 🏠 山地、沙漠、草原

北美洲、欧洲、亚洲和非洲北部

双翼宽阔，可用于高空翱翔和减速

△ **追捕**
金雕向下俯冲捕捉猎物时，双翼、尾和爪完全舒展，从后面袭击猎物。

产婆蟾

Alytes obstetricans

乍一见，产婆蟾的外形与普通的欧洲蟾蜍极其相似，但它们的鼻子更尖，瞳孔更加垂直。这种蟾蜍之所以得其名，是因为这种小的两栖动物会随身携带正在发育的受精卵，使它们在发育过程中免受伤害。不过，这个名字稍许会让人产生误解，产婆蟾是由雄性而非雌性来照顾下一代。在交配期间，雄性产婆蟾将念珠状的卵固定在臀部上，几周后小蝌蚪即将孵化时，它才将卵送到池塘中。

▷ **慈父般的照顾**
雄性产婆蟾可能不只携带一个配偶产下的卵。它们会分泌抗菌的黏液，以保护正在发育中的受精卵。

- ↔ 3~5厘米
- ☁ 春季和夏季
- ⊗ 局部常见
- 🍴 昆虫
- 🏠 林地、草地、水边

欧洲西部至欧洲中部

▽ 赶走狐狸
即便金雕尚未发育成熟，其体形也很庞大，非常强壮，足以赶走偷其食物的赤狐。

双翅上举

双腿强有力

阿波罗绢蝶
Parnassius apollo

尽管阿波罗绢蝶广泛分布在欧洲很多山区，但这种珍贵的绢蝶家族成员是濒危物种。苍白的翅膀上点缀着红色和黑色的斑点，其颜色和图样差异非常大，很多亚种已为人们所知，其中有些亚种只出现在某一高山山谷中。雌性阿波罗绢蝶会在景天等植物附近产卵。卵孵化出来后，幼虫能直接啃食叶片。

翅膀后部长有红色眼状斑点

△ 琼浆玉液
盛夏季节，人们会看到阿波罗绢蝶在高山草甸上吸食花蜜。

- ↔ 5~10厘米
- ✕ 易危
- ⅲ 树叶和花蜜
- ⌂ ⛰

🧭 欧洲和亚洲西部

肿脉蝗
Stauroderus scalaris

肿脉蝗是欧洲最大的蝗虫物种之一。夏末，它们的叫声或"歌声"在高山草甸上不断地回荡。翠绿的雄蝗虫欢声歌唱是为了吸引体形较大的浅褐色雌蝗虫。

- ↔ 1.8~2.7厘米
- ✕ 常见
- ⅲ 草类和树叶
- ⌂ ⛰ 〰

🧭 欧洲东部至亚洲中部

▷ 准备起跳
蝗虫的翅膀很长，但是遇到危险时，它们通常会用强劲有力的后肢起跳，而不是飞走。

巴伐利亚森林
原始而黑暗的欧洲森林

德国的巴伐利亚国家森林公园和捷克的波西米亚森林共同组成中欧现存的最大面积的森林。绵延起伏的山脉被森林覆盖，尽管地势相对较低，但是也形成了一个陆地大分水岭，多瑙河、伏尔塔河及易北河的源头由此处流向各个不同的方向。高山、缓坡、蜿蜒的山谷和含有异体囊的坚硬花岗岩都证明了这片土地形成于上一个冰河时代，在冰川的作用下开凿而成的。

原始树林

巴伐利亚森林中大部分都是原始森林，没有受到人类的干扰，德国首座国家公园的保育工作目的在于保持森林的原样。这里的动植物包括冰河时期遗留下来的一些物种，如北方猫头鹰、三趾啄木鸟、挪威狼蛛和水韭属植物——一类半水生蕨类植物。巴伐利亚森林中的水和土壤呈酸性。在一定程度上是因为这里气候凉爽湿润，同时也因为此地主要分布云杉、冷杉和山毛榉等树木，它们形成的封闭林冠层遮挡了阳光。这些条件都限制了地表植物和一些昆虫的蓬勃生长，但是促进了菌类、苔藓和无脊椎动物的大量繁殖。确实，这座原始森林中拥有1300多种伞菌、多孔菌和马勃菌等。这里还是多种大型动物的家园，如棕熊、灰狐、猞猁、欧洲野猫、西方狍、野猪、雷鸟和雕鸮等。

榛睡鼠二重奏
这片森林中栖息着两种不同的榛睡鼠，它们生活在不同的区域以避免相互竞争。体形小巧的金毛榛睡鼠偏爱低矮灌木丛形成的灌丛环境，而体形较大的银灰色的榛睡鼠则生活在次冠层。

榛睡鼠

休戚与共
狗子种群数量的周期性暴增与骤降对猞猁引入的猞猁产生了重大影响。严冬导致狍子数量下降，因此猞猁也被体形较大的狼群淘汰，而狼群则齐心协力驱逐竞争者。

猞猁

聪明的竞争者
粘小奥德蘑多生于山毛榉的倒木或腐木上。秋天，淡白色的子实体生长在枯木上，并向枯木分泌一种名为嗜球果伞素的化学物质。这种物种可以抑制其他菌类的生长，从而减少竞争。

粘小奥德蘑

德国的第一座国家公园于1970年建立　森林覆盖率达到95%　这里有3693种无脊椎动物

地理位置

巴伐利亚森林横跨德国和捷克的边境，接壤波西米亚森林。

气候

在漫长而寒冷的冬天，降水会以大雪的形式降临。来自大西洋和地中海的气流带来了全年的降水。

注： — 平均温度　　降水量

松貂

Martes martes

松貂能在任何多草木的环境中生存下来。它们前肢强健有力，爪子锋利，有助于在树木之间跳跃，追捕松鼠等小动物。不过，它们大多数在地面捕猎，通常在晨昏时分。

- ↔ 45~68厘米
- ⬆ 0.8~1.8千克
- ⊗ 常见
- 啮齿动物和浆果

欧洲至亚洲北部和西部

细长的身体

◁ 雪中巡逻

冬天，松貂的爪垫被毛完全覆盖，使脚与地面隔绝开来，也为其在雪地中行走提供便利。

狗獾

Meles meles

狗獾常常成群生活在一起，一群至少由6只组成，分享同一个獾穴——一个集地下隧道、洞穴和洗手间为一体的系统。随着时间推移，獾穴可能进化成庞大的洞穴网络。獾穴由领头的雄性狗獾及一只处于繁殖期的雌性狗獾掌管。这对配偶全年都可交配，不过直到2月它们才产下一窝幼崽，通常有1~5只。

- ↔ 56~90厘米
- ⬆ 10~16千克
- ⊗ 常见
- 蚯蚓、水果和鸟类

欧洲至亚洲西部

◁ 特征鲜明的黑白条纹

狗獾脸部黑白相间的条纹使得它们能够一眼被辨认出来。不过有的狗獾皮毛呈姜黄色，或者全身为白色。

短小而强有力的腿部

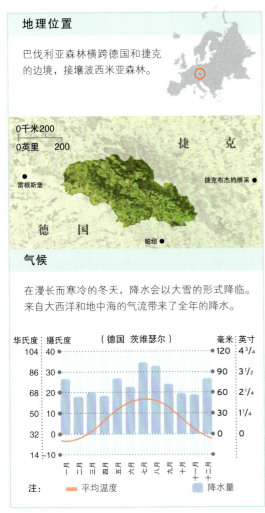

苔藓圣地

与开花植物和蕨类相比，巴伐利亚国家公园中的苔藓种类繁多，大约有490种，这占了德国所有苔藓种类数的42%。它们之所以能够生长得如此繁盛，是因为极少受到人类的干扰。

被命名和描述

金发藓

欧亚水獭

Lutra lutra

腹面长有灰白色的体毛

尾巴肌肉发达

水獭趾（指）间具蹼，在水下时它们的耳朵和鼻子可以紧闭，因此被认为是鼬家族中的半水栖成员。奇怪的是，欧亚水獭并非天生就喜欢水。事实上，幼崽们起初对水充满了抗拒，约16周大时，雌欧亚水獭常常会拖曳着它们首次下水。不过，一旦克服了初次下水的恐惧，它们很快就开始喜欢水，一连数小时在其出生的林地或洞穴附近的浅水区玩格斗游戏。

保持干燥

一旦长大，欧亚水獭的双层皮毛就可以包裹气体，在寒冷的水中起到隔热作用，而具有防水作用的外层皮毛还可以使它们全身保持干燥。它们身体修长，尾巴粗壮，不仅是极其优雅的游泳健将，还拥有高超的捕食技能。它们以鱼类、甲壳动物（尤其是螃蟹）、两栖动物甚至鸭子等水鸟为食。幼崽与母亲在固定巢穴中共同生活一年。雄水獭和雌水獭在一起生活一周，进行交配，然后分开。除此之外，这种哺乳动物还能发出响亮的叫声，它们喜独居，沿着河流、河口、湖泊、溪流和海岸划定1.6～6.4平方千米的领地。水獭通常在水边附近的岩石顶端、浮木上或其他碎片上排便，并利用粪便标记其领地。

保持警戒

水獭的粪便和其足迹是寻找这种叫声响亮的肉食动物的标记，它们的听觉、嗅觉和视觉都非常灵敏。也就是说，水獭对人类的出现更加警觉，在人类察觉它们就在附近之前，它们就已经逃走了。它们的眼睛、耳朵和鼻子位于头部顶端，因此监视敌情时，它们会将身体藏在水下，直到危险解除。

- 57~70厘米
- 7~10千克
- 近危
- 鱼类、甲壳动物和两栖动物

欧洲和亚洲

> 在沿海水域捕食的水獭需要足够的淡水清除皮毛上的盐分。

◁ **清晰的视野**
水獭的毛皮厚，而且是防水的，能够帮助它们在寒冷的环境中保持温暖。下颌中央有数根短的硬须，有助于它们在浑浊的水中精准确定猎物的位置。

△ **捕鱼能手**
鱼类占了欧亚水獭80%的摄食总量。成年水獭每天吃掉的鱼的重量是其体重的25%。

◁ **潜水**
尽管欧亚水獭游泳时极其敏捷，但是它们无法在水下长时间屏住呼吸。平均每次潜水时间不足30秒。

赤狐
Vulpes vulpes

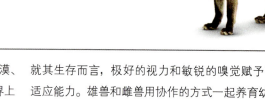

耳朵后面通常长有黑色的软毛

长而浓密的尾巴

赤狐分布于整个北半球,从海平面到海拔4500米处,沙漠、高山、森林、农田和城市中心均可见其踪影,它们是世界上分布最广的野生犬科动物,分化出47个亚种。由于其栖息地极具多样性,它们会因此而改变自己的行为和饮食。赤狐主要以小型哺乳动物为食,不过,如果捕不到野兔、老鼠时,它们也会吃鸟类、蚯蚓、甲虫或黑莓等野果。

机会主义捕食者

赤狐不仅聪明,而且领地意识极强。它们是孤独的捕食者,从黎明开始寻找食物,直到黄昏。它们喜欢在垃圾填埋场、堆肥堆、垃圾桶、饲鸟器或其他地方寻找容易获取的食物。

就其生存而言,极好的视力和敏锐的嗅觉赋予了赤狐极强的适应能力。雄兽和雌兽用协作的方式一起养育幼崽。

一旦赤狐夫妇建立了领地,它们就会在初冬进行交配。雌狐负责建好巢穴,大约两个月后在这里产下4～6只幼崽。幼崽诞生后的前3周,雌狐会与它们待在一起,依靠雄狐带来食物活下去。

▽ **赤狐夫妇**
初冬,雌狐(左)和雄狐(右)发现潜在的食物后,在深厚的雪地里你追我赶,直奔目标。

- 45～90厘米
- 3～14千克
- 常见
- 啮齿动物、鸟类和水果

北极、北美洲、欧洲、亚洲和非洲北部

欧亚野猪
Sus scrofa

- 0.9~1.8米
- 44~200千克
- 常见
- 植物、卵和啮齿动物

欧洲、亚洲和非洲北部

欧亚野猪是大多数家养猪品种的祖先，也是一个世界性的物种。欧亚野猪对环境具有高度适应性，现已经广泛分布于除南极洲以外的每个大陆。如今，欧亚野猪种群数量显著增加了，由于它们对各种作物造成损害，而常常被当作害兽惨遭猎杀。

群居或独处的欧亚野猪

欧亚野猪是群居还是独处取决于其性别。雌性欧亚野猪生活在野猪群中，野猪群主要由其他雌性和它们的后代组成。雌性欧亚野猪只有在产崽时才会离开野猪群，一胎数量不等，一般为3~12只。等到小猪崽长到足够大，可以与野猪群一起出行时，它们才回到野猪群中。雌性一年可能会生产两次，并且会保护野猪群中的所有幼崽。只有到繁殖期，雄性才会加入族群，不过它们有时也会因捕食而加入到族群中。

▷ **长有刚毛的猪**
很多欧亚野猪背上长有较长的刚毛。当它们受到惊吓时，这些刚毛会竖起，因此在北美洲它们常被称为尖背野猪。

身披浓密而粗糙的体毛

▷ **长有斑纹的小猪崽**
雌性欧亚野猪产下的小猪崽长有斑纹，这些小猪崽与族群一起生活，受到母亲的保护。等到一两岁时，其中的雄性欧亚野猪就会离开它们出生的野猪群。

黑啄木鸟
Dryocopus martius

坚挺的尾巴可以保持平衡

这种大型的啄木鸟的喙呈楔状，头部有羽冠，尾羽为黑褐色。木栖鸟通常三趾朝前，一趾朝后，而黑啄木鸟则有一根长长的脚趾朝外或是能够朝后转动，爬树时可以抓得更紧。它们的生存需要大树——在松树、橡树、山毛榉或混交林中，黑啄木鸟都有分布。冬天，它们更喜欢树木茂盛的公园或花园。每当繁殖期来临时，它们就会凿一个新的洞巢。12~14天后卵孵化，24~28天后雏鸟变得羽翼丰满。

吵闹的邻居

黑啄木鸟的叫声响亮而高频，时而尖锐且不和谐，时而高亢悠长。它们用喙快速敲击树枝，发出"咚咚"声来宣告领地权。这种断断续续的、响亮或是低沉的声音，类似于击鼓声。

- 45~55厘米
- 平均325克
- 常见
- 昆虫幼虫和蚂蚁

△ **辛勤工作**
雌性黑啄木鸟头顶的朱红色冠羽比雄性的小。黑啄木鸟凿开树皮，吃掉藏在树干中的甲虫幼虫和木蚁。

欧洲至亚洲

冠北螈
Triturus cristatus

这是北欧最大的蝾螈之一。夏天，冠北螈夜间在陆地上捕猎。冬天，它们在隐秘的地方或繁殖池底部冬眠。求爱时，雄性冠北螈将身体弯成弓形，快速摆动它们桨形的尾巴。雌性将卵产在水底植物上，每枚卵都用一片叶子包裹着，以免受到伤害。3周后，幼体孵化，大约4个月后，它们的身体发生变化，鳃消失，开始呼吸空气。

- 10~14厘米
- 春季
- 常见
- 昆虫幼虫和蠕虫
- 欧洲和亚洲中部

▽ **繁殖期长出的肉冠**
雌性冠北螈体形比雄性冠北螈大，但是到了春季的交配季节，只有雄性冠北螈才会长出棱脊。

独特的黑色斑纹

茸毒蛾
Calliteara pudibunda

雄性茸毒蛾的触角上长有厚厚的绒毛
新月状的斑纹

这种腹部短粗的飞蛾是蛾类中最常见的物种之一。它们广泛分布在欧洲林地中。在晚春及初夏的夜晚，人们可以看到茸毒蛾成虫在这些林地中四处飞翔。雄性茸毒蛾用它们的触角扫掠空气，以感受伴侣的气息。雌性茸毒蛾一般把卵产在树上。第二年春天卵孵化。

- 5~7厘米
- 常见
- 树叶
- 欧洲

▷ **长着簇毛的幼虫**
有些毛卷成了4团独特的簇毛。

- 平均12毫米
- 常见
- 花粉、花蜜和蜂蜜

欧洲中部和西部，非洲西部、东部和南部

△ **努力工作**
在建立新蜂巢的过程中，工蜂用身体搭成一座桥，以填补缝隙。

▷ **装满花粉**
"外勤蜂"将花粉装在花粉筐中——后足上的一个"垫子"，上面长满毛。

眼睛呈泪珠状

触角呈肘状

西方蜜蜂
Apis mellifera

西方蜜蜂为很多开花植物授粉，包括不少人类种植的作物。它们为社会性昆虫，除了生活在野外的栖息地，也生活在商业蜂箱中，主要用来生产蜂蜜。它们的自然分布区包括非洲、欧洲等地，不过因其商业价值，它们被引进到世界上大部分地区。每个蜂群中都有一只蜂王，蜂群中大部分为没有繁殖能力的雌性工蜂。工蜂负责维护和扩建蜂巢、养育更多的姊妹，以及从花朵中采集花蜜和花粉。

劳动分工

蜂巢通常建在空心树洞中，由数个相互连接的、用蜂蜡搭建而成的六角形蜂房构成。蜂巢既是蜜蜂幼虫（后来变成了蛹）的育儿所，也可以用来储存花粉和花蜜。工蜂反刍花蜜，然后不停地扇风使花蜜变干形成蜂蜜。花粉单独储存，为正在发育的幼虫提供了食物。蜂蜜是蜂群中其他蜜蜂的主要食物来源。

工蜂是没有繁殖能力的雌蜂，它们大约只能存活4~5周。随着年龄的增长，它们完成了筑巢的使命，飞往花丛收集花蜜。采蜜者回蜂巢后跳"8"字舞，告诉其他工蜂花丛的位置。冬天，蜂群中的蜜蜂数量减至5000只，工蜂依靠储藏的蜂蜜生存。

当蜂巢达到一定规模时，蜂王会将王位让给另一只蜜蜂，带着一半的工蜂飞离蜂巢。老蜂王飞走后，新蜂王会与数只雄蜂交配，收集足够使用5年的精子，然后接管蜂巢。

△ 工蜂蛹

工蜂的卵需要11天才能长成幼虫，然后成为蛹。蜂蛹长大需要21天。

夏季，8万只蜜蜂生活在同一蜂群中。

锹形甲虫
Lucanus cervus

雄性锹形甲虫的上颚较大，尖端分叉

这种森林昆虫体形庞大，因其雄性长着巨大的上颚而出名。锹形甲虫的上颚主要用于格斗，形状与雄鹿在角逐潜在的配偶时所用的鹿角相似，因此也被称为鹿角虫。雌性锹形甲虫的体形比雄性锹形甲虫小，尽管它们的上颚不那么显眼，但是它们抓得比雄性更牢固。与所有的甲虫一样，不管是雄性还是雌性，锹形甲虫的外骨骼都如同盔甲般坚硬，可以进行自我保护。

储备脂肪

锹形甲虫成虫并不捕食。相反，它们以幼虫时期生活在地下时储存的脂肪为食。不过，有时它们也会利用较小的口器吸食树液或从腐烂的水果中吸食果汁。此外，锹形甲虫成虫会专注于交配。

每年五六月份，雄性锹形甲虫会先于雌性锹形甲虫一周在地下挖出一条隧道。它们建立自己的交配领地，用"角"击退任何企图强行入侵的后来者。雌性游走于不同的领地之间，在此期间它们会与几只雄性锹形甲虫交配。成虫期很少会超过3个月。临死之前，雌性所做的最后一件事就是找到一块合适的朽木——通常是腐烂的树桩或树根——在这里产下大约20枚卵。有时，雌性也会回到它们幼虫时代所栖居的地方产卵。

在地下成长

锹形甲虫的寿命大约为6年，其中大部分时间都处于幼虫期。幼虫通常在地下啃食腐烂的木头。每年8月卵孵化，细小的橙头幼虫开始长达5年的进食期。一只幼虫需要这么久的时间发育成完全成熟的成虫，以储存至关重要的脂肪为成年期的生长提供重要的食物来源。当一切准备就绪时，幼虫用嚼碎的木质纤维建一个茧型巢穴，开始化蛹。在此形态下，它至少有两个月无法动弹，因为幼虫的身体已分解，重新成长为成虫。蛹周围有一层坚硬的鞘状物，不仅起到保护作用，也可辨识锹形甲虫的性别——雄性锹形甲虫具有较大的口器。秋季，锹形甲虫化蛹，不过一旦锹形甲虫破蛹而出，就会蛰伏在地下度过即将来临的冬季，为来年夏天破土而出做好准备。

由于多种原因——例如，森林管理方式的改变导致枯木减少——锹形甲虫在全球的数量正在急剧下降。不断加快的城镇化也变成一种威胁。

> **锹形甲虫整个幼虫期几乎一直待在地下。**

- 平均7.5厘米
- 近危
- 枯树、树液和果汁

欧洲和亚洲

▷ **雄性之间的格斗**
为了征服对手，锹形甲虫之间会相互打斗。它们的上颚上长着很多尖刺，当打斗双方企图推翻对手时，这些尖刺可以提供很好的抓力。不过，它们极少会因为打斗而出现受伤的情况。

◁ **飞行常客**
尽管锹形甲虫体形庞大，外表笨拙，但是它们常常展翅飞行。雄性锹形甲虫需要巡视其领地，因此它们比雌性锹形甲虫飞行得频繁。

东非大裂谷
数百万只小红鹳聚集在东非大裂谷中的碱湖周围觅食、繁殖。每天,大群的成鸟列队飞行,四处寻找可饮用的淡水。

非洲

烈日炙烤之地

非洲

非洲是世界第二大洲,面积为3029万平方千米,占世界陆地总面积的20%。非洲主要以日照强烈的干旱区域和热带雨林为主,因丰富多样的野生动物而闻名。甚至连栖息在东非大裂谷湖沼中的丽鱼也能以惊人的速度分化出数量众多的属种,这对于动物学家来说就像塞伦盖蒂草原上的大型哺乳动物对游客一样令人印象深刻。非洲拥有很多地球上最富饶的、最具生物多样性的栖息地,包括湿地、山地、沙漠、森林和草原。

东部的山脉是东非大裂谷的一部分,非洲板块在此逐渐分裂为索马里板块和努比亚板块。东非大裂谷是非洲的"脊梁"之一。德拉肯斯山脉位于非洲南部,是南非高原的边界,跨越了东南部大部分地区。

流经该大陆的几条大河包括尼罗河、尼日尔河、刚果河、赞比西河、林波波河和奥兰治河。这里还有些内流河,如奥卡万戈河,而沙里河汇入萨赫勒地带的乍得湖,滋养了辽阔的内陆湿地,水分不断蒸发或渗入地下。

撒哈拉沙漠

撒哈拉沙漠是世界上最大的沙漠,形成于大约700万年前,并且仍在不断扩大。其面积约占非洲总面积的30%,它的存在制约了很多物种在南北地区的分布。也有不少动物特别适应沙漠的干旱环境,如跳鼠和耳廓狐。

重要数据

生态系统
- 热带阔叶林
- 热带干燥阔叶林
- 地中海林地、灌丛
- 热带和亚热带草原
- 湿地
- 沙漠、灌丛
- 山地草甸

平均温度
华氏度	摄氏度
86	30
68	20
50	10
32	0
14	-10
-4	-20
-22	-30
-40	-40

平均降水量
英寸	毫米
394	10000
295	7500
197	5000
98	2500
0	0

阿特拉斯山脉

阿特拉斯山脉形成于非洲板块和北部亚欧板块相碰撞的地带,在摩洛哥境内的图卜卡勒山是最高峰。

加那利群岛

马德拉群岛

尼罗河三角洲

尼罗河三角洲面积辽阔,最宽处达到250千米,从埃及北部至地中海沿岸呈扇形散开。三角洲河口堆积了厚厚的冲积土,灌溉农业发达,孕育了埃及数千年的灿烂文明。

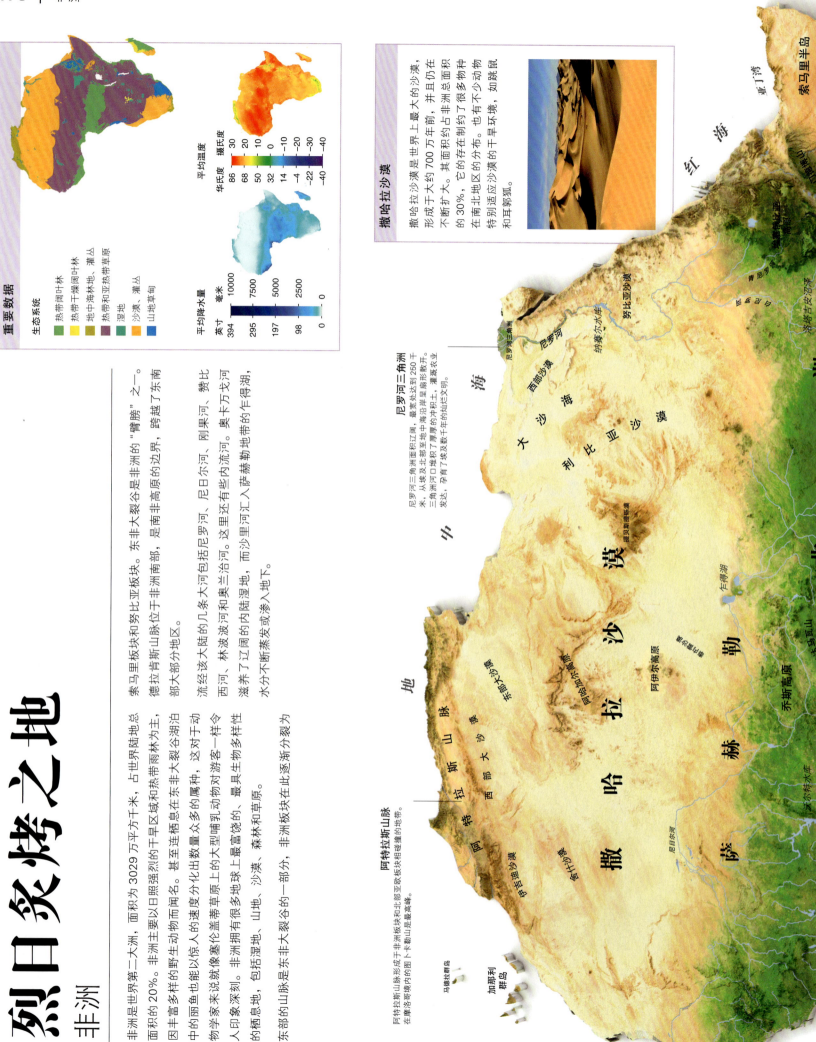

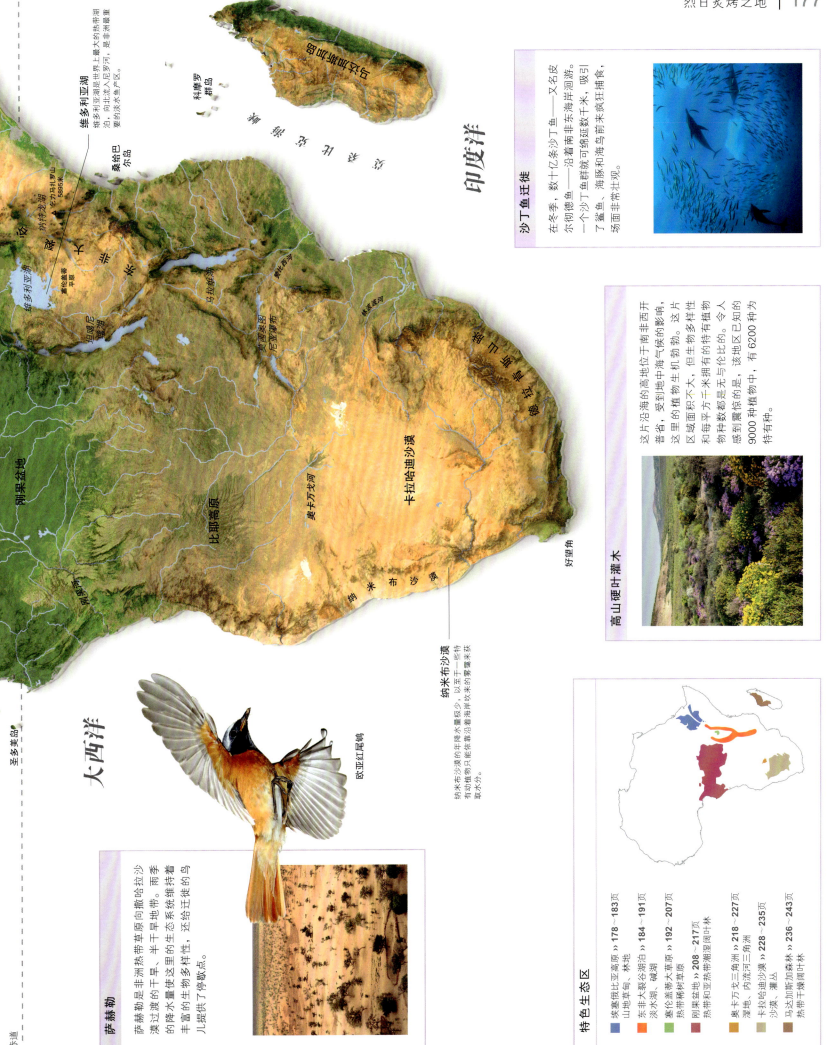

埃塞俄比亚高原
"非洲屋脊"上特有物种热点区域

埃塞俄比亚高原位于非洲东北部，是非洲大陆最高的高原，平均海拔2500米。该地区包括西北部的塞米恩山和东南部的贝尔山，东非大裂谷从西南向东北斜贯中央。

栖息地的丧失

根据海拔高度，该地区可分成3个不同的区域。海拔1800米左右的区域是茂密的山地森林，自然植被主要是常绿林，包括没药树、金合欢树和杜松以及其他针叶树，林间的灌木丛中分布着野生咖啡。海拔1800～3000米的区域是山地草原和林地，该区域内森林、灌木丛、草地交错分布，北山羊和狮尾狒也栖息于此。

山地沼泽区位于林线之上，海拔3000多米。该地区的自然植被以高寒灌木和草本植物为主。这里也是世界上最密集的野生动植物聚集地，如山薮羚和世界上最稀有的犬科动物——埃塞俄比亚狼。这3个区域都深受人口增长和人类活动的严重影响，主要是农耕和不可持续地利用自然资源。据估计，该地区中97%的原始栖息地已经消失。因此，许多动植物正成为人类大力研究和保护的对象。

栖息在树上的鸟
王子冠蕉鹃是埃塞俄比亚高原的特有鸟种之一。它们身披绿色和斑斓的红羽毛，主要以无花果和杜松浆果为食。王子冠蕉鹃的分布与海拔区为稀疏破碎的山地森林紧密相关，因此它们的保护级别已被列为易危。

挥着翅膀的蜻蜓
埃塞俄比亚高原蜻蜓只出现在森林中清澈和冰冷的山溪边，由于森林砍伐和冰水污染，其栖息地在逐渐消失，这种特有物种也正面临生存危机。

巨型半边莲

王子冠蕉鹃

埃塞俄比亚高原蜻蜓

拥有20种特有的哺乳动物和30种特有的鸟类

仅3%的原生植被保留下来

同时盛开
巨型半边莲开花时植株高达9米。它们要生长几年才会开花，成百上千的花在花序轴上呈螺旋状密生。巨型半边莲开花后会结下数百万颗种子，然后整个植株就枯萎死亡了。

地理位置

地处非洲的东北部,包括埃塞俄比亚的提格雷州、阿姆哈拉州和奥罗米亚州,向北延伸至厄立特里亚。

气候

由于海拔原因,该地区的气候比同纬度地区更加温和,但降雨与热带季风性气候一致。

埃塞俄比亚山羊

Oreotragus saltatrixoides

大部分山羊物种中的雌山羊要么不长角,要么角比较小,而埃塞俄比亚山羊比较特别,雌雄山羊都长有尖尖的角。山羊不会集结成群,但是在繁殖期,它们会成对地在布满岩石的栖息地附近活动,用粪便标记领土。小山羊会被藏起来两个月,然后跟随父母去觅食。

- ↔ 平均85厘米
- 5~16千克
- 局部常见
- 树叶和花

非洲东部

▷ 敏捷而强壮

山羊的蹄子形如高跟鞋,因此当它们在崎岖不平的山路和岩石间活动时,可以用蹄尖站立,肆意飞驰。

带斑点的被毛与岩石融为一体

短腿和窄蹄

地下巨人

大东非鼹鼠为独居动物,但其分布密度高达每平方千米6000只,因此它们的洞穴系统都连接在一起。鸟儿们会跟大东非鼹鼠争抢昆虫和蠕虫等食物,同时,鸟儿们也会提醒大东非鼹鼠埃塞俄比亚狼是否在靠近。

大东非鼹鼠

山薮羚

Tragelaphus buxtoni

螺旋状的角

与低地林羚相比,山薮羚与捻角羚的亲缘关系更近一些。旱季山薮羚迁徙到高海拔地区,雨季回到低海拔地区。雨季结束后,山薮羚迎来了生育高峰期,小山薮羚会与雌山薮羚群一起生活两年。只有雄山薮羚才长有高高的、竖琴般的角。

- ↔ 1.9~2米
- 150~320千克
- 濒危
- 树叶、草类、蕨类植物和地衣

非洲东部

◁ 雌山薮羚

雌山薮羚和它们的幼崽组成小群,聚居在一起。山薮羚在繁殖季节才会加入到它们的队伍中。

狮尾狒

Theropithecus gelada

成年雄性狮尾狒长有厚实的体毛

狮尾狒是较为常见的草原狒狒的近亲，它们在撒哈拉以南的非洲大部分地区中出没。5 万年前，狮尾狒曾一度遍布非洲，但迫于草原狒狒亚种的竞争压力及人类的压力，它们的数量逐渐变少。现今，它们只生活在荒僻的高原避难所中。它们吃草，包括草根，觅食效率比其他狒狒更高，几乎完全以埃塞俄比亚山脉中高海拔草甸区中生长的草类为生。植物的球茎、种子、果实和昆虫也都是它们的食物。

信号斑

大多数狒狒臀部都有一块裸露的皮肤，称为性皮，上面长有彩色的斑块。这些斑块可以帮助它们表达情绪、显示性别优势和繁殖情况。狮尾狒大部分时间都坐在食物触手可及之处，因此臀部被隐藏起来。或许这也就是为何它们胸口的裸露处也长有红色斑块的原因。雄狮尾狒与雌狮尾狒一样，都有胸斑。雌狮尾狒的胸斑与其性皮和生殖器官非常相似。这片颜色鲜艳的区域主要用于两性间或群内成员之间的互动。

"社交展现"——臀部迅速闪现——是灵长动物中常用的和平信号，可以减少冲突。雄狮尾狒和尚未发情的雌狮尾狒之间相互模仿，有助于增强信息。除非你是一只狮尾狒，否则很难从这些信号中得知雌狮尾狒是否已经做好交配的准备。

单身的狮尾狒和狒狒群

狮尾狒喜欢群居，常组成数百只的狒狒群。在成长到足够大、能够争夺统治权之前，尚未交配的雄狒狒们会集结成单雄群，一直生活在狒狒群周边。狒狒群由数个具有繁殖能力的小族群组成，每个族群中都有一只年长的雄狮尾狒和它的"后宫"组成。它们利用微妙的面部信号和特有的"翻唇"行为进行交流（见右图）。

> 狮尾狒胸前长有红色斑块，类似心形，因此它们也被称为"红心狒狒"。

△ **母亲和幼崽**
无助的小狮尾狒出生一个月后就得学会攀爬并骑在母亲背上。狮尾狒每天会花很长时间来相互梳理皮毛。

▷ **世界之巅**
狮尾狒生活在埃塞俄比亚海拔 1700 多米的草原上。它们白天在地面觅食，晚上在高耸的岩石峭壁上睡觉。

埃塞俄比亚高原 | 181

- 70~74厘米
- 平均19千克
- 局部常见
- 草类、根茎和水果

非洲东部

△ **装腔作势**
一只雄狮尾狒卷起嘴唇做出"翻唇"的动作，露出它的牙龈和牙齿。这样可以吓退敌人，从而减少肢体冲突。

◁ **引人注目的被毛**
为了适应高海拔地区的寒冷气候，狮尾狒长有厚厚的被毛，尤其是头部、颈部和肩部。颜面部浓密的鬃毛也会使得领头的雄狮尾狒看上去体形更大。

埃塞俄比亚狼
Canis simensis

埃塞俄比亚狼是非洲特有的物种,是社会性动物,但在大多数情况下喜欢独自捕猎。它是非洲大陆上最稀有的食肉动物,也是世界上最濒危的犬科动物。据悉,野外的成年埃塞俄比亚狼的数量已不足500只。埃塞俄比亚狼身被独特的红棕色皮毛,长着尖锐的嘴,外形像狐狸。在极少数情况下,整个狼群会一起协作捕捉野兔,它们更是捕鼠高手——其食物构成中,栖息在非洲高海拔地区的小型鼠类所占比例高达95%。

- ↔ 84~100厘米
- ⚖ 14~30千克
- ⊗ 濒危
- 啮齿动物

非洲东部

◁ **群体午餐**
埃塞俄比亚狼的幼崽会围攻成年狼,直到成年狼将食物反刍给它们。狼群中所有的成年狼都会照顾幼崽,即便只有领头的雌狼繁殖后代。

- ↔ 1~1.2米
- ⚖ 4.5~7千克
- ⊗ 近危
- 骨头、腐肉和乌龟

欧洲、亚洲北部和西部、非洲南部

▽ **宣告优势**
下图中右侧的成年胡兀鹫,虽然正在换羽而略显邋遢,但它仍能提醒未成熟的胡兀鹫谁才是真正的首领。这只幼鸟的尾巴呈菱形,看起来非常独特。

赤褐象鼩
Elephantulus rufescens

毫不夸张地说,这种象鼩生活在"快车道"里——它们会建造复杂的道路系统,可以快速到达目的地。对于它们来说,速度是至关重要的,因为象鼩的代谢率居高不下,需要不停地寻找食物,而熟悉的小道能够帮助它们以最有效的方式找到猎物。此外,这些道路还为象鼩提供了便利的逃生路径,以避开猫头鹰、鹰和蜥蜴等捕食者。成年象鼩擅长选择路径,帮助它们的幼崽远离危险。幼崽出生后的最初几天会待在巢穴中——通常是废弃的洞穴。所有的象鼩都因有长得像大象的鼻子而得名,它们的嗅觉也是极为灵敏的。

- ↔ 12~12.5厘米
- ⚖ 50~60克
- ⊗ 常见
- 昆虫

非洲东部

◁ **准备逃跑**
当象鼩打算利用其道路系统逃离捕食者的魔爪时,象鼩长长的后肢为它们提供了更多的力量和灵活性。

喙下长有黑色的刚毛,因此它们也被称为髭兀鹫

羽毛被染成橙红色

胡兀鹫
Gypaetus barbatus

据说,古希腊剧作家埃斯库罗斯是被一只鹰从高空扔下的乌龟给砸死的,这只鹰误认为他的秃头是石头。神话中那只鹰的原型就是胡兀鹫。这种体形庞大的胡兀鹫携带着骨头(有时是乌龟),将它们从高空扔到岩石上摔碎,露出里面的骨髓或肉。胡兀鹫可以吞咽和消化骨头碎片,也吃其他兀鹫留下的碎骨,不过它们更喜欢吃的是活的猎物,如乌龟和野兔。胡兀鹫翅膀巨大,尾羽很长,具有迷人的风采。高海拔地区的土壤或岩石富含氧化铁,胡兀鹫常在氧化铁剥蚀的地方筑巢,所以它们的羽毛被染成了鲜艳的橙红色。

高和低

胡兀鹫能飞上非洲最高山脉的顶峰,栖息在最偏远的峡谷中。同时,它们也经常在城市垃圾填埋场觅食,在拥挤的空间中还能灵活地飞翔,真是让人惊叹不已。

△ 轻松滑行

胡兀鹫翼展巨大,可以在空中长时间滑翔。它们偶尔也会猛地扇动翅膀,调节航线。

东非大裂谷湖泊
全球淡水资源多样性的热点区域

东非大裂谷是世界陆地上最长的裂谷带,它还在以每年7毫米的速度不断向外扩张,最后可能将非洲一分为二。扩张的结果是在约旦与莫桑比克之间形成了一片低洼地带,两侧屹立着非洲最高的几座山峰。这片地带上湖泊星罗棋布,包括几个世界上最古老、最大且最深的淡水水体。东非大裂谷在肯尼亚和坦桑尼亚分成两个分支。位于东、西两支之间的维多利亚湖是非洲最大的湖泊,也是世界上第二大淡水湖。

淡水、碱水

东非大裂谷上的湖泊一般沿着裂谷带纵向分布,其特征相差各异,既有面积辽阔、幽深的淡水湖——如马拉维湖(曾称尼亚萨湖)、坦噶尼喀湖和图尔卡纳湖,也有富含矿物质的碱性浅湖,也称为碱水湖。数百万年来,这些湖泊彼此隔绝,每个湖中都生活着特有的水生动物。如,马拉维湖的深水水域分布了各种各样的栖息地,是3000多种鱼类的家园——这一数量超过世界上任何其他湖泊。东非大裂谷的湖泊还养育了大量的陆生动物和鸟类,如鹈鹕和滨鹬。碱水湖——纳特龙湖、博格利亚湖、纳库鲁湖和埃尔门泰塔湖——因成群结队的小火烈鸟群而出名。

濒临危机
这些湖泊是非洲小爪水獭和体形较小的斑颈水獭的栖息地。由于捕猎、水污染及被引入的尼罗河鲈吃掉了水獭们赖以生存的小鱼,两种水獭的数量一直在递减。

斑颈水獭

长途访客
秋天,无数候鸟来到这些湖边,包括一些人们所熟知的欧洲物种,如雨燕、燕子和野鸭等。有些鸟会一直停留到3月,在湖中或湖周围捕食;有些则飞往更南端的地方过冬。

赤颈鸭

鲤鱼

占主导的引进物种
2001年,鲤鱼偶然被引入奈瓦沙湖。其种群数量持续高速增长,以至于2010年时,就占了湖泊中总鱼量的90%,取代了以前占主导地位的外来入侵物种——克氏原螯虾。

> 世界上10%的鱼类栖息于此,仅马拉维湖中就有3000种

> 坦噶尼喀湖是世界第二深的湖泊

东非狒狒

Papio anubis

像狗一样的长口鼻

地理位置

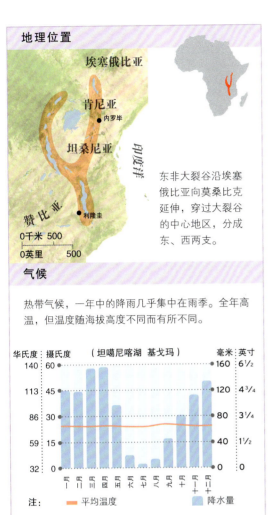

东非大裂谷沿埃塞俄比亚向莫桑比克延伸，穿过大裂谷的中心地区，分成东、西两支。

气候

热带气候，一年中的降雨几乎集中在雨季。全年高温，但温度随海拔高度不同而有所不同。

（坦噶尼喀湖 基戈玛）

注： 平均温度　　降水量

这些聪明、适应能力强的狒狒归根到底是机会主义者，几乎会吃掉获得的所有食物，从草到小动物以及人类的垃圾。它们也会在很多不同的栖息地中安家——甚至树木稀少的地方，如岩石山坡、半沙漠地区和开阔的热带草原。

狒狒社群

东非狒狒成群生活在一起，数量高达 120 只。它们大多数时间在地面捕食，经常排成纵列移动。成年雄狒狒的体重是雌狒狒的两倍，而且长有更长的犬齿，颜面周围、颈部和肩部有令人印象深刻的长毛。为了争夺性成熟的雌狒狒，它们会相互打斗，但每个社群中通常只有几只领头的雄狒狒享有交配权。雌狒狒全年都可以生育，孕期 6 个月，每胎产一仔。母亲抱着小狒狒，紧贴着自己的腹部，直到 6 周后，小狒狒已经足够强壮，可以骑到母亲的背上。小狒狒的皮毛是黑色的，但几个月后便会变成棕灰色。

东非狒狒经常取食农作物，因此它们常被农民视为有害动物而遭到捕杀。在自然界中，它们的头号天敌是豹。

- 50～90厘米
- 14～30千克
- 常见
- 水果、树叶和昆虫

非洲西部至东部

▽ 打打闹闹

狒狒是最爱玩耍的动物之一。它们的幼年期很漫长，在此期间它们必须学会族群的规则。

种类丰富的丽鱼

丽鱼以其生物多样性而闻名——仅马拉维湖就有 800 种。有一些鱼具有非常特别的生殖行为。有的雄鱼会建造精美的巢穴以吸引配偶，有的雌鱼为口孵型，将鱼卵和幼鱼置于口腔中繁育。

丽鱼

成年雄狒狒是高效的捕猎者——它们能捕捉野兔、小羚羊，甚至其他灵长动物。

△ 公共游泳池

河马是一种高度社会化的动物，常常结成 10～100 只的群体，由一只雄河马担任首领。如果其他的雄河马愿意顺从，它们也可以生活在这个群体中。

- 平均2.7米
- 1400～1500千克
- 易危
- 草类和水生植物

非洲

▷ 保持凉爽

在非洲炙热的阳光下，水不仅能够帮助河马调节身体温度，还可以防止它们的皮肤干燥开裂。

吃草时可将草连根拔起

薄薄的外层皮肤能够迅速变干

河马

Hippopotamus amphibius

虽然河马名字的意思是"河中之马",但其实它的外形长得更像猪。除了牙齿相似外,这两种动物都隶属于鲸偶蹄目——偶蹄类哺乳动物。不过,与河马关系最密切的现存生物并不是陆生哺乳动物,而是鲸和海豚,它们在数百万年前拥有共同的祖先。

河马全身几乎没有被毛,长有一张巨大的嘴及与其相匹配的牙齿。它体形庞大,身体呈桶状,是地球上仅次于大象和犀牛的第3大陆地动物。成年雄性河马平均体重为1500千克,成年雌性河马平均体重为1300千克。河马身体庞大,四肢短小而结实,全速奔跑时,其速度竟可达到30千米/时。其速度、攻击性及长达四五十厘米的犬齿和门牙——不断生长和磨砺,使得河马成为非洲最危险的物种之一。在非洲,河马每年杀害的人类数量比其他任何哺乳动物都要多。

水下漫步

河马是一种半水生的动物,每天都在河流、湖泊和沼泽中活动。这些地方的水和泥浆能够让河马保持凉爽,更重要的是还能给它们的皮肤补充水分。此外,水能够支撑河马的体重,因此它们可以在湖底轻松地滑行甚至跳跃,速度可达8千米/时。虽然河马长有蹼足,但它们并不擅长游泳,甚至不能漂浮,因此只能待在浅水区。沉入水下时,它们能闭上鼻孔憋气,但每隔3~5分钟就要浮出水面呼吸一次。

夜行性食草动物

河马在黄昏时分开始进食,前往方圆10千米的内陆寻找短茎禾草,这些矮草是它们的主要食物。成年河马每晚大约要吃掉70千克的草。它们先用嘴唇将草连根拔起,然后利用巨大的臼齿将草磨碎。它们那巨大的犬齿和门牙只用于打斗和防御。遇到危险时,河马会张开嘴巴露出牙齿以显示其优势,像"打哈欠"一样。它们的嘴巴大张能达到180度。在白天,雄河马会用一种特殊的方式保卫自己的领地,这就是排便的时候甩动尾巴,把粪便弄得到处都是——在某种程度上,这其实是一种标记领地的行为。

母亲和幼崽

雌河马全年都可繁殖,但大多在旱季进行交配。交配发生在水中,在此过程中雌河马大部分时间潜在水底。初生的幼崽体重可以达到50千克,由于河马妈妈在水下生产,所以小河马必须学会游泳,或者在母亲的帮助下浮出水面呼吸第一口新鲜空气。小河马的肠道中缺乏细菌,所以必须吃母亲的粪便以获取消化草类所必需的细菌。小河马很容易遭到鳄鱼、狮和鬣狗的攻击。

△ **小河马**
小河马在水下出生,也在水中吸吮妈妈的乳汁。如果水太深,它们常常会骑在母亲的背上。

河马的叫声可达到115分贝,像雷声一样响亮。

小红鹳
Phoenicopterus minor

弯曲的喙

双腿极长

小红鹳是东非大裂谷一种标志性的鸟类。成千上万只小红鹳聚集在荒凉的、雾气缭绕的碱水湖四周,将湖畔染成了粉红色。东非有三四百万只小红鹳。有小部分种群生活在非洲南部,如纳米比亚的埃托沙盐沼,还有印度。

神奇的种群

这些鸟遵循一夫一妻制,在荒僻、具有腐蚀性的碱性滩涂上繁衍后代。这些碱性滩涂暴露在灼热的环境下,哺乳动物捕食者几乎无法达到。小红鹳的巢穴是泥巴和碱性结晶筑成的圆锥形小洞,仅容得下一枚卵。28天后卵孵化,雏鸟破壳而出。2周大时,成百上千的雏鸟会组成一个鸟群,由1~2只成年小红鹳看管,这使得它们的父母可以去寻找食物。雏鸟排成30千米长的纵列,育儿队伍被赶往50千米远的地方,穿越灼热的淤泥,抵达较浅的浅水潟湖。

虽然有上百万,甚至更多的小红鹳聚集在一起,但是每年只有一小部分小红鹳会繁殖后代。生活在东非的150万对小红鹳中,平均只有31.9万对会交配,养育14万只雏鸟。其中约一半的雏鸟在性成熟之前夭折。因此,为了维持小红鹳的种群数量,成年小红鹳的寿命要达到20年以上。

成年的小红鹳自然死亡率很低,威胁主要来自鹰和秃鹳。不过,旅游业带来的影响,包括低空飞行的飞机,对小红鹳造成的干扰可能更具破坏性。此外,由于各类污染和工业的发展,小红鹳面临的威胁也日益加重。

- ↔ 80~90厘米
- 最重2千克
- 常见
- 藻类

非洲的东部、西部和南部,亚洲西部

△ 起飞
小红鹳每天会进行短距离飞行，寻找可饮用的淡水水源。在夜间，它们会在碱水湖间飞行，可能会达几百千米。

▽ 特别的食性
雏鸟们不停地乞求食物，促使成年小红鹳分泌大量的嗉囊乳，并通过反刍来哺育雏鸟。成年小红鹳的粉色羽毛光彩夺目，这主要是由于它们喜欢取食某种藻类。

白鹈鹕
Pelecanus onocrotalus

白鹈鹕成群捕食，它们把鱼聚集到弧形的浅水区，然后用大嘴把鱼和水一并舀起，把水挤出后，再将鱼整个吞下，鱼很难逃脱。鹈鹕体形庞大，但是它们可以浮在水面上。它们在空中时姿态优雅得令人惊讶，大群鸟儿同时起飞，排成"V"字形队列。在非洲，如果生存环境比较好，白鹈鹕可以在一年中的任何时候在栖息地筑巢并繁殖后代。

△ "鱼勺"
白鹈鹕巨大而敏感的嘴可以通过触觉探测鱼类。它们一次可舀起大约11升的猎物和水，全部放在嘴下的弹性喉囊中。

- ↔ 1.4~1.8米
- ⚖ 10~11千克
- ✕ 常见
- 🍴 鱼类
- 🏠 〰️

撒哈拉以南非洲地区和亚洲的西南部

灰冠鹤
Balearica regulorum

在东非的热带大草原和农田里，这种外形华美的鹤曾经非常常见。它们昂首阔步，摘取麦穗，捕食蚱蜢、蝗虫、蠕虫、蛙和蜥蜴。它们经常成双结对地跳起优美的舞蹈，先是躬身领首，然后伸展翅膀，延颈企足，跳起来竟可高达2.5米。

灰冠鹤成对生活，厮守一生，并拥有广阔的繁殖领地。它们在沼泽地带筑巢，先清理出一大片空地，在空地中间用植物的茎和叶做一个浅浅的杯状巢，最多可以安放4枚卵。这些卵在一个月后孵化，雏鸟会很快离巢。等到3个月大的时候，雏鸟的体重将会达到成年鹤的一半，它们已经发育良好，能够飞翔了。

◁ 优雅的身形
冠羽为金黄色，只有灰冠鹤和其近亲黑冠鹤才拥有。

颈部的羽毛呈珠光灰

- ↔ 1~1.1米
- ⚖ 3~4千克
- ✕ 濒危
- 🍴 昆虫和蠕虫
- 🏠

非洲东南部

- 3~6米
- 400~800千克
- 常见
- 鱼类、哺乳动物和鸟类

非洲、马达加斯加西部

尼罗鳄经常把卵轻轻地放在嘴里翻动，以帮助孵化中的小鳄鱼破壳而出。

内部的骨板（即盾板）使背部的鳞甲更加坚固

◁ 休息的鳄鱼
当鳄鱼晒太阳时，它们经常张开嘴巴，可以降低口腔内膜和舌部过高的温度。

长长的尾巴强而有力，可以在游泳时提供动力

喙形似木屐

鲸头鹳
Balaeniceps rex

鲸头鹳的喙尖端异常尖锐，向下弯曲呈钩状，而且周边带有锯齿，它们的喉囊也非常灵活，这些都可用来捕鱼。不过，除鲸头鹳之外，仅有一种鸟——船嘴鹭拥有与它们一样又宽又深的钩状喙。船嘴鹭较小的喙有助于它们在夜间靠触觉捕鱼，鲸头鹳则凭视觉在白天捕鱼。

对于像鲸头鹳这种大小的鸟类来说，它们在水边的植物丛中穿行，为了寻找鱼类而倾斜身体，姿态非常优美。此外，喙还可以给巢穴中温度过高的卵和幼鸟浇水降温。巢穴位于浅水区，是用潮湿植被筑成的巨大草堆，周围大多是芦苇和纸莎草。雌鹳通常会产下2枚卵，由于成鸟喙的形状独特，雏鸟不得不靠吃成鸟反刍到巢穴里的鱼来生存。

▷ 钩状的喙
鲸头鹳的喙又宽又深，非常适合捕捉鱼类，攫取水下植被和淤泥。它们会张开喙猛地扎向水中，然后将多余的残渣直接丢弃。

双腿修长、裸露

- 1.1~1.4米
- 4.5~6.5千克
- 易危
- 鱼类和蛙类

非洲中部

尼罗鳄
Crocodylus niloticus

在所有的爬行动物中，只有湾鳄在体形大小上超过了尼罗鳄。不过从凶猛程度和所食猎物的大小上来比较，它们可能不如尼罗鳄。尼罗鳄的活动范围一直延伸到撒哈拉以南的大部分湿地栖息地，据说它们还会猎杀水牛、长颈鹿、河马、犀牛和大象。通常，尼罗鳄会像浮木一样悄悄靠近水边的动物，然后突然向猎物猛扑，咬住猎物的喉咙，将其拖下水溺死。它可能会使用"死亡翻滚"来肢解苦苦挣扎的动物或者庞大的尸体。它们也会在陆地上发动袭击。鳄鱼会在茂密的灌木丛中"快步疾走"，甚至能够短距离"奔驰"，它将身体高高撑起，远离地面，速度达到15千米/时。

尼罗鳄在阳光充足的地方或固定的猎杀点（如河流交汇处）聚集成群。体形庞大的雄鳄担任首领，小鳄鱼的地位最低。

嘴巴紧闭时也能看到下颌上的第4颗牙齿

前肢长有5个脚趾（内侧3趾有爪）

△ **强大的捕食者**
尼罗鳄的眼睛、耳朵和鼻孔都位于头部顶端，因此当它们把身体沉入水下时，只要露着头顶，就能看、听和呼吸。

斑马宫丽鱼
Maylandia zebra

这种鱼身体上长有类似斑马的条纹。它们以啃食生长在马拉维湖较浅水域中的茂盛藻类为生。捕食时，它们将头垂直地伸向岩石，用牙齿刮食岩石上的藻类和微生物。与湖中许多其他种类的丽鱼一样，斑马宫丽鱼也利用嘴部来孵卵，雌鱼将鱼卵置于嘴中3周。在此期间，雌鱼不能进食，一旦鱼卵孵化，就会将鱼苗吐出。

- 平均11厘米
- 不详
- 局部常见
- 藻类和浮游生物

非洲（马拉维湖）

△ **色彩斑斓的鱼**
由于栖息在湖中的不同位置，雄鱼体色的深浅也有所不同。雌鱼的体色也是色彩各异，从淡橘色到深棕色，但这种差异却不受生存水域的影响。

塞伦盖蒂大草原

世界最壮观的动物大迁徙

草原的演替依靠一些自然或人为因素，这些因素阻止了草原演替为灌丛、森林。在塞伦盖蒂大草原，这些因素指的是火灾和放牧。这个草原是一个季节性很强的生态区域，丰沛的雨水促进草类的生长，如红燕麦和茅草。这里也养育了庞大的食草动物群落，而食草动物群落随着季节变更而迁徙，紧紧追随最好的食草机会。当斑马、角马和汤氏瞪羚聚集在一起大举迁徙时，它们的数量不计其数，势不可当。另一些食草动物有象、长颈鹿、黑斑羚和非洲水牛等。食草动物又供养了大量的食肉动物和食腐动物，包括大型猫科动物、鬣狗、野犬及兀鹫。

改而不变

现今我们能见到的野生动物仅为100年前的一小部分。为了农业，人类侵占了大量的野生动物栖息地。与此同时，狩猎也导致动物的数量骤减。即便如此，数百万年来，这片古老的景观所拥有的特征和它所形成的生命周期基本没有任何变化。这片土地早已为人类所知，在位于塞伦盖蒂国家公园内的奥杜瓦伊峡谷等地发现过早期人类的遗骸。

世界七大自然奇观之一

马赛马拉国家保护区中的角马

循环迁徙
在草原上，每年都有100多万头角马为了寻找新鲜的草而迁徙。在雨季末期，它们在塞伦盖蒂大草原的南部产崽，那里的草富含磷元素，对哺乳期的雌角马而言，是必不可少的营养物质。磷后，它们又前往北方，10个月之后再回来。

利氏蕉鹃

鸟、甲虫和树
豆象在河边的森林里吃树上落下的种子，不是那些被鸟吃掉并排泄出的种子。因此，像利氏蕉鹃这种以果实为生的动物有助于保护森林。如果它们的数量减少，说明森林面积也在减少。

互惠行为
有一种举腹蚁栖息在荆棘丛中植物茎的隆起处。这些蚂蚁吸食叶基附近的蜜汁，在荆棘丛中活动更加安全，可以避开附近的捕食者。它们以树为生，因此会咬任何企图啃食嫩叶的动物来保护树木。

丰富的草原供养了以其为生的食肉动物而闻名于世

塞伦盖蒂是世界上唯一一个大型哺乳动物占主导地位的生态区域。

塞伦盖蒂大草原 | 193

清除粪便
蜣螂对于这个生态区域的持续发展至关重要。它们负责清理粪便，回收营养物质，改善土壤。它们不但会吃掉新鲜的粪便，还会把粪团成小球储存到地下。

工作中的蜣螂

2014年，这里栖息着7500只大象

分层放牧
为了避免争抢食物，食草动物专门分食不同的植物或者同一植物的不同部分。如斑马，与角马相比，它们以较难消化的草类为生。而长颈鹿则从其他动物都无法触及的金合欢树枝上取食。

正在啃食金合欢枝条的长颈鹿

占据坦桑尼亚陆地面积的14%

火的作用
闪电击中干燥的植物会引发森林大火。这不会烧死草类，因为它们的生长点在土壤中，非常安全，但大火会烧死树木，因此阻碍了林地的形成。白鹳捕食从火中逃亡的昆虫。

甘蔗田中的白鹳

是世界上年轻的野生动物保护区之一

地理位置

塞伦盖蒂平原位于肯尼亚和坦桑尼亚两国境内，面积为31000平方千米。塞伦盖蒂一词来源于马赛语，意思是广阔的地带。

肯尼亚
穆索马
姆万扎
坦桑尼亚

0千米 50
0英里 50

气候

气候温暖干燥，有两个雨季，较短的雨季在11月到12月之间，较长的雨季在来年的3～5月。降水量最高的地区在西部，靠近维多利亚湖，最低的地方位于偏南部的恩戈罗恩戈罗高地雨影区。

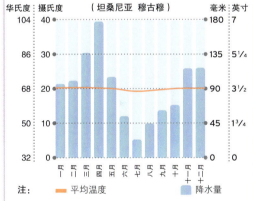

（坦桑尼亚 穆古穆）

注： ― 平均温度　▇ 降水量

"非洲五霸"

巨兽猎人们曾经常光顾塞伦盖蒂大草原，其目的是为了射杀"非洲五霸"——狮、豹、象、犀牛和非洲水牛。如今，大多数旅游者只想观光或是拍摄野生动物，猎豹已取代非洲水牛进入了前五名。

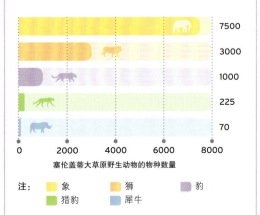

7500
3000
1000
225
70

0　2000　4000　6000　8000
塞伦盖蒂大草原野生动物的物种数量

注：　■ 象　■ 狮　■ 豹
　　　■ 猎豹　■ 犀牛

狮

Panthera leo

成年雄狮长有浓密的长鬃毛

雌狮的头比雄狮小，体重更轻

狮是猫科动物中最具有社会性的一种。它们组成狮群，一个狮群通常由数只与其幼崽共享领地的成年雌狮、它们的孩子及3只左右的成年雄狮组成。在食物缺乏的地区，狮群只有四五名成员，如纳米比亚的半沙漠地区。而在非洲东部猎物丰富的热带稀树草原上，狮群成员至少有12只——最高纪录为39只。狮群通常分成小队去寻找食物或拓展领地。

团队狩猎

狮是唯一一种合作狩猎的大型猫科动物。在大型狮群中，大部分的猎杀行为由速度更快、体重更轻盈的雌狮来完成。狮成群结队地潜入食草动物种群中，从猎物后面一跃而起，抓住猎物的腿和臀部。猎物倒地后，狮会一口咬住猎物的喉咙，使其窒息而亡。猎物由狮群成员共同分享，成年狮一口气可以吃掉15～20千克的肉。狮大多数在夜间捕食，因此白天常常在树荫下打盹。它们也以动物的尸体为食。

同时产崽

狮群里的雌狮们能够同时发情，因此，在经过110天的妊娠期后同时产崽。雌狮每胎最多能产下6只幼崽，通常每胎产2～3只。雄狮在2～4岁时会离开出生的狮群，与其他雄狮结成联盟。这些联盟四处游荡，寻找可以领导它们的狮群。它们有时会浴血奋战，驱逐原来的雄狮首领。一轮接替之战过后，新的雄狮首领会杀死狮群里所有的幼狮，这样母狮才能重新发情，准备再次交配。

50年前，非洲狮的数量高达10万只，如今已下降到不足3万只。这主要是因为捕猎、猎物减少以及当地人为了报复非洲狮袭击家畜而对其大肆迫害。很久以前，狮就已在北非和中东销声匿迹。在亚洲，它们如今也只能在印度西北部的吉尔国家公园中生存下来。

不同的狮长着不同的晶须斑，就像每个人拥有不同的指纹一样。

▷ **热带稀树草原之王**
成年雄狮的头部和颈部长有一圈浓密的鬃毛。它们的咆哮声在5千米外都能听见。

△ **和幼崽在一起的雌狮**
幼崽要与它们的母亲一起生活20～30个月。不过在断奶前，它们可能会吮吸多只成年雌狮的乳汁。

▷ **猎杀黑斑羚**
追逐猎物时，雌狮可加速至45千米/时。这种冲刺距离很短，很少会超过200米。

- 1.6～2.5米
- 150～250千克
- 易危
- 哺乳动物和腐肉

非洲撒哈拉沙漠以南地区（除刚果雨林外）、印度西北部

猎豹
Acinonyx jubatus

猎豹为速度而生。它们的身体苗条而轻盈，脊椎非常灵活，可以帮助它们在不失去平衡的条件下转弯。猎豹的四肢修长而强劲有力，步幅能达到7米。小而短的头部减少了空气阻力，宽大的鼻孔和巨大的肺部增强了它的呼吸能力。大大的心脏能够最大限度地泵血。不过，猎豹是非洲猫科动物中最不成功的猎手——恰恰是因为适应性调节机制赋予它们速度的同时，在其他方面也起了限制作用。短的鼻口部和小的头部削弱了颌骨的力量，即便快速冲刺，它们也只能持续很短的距离，因此捕猎活动通常以失败而告终。快速爆发会使其体温过高，需要休息，因此猎物常被其他动物偷走。由于这些原因，猎豹主要在白天狩猎，以避开那些更强大的夜行性捕食者。

兄弟连

猎豹体格纤弱，很容易遭到狮和鬣狗等大型食肉动物的攻击，所以独居的雌豹及幼豹时刻都在警惕是否有危险。为了生存，雄豹经常会团结在一起，组成2～5名成员的"同盟"。它们之间大多具有血缘关系——这能为彼此提供更好的保护。这一物种曾经遍布亚洲和非洲，但如今主要分布在非洲的25个国家，而伊朗的亚洲猎豹也濒临灭绝。

塞伦盖蒂大草原 | 197

黑斑羚
Aepyceros melampus

只有雄性长角
皮毛呈红褐色

黑斑羚是中型羚羊，人们可以通过它们黑色的尖耳、臀部和尾部的条纹及后蹄上的黑色簇毛来辨识。雄性黑斑羚长着脊状角，长达90厘米，形如竖琴。这种哺乳动物极其灵活，能够瞬间改变方向，它们跳得又高又远，可直接越过矮树丛、灌木，甚至其他黑斑羚。

- 1.1~1.5米
- 40~65千克
- 局部常见
- 草类、树叶和树皮

非洲东部和南部

黑斑羚在白天或是晚上都会休息和觅食。在雨季，它们吃草；在旱季，它们以矮树丛、灌木、果实和金合欢树的豆荚为生。

春秋季发情期

黑斑羚在一年两次的发情期交配。雄羚为了赢得雌羚而互相打斗。它们变得比平时更加吵闹，时而喷着鼻息，时而低吼着宣告并捍卫自己的领地。成功的雄羚会与多只雌羚交配，雌羚大约7个月后产下幼崽。

除了繁殖季节之外，黑斑羚会分成单身雄性的小群、雌性和幼崽组成的大群。黑斑羚群能够给个体提供保护，防止狮、鬣狗和豹等食肉动物的捕猎。发现危险时，警惕的黑斑羚会发出犬吠般的警报声，通知整个族群逃离。

▽ **跃向安全地带**
黑斑羚从捕食者的魔掌中成功逃脱，躲进茂密的植被区。它们可以跳9米远，2.5米高。

- 1.2~1.5米
- 21~72千克
- 易危
- 瞪羚和羚羊

非洲及亚洲西南部

△ **为奔跑而生**
猎豹被誉为"猫界高铁"，它是陆地上跑得最快的哺乳动物。猎豹在3秒内奔跑速度便可达115千米/时。一次快速冲刺平均能持续约20秒。

◁ **"泪线"**
猎豹脸部独特的黑色线条不仅可以防止眼睛被烈日灼伤，还能帮助它们专注于猎物。

黑斑羚踢腿和跳跃时会释放气味信号。据悉，这种信号是为了给群体中的其他成员领路。

弯曲的尖角
白色的长胡须

西白须角马
Connochaetes mearnsi

▷ **蓝角马**
所有的雄性角马都会发出低吟声和喷鼻息来保卫其交配权，但必要时也会相互打斗。这些蓝角马（*C. taurinus*）已经开始打了起来。

生活在塞伦盖蒂草原上的西白须角马在出生后的3～7分钟内就能站起来，成年角马的奔跑速度可达65千米/时，每年迁徙1600千米。这主要得益于它们的身体适应性调节机制。高耸的肩部、粗粗的脖子和巨大的头部使角马身体大部分重量都集中在前面，而背部向下倾斜变窄直，臀部肌肉发达，再加上长而纤细的四肢，这些构成了这种特别的动物——西白须角马。它们奔跑起来毫不费力，体形与其主要天敌斑鬣狗相仿。

超级兽群的形成

角马嘴宽大，嘴唇柔韧灵活，门齿发达，这些特征使它们非常适于在塞伦盖蒂草原吃一些富含磷元素的矮草。矮草的生长依赖季节性降雨，因此角马必须追随矮草的生长而进行大举迁徙。数百万只角马穿越位于肯尼亚和坦桑尼亚境内的塞伦盖蒂草原，场面非常壮观。角马会与斑马等其他食草动物汇合，组成一个拥有125万只动物的"超级兽群"——庞大的种群数量使个体相对安全，远离捕食者的伤害。

雨季结束时，所有的雌角马在两三周之内都处于发情期，但每只雌角马能够受精的日子只有一天。雄角马在超级兽群内建立小型交配领地。大约8个月后，幼崽们在2～3周陆续出生，2天之内就能跟上迁徙的大部队。

▽ **集体渡河**
多达5000～10000只角马一起冒险横渡位于肯尼亚的马拉河，然而也有成百上千只尼罗鳄正在此埋伏以待。

↔ 1.5～2.4米
⚖ 120～275千克
⊗ 局部常见
🌿 草类

非洲东部

塞伦盖蒂大草原 | 199

长颈鹿
Giraffa camelopardalis

长颈鹿是世界上现存的最高的动物，成年雄性身高可达 5～6 米，成年雌性可达 4.5～5 米。刚出生的小鹿就有 1.5～1.8 米高。超长的颈部和腿部占了身体很大的比例。长颈鹿血压高，血管壁厚，强有力的心脏能将血液一直泵送到大脑。

尽管身材非常高大，长颈鹿也会受到捕食者的威胁。一群狮就能击倒一只成年的长颈鹿，而小长颈鹿也很容易受到鬣狗和豹的攻击。一旦受惊，长颈鹿飞驰的速度可达 55 千米/时。

独一无二的花纹

马赛长颈鹿（*G. c. tippelskirchi*）是 9 个长颈鹿亚种之一，每个亚种都长着红棕色或近乎黑色的不同花纹，花纹的边缘整齐或模糊，底色为白色或黄色。它们平时结成小群，共同生活在塞伦盖蒂的热带草原和开阔的林地上，啃食羚羊和其他食草动物够不着的树叶。长颈鹿上唇较长，长长的舌头坚硬而灵活，因此能够轻易地从多刺的金合欢树上扯下树叶。

雄性和雌性都长有一对被皮肤和绒毛包覆的骨质短角，也称为长颈鹿角，雄长颈鹿的角更大。雌长颈鹿会与鹿群中领头的雄长颈鹿交配，16 个月后——通常在旱季，诞下一只小长颈鹿。小长颈鹿 13 个月大时断奶。

- 3.8～4.7米
- 600～1900千克
- 常见
- 树叶

非洲

△ "甩颈"仪式
雄长颈鹿在三四岁时达到性成熟。为了建立和维护统治地位，竞争对手们会依照惯用招数进行打斗，如甩动脖子撞击对方。

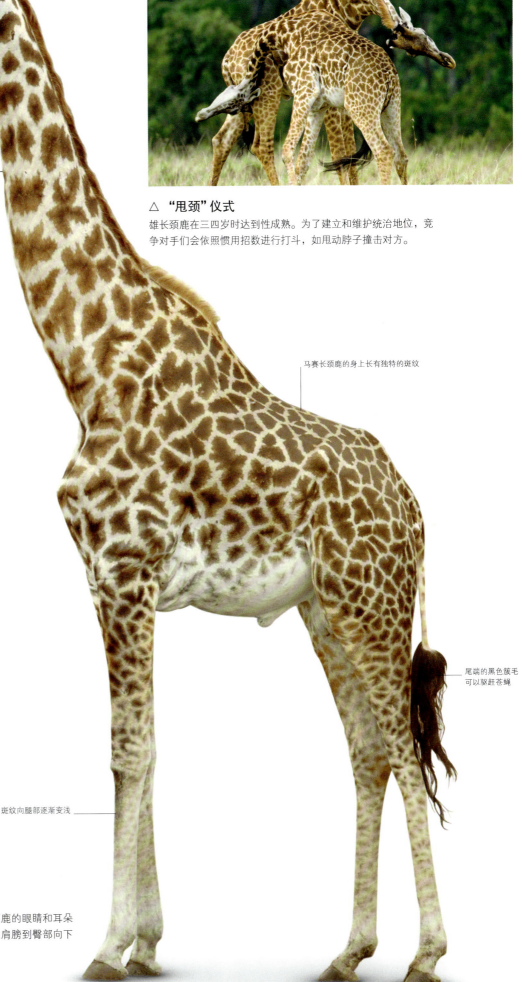

活动自如的上唇

马赛长颈鹿的身上长有独特的斑纹

尾端的黑色簇毛可以驱赶苍蝇

斑纹向腿部逐渐变浅

▷ 昂首站立
除身高很高之外，长颈鹿的眼睛和耳朵都很大，躯干较短，从肩膀到臀部向下倾斜。

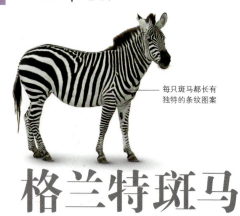

每只斑马都长有独特的条纹图案

格兰特斑马

Equus quagga boehmi

为了寻找食物，格兰特斑马大举迁徙，长途跋涉 3000 千米去寻找它们最喜欢吃的粗糙的长草。它们是体形最小的平原斑马，适应性很强，能够在艰苦的条件下生存，如平原、低海拔的林地以及海拔高达 4000 米的肯尼亚山的山坡上。

斑马是群居动物，长有黑白相间的条纹（其功能不详），非常好辨认。斑马常集结成紧凑的群体，在非洲东部和南部觅食，群体成员之间非常友好。它们也经常与角马、长颈鹿和汤氏瞪羚为伴。当发现捕食者时，斑马会发出嘶鸣来警告同伴。

斑马最快的速度可达 55～65 千米/时，比像狮等短途冲刺的捕食者跑得更持久。

每个家庭包括一只领头的雄斑马和几只雌斑马以及它们的幼崽。雄性大约在 1～3 岁时离开，加入到单身雄斑马群中。成年雄斑马会引诱并带走雌斑马，或是接掌雌斑马群，这样往往会导致激烈的打斗。经过长达一年的妊娠期后，大多数小马驹在雨季出生。

△ 查普曼斑马
查普曼斑马是平原斑马中较为罕见的亚种，它们身体上的黑色条纹之间会夹有较暗淡的阴影。

- ↔ 2.2~2.5 米
- 175~385 千克
- 常见
- 草类

非洲东部和南部

◁ 致命的决斗
为了争夺交配权，成年雄斑马之间会发起激烈斗争，如撕咬、踢踹和撞击等。这常常造成伤害，甚至会导致死亡。

◁ "人多势众"
斑马的视觉和听觉绝佳，嗅觉敏锐，这些都有助于它们侦测捕食者。群居生活意味着更多的斑马一起协作，"人多势众"，更加安全。

前额上长有白色的横条纹

肯尼亚绿猴
Chlorocebus pygerythrus

肯尼亚绿猴是非洲分布最广泛的猴子,可以在各种环境下生存。它们在不同的栖息地中出没,从海平面到海拔 4500 米,从半沙漠到沼泽,然而它们最喜欢靠近河边的灌木丛。肯尼亚绿猴吃植物的每个部分,从根到果实,它们也吃昆虫、蜥蜴、卵和小型哺乳动物。它们还喜食人类种植的红薯和香蕉,因此经常与种植者发生冲突。

团结取胜

肯尼亚绿猴是高度群居的物种,它们成群结队地迁徙、觅食、饮水、梳毛及休息,小群约 7 只,大群多达 75 只。成年雌猴领导猴群,还有少量的雄猴(有它们自己的等级制度)和青少年个体。雌猴一生都与猴群共同生活,而雄猴在 5 岁左右会三三两两地离开,以免遭到地位更高的雌猴袭击。雄猴多数会在交配季节(4~6月)离开,因为此时领头的雌猴攻击它们的可能性会较小。

> 对于不同的敌人,肯尼亚绿猴会发出不同的警告声。

- ↔ 35~66厘米
- ⚖ 3.2~7.7千克
- ⊗ 常见
- 🍴 植物、昆虫和蜥蜴

非洲东部和南部

△ **如刀般锋利**
成年雄猴的犬齿比雌性长。它们会展示牙齿,并将其当作一种武器。

◁ **等级继承制**
地位高的雌猴拥有最好的东西,从食物到休息的树木。它们的后代会继承这一地位。

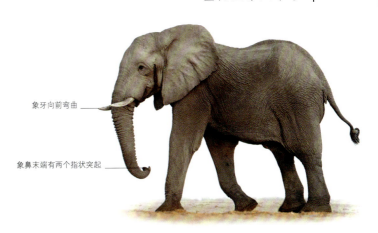

象牙向前弯曲

象鼻末端有两个指状突起

非洲草原象
Loxodonta africana

非洲草原象是世界上最大的陆栖动物。它们能够在茂密植被中开辟小径，清除灌木，挖掘水坑。它们也能帮助森林再生，因为它们会将所吃的果实的种子排泄出来——很多树木依靠它们生存。

由于世界人口不断增加，大象的领地急剧缩小。不到一个世纪以前，在非洲四处游荡的大象多达 300 万~500 万头，但如今只剩下大约 47 万~69 万头，而且仅分布在撒哈拉以南的小块区域。由于狩猎和非法偷猎象牙，每年死亡的大象比出生的数量还多。

复杂的骨骼

非洲草原象的头部重达 500 千克，它们的大脑比任何其他陆栖动物都大——大概是人类脑容量的 4 倍。象鼻是上唇和鼻子的融合体——里面竟然有大约 4 万块肌肉。象鼻既灵活又有力，不仅能够摘下葡萄大小的果实，又不造成任何损坏，还能抛起直径 30 厘米的粗树干。非洲草原象的鼻子不仅用来呼吸，还能用来闻味道、觅食及饮水，甚至触摸东西、拥抱家庭成员。它们巨大的耳朵上布满血管，可以发散多余的热量。象牙既可用于撕扯树皮和树枝，也能起到防御作用。无论是雌性还是雄性，非洲象都长有象牙，只不过雌性的象牙较短。

象群以家庭为单位，具有高度的社会性，由雌性统治，领头的"女族长"带领着拥有血缘关系的雌象、雄性亚成体和幼象。幼象要依靠母亲生活 8~10 年，学习生存之道，比如在哪里喝水、吃什么食物等。雌象会一直留在它们出生的象群中，而大多数雄象在 14 岁左右离开，加入到单身雄象群中，到交配期间才会回到群体中。

大象非常善于沟通，它们交流时发出的声音从高亢的"吱吱"声到低频的"隆隆"声都有。"隆隆"声在空气中可传播到 3 千米以外，而在地面上传播距离则 3 倍于此。大象通过足和鼻来感知这些振动。

大象会关心、帮助受伤的亲属。

▷ **沐浴提神**
饮水后沐浴是一种常见的行为。大象经常用象鼻给自己或是同伴喷水。

◁ **强有力的长牙动物**
长着巨大象牙的成年雄性非洲草原象是可怕的对手，其奔跑速度可达到 40 千米/时。

- 4~5 米
- 4000~7000 千克
- 易危
- 草类、果实和花

非洲撒哈拉以南地区

黑头群织雀

Pseudonigrita cabanisi

独特的白色喙

黑色的尾巴

顾名思义，黑头群织雀是一种小巧玲珑、整洁漂亮的鸟。黑色的头顶、红色的眼睛及白色的喙构成了它们独一无二的外表。和所有织雀一样，它们也有筑巢的习惯，只是其他织雀所筑的巢穴结构精巧，而黑头群织雀所筑的巢穴显得很粗糙，像半成品。织雀是一类喜欢群居的鸟，黑头群织雀也不例外。在繁殖期，它们常数对在同一棵树上筑巢，而在非繁殖期，有时多达60对。它们常常会四处流浪。黑头群织雀对社交活动的需求似乎非常强烈。鸟群中的鸟经常肩并肩挤在一起，有时会彼此梳理羽毛。

分布范围受限

黑头群织雀是一种分布范围很小的鸟类，仅出现在东非的一小块区域，零散地分布在肯尼亚和坦桑尼亚境内。它们栖息在地势低洼的平原地带，气候干燥且荆棘丛生。基本上黑头群织雀出没的地方，都是这种类似的生境。成群的黑头群织雀在地面觅食，以种子和少量的蚱蜢为生。一旦被惊扰，它们就会像箭一般冲向树顶。很多狩猎旅行者对它们非常熟悉，不过在国家公园或自然保护区内，它们却经常被冷眼相待，因为有魅力的大型动物通常是最受关注的。

建筑专家

在繁殖期时，雄鸟会在筑巢的树上拍击翅膀，发出微弱的"嗡嗡"声。然而，"求爱"行动常常很容易被忽视。金合欢树枝叶茂盛，黑头群织雀的巢穴常挂在垂下的长枝条末端。织雀夫妇常常会给巢穴"添砖加瓦"，巢穴是它们的栖息之所。新的巢穴建在纤细的拱形嫩枝上，并且向外延伸形成筒状结构，底部有一个入口。最终，重重的巢穴会将嫩枝往下拉，筒状巢穴的上端就被关闭了。黑头群织雀最多可产4枚卵，但人们对其幼鸟知之甚少。

一个大型巢穴可能由9000多根草茎搭建而成。

▷ **在巢穴中**
黑头群织雀将长长的草茎筑成圆锥形的巢穴，巢穴中没有任何填充物。平时巢穴有两个入口，而在繁殖期，其中一个入口会被关闭。

◁ **筑巢树**
空旷区域上的树常常会成为鸟群的繁殖基地，其中最大的一棵树上黑头群织雀建造了60个巢穴。

- 平均13厘米
- 18~24克
- 局部常见
- 种子

非洲东部

红嘴弯嘴犀鸟
Tockus erythrorhynchus

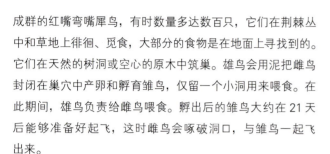
鲜艳的喙可以吸引伴侣
长长的尾巴

成群的红嘴弯嘴犀鸟，有时数量多达数百只，它们在荆棘丛中和草地上徘徊、觅食，大部分的食物是在地面上寻找到的。它们在天然的树洞或空心的原木中筑巢。雄鸟会用泥把雌鸟封闭在巢穴中产卵和孵育雏鸟，仅留一个小洞用来喂食。在此期间，雄鸟负责给雌鸟喂食。孵出后的雏鸟大约在21天后能够准备好起飞，这时雌鸟会啄破洞口，与雏鸟一起飞出来。

- ↔ 40~48厘米
- ⚖ 100~225克
- ⊗ 常见
- 🍴 昆虫和种子
- 🏠
- 📍 非洲撒哈拉沙漠以南地区

◁ **振翅——滑翔**
红嘴弯嘴犀鸟白天在地面觅食，但在夜间会飞回树丛中休息。

盔顶珠鸡
Numida meleagris

小小的头部
大而圆的身体

盔顶珠鸡在灌木丛生的热带草原上很常见，它们头部长有骨质盔状突起，因此而得名。饮用水源、能够藏身的茂密灌丛和可供夜晚休息的树木都是它们得以生存下来所必需的。盔顶珠鸡以植物的种子和嫩枝为食，当食物充足时，它们也喜欢吃蝗虫和白蚁。

- ↔ 53~63厘米
- ⚖ 1~1.5千克
- ⊗ 常见
- 🍴 种子、嫩枝和昆虫
- 🏠
- 📍 非洲撒哈拉沙漠以南地区

▷ **突然逃开**
盔顶珠鸡平时喜欢集结大群，在开阔地带四处游荡。若遇到危险，它们宁愿奔逃，也不愿飞离。

蛇鹫
Sagittarius serpentarius

蛇鹫的双腿极其修长挺拔，经常在长满青草的平原上优雅踱步，头部来回摆动。它们主要捕食啮齿动物、蝗虫等，也会吃一切能捕捉到的东西。被有厚鳞的修长双腿可以使其免遭蛇类的袭击，即便是致命的眼镜蛇，也很难伤害到它们。每对蛇鹫夫妇把自己的巢周围50平方千米划为自己的领地，不允许其他具有竞争性的鸟类踏入半步。如果发现一个入侵者，它们就会不停地跳跃并用脚踢踹着驱赶访客。

- ↔ 1.3~1.5厘米
- ⚖ 平均4千克
- ⊗ 易危
- 🍴 啮齿动物和蝗虫
- 🏠

非洲撒哈拉沙漠以南地区

头顶冠羽
双腿长而有力

△ **四处觅蛇**
蛇鹫在开阔的草原上昂首阔步，四处寻找猎物，甚至包括毒蛇。

紫胸佛法僧
Coracias caudatus

在一年中的不同时期，我们会在非洲大陆上见到几种外形相似的佛法僧科鸟类，可以通过它们的尾巴形状和羽毛颜色的细微差别来区分。紫胸佛法僧与蓝头佛法僧一样，长有长长的尾羽，而淡紫色的羽毛是其主要特征。紫胸佛法僧喜欢灌木丛生的热带草原和开阔林地，主要栖息在树上。它们是一种领地意识很强、非常好斗的鸟。

繁殖期后亲鸟离巢

紫胸佛法僧将巢穴建在天然的树洞或白蚁蚁穴的空洞里，而且巢穴里没有任何填充物。父母双方一起孵卵，18天后雏鸟破壳而出。35天的幼鸟就可以飞翔了。虽然紫胸佛法僧不迁徙，但是繁殖期过后它们会离开巢穴，单独或成对地寻找可以捕食的领地。佛法僧既是多面手，也是机会主义捕食者。它们会俯冲到地面捕食大型昆虫、蝎子、蜈蚣和小型爬行动物，偶尔也会捕食小鸟。

◁ **绚丽多彩**
佛法僧羽毛顶端的颜色较为黯淡，但磨损后却变得鲜艳起来。一旦它们展开双翼，就会显露出光彩夺目的鲜艳羽色。

胸部羽毛呈淡紫色

- ↔ 32~36厘米
- 104~135克
- ✗ 常见
- 昆虫、蝎子和蜥蜴

展开的双翼极为鲜艳

非洲东部、中部和南部

黑曼巴蛇
Dendroaspis polylepis

流线型的身体，上面长有光滑的鳞片

黑曼巴蛇身体强壮，行动敏捷，是非洲最长的毒蛇，也是仅次于眼镜王蛇的世界第二长的毒蛇。它们能够快速爬行——通常是为了躲避危险，而不是追捕猎物——速度可达14千米/时，可能会超过20千米/时。黑曼巴蛇的体色主要有草绿色、绿色或棕色，有的个体身上长有浅色的条纹。

非洲最致命的毒蛇

黑曼巴蛇适应能力强，能四处藏匿，从岩石山丘到海岸灌木丛。它们晚上在白蚁蚁穴、小型哺乳动物的地洞、树洞或岩石缝隙里休息。白天，黑曼巴蛇潜伏在隐蔽处，猛扑向经过此处的猎物。它们的嘴巴上部长有两颗固定的带沟槽的毒牙，可以注射毒液——足以在30秒内致人死亡。在对付小型猎物时，黑曼巴蛇会一直咬住不放，长达几分钟，直到它们有丧失生命的迹象。如果猎物较大，它们攻击完猎物后会任其逃跑，直到毒液发挥作用。黑曼巴蛇擅长攀爬，可以捕食筑巢的鸟和松鼠。一旦遭到威胁，它们就会竖起前半身，像眼镜蛇一样展开颈部，张开大嘴，发出"咝咝"声。

- ↔ 2.5~3.5米
- 最重2千克
- ✗ 常见
- 小型哺乳动物和鸟类

非洲东部和南部

◁ **乌黑的口腔**
黑曼巴蛇张开大嘴，直立舌头，露出毒牙的齿尖，并发出"咝咝"声——它的口腔是黑色的，黑曼巴蛇也因此得名。

刚果盆地
非洲墨绿的心脏

刚果盆地是由冰川开凿而成的巨大洼地，面积与欧洲相当。该区域每年降水量约 2000 毫米，最终都会汇入世界第二大河流刚果河。这条河不仅确定了整个地区的特征，同时也是一道天然的生态屏障，将许多物种沿着刚果河形成了生殖隔离——如黑猩猩生活在河岸右侧，而倭黑猩猩仅生活在河岸左侧。

濒临威胁的富饶

刚果盆地上生长着 1 万多种植物，其中大约三分之一的物种是这里的特有种。这里还生活着 1000 多种鸟类，已知的淡水鱼类有 700 多种。每隔一段时间，人们就会在此发现新的物种，包括一些近期才为人所知的大型动物。1901 年，獾狮狓首次被发现，接着 1929 年倭黑猩猩第一次被确定为独立物种，而森林象直到 2001 年才被发现。

除了大量的野生动植物，早在 2 万多年前，刚果盆地上就有人类生存，如今这片土地养育了 750 万人。毫无疑问，这片尚未被开发的热带雨林中拥有很多新的物种，但随着人口的不断增长，许多物种很可能还未被人类发现就已灭绝。这主要归咎于将土地用于发展农业、开采石油和矿物、伐木以及野生动物肉制品买卖所引发的偷猎。

适应性强的林羚

夜间，林羚走出森林，在潮湿的草地和沼泽之间觅食。它们长了两对能够呈"八"字形张开的蹄子，关节非常灵活、柔韧，可以在被水淹没的地面上行走而不会下沉。林羚是高超的游泳健将，会潜在水中躲避捕食者。

核心问题

倭黑猩猩，又称侏儒黑猩猩，是一种高度社会化的猿类，以水果为食。由于栖息地的丧失和捕猎，它们处于濒危之中。倭黑猩猩面临的威胁影响了整个生态系统：许多树木的种子如果不经过倭黑猩猩的肠道，就不能发芽。

药树

非洲桂樱遍布刚果盆地的山地森林。它的树皮作为一种非洲传统医药，用于治疗从胸痛到精神方面的多种疾病。同时，它也有望被用于治疗癌症。

刚果盆地的森林茂盛，只有 1% 的阳光可以照射到地面。

刚果盆地 | 209

自信之跃

黑疣猴栖息在森林的高处林冠层，但对于依靠抓握树枝生存的动物而言，它们的拇指太小了。据研究，在树枝之间跳跃时，这种退化为疣的拇指可以减少黑疣猴受伤的风险。

盐之地

森林中偶尔出现的天然空地和沼泽，通常覆盖着潮湿的草地和沼泽。这些草地和沼泽富含重要的矿物质，吸引各种野生动物。森林象会挖土，甚至潜到水下去寻找含盐量最高的沉积物。

生命之水

刚果河中的鱼类资源比非洲其他任何河流的都要丰富，已知的鱼类大约有 700 种，其中很多物种在地球上其他的地方都未曾发现过。刚果河中的长颌鱼可以利用电场感知周围环境，巨狗脂鲤的牙齿可以长到 2.5 厘米。地球上最大的淡水河豚也生活在刚果河中。

> 900 多种蝴蝶在此生活

> 据统计，刚果盆地的树木储存了地球 8% 的碳总量

地理位置

位于非洲中部，几内亚湾和非洲几大大湖之间，大部分地区在刚果民主共和国及邻国境内。

气候

刚果盆地极其炎热潮湿，白天，全年平均气温达到 21℃～27℃。由于降雨频繁，湿度极少低于 80%，降雨高峰时期为春秋两季，尤其是秋季。

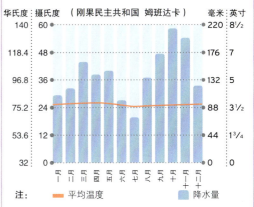

（刚果民主共和国 姆班达卡）

注： ── 平均温度 　▮ 降水量

刚果居民

刚果民主共和国是 250 多个民族的家园。现代采集狩猎者的生活习惯——如半游牧的巴雅卡人和俾格米人（又称尼格利罗人）要求小群族民一直生活在这片土地上。他们用森林产品与定居的族群交换其种植的农产品。

黑猩猩
Pan troglodytes

脸部裸露的皮肤随着年龄增长而变黑

上肢比下肢长

脚也能够抓握

黑猩猩是现存的与我们人类亲缘关系最近的物种。它们属于类人猿，很多特征与人类相同，如发达的大脑、丰富的面部表情、眼睛上方突出的眉骨和长有对生拇指的灵巧双手。它们也有着与人类相似的生理特征——老了会秃顶，会得关节炎，并且也会感染人类的多种疾病。它们也表现出许多类似人类的行为，如直立行走和玩耍。

黑猩猩的基因与人类的有 98.5% 的相似之处。

制作和使用工具

黑猩猩集群生活，每群由 35 名成员组成，有的特大的族群可能有 150 名成员。它们白天非常活跃，会花一半的时间在森林中觅食。据悉，有些种类的黑猩猩会吃 200 多种食物。晚上，它们会在树顶的巢中休息。

英国灵长类动物学家珍妮·古道尔对坦桑尼亚的贡贝溪自然保护区进行了研究，发现黑猩猩会联合起来一起捕捉其他灵长动物，主要是疣猴。雄黑猩猩在捕猎中起主导作用，会把获得的猎物分享给群内成员。古道尔也是第一个记录黑猩猩使用工具的人——它们以石头为砧板砸开坚果，将树叶高高举起当作雨伞，并用棍子去掏树干中的白蚁或蜂巢里的蜂蜜。

雌黑猩猩在 7～8 岁达到性成熟，但是到 13～14 岁才会诞下第一只幼崽，这要经过 8 个月妊娠期。小黑猩猩依赖它的母亲，晚上和母亲睡在一个巢穴里，有的到四五岁才断奶。小黑猩猩会观察年长的同类，学习使用工具和其他复杂的行为。如果食物充足，黑猩猩全年都可以繁殖。

支离破碎的栖息地

20 世纪初，黑猩猩遍布西非和中非的热带雨林。如今，由于数十年的森林砍伐，用于动物园、马戏团和医学研究的猎捕，以及野生动物贸易，使得黑猩猩的栖息地变得支离破碎。据估计，目前野生黑猩猩数量约为 20 万～30 万只，其数量仍然在持续下降。

▷ **极度聪明**
黑猩猩是仅次于人类的、最聪明的灵长动物。它们拥有面部表情、手势和发声等一套复杂的语言表达方式，在野外的寿命可达 50 年。

△ **倭黑猩猩**
倭黑猩猩，又名侏儒黑猩猩，比黑猩猩更加敏捷，会花更多的时间直立行走。它们更为珍稀，仅生活在刚果盆地，现存数量约为 3 万只。

▷ **小黑猩猩**
小黑猩猩好奇心强又爱玩，喜欢和同龄的玩伴扭打嬉戏。

- 64～94 厘米
- 30～60 千克
- 濒危
- 果实、树叶、昆虫和小型动物

非洲西部和中部

拇指对生，手能够抓握

西部大猩猩

Gorilla gorilla

过去，大猩猩总被描绘成一种凶残、危险的动物，其名声之恶劣，即使早期电影《金刚》的上映也于事无补。但事实上，它们十分聪明，性情温和，几乎是纯粹的素食主义者。西部大猩猩栖息在非洲中部的低地雨林和沼泽中，主要依靠成熟的水果、植物的嫩芽和树叶为生。它们的臼齿和巨大的下颌肌肉适合咀嚼植物。蚂蚁和白蚁是它们偶尔会吃的动物。

毫无攻击性的恐吓行为

西部大猩猩是体重最重、体格最强健的类人猿。尽管成年的雄猩猩体形庞大，但它们通过恐吓而并非武力来宣告其主权。雄猩猩一般在 11～13 岁发育成熟，其背毛逐渐变为银灰色，因此它们也被称为银背大猩猩。成年雌猩猩体形只有成年雄猩猩的一半。

通常西部大猩猩族群中由一只成年雄性猩猩担任领导者，族群内最多有 12 只成年雌猩猩及其年龄不等的后代。族群成员之间的关系非常密切，很多家族成员终生都待在一起。

由于森林砍伐、"丛林肉"贸易的非法狩猎以及诸如埃博拉病毒等对人类和类人猿都会产生影响的一些疾病，西部大猩猩现在也面临着危机。

△ **离不开妈妈的小猩猩**
小猩猩需要被妈妈照顾 3～5 年才能独立生活。雌性大猩猩是哺乳期最长的哺乳动物之一。

△ **宣示主权**
领头的雄猩猩通常会通过直立行走、露出尖牙、投掷植被以及用双手捶打自己宽阔的胸膛来显示自己的地位。

◁ **四处奔波**
大猩猩一般四脚着地前行。为了寻找食物，它们每天平均要走 2 千米。小猩猩会骑在母亲的背上，或紧紧抓住母亲的腹部。

西部大猩猩以100多种植物的果实为生。

- ↔ 1.3~1.7米
- ⚖ 57~190千克
- ⊗ 极危
- 🍴 水果、树叶、种子和蚂蚁
- 🏠

非洲中部

地位较低的雄性口鼻颜色较浅

山魈

Mandrillus sphinx

山魈结群栖息在热带森林，常常在林间草地上活动。它们在地面或树丛中寻找赖以生存的水果和昆虫，不过偶尔也会吃一些小型脊柱动物。山魈种群通常有数百只，多的能达到1000多只，包括成年雌山魈及其幼崽。除了交配季节，雄山魈喜欢独居。

大小和颜色

山魈性别不同，外形也各异：除了彩色的脸颊和黄色的胡子，雄山魈首领的生殖器官和臀部的颜色极其艳丽，有蓝色、红色、粉色和紫色等。占有统治地位的雄山魈的体形差不多是雌山魈的两倍。雌山魈发情时，生殖器官周围的皮肤会变得红肿。

- ↔ 55~110厘米
- ⚖ 11~33千克
- ⊗ 易危
- 🍴 水果、鸟卵和小型动物
- 🏠

非洲中西部

橄榄灰色的厚密皮毛

▷ **一张令人难忘的脸**
身为首领的雄山魈是世界上最色彩斑斓的猴子。它们的脸部极其引人注目，从鼻子到吻部周围为红色，鼻子两侧布满了蓝色的褶皱。它们的牙齿长而尖锐。

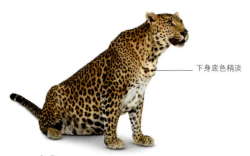

下身底色稍淡

豹

Panthera pardus

- ↔ 0.9~1.9米
- ⚖ 37~90千克
- ⊗ 近危
- 🍖 鱼类、鸟类和哺乳动物

非洲和亚洲

豹又称花豹、金钱豹、非洲豹，是大型猫科动物中体形较小但最强壮的攀爬高手之一。因其身上长有"玫瑰花环"斑纹而出名，每块斑纹的形状都不尽相同。有的斑纹中心处是浅色的，而有的是实心斑点。但无论是从热带雨林到沙漠，还是从非洲到喜马拉雅山脉的各种栖息地，这些斑点都可以为这种捕食者提供伪装。

夜间捕食者

除繁殖季节外，豹喜独居，常在夜间活动。与所有猫科动物一样，它们的眼睛后面有一层名为反光膜的膜，可以反射双倍光线到视网膜中，因此豹拥有极佳的夜视能力。它们以鱼类、鸟类、爬行动物和哺乳动物为食，常猎捕羚羊、野猪、狒狒等，也吃腐肉。豹体格强健，捕食时会偷偷跟踪猎物，突然猛扑过去，使猎物因窒息而死亡。它们能够将重达125千克的长颈鹿尸体拖到树上。

每只豹都拥有自己的领地，其领地范围会与附近其他豹的领地相互重叠。雌豹一次会产下两三只灰色的幼崽，将其安置在不同的洞穴中以躲避捕食者。长到6～8周大时，幼崽会离开洞穴，开始吃固体食物。在开始的两年里，幼崽会一直待在母亲的身边。

豹能够捕捉体重为其10倍的猎物。

△ **舒适自在**
豹觉得待在树上很舒适，它们经常将猎物的尸体拖到树枝上，以保证食物的安全，避免遭到狮及鬣狗等食腐动物的掠夺。

▷ **嘴巴大张**
豹的长犬齿可用来刺穿和咬紧猎物。粗糙的舌头可以刮食骨头上的残肉，也可用来理毛。

红河猪
Potamochoerus porcus

红河猪是体形较小的非洲野猪,它们的耳朵上长有白色的毛簇,皮毛为红色,与狐狸相似。头顶至背上有一条白色的脊背线,这些特征使得它们非常容易被辨识出来。虽然红河猪体形不大,但力量却不小。它们体健力猛,头部呈楔形,可以挖开最坚硬的土地,寻找植物的根、块茎和其他食物。

夜间觅食者

红河猪夜间活跃,是强壮的游泳健将,它们既可在陆地上觅食,也可在水中觅食。白天,红河猪经常成群结队地在洞穴或灌木丛中休息。它们会对农作物造成严重破坏,因此经常与人类——它们主要的敌人发生冲突。

- ↔ 1~1.5米
- ⚖ 46~130千克
- ⊗ 无危
- 🍴 植物的根和块茎、草以及蜗牛

非洲西部到中部

耳朵尖长,端部长有白色毛簇

一旦受到威胁,它们脸部的毛会立起来,变得蓬松,使得红河猪看上去更庞大、更令人生畏

▷ **族群首领**
不论性别,红河猪都长有獠牙,只有雄性红河猪的眼睛下方长有疣。

树穿山甲
Manis tricuspis

树穿山甲身披由角蛋白构成的层层鳞甲,而这种角蛋白也存在于毛发和指(趾)甲中。一旦遭遇危险,这些穴居的哺乳动物就会团成球状,以保护其身体下部——它们全身上下唯一没有覆盖鳞片的部位。树穿山甲主要以白蚁为食,偶尔也会吃蚂蚁,它们用自己长而有力且带有黏性的舌头收集昆虫。进食时,它们的鼻孔和耳朵可以紧闭,以防被蜇或咬到。树穿山甲没有牙齿,嘴里有特殊的肌肉,可以将昆虫吸入嘴中。树穿山甲的胃里有角蛋白棘刺,它们也会吞下一些石头来磨碎食物,以便消化。

- ↔ 25~43厘米
- ⚖ 1.6~3千克
- ⊗ 近危
- 🍴 白蚁和蚂蚁

非洲西部到中部

◁ **第5条腿**
树穿山甲的尾长而有力,因此它们可以借助尾巴在树上活动。

獾狐狓

Okapia johnstoni

作为长颈鹿的近亲，獾狐狓过着独居的生活，常常沿着熟悉的小道在茂密的丛林中穿行。它们长长的舌头像长颈鹿的一样灵活，可以从树枝上扯下嫩叶。在春天雨季结束时，獾狐狓便开始四处寻找配偶。虽然成年獾狐狓平时很安静，但在求偶期，它们会发出轻柔的咳嗽声以吸引异性。妊娠期长达14个月，随后，幼兽会在8～10月诞生。

雄兽有短角

被毛很短且光滑

- 2～2.1米
- 180～320千克
- 濒危
- 树叶
- 非洲中部

◁ **独特的条纹**

獾狐狓的臀部和腿部长有水平的黑白条纹。据说当它们在茂密的丛林间穿行时，这些条纹可以帮助幼兽跟紧自己的母亲。

环颈直嘴太阳鸟

Anthreptes collaris

环颈直嘴太阳鸟常常在藤蔓缠绕的花间和森林边缘的灌木丛中飞舞。它们如同耍杂技一样在蜘蛛网、枯树叶和植物间搜寻任何可以吃的食物。它们将植物纤维、腐烂的树叶及苔藓与蜘蛛网编织成袋状的巢。悬挂在树上的巢可以容纳2枚卵，这些卵在12天后孵化。

▷ **食性复杂**

环颈直嘴太阳鸟的喙小而尖锐，便于更好地进食多种食物。它们主要以昆虫、蜘蛛和蜗牛为食，也吃植物的果实和种子。比起花蜜来，它们更喜欢吃花朵。

具有金属光泽的绿色羽毛

- 平均10厘米
- 6～10克
- 常见
- 昆虫、蜘蛛、蜗牛、果实和花朵
- 非洲

帝王蝎

Pandinus imperator

帝王蝎这种看起来非常可怕的生物是世界上体形最大的蝎子之一，还有一种蝎子的体形比它们更细更长。它们具有一对巨大的触肢和灵活的蝎尾。蝎尾通常向上卷起，高高越过身体，时刻准备着向敌人展示尾端末节的毒针。不过，这种蝎子并没有因为体形大而更致命——它们的毒性甚至不如一些较小的蝎子那么强。人类被它们蜇伤后会感到疼痛，但几乎不会产生任何副作用。帝王蝎大多凭借强有力的触肢来捕猎，而毒液多用于自卫或麻痹猎物。

探路

帝王蝎是夜行动物，但是其视力不佳。它们的两只触肢和腿部都长有密密的毛簇。这些毛簇可在黑暗中感知猎物引起的空气流动。此外，它们的身体下方长有梳子状的栉状器，可以感知猎物在地面上活动时所产生的震动。交配时，帝王蝎会跳起"求偶舞蹈"，雄蝎会将精荚放到一块平地上，然后拉着雌蝎的触肢，经过一阵推拉，将精荚插入雌蝎的体内。7～9个月后，雌蝎会直接产下9～32只白色的幼蝎。

螯肢分节，其中一节为不动指，一节为可动指，配合起来以便抓握

- 平均20厘米
- 不详
- 节肢动物、老鼠和蜥蜴

非洲西部到中部

刚果盆地 | 217

◁ **安全之旅**
幼蝎出生后会待在母亲的背上，在它们尚未完成第一次蜕皮、长出颜色更深的外骨骼之前，都会受到母亲的保护。

▽ **液体喂食器**
蝎子的口器不能咀嚼，因此需要借助螯肢将猎物撕成小块。它体内的特殊腔体能分泌消化酶，能够将食物液化。

步足

螯肢（口器前面一对钳状的附肢）

触肢

帝王蝎的求偶舞蹈可能会持续几个小时。

奥卡万戈三角洲

非洲南部沙漠上的湿地明珠

三角洲因其呈三角形而得名,其形状像希腊字母中的"Δ"。许多河流在靠近入海口的地方沉积了大量的泥沙,大多数三角洲也形成于此,但位于博茨瓦纳的奥卡万戈河却被描述为"永远找不到海洋的河"。这是因为,奥卡万戈河注入卡拉哈迪沙漠中的一个洼地,呈扇形向四周扩散,形成了非洲最大的绿洲——一个集永久的季节性沼泽、芦苇滩、森林和草原为一体的生态系统。由于河道被沙子、淤泥和植被堵塞,流速缓慢的河水逆流而上,不得不寻找替代路线,因此河道的具体形状每年都在不停地变化。

呼吸的空间

奥卡万戈三角洲中有很多永久性湿地,湿地中的水体大多都缺氧,因此这里的鱼类和水生无脊椎动物已适应了从空气中获取额外氧气的生活。据估计,这片湿地养育了 80 种鱼类,约为 3500 万条,而最丰富多样的陆地生物则生活在湿地的边缘地带。沼泽的四周被森林包围着,沼泽与森林之间生活着大量的鳄鱼和河马。紧接着水域被开阔的热带稀树草原所替代,大群的食草动物在此牧草,吸引了猎豹、狮、鬣狗和非洲野犬等顶级捕食者。

世界上最大的内陆三角洲之一,冬季时面积会增长 3 倍。

建筑大师

在三角洲的低洼地带,细微的变化都足以形成小块陆地,这里可以给一些动植物提供栖息地。很多类似的土丘之所以出现完全得益于白蚁的存在,白蚁的巢穴通常高出地面几米,附近通常还会长出树木,而这些树木为土壤的形成提供了所需的有机物。

巨大的白蚁土丘

约有 482 种鸟类栖息在此

斑猪

超棒的泥浆

疣猪在泥浆中打滚以保持凉爽,并给皮肤涂上了一层防护泥膜。这一过程形成的凹洞接下来有可能会被大象扩建。当降雨来临时,泥坑会迅速集满雨水,也许会变成一个永久的水坑。

三角洲中的水,97% 以上都会蒸发或渗透到地表下

猎豹草

控制洪水

纸莎草生长在洪水泛滥的地区,它们常会堵塞河道,水会流向其他地方。此外,它们可以固碳,减少水分蒸发。它们在水下的茎,为鱼类提供了养分;它们扇形的花簇则成为小鸟形的栖息地。

奥卡万戈三角洲

鱼类捕食者
对于横斑渔鸮而言，森林边缘的沼泽地是绝佳的栖息地。横斑渔鸮能用爪子抓住1~2千克重的鱼。

横斑渔鸮

沼泽占据三角洲面积的27%

是友是敌？
牛椋鸟栖息在大型食草动物的背部上，以令食草动物苦不堪言的蜱和其他皮肤寄生虫为主要食物。但是它们的服务并非完全出于善意，它们也会在这些食草动物身上的伤口处吸食鲜血。

红嘴牛椋鸟

极度濒危的黑犀和白犀已经适应了湿地的生活

天生幸存者
肺鱼同时具有鳃和肺，当它大口呼吸空气时可以吸收更多的氧，因此可以在缺氧的水域中茁壮成长。在旱季，肺鱼会钻进泥地中，把身体卷起来形成一个黏糊糊的泥茧，保存些空气和水分，使自己存活下来，直到雨季来临。

非洲肺鱼

地理位置

奥卡万戈河发源于安哥拉高地，向东南流入博茨瓦纳，并在此形成了广袤的河流三角洲地貌。

安哥拉　卡蒂马穆利洛
沙卡韦
博茨瓦纳
纳米比亚
马翁
0千米　100
0英里　100

气候

在炎热潮湿的夏季，三角洲上的降雨大多集中在奥卡万戈河下游的安哥拉地区。冬季干燥，气候较温和，不过夜间气温可能接近冰点。

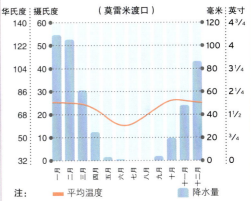

（莫雷米渡口）

注：——平均温度　　降水量

没有出口

奥卡万戈三角洲是一个内流盆地，即一个不流入大海的封闭水系。此地的降水通过河流流入低处，形成了湖泊、内海（如里海）或沼泽。没有可以到达海洋的水流路线，所有流经的水都会因蒸发或逐渐渗入地下而不断减少。

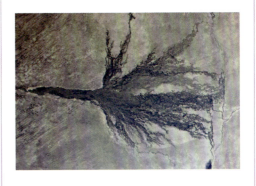

非洲水牛
Syncerus caffer

巨大而弯曲的角
相对较短的腿

非洲水牛体格庞大，与牛一样属于哺乳动物中的有蹄类，是非洲最大的食草动物之一。成年雄性大约在5岁时发育成熟，体重比雌性重三分之二。无论雌雄，非洲水牛都长有一对令人望而生畏的弯角，雄性的角几乎相交于前额，角长达1.3米。雄性水牛会通过展示自己的角来确定统治地位，即便遇到威胁，也极少用角打斗。

非洲水牛的视力很差，主要依靠敏锐的听力来发现它们的头号天敌——狮。牛群由雌性水牛、小牛和处于各个年龄段的雄性水牛组合而成。在一年中的某些特定时期，其数量可能达到数百甚至上千头。未交配的雄性水牛形成单身汉的牧群，群中成员为5～10头。

- ↔ 2.4~3.4米
- ⚖ 500~900千克
- ⊗ 常见
- 🌿 草类和树叶

非洲东南部

▽ 无水不欢
非洲水牛要吃大量的草。它们的饮食习惯会引起口渴，因此需要长途跋涉前往河边或水潭边喝水。为了消化食物，它们也会休息好几个小时。

△ 奔跑
驴羚四肢下方长有防水的皮毛，当它们跑向沼泽深处以躲避捕食者时，可以防止四肢被水浸透。

- ↔ 1.3~1.8米
- ⚖ 52~135千克
- ⊗ 局部常见
- 🌿 水生植物和草

非洲中部

▷ 霸主之争
为了争夺最好的繁殖领地，2头成年的雄驴羚会相互打斗。其他的雄驴羚饶有兴趣地在一旁观战，等待结果，而雌驴羚则头也不抬地继续吃草。

只有雄性有角，角细长且弯曲

驴羚

Kobus leche

这种中型的羚羊很少远离水源。在雨季，驴羚经常在水中觅食，啃食浮出水面的植物。一旦它们的沼泽栖息地遭到大洪水的侵袭，它们就会撤离到更高的地方，等待洪水退去。在旱季，当水位进一步下降时，驴羚不得不前往陆地觅食。不过，在炎热的季节它们必须喝一定量的水，因此常常待在水源附近。

穿越水域

水是驴羚的首道防御屏障。驴羚的蹄适于在沼泽区稳步行走。它们奔跑时伴随着跳跃，可以跨越浅水。尽管这种奔跑方式使其在陆地上显得笨拙，但是快速跨越浅水区的步态在躲避捕食者的袭击时非常有用，能够摆脱狮、非洲野犬、斑鬣狗和豹的攻击。雄驴羚对水的需求不高，而雌驴羚和幼羚多生活在离水源更近的地方。

12月到次年5月的雨季是驴羚的繁殖期。在此期间，每头成年的雄驴羚都会占据一个交配区或者求偶场。雄驴羚需要5年多的时间达到性成熟，而雌驴羚只需18个月就达到性成熟，因此雌驴羚的数量比成年雄驴羚多。有时未成年的雄驴羚会骚扰雌驴羚，雌驴羚常被带到交配区的中心位置——这也是处于统治地位的雄驴羚的领地。雌驴羚在此非常安全，因为捕食者袭击的目标是处于边缘地带的雄驴羚。8个月后，雨季即将到来时，幼羚诞生。

85% 的野外驴羚种群生活在奥卡万戈三角洲。

小犀牛正在生长的角

脚上长有3个脚趾

- ↔ 3.7~4米
- ⚖ 平均2300千克
- ⊗ 近危
- 🌾 草类
- 🏠 ⋯

非洲东部和南部

白犀

Ceratotherium simum

白犀是世界上最大的哺乳动物之一，体重仅次于大象和半水生的河马。白犀的体色比黑犀颜色更浅，不过依然是暗淡的烟灰色。白犀的名字来自荷兰语"wijd"，其含义是宽平，指这种动物的嘴唇又宽又平，不同于黑犀的尖窄嘴唇，后来被误称为"white"（白色），故称"白犀"。白犀低着头吃草，而黑犀从多刺的灌木丛上拧下树叶来吃。犀牛体形庞大，后肠内可发酵食物，因此即便它们以大量营养价值较低的青草为生，仍然可以从中获取足够的能量。

这两种犀牛都长有一前一后两只角。前面的一只角特别长，尤其是雌性犀牛。犀牛角由表皮角质形成，在一些亚洲国家被用于传统医学。为了拯救犀牛，在某些保护区中工作的自然环境保护者建议在麻醉状态下切除犀牛的角，因此偷猎者也就没有任何理由猎杀犀牛。

◁ 黑犀
黑犀比白犀体形稍小，略显圆润，长有狭窄的尖嘴唇，很好识别。

2014 年，在南非有 1000 多头犀牛被偷猎者杀害。

团体动力

白犀种群具有复杂的社会结构体系。5～6 头雌性白犀和小白犀结成小群。虽然成年雌性白犀之间的领地有所重叠，但是群体之间几乎没有接触。雌性白犀怀孕 16 个月后产下一头小犀牛，小白犀会与母亲一起生活 2～3 年。尚未发育成熟的白犀与没有小犀牛的雌性白犀结成"友谊"的族群。成年雄性白犀一般独居，除非为了守护处于孕期的雌性白犀。

雄性白犀可能会允许一两只地位较低的雄性白犀靠近自己的领地——只要它们不挑战其权威。雄性白犀通常会积极地标记其领地，它们相互用角攻击，怒吼着反抗。而对于弱势的犀牛而言，后退比掉头逃离更安全，逃跑会引发对手的追逐并用角展开猛烈攻击。成年白犀体形巨大，能够有效地避开捕食者的袭击——人类是它们唯一的敌人。健康白犀的寿命可达 45 岁。

▽ 小白犀和大白犀
雌性白犀会全力保护它们脆弱的幼崽，但是 2～3 年后，雌性白犀会在再次繁殖前将它们赶走。

非洲野犬
Lycaon pictus

- ↔ 85~140厘米
- ⚖ 18~35千克
- ⊗ 濒危
- 🍖 黑斑羚和蓝角马
- 🏠 非洲撒哈拉沙漠以南地区 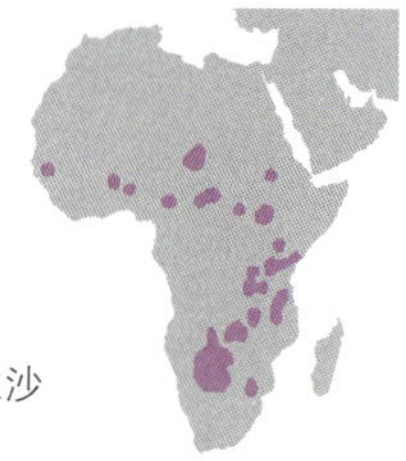

非洲野犬适应能力强，生活在非洲撒哈拉沙漠以南地区的各种栖息地中。与许多犬科成员一样，非洲野犬喜群居和合作狩猎。野犬群一般由4~9只成年非洲野犬和数只幼犬组成，其中一对成年野犬占统治地位。长大的幼犬会离开出生的种群，加入另一个族群，由此会形成新的族群——这种行为能够减少近亲繁殖。

非洲野犬群的领域面积比较广阔——一般约为750平方千米。它们主要捕食中型羚羊，如黑斑羚和汤氏瞪羚。然而，有的野犬群练就了一些特殊的技能，可以捕捉斑马和鸵鸟等各种不同的热带草原动物。由于栖息地的丧失、人类活动的影响、非法贸易，以及狂犬病、犬瘟热等疾病的传播，非洲野犬的生存也受到了威胁。犬瘟热主要是受到家犬的传染。

△ **对抗**
众所周知，蜜獾的皮毛粗糙厚实，具有强大的防御能力。如上图，尽管体形相对较小，两只蜜獾还是击退了一群野犬的袭击。

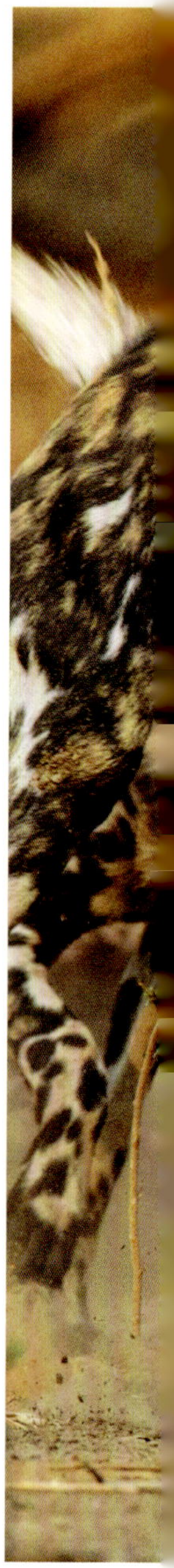

▷ **和平共处**
无论是为了统治权还是为了食物，打斗在野犬群中都非常罕见。非洲野犬依靠合作生存。

非洲雉鸻
Actophilornis africanus

- ↔ 平均30厘米
- ⚖ 150~250克
- ⊗ 常见
- 🍖 昆虫、软体动物和种子
- 🏠
- 📍 非洲撒哈拉沙漠以南地区

非洲雉鸻有长长的脚趾和锋利的爪子，能够在漂浮的水生植物上优雅地行走，但它们有时也会在游泳的河马的头顶停留。非洲雉鸻吃能从水中找到的任何昆虫、贝类等食物，也吃水生植物的种子。它从百合花中迅速抓住蜜蜂，将其浸在水中然后吞下。通常情况下，几只非洲雉鸻在同一片沼泽中捕食，但会相互保持距离，近距离呼唤和追逐都会有危险。雌雉鸻会与数只雄雉鸻交配，在巢穴中产下4枚卵。雄雉鸻需要21~26天的时间孵卵。它们还会照顾小雉鸻，遇到危险时，会将幼鸟藏在翅膀下。雄鸟孵卵时，也常把卵藏在翅膀下。

◁ **在睡莲上行走**
当脚下的睡莲叶片逐渐下沉时，雉鸻已经走到另一片睡莲叶片上，用它的喙在卷起的叶子边缘找寻蜗牛和甲虫。

红嘴奎利亚雀

Quelea quelea

红嘴奎利亚雀在非洲又被称为"长着羽毛的蝗虫",它们可能是世界上数量最多的鸟类。它们四处游荡,不是在结满籽的高草丛间,就是在种植的农作物丛中。尽管一只鸟一天大约只吃掉18克的种子,然而一个由200万只鸟组成的鸟群大约要吃掉3.6吨种子。仅在南非,每年就有1.8亿只红嘴奎利亚雀在防治虫害的过程中遭到捕杀。

红嘴奎利亚雀常结成数百万只的鸟群,仿佛滚滚的烟云。当觅食的鸟群奋勇前进时,后面的鸟不停地向前超越,轮流充当前锋。当季节性降雨来临时,处于繁殖期的鸟会在树上用草编织一个梨形吊巢。

- ↔ 平均12厘米
- ⚖ 15~30克
- ✖ 常见
- 种子和昆虫
- 非洲撒哈拉沙漠以南地区

▷ **种子破壳器**
红嘴奎利亚雀厚实的喙是夹碎种子外壳的理想工具,它们的舌头可以轻松地剥掉种子外壳。它们身体上的红色仅仅只是为了吸引潜在的伴侣。

进入成熟期的雄鸟长有厚实的红色喙

非洲剪嘴鸥
Rynchops flavirostris

尽管非洲剪嘴鸥的喙看上去像是"坏"了，但它们的喙却是一种用于捕鱼的专业工具。喙的两侧细长且呈平行排列的凹槽能够减少摩擦，因此它们细长的下喙端部浸在水中时，身体不用向前倾。非洲剪嘴鸥在荒僻裸露的沙洲上筑巢，沙洲上的气温通常高于35℃。

- 36~42厘米
- 100~200克
- 近危
- 鱼类
- 非洲撒哈拉沙漠以南地区

▽ 捕鱼
非洲剪嘴鸥的下颌一旦接触到鱼，就会触发反射机制来抓住猎物。

豹纹陆龟
Stigmochelys pardalis

这种大型陆龟喜欢生活在气候较干燥的草原及灌丛间，它们在这些栖息地上啃食草类等草本植物，也吃植物的花朵、种子和浆果。雄龟会为了争夺雌龟而互相撞击，直到一方被撞翻。雌龟一季产下6窝卵，每窝卵的数量为5~25枚，并将它们埋在地洞里。根据温度、降水量和地点的不同，卵孵化大约需要9~14个月，幼龟在5~6年后成年。豹纹陆龟的寿命极长，甚至超过100年。

- 30~70厘米
- 平均20千克
- 不详
- 草本植物、水果和种子
- 非洲东南部

▷ 复杂的图案
豹纹陆龟的背甲表面长有类似豹的玫瑰状斑纹：底色为淡黄色或棕褐色，上面有黑色斑点或条纹，深浅相套。

背甲隆起，呈半球状，上面有凸出的斑纹

前腿强劲有力，可用于挖掘

尾巴呈鞭状，可用来游泳和防卫

尼罗河巨蜥
Varanus niloticus

经过激烈的对抗，强大的尼罗河巨蜥态度器张，随时保护自己的美餐不被鳄鱼和大型猫科动物掠夺。它们的食物几乎涵盖了一切肉类，从昆虫、蜗牛、螃蟹，到鱼类、两栖动物、龟类、蛇类及小型哺乳动物，还有鸟类和爬行动物的卵以及腐肉。这种巨大的蜥蜴——也是非洲最大的蜥蜴——悄悄地跟踪猎物，然后发动闪电般的袭击。它们用钉子般的牙齿紧紧咬住猎物，扭动着肌肉发达的身体，拍打着长长的尾巴，用利爪粗暴地撕裂猎物。

尼罗河巨蜥为半水生动物，通常在流速缓慢的河流和湖泊附近出没。它们游泳技术娴熟，速度快，奔跑和攀爬也是如此。它们在河岸的裸露地带、附近的岩石或树桩上晒太阳。在气候较冷的栖息地，尼罗河巨蜥聚在公共巢穴中冬眠。

密封起来，以保安全
8~9月的雨季过后，雄性尼罗河巨蜥开始为争夺交配权而扭打。雌性尼罗河巨蜥在潮湿的白蚁丘中挖一个洞，产下多达60枚卵——这是所有蜥蜴中单窝产卵量最多的。白蚁修缮土丘后，巨蜥的卵被密封在内，因此卵可以在稳定的条件下孵化。6~9个月后卵孵化，不过这些体长约30厘米的小蜥蜴会一直待在白蚁丘中，直到新的降雨将土壤软化之后，它们就能够挖出一条出路。

一旦受到威胁，尼罗河巨蜥就会从排泄腔中喷射出一种恶臭的物质。

奥卡万戈三角洲 | **227**

- 1.8~2.3米
- 最重15千克
- 常见
- 两栖动物、鸟类和哺乳动物

非洲撒哈拉沙漠以南地区

△ **分叉的舌头**
尼罗河巨蜥长有分叉的长舌头，可用来检测周围的环境，发现猎物、腐肉，以及侦测鳄鱼和蟒蛇等捕食者是否出现。

◁ **水下家园**
尼罗河巨蜥大多数时间待在水中。它们能够在水下待大约一个小时。

卡拉哈迪沙漠
在干渴之地，生命总会找到一种方式存在

卡拉哈迪沙漠位于非洲南部，占地面积约 90 万平方千米，是干旱的稀树草原和广阔的沙丘的混合体。夏季，白天气温高达 40℃以上，由于大部分的地区在海拔 800 米以上，气温会随着海拔的升高而递减。卡拉哈迪沙漠的名字来源于当地的茨瓦纳语 "Kgalagadi"，其含义是没有水的地方。不过，尽管这里因为干旱而被称为沙漠，但卡拉哈迪所孕育的动植物远远多于真正的沙漠。

临时的绿洲

卡拉哈迪沙漠的雨季在夏季，降水量达到 100 ~ 500 毫米，部分地区的植被会变得茂盛。然而，有时一连几年滴雨不降，因此，动植物对周期性的干旱非常适应。例如，在干燥的热带稀树草原上，许多植物长有坚韧、多汁的针状叶，可以储存水分，植物还能将水储存于根部、块茎、茎和巨大且富含水分的果实中，如西瓜和黄瓜。

这里生活着各种各样的动物，包括大型食草动物，如羚羊和大象；食肉动物，如狮、猎豹、豹、鬣狗、野犬和猛禽。还有其他特有的动物物种，包括非洲食蚁兽、鸵鸟和细尾獴。近年来，由于使用了围栏，大型食草动物的活动受到了限制，野生食肉动物也遭到了养殖农户的迫害。

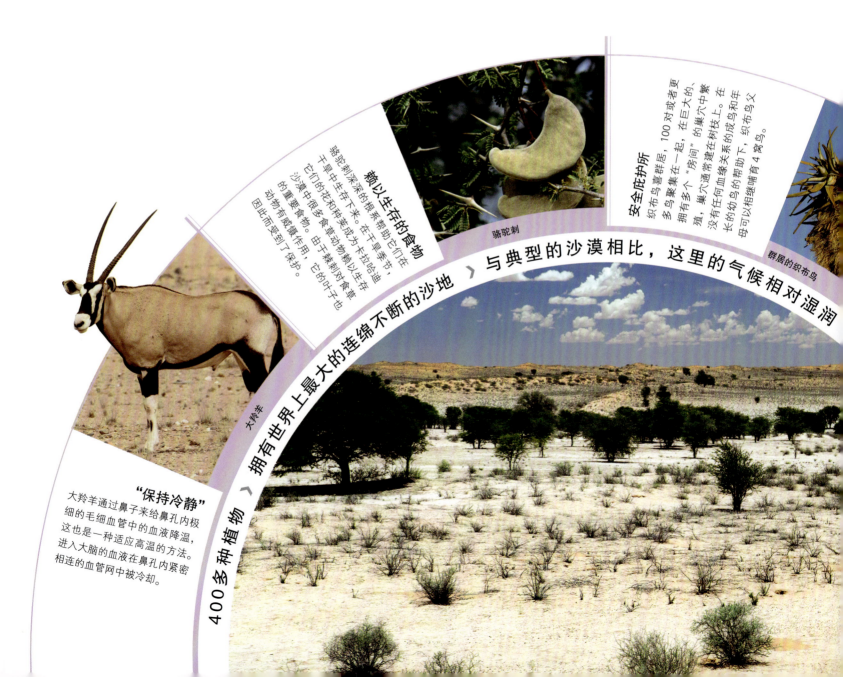

"保持冷静"
大羚羊通过鼻子来给鼻孔内极细的毛细血管中的血液降温，这也是一种适应高温的方法。进入大脑的血液在鼻孔内紧密相连的血管网中被冷却。

大羚羊

赖以生存的食物
骆驼刺深深的根系帮助它们在干旱中生存下来。在干旱季节，它们的花和种荚成为卡拉哈迪沙漠中很多食草动物赖以生存的重要食物。由于骆驼刺对食草动物有威慑作用，它的叶子也因此而受到了保护。

骆驼刺

安全庇护所
织布鸟喜群居，100 对或者更多鸟聚集在一起，拥有多个巢穴通常建在巨大的、没有任何血缘关系的成鸟和年长的幼鸟的帮助下，织布鸟父母可以相继哺育 4 窝鸟。

群居的织布鸟

400 多种植物 › 拥有世界上最大的连绵不断的沙地 › 与典型的沙漠相比，这里的气候相对湿润

地理位置

卡拉哈迪沙漠半干旱区位于博茨瓦纳的纳米比亚,好望角北部也属于较大的卡拉哈迪盆地的一部分。

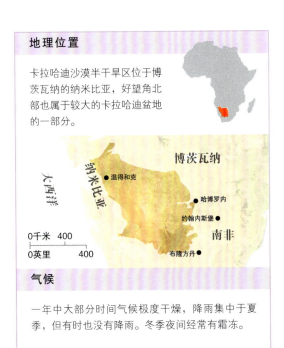

气候

一年中大部分时间气候极度干燥,降雨集中于夏季,但有时也没有降雨。冬季夜间经常有霜冻。

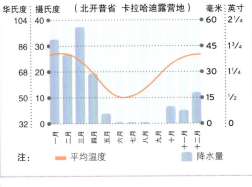

沙漠休眠者

非洲牛箱头蛙会进入休眠状态以熬过干旱,这一状态也被称为夏眠。它们将自己封闭在自己建造的"防水茧"中,埋藏在地下。它们可以在此存活10个月,直到新的降雨将其唤醒。

非洲牛箱头蛙

狞猫
Caracal caracal

前腿较短

狞猫是非洲第二大的小型猫科动物,能捕食到体形为自己3倍的猎物。它们的速度和敏捷性使其有能力追捕速度更快的动物,如野兔和小型羚羊。它的后腿修长,肌肉强劲有力,可向空中跳跃3米高,用巨大的前爪抓住飞翔的鸟。狞猫的捕猎能力令人印象深刻,而且它们容易被驯化,因此在伊朗和印度,许多狞猫被训练为猎猫。

- ↔ 0.6~1.1米
- ⚖ 6~20千克
- ✖ 常见
- 🍖 鸟类和哺乳动物

非洲、亚洲西南部

◁ **耳朵上的长毛**

狞猫的耳朵上长有黑色的长毛,能防止苍蝇骚扰,也可以在深草中伪装自己,或者用来交流。

土豚
Orycteropus afer

土豚的腿短而壮实,鼻子扁平,这一外形特征启发了南非的荷兰殖民者,给这种哺乳动物取了名字,含义为"土地之猪"。尽管它们主要捕食蚂蚁和白蚁,常常用锋利的长爪伸进蚂蚁窝,但事实上,它们与猪或食蚁兽并没有较近的亲缘关系。土豚喜独居,在夜间捕食,用长达30厘米的黏糊糊的舌头蘸取蚂蚁。成年土豚一晚能吃掉5万只蚂蚁,食物将在土豚的肌肉胃中被消化。

- ↔ 0.9~1.4米
- ⚖ 40~65千克
- ✖ 常见
- 🍖 蚂蚁和白蚁

非洲撒哈拉沙漠以南地区

巨大的双耳有助于提高听力

背部浑圆

尾粗壮,尾肌发达

◁ **超级嗅探器**

在进食时,土豚的鼻孔关闭以保护它们长长的管状口鼻,口鼻中具有特殊的骨头,能够增强嗅觉。

疣猪
Phacochoerus africanus

面部长有保护性的尖疣

尽管疣猪长得面目狰狞,但是遭遇危险时,它们通常会临阵脱逃而非积极应战。它们的腿部较长,奔跑速度可达55千米/时。不过,如果确实是走投无路,它们会用两副锋利的獠牙来保卫自己。疣猪选择逃跑合情合理——它们不仅因野生动物皮肉贸易而遭到人类的猎杀,而且还面临着狮、猎豹、鬣狗和鳄等天敌的威胁。疣猪是一种主要以草为食的猪。当它们用坚硬的口鼻啃食或翻找草类时,会"双膝跪地",因此膝关节也会长出老茧。

面部盔甲
疣猪面部的"疣"由增厚的皮肤和软骨组织构成,在搏斗时起保护作用。成年雄性疣猪的疣较大,常用于争夺交配权的竞争。疣猪是群居动物,它们常组成一个名为"发声器"的族群,主要成员为雌性疣猪和小疣猪,个体之间通过"吱吱"声、"咕哝"声和尖叫声进行交流。

- 1~1.5米
- 50~150千克
- 常见
- 草类、植物的根和小型动物

非洲撒哈拉沙漠以南地区

◁ **独居的雄性疣猪**
大约2岁时,雄性疣猪会离开出生的群体,加入到尚未交配的雄性疣猪群中。不过,成年雄性疣猪喜独居,只有在交配期,它们才会与以雌性疣猪为主体的疣猪群一起生活。

跳羚
Antidorcas hofmeyri

这种羚羊之所以取名为跳羚,是因为它在兴奋时或者遭到豹、猎豹、鬣狗及狮等捕食者的威胁时,会高高跳起。它们在空中可跳跃4米高,逃跑时速度达100千米/时。卡拉哈迪的跳羚亚种的外形和生活习性与分布在非洲东部和南部的跳羚亚种非常相似。不过,卡拉哈迪的跳羚体形稍大,较之其他亚种的栗红色皮毛,它们的皮毛呈淡棕色,并且腹部两侧的条纹更接近于黑色。这些适应性变化可能是为了帮助它们更好地与卡拉哈迪沙漠及沙漠上的稀疏植被融合在一起。

跳羚几乎全年都可以繁育后代。即将生产的时候,雌性跳羚会离开跳羚群,通常产下一只小跳羚。当外出觅食时,它们会将幼崽掩藏在灌木中,等到幼崽3~4周大的时候,再一起重新回到羚羊群中。幼崽五六个月大的时候断奶,但它们一般会一直待在母亲身边,直到母亲再次产崽才离开。

- 1.4~1.6米
- 30.5~47.5千克
- 常见
- 草类、植物的根和块茎

非洲南部

▷ **勇往直前**
跳羚一年中大部分时间都待在同性羚羊群中。雄性跳羚群会四处奔走。任何掉队的羚羊都更容易遭到捕食者的袭击。

南非豪猪
Hystrix africaeaustralis

南非豪猪竖起长刺使自己看起来更大

这种令人印象深刻的啮齿动物具有非常极端的防御措施。它们的背部长有尖尖的中空的长棘刺，长约 30 厘米。如果遭遇危险，南非豪猪会竖起棘刺，仿佛身披一件黑白相间的斗篷，同时会跺脚并转身，像拨浪鼓一样摇晃身上的棘刺。这种戏剧性的场面足以震慑大多数捕食者。刚出生的南非豪猪身上的棘刺很柔软，它们一起待在洞穴里约 2 个月，直到棘刺变硬。成年南非豪猪常成对生活在一起。

- 63~80 厘米
- 10~24 千克
- 常见
- 植物的根、茎和果实

非洲中部到南部

◁ 小心！
如果经验不足的捕食者如豹或狮的幼崽袭击豪猪，它们的爪子或脸上很有可能会布满棘刺。一旦伤口感染，它们很可能会死掉。

细尾獴
Suricata suricatta

背上长有深色的条纹

细尾獴体形很小，能够坐在人类的手掌之上。它们隶属于食肉目獴科，精力充沛，有很强的领地意识。它们是一种社会性极强的动物，每个细尾獴种群大约有 50 个成员。族群由占统治地位的雄性首领和雌性首领来领导，其他的细尾獴地位较低。在较小的族群中，雌性首领产下大部分幼崽，而雄性首领会试图阻止其他的雄性与其交配。雌性首领也会释放信息素，阻止其他雌性达到性成熟。如果这种方法不起作用，雌性首领就会攻击处于排卵期或怀孕的雌性，还会杀害它们的幼崽。在怀孕的后期，雌性首领会赶走其他的雌性以保护自己的幼崽。之后，离开的雌性细尾獴会再次回到这个族群。

聚居行为

细尾獴族群依赖合作生存，在养育幼崽的过程中，团队发挥了至关重要的作用。当雌性首领不在时，未繁育过后代的雌性也会分泌乳汁，帮忙喂养雌性首领诞下的幼崽，同时其他成员还会提醒幼崽远离捕食者，教它们觅食，保护它们，并在断奶期间给它们提供食物。

细尾獴在许多重要的方面都依赖它们的团队。一群细尾獴会在其领地中挖掘由多个通道和房间组成的洞穴网络——通常有很多入口——这是成员们晚上睡觉的地方，在白天最热时也在这里休息。早上，它们钻出洞穴，在太阳下取暖。它们花费一整天的时间觅食，轮流放哨。当族群在搜寻甲虫、蜥蜴和蝎子时，或是在挖掘可以提供水分的植物块茎和根时，哨兵细尾獴会一直防备天敌，如豺、蛇，特别是猛禽。当听到危险性警告声，家族成员会撤退到附近的一个避难所中，或者聚集在一起抵御捕食者。如果成年细尾獴受到惊吓，它们会用自己的身体保护附近的幼崽。

一个细尾獴族群的领地内可能有 1000 多个避难处。

△ **集体攻击**
细尾獴族群像一支部队一样，携手抵御捕食者。所有的成员都弓起背，竖起尾巴，发出咆哮声和嘶吼声以恐吓敌人。

▷ **老与少**
细尾獴是高度社会化的动物，父亲会积极保护幼崽。族群中未曾繁衍后代的成员也会照顾小细尾獴。

卡拉哈迪沙漠 | 233

- 19~29厘米
- 620~820克
- 常见
- 昆虫、卵和植物

非洲南部

◁ 站岗
当族群的成员们觅食时，负责放哨的细尾獴会找到一个好的观测点，侦察是否有捕食者入侵。它们经常在哨岗上一连待上几个小时，用尖叫来提醒细尾獴族群有危险。

普通鸵鸟
Struthio camelus

腿部修长,长有两个脚趾,适合短途冲刺

普通鸵鸟是世界上现存体形最大的鸟类。它们的体重太重,无法飞翔。普通鸵鸟站立时身高达2米以上,是除了长颈鹿以外最高的、视觉敏锐的生活在平原地带的动物。一只普通鸵鸟奔跑时速度能达到70千米/时,这能警示所有的捕食者它们十分危险。

雄鸵鸟发出低沉的轰响声来吸引雌鸵鸟和赶走情敌。与狮的吼叫声类似,鸵鸟"噢——噢——哦"的叫声在3千米外都能听见。

- ↔ 1.7~2.7米
- ⚖ 100~160千克
- ✖ 常见
- 🍴 植物和昆虫
- 🏠 🌵🌿

非洲西部、东部和南部

△ 选择伴侣
在繁殖的季节,面对求偶展示的雄鸵鸟,雌鸵鸟会向前弯曲脖子,向后拍击双翅,发出类似鼓掌的声音。

▽ 防御措施
身体拱起,鳞片边缘锋利,令人望而生畏。尽管犰狳蜥用嘴咬着尾巴,但随时准备啃咬,利爪也可以随时展开进攻——这些展示了犰狳蜥出色的防御机制。

它们会用强有力的下颌咬住自己的尾巴,团成环状保护自己

黄金眼镜蛇
Naja nivea

黄金眼镜蛇偏爱干燥、灌木丛生的栖息地,白天可以在那里捕食,如织布鸟的卵和尚未离巢的幼鸟。与其他眼镜蛇一样,它们长有前沟牙,平时藏在口腔中,能给猎物注射麻痹神经的毒液。早春交配之后,雌蛇会在仲夏产下10~20枚卵,通常产在啮齿动物的洞穴里或白蚁巢中。幼蛇的喉部长有独特的黑色斑块,这个斑块会随着年龄增长而逐渐消失。

◁ 坚守阵地
黄金眼镜蛇一旦受到惊吓就会竖起身体前段,展开颈部的皮褶,张开嘴发出"咝咝"声。它们的天敌有细尾獴和蛇鹫等。

- ↔ 1.2~1.4米
- ⚖ 2~3千克
- ✖ 不详
- 🍴 啮齿动物、爬行动物和鸟类
- 🏠 🌵
- 📍 非洲南部

卡拉哈迪沙漠 | 235

头部较宽，呈三角形

头部的鳞甲厚重而坚硬

犰狳蜥
Ouroborus cataphractus

犰狳蜥身体上覆盖了结实的棘状鳞，鳞片边缘非常锋利。受到威胁时，它们会习惯性地蜷起身体，外形与犰狳相似，因此这种独特的爬行动物也就有了"犰狳蜥"的名字。犰狳蜥隶属于环尾蜥科，它们的鳞片坚硬，有明显的骨板，形成环绕其身体的条纹或环带。有了这种防御装备，犰狳蜥便可以在白天自在地活动，如晒晒太阳或是在干燥的灌木丛间漫步和觅食。它们尤其喜欢吃白蚁。晚上，犰狳蜥会在岩石裂缝、空洞穴或树根之间休息。

群居的蜥蜴

犰狳蜥喜群居，它们的繁殖习性也非常特别。通常以家庭为单位，三四个家庭群居在一起，种群内个体数量达50只或更多，性别、年龄各异的犰狳蜥聚集在岩堆间休息。族群中拥有领地的雄犰狳蜥通常会负责维护其小区域内的和平，但是对于擅自闯入其领地、与其毫无血缘关系的雄犰狳蜥，它们会表现出极强的攻击性。不同于一般的爬行动物，它们是胎生的蜥蜴，每年只产下1~2只幼体。犰狳蜥通常在春季进行交配，6~7个月后诞下小蜥蜴。

背棘保护着柔软的腹部

- 16~21厘米
- 70~100克
- 易危
- 昆虫、多足动物和植物

非洲南部

马达加斯加森林
隔离进化与适应

马达加斯加岛是世界上第 4 大岛屿。早在 1.35 亿年前，它就与非洲大陆分离，岛上的动植物生物多样性极为丰富，很多为当地特有物种。这个热带岛屿的西部较干燥，自然植被主要以干燥落叶林为主，其间还点缀着些许湿地。此地大部分地区为喀斯特地貌，是一种石灰岩被溶蚀所形成的地貌，这也意味着表层水会迅速流入地下河流中。

猴面包树、狐猴和变色龙

马达加斯加有 7 种高大的猴面包树，其中的 6 种为当地特有物种，还有肉质丰厚、多刺的非洲霸王树。干燥的森林一度从沿海平原延伸到海拔 800 米处，如今大部分地带被放牧型草场所取代。现在，原始森林仅剩 3%，孕育了数百种当地特有的动植物，对全球生态具有重要意义。这些特有物种包括狐猴——仅能在马达加斯加找到的灵长动物。森林中也栖息着大量特化的食虫动物和食肉动物，还有世界上最濒危的龟类，以及世界上三分之二的变色龙物种。由于当地的传统信仰将某些物种定为禁忌，在一定程度上一些更加罕见的野生动植物受到了保护。不过，这也无法使动物免受为了获得柴薪和木炭产品而砍伐森林所带来的直接威胁，还有一些极其濒危的物种受到非法交易的伤害。

稀有的马达加斯加陆龟
这种陆龟极度濒危，成年陆龟在野外的数量仅为 200 只。它们栖息在这些石头丛的矮树丛中，以青草为食。它们的卵和幼龟会被当地的外来入侵物种猪吃掉，其个体也会因宠物贸易而被人类偷猎。

马达加斯加陆龟

"小奇迹"
侏儒变色龙体长为 44 毫米，无怪乎直到 1996 年它们才被科学界关注。它们是世界上最小的爬行动物之一，夜间在落叶层中捕猎，白天躲藏在较低矮的树枝上。

侏儒变色龙

95% 的爬行动物为特有种

"七豪杰"
马达加斯加的 7 种猴面包树是该岛的象征。在雨季，富含纤维质的树干因储满了水分而膨胀。猴面包树为落叶植物，旱季时，树叶脱落以减少水分流失。

猴面包树

猴面包树的树干可以储存 100 万升的水分

马岛獴

Cryptoprocta ferox

虽然马岛獴的外形像猫科动物,但是人们认为它的祖先是一种长得像獴的哺乳动物。马岛獴是马达加斯加岛上最大的捕食者,它们昼夜都很活跃,能够在树丛中和地面上捕食小型哺乳动物、鸟类和爬行动物。有时,它们也会偷食家禽,因此当地农民将其当作一种有害动物。

▷ 独一无二的特征

马岛獴的头部像猫科动物,嘴部似犬。它们像熊、人类一样,走路时用脚后跟着地。

- ↔ 70~80厘米
- ⚖ 5.5~8.5千克
- ⊗ 易危
- 食物:狐猴、大马岛猬和鸟类

马岛獴在树上活动时,半伸缩的利爪可提供很好的抓力

马达加斯加

地理位置

马达加斯加位于印度洋西南部,莫桑比克海峡将其与非洲大陆隔离开来。岛屿北部和西部分布着大量的干燥森林。

气候

盛行的东南风给岛屿东南的沿海地带带来大量雨水,岛屿西部地区则较为干旱少雨。

(马埃瓦塔纳纳)

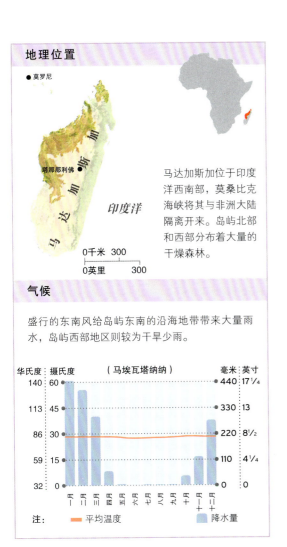

掘洞的老鼠

马岛仓鼠会挖掘地洞,它们居住的洞穴与某些兔子的相似,而这些兔子并未生活在马达加斯加岛上。这种本地啮齿动物的觅食和掘洞行为对传播植物的种子和翻松土壤发挥了重要作用。

跳鼠

贝氏倭狐猴

Microcebus berthae

贝氏倭狐猴是世界上现存的最小的灵长动物。这种喜独居的夜行性哺乳动物一生都栖息在树上,在离地面10米的高处觅食。白天,它们会进入蛰伏状态,降低体温减缓新陈代谢速度,以保存能量。

▽ 小型灵长动物

贝氏倭狐猴的四肢极为灵活,能够沿着树枝快速奔跑,通常靠突然间疾速一跃来逃脱猫头鹰或马岛獴等捕食者的魔爪。

- ↔ 9~9.5厘米
- ⚖ 平均30克
- ⊗ 濒危
- 食物:水果和树胶

马达加斯加

- ↔ 39~46厘米
- ⚖ 2.5~3.5千克
- ❌ 濒危
- 🌿 树叶、水果和花

马达加斯加南部和西南部

▷ 四处奔波

为了觅食,环尾狐猴群每天要行走6千米。觅食途中,它们会竖起像旗帜一样的尾巴,确保狐猴族群的成员不掉队。

环尾狐猴
Lemur catta

眼部长有黑色的三角形斑块

尾巴用于传递信号

环尾狐猴长有独特的黑白颜面,长长的尾部具有环状斑纹,是所有狐猴中最容易辨认的一种。它们身披密实的棕灰色皮毛,看上去就像猫和浣熊杂交的后代,常在地面上和树丛间活动。事实上,环尾狐猴隶属于灵长目,灵长目包括原猴类、猿类和人类。也就是说,与人类一样,狐猴也有指纹,视觉是其最主要的感官,嗅觉对它们也很重要。

"女权"

环尾狐猴为马达加斯加的特有物种,主要栖息在灌木丛和干燥的森林中。它们喜欢结群活动,几只雄性狐猴和雌性狐猴组成家族群生活在一起。雌性狐猴掌管狐猴群,它们能够打败雄性狐猴,获得最好的食物,并且最终决定与哪些雄性狐猴交配。在繁殖季节,雄性狐猴会进行"臭气大战"——用尾巴摩擦位于肛门和腕部的臭腺,然后摆动尾巴,把臭气散布到更远的地方。每年的4月中旬到6月是它们的交配期。8~9月,雌性狐猴产下1~2只幼崽,刚出生的幼崽体重不足100克。家族群里的雌性狐猴会共同抚养后代,通常会一起照顾一群幼崽。

阳光和社交

不同于其他大多数狐猴,环尾狐猴在早晨晒太阳,每当这时它们总会发出各种各样的声音,显露出各种脸部表情,通过这种方式进行社交。它们主要以植物为食,包括花朵,甚至是树干和树液,不过它们最喜欢的食物当数罗望子树的果实。有时候,环尾狐猴也会吃昆虫以及蜥蜴等小型脊椎动物,极少吃鸟类。

环尾狐猴的主要天敌是马岛獴——一种外形像猫的食肉动物,也是马达加斯加的特有物种。它们的天敌还有大型猛禽。不过,栖息地遭到人类破坏才是环尾狐猴和其他狐猴物种面临的最大威胁。通常,生活在野外的环尾狐猴平均寿命为16~19岁,被圈养的环尾狐猴可以活到27岁。

△ **黑白相间的领狐猴**
环尾狐猴大部分时间在地面上活动,而黑白相间的领狐猴(*Varecia variegata*)与其不同,领狐猴更喜欢待在树冠高处。

◁ **清晨的仪式**
在开始寻找一天中的第一顿"大餐"之前,环尾狐猴会端正地坐着,将腹部暴露在阳光下,让身体暖和起来。

长长的尾巴可以在跳跃时保持平衡

维氏冕狐猴

Propithecus verreauxi

维氏冕狐猴是最大的狐猴之一。它们栖息在马达加斯加南部和西南部干燥的针叶林中。维氏冕狐猴白天活动,在树上寻找食物——主要吃树叶、花朵和水果。它们从多肉植物的叶中获取水分,或舔舐它们柔软的皮毛上凝结的水珠以获得水分。

极其迅速

冒险来到地面上活动的维氏冕狐猴双脚蹦跳着穿越宽阔的空地,步态十分独特。它们的运动类型属于垂直攀附及树跳型,能够在树上及枝干间垂直攀附跳跃,在地上双足齐蹦时可以越过10米的距离。尽管巨大的手足可用于抓握,但是维氏冕狐猴极少用它们拿取食物。相反,它们将整个身体前倾,直接用嘴巴吃。雌性维氏冕狐猴在冕狐猴族群中居于统治地位。在长途行走和觅食时,冕狐猴群往往会散开,但是它们会聚集到同一棵树上休息。

维氏冕狐猴一般组成小规模的群体一起生活,其中有一只雄性维氏冕狐猴胸部有红褐色的斑块,这是由它喉部的腺体造成的,腺体可以发出气味,用于做标记。所有的冕狐猴都会用尿液来标记其领地,也会用它来给群体中的其他成员传递信号。它们还会通过叫声交流,能发出犬吠般的叫声。

与很多狐猴一样,由于人类对森林资源的过度利用和发展农业,维氏冕狐猴也面临着栖息地遭到破坏的威胁。

大约30%的维氏冕狐猴在出生的第一年被马岛獴捕食。

马达加斯加森林 | **241**

指猴
Daubentonia madagascariensis

指猴是世界上最大的夜行性灵长动物。它们能够轻而易举地找到躲藏在树皮下面的昆虫幼虫，特别是蛴螬。它们用细长的中指敲打树干，判断是否有空洞，再仔细聆听，如有虫响，就用牙齿凿开树皮，找到里面的幼虫。指猴还可利用牙齿和手指打开坚果和果壳坚硬的水果。它们喜欢独居，白天藏身在树顶由树枝搭建而成的巢中。

- 30~37厘米
- 2.4~2.6千克
- 濒危
- 昆虫幼虫、水果、坚果和菌类
- 马达加斯加西北部和东部

▷ **夜间潜行**
指猴的眼睛和耳朵很大，有助于它们夜间在黑暗的森林中观察和聆听。

大马岛猬
Setifer setosus

夜间，大马岛猬借助长胡须、嗅觉和听觉来寻找猎物。它们是攀爬高手，在树洞或地面筑巢。它们会在白天休息，降低体温，以保存能量，在寒冷的时候也会进入冬眠状态。

- 15~22厘米
- 180~270克
- 局部常见
- 蚯蚓、昆虫和水果
- 马达加斯加

▽ **以刺为盾**
与真正的刺猬一样，一旦受到威胁，大马岛猬可以蜷成一个刺球来保护自己。

- 40~48厘米
- 3~5千克
- 濒危
- 树叶、水果和花

马达加斯加西南部和南部

△ **克氏冕狐猴**
与所有冕狐猴一样，克氏冕狐猴每胎产下一只幼崽。初生的幼崽被母亲一直抱在怀中，等它们长大点就会被母亲驮在背上。

◁ **跳舞的雄猴**
穿越宽阔的空地时，维氏冕狐猴就会伸展后肢，展开前肢保持平衡，双腿齐蹿，优雅地跳起舞来。

指和趾合并为相对的两组，能像钳子一样紧紧抓握

帕达利斯避役
Furcifer pardalis

双眼可分别转动，提供360°全方位视角

△ **眼花缭乱的表演**

雄性帕达利斯避役的体色比雌性更加鲜艳。当它们与其他雄性竞争或向雌性求爱时，体色最为鲜艳；捕猎时，体色最为暗淡。

帕达利斯避役体色多变，令人印象深刻。避役科动物又称变色龙。变色现象主要受其情绪的影响，例如，当它们捍卫领地应对威胁或是向雌性求爱时就会改变体色。其他的影响因素包括温度、湿度、光度——影响程度比人们普遍认为的要小。它们在不经意间改变身体颜色，与环境的颜色保持一致以达到伪装的目的。

避役的视觉极其敏锐，可以帮助它们辨认其他个体的颜色变化，这对于捕获猎物也极为重要。两只像炮塔一样的眼睛可以独立转动，同时观察不同的方向，或者一起瞄准猎物，判断其距离和动作。然后，比身体还长的强有力的舌头能够像子弹般迅速射出，仅 0.007 秒就可以逮住猎物，再弹回口中。帕达利斯避役主要以昆虫为食，如蟋蟀和甲虫，还有蜘蛛。不过，它们也吃小型脊椎动物，如蛙、小型蜥蜴（包括其他避役）和啮齿动物。它们白天活跃，大部分时间都待在树木的低矮处或灌木丛中捕猎。晚上，它们会将尾巴紧紧地盘绕在树枝上睡觉。

俯身并晃动头部

帕达利斯避役大多数时候喜独居，雄性会向闯入其领地的对手示威，甚至与对手发生肢体冲突。不过，在每年 1～5 月的繁殖季节，处于发情期的雄性会伸展身体，晃动头部，试图给潜在的伴侣留下深刻的印象。通常雄性帕达利斯避役的大小为雌性的两倍。雌性最多可产下 6 窝卵，一共 10～50 枚，并将其埋在湿润的土壤中，孵化期约 6～12 个月。

马达加斯加森林 | 243

△ 追踪目标
发现猎物时，避役会突然射出灵活的舌头，用黏糊糊的杯状舌尖逮住猎物，然后再弹回口中。

尾巴基部粗壮有力，为雄性避役的典型特征

- ↔ 40~52厘米
- ⚖ 140~220克
- ✖ 局部常见
- 🍴 昆虫和小型脊椎动物
- 🏠🌳🌿

马达加斯加北部和东部及留尼汪岛

攀爬时，能够卷曲的尾巴可以充当第5条腿

平额叶尾守宫

头部三角形

Uroplatus henkeli

平额叶尾守宫是高超的伪装大师，头部两侧的皮肤具有褶皱，看上去就像长了胡须，增强其非凡的伪装效果。原本它们酷似蜥蜴的外形轮廓极容易辨识，然而，白天它们伏在长满苔藓和地衣的岩石或树干上休息时，整个身体仿佛与环境融为一体。夜间，它们通常在距离地面几米高的地方捕猎，主要捕食昆虫。

- ↔ 平均27厘米
- ⚖ 40~50克
- ✖ 易危
- 🍴 昆虫和贝类
- 🏠🌳🌳
- 📍 马达加斯加北部和西部

△ 具有黏性的脚趾
平额叶尾守宫的指、趾端具有黏附能力，这是壁虎科动物的典型特征。它们甚至可以粘在光滑的树叶和易碎的树皮上，这一特征可助其爬树。

番茄蛙

Dyscophus antongilii

番茄蛙的皮肤为鲜艳的橙红色，对蛇类等捕食者而言是一种警告。一旦受威胁，它们的第一道防线就是将身体膨胀，使自己看上去更大，这也可以使其难以被捕食者吞下。一旦被捕食者咬住，番茄蛙的皮肤中就会分泌出一种黏液，堵住捕食者的嘴巴，使其皮肤发炎。这种毒液会导致人类皮肤红肿，引发皮疹。

- ↔ 6~10.5厘米
- 🌧 雨季
- ✖ 近危
- 🍴 昆虫
- 🏠🌳🌿🏘
- 📍 马达加斯加北部和东部

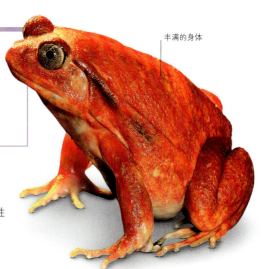
丰满的身体

▷ 红色预警
如图所示这只雌性番茄蛙比雄性体形更大，体色更鲜艳。

泰国北部

两头亚洲象在丛林中漫步,随着太阳的升起,身影变得清晰起来。大象是高度群居的哺乳动物,雌象由象群中的"女族长"带领着,与其家族成员生活在一起。

亚洲

极端之地
亚洲

亚洲幅员辽阔，是世界上面积最大的洲，约占地球陆地面积的30%。亚洲南北跨度近6500千米，北至俄罗斯西伯利亚的极地地区，穿越亚热带地区和热带地区，南达位于赤道上或赤道以南的东南亚诸岛。而中亚部分地区属大陆性气候，夏季炎热，冬季寒冷。

西伯利亚高原南部人口稀少，主要地形包括高山、高原、沙漠和草原。从地质学角度来说，亚洲南部地区要年轻得多。东亚和东南亚的板块运动产生了无数座火山岛弧，形成了环太平洋火山带的西部边缘。喜马拉雅山脉将印度次大陆同亚洲其他部分隔离开来，并对整个亚洲的气候产生了巨大影响。喜马拉雅山脉有50多座山峰海拔超过7000米，夏季时，空气越过这些山峰抵达中亚后，几乎不含任何水分。

西伯利亚冻原

靠近北极圈的冻原地带沿俄罗斯东北部海岸线延伸，这里不仅为候鸟提供了繁殖地，也为驯鹿群提供了临时家园。

特色生态区

- 阿拉伯高原 ›› 248～253页
  山地草原、沙漠灌丛
- 特莱–杜阿尔草原 ›› 254～265页
  亚热带草原
- 东喜马拉雅 ›› 266～271页
  温带阔叶林和混交林
- 长江上游森林 ›› 272～277页
  温带阔叶林和混交林
- 戈壁大沙漠 ›› 278～283页
  沙漠、灌丛
- 日本海山地林 ›› 284～291页
  温带阔叶林和混交林
- 婆罗洲雨林 ›› 292～301页
  热带、亚热带湿润阔叶林
- 苏禄–苏拉威西海 ›› 302～309页
  海底珊瑚礁

阿拉伯半岛

半岛上大部分地区为沙漠，不过位于边缘地带的山脉上分布有林地，栖息着世界上其他地方都无法见到的植物和鸟类。

季风气候

印度和东南亚属季风气候。夏季，陆地比海洋温暖，暖气流上升形成了低压系统，吸收了来自海洋的冷湿空气，并产生降雨。冬季，海洋比陆地温暖，因此气流运动正好相反，形成了旱季。

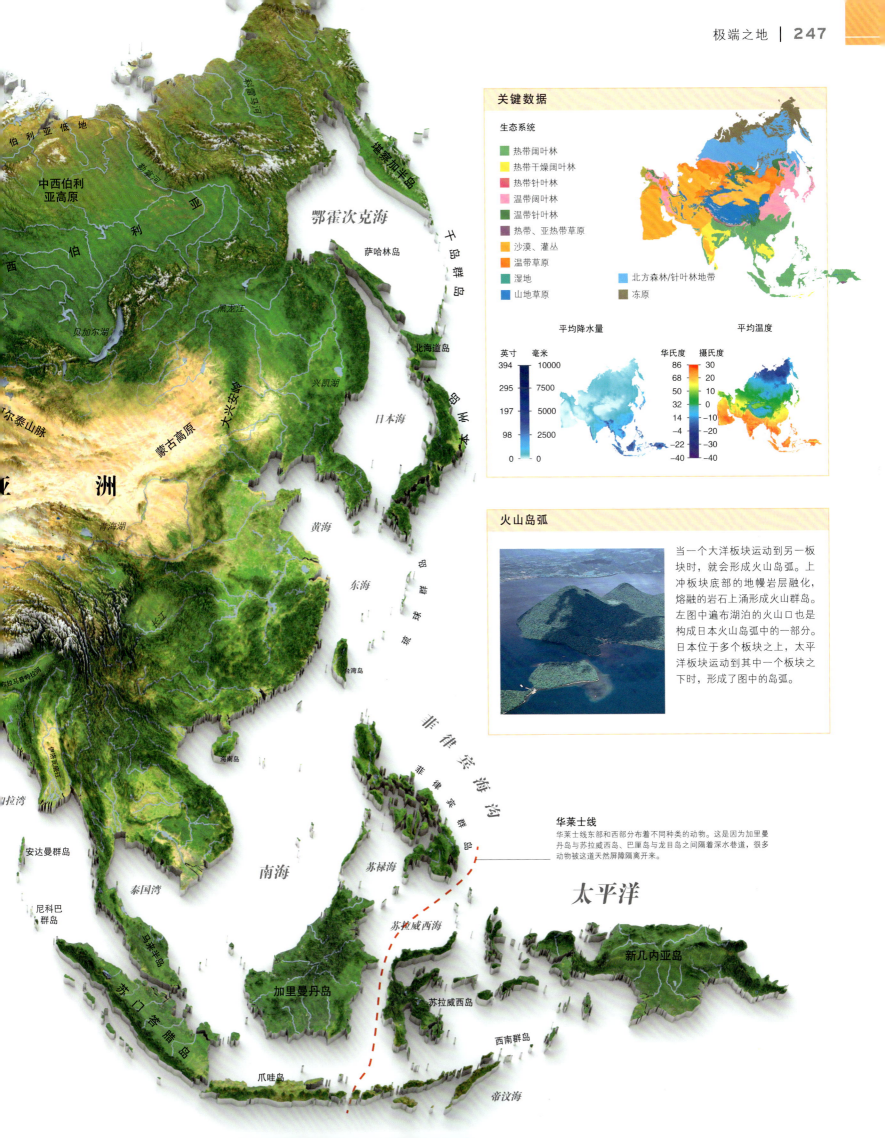

阿拉伯高原
湿润的野生动植物天堂

阿拉伯半岛边缘耸立着众多的山脉、山脊和高原,从而构成了阿拉伯高原。它们从沿海的"云雾荒原"延伸至内陆,将"空白之地"——鲁卜哈利沙漠包围在内。由于海拔高,高原比附近沙漠更凉爽潮湿,孕育出的动植物物种更具多样性。湿润的海风被迫上升,越过山脉,带来季节性降雨,同时,夜间温度较低,促进了雾气和露水的形成。

重要的杜松林

不同寻常的是,这个生态区中地势最高的区域覆盖着浓密的森林。这里的杜松格外茂盛,给数种鸟类提供了食物和藏身之处。较为干燥的朝南山坡生长着更多的肉质植物,如芦荟和大戟,山脚则被大片的灌木丛和热带草原所覆盖。该地区很多的植物和鸟类在世界上其他地方都无法找到,不过,对于候鸟而言,阿拉伯半岛也是非洲和欧亚大陆之间重要的陆地桥梁,它们沿着与红海岸平行的阿西尔山来回迁徙。对于哺乳动物而言,阿拉伯高原也是多种食肉动物的家园,包括狞猫、阿拉伯狼和条纹鬣狗等。同时,阿拉伯高原也是极度濒危的阿拉伯豹的最后据点之一。

金合欢树杀手
由茶的瞪羚遍布阿拉伯高原,尤其喜欢在金合欢树生长的地方活动。金合欢树的树叶和豆荚是它们的主要食物。当水源匮乏时,它们还吃肉质植物的原球茎和球茎,也会四处寻找植物的嫩芽和嫩芽。

带刺的肉质植物
大戟阁高达10米,看起来像仙人掌,但实际上它们是大戟科中外形似树的肉质植物。它们带刺的粗茎中含有一种刺鼻的液体,可以防止被食草动物啃食。

瞪羚

爬行的蟒蛇
阿拉伯大头蛇也是身手敏捷、踪迹早的岩壁寻找猎物,如啮齿动物、蜥蜴、蝙蝠,还有羽翼未丰的幼鸟。这种夜行物种,它们是这一区域的常见动物,利用毒牙杀死猎物。

阿拉伯大头蛇

大戟阁 · 2000多种植物的家园 · 41种爬行动物在此生活 · 1980年阿拉伯大羚羊再度被引进

阿拉伯高原 | 249

地理位置

位于阿拉伯半岛南部边缘，地跨阿联酋、阿曼、也门和沙特阿拉伯。

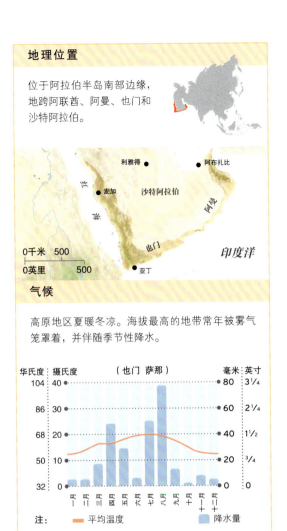

气候

高原地区夏暖冬凉。海拔最高的地带常年被雾气笼罩着，并伴随季节性降水。

阿拉伯狒狒
Papio hamadryas

像狗一样的口鼻

成年雄性阿拉伯狒狒可谓世界上最让人印象深刻的狒狒之一，它们体格强健，长有锋利的犬齿，银色的被毛如同华丽的斗篷，与亮粉色的脸颊形成鲜明对比。雄狒狒和雌狒狒臀部上有大片裸露的皮肤，颜色鲜红。雌狒狒达到性成熟期后，臀部裸露处会隆起，借此传达信息来吸引雄狒狒。

- 50~95厘米
- 9~21.5千克
- 常见
- 草类、果实和昆虫

非洲东部和亚洲西南部

狒狒族群及其后宫

古埃及人对阿拉伯狒狒十分熟悉，他们将其作为宗教象形文字雕刻和绘画中的主要角色——因此阿拉伯狒狒也被称作"神圣的猴子"。与其他狒狒一样，阿拉伯狒狒大多数时间都待在地面上，四处觅食，以野草、农作物和几乎所有能捕捉的小动物为食。夜间，许多雌狒狒聚在一块，为了安全而爬上悬崖——在一些地方，几百只雌狒狒可能会在同一块岩壁上休息。

狒狒族群中，体形大的雄狒狒担任首领，它们相互猜忌，守护着各自的女眷不受竞争对手的伤害。它们通过视觉威胁恐吓对手，如大张嘴巴露出犬齿，或发动进攻，咬住对方的脖子。

> **作为首领的雄狒狒通过呖嘴来安抚族群中的雌狒狒。**

▽ **梳理发毛**
两只雌狒狒帮一只毛色漂亮的成年雄狒狒整理被毛，这一行为被视为忠诚和臣服的表现。每只成年雄狒狒控制着由几只体形较小、被毛橄榄色的雌狒狒组成的后宫。

保持凉爽
尽管与其他灰狼亚种相比，阿拉伯狼体形较小，但它们的耳朵比例较大，能够帮助它们在炎热的夏季散热，保持凉爽。冬季，它的皮毛变厚，可以抵御严寒。

阿拉伯狼

角笔直，带有环纹

脚踝上具有白色条纹

阿拉伯大羚羊
Oryx leucoryx

几乎没有哪种大型哺乳动物像阿拉伯大羚羊一样，能够如此适应沙漠中酷热、干旱的气候。它们那宽大的铲状蹄子能够在松散的沙子上长途跋涉。阿拉伯大羚羊并不是一位长跑健将——它们的自然天敌屈指可数，如狼和条纹鬣狗。

它们的皮毛颜色明亮，几乎白得发光，不仅能帮助它们反射太阳的热量，还能使其在这贫瘠的环境中更加突出，哪怕在黑暗中。对阿拉伯大羚羊来说，能轻易地看见族群的好处远远超过吸引捕食者注意所带来的风险。如果捕食者出现在其视野范围内，阿拉伯大羚羊便无处可躲了。它们便会采取恐吓对手的方法，挺直身子，试图阻止袭击。

紧跟领头羊

羚羊群通常由一只年长的雌羚羊领路，族群中还有其他的几只雌羚羊及其幼崽、担任首领的雄羚羊和一些地位较低的雄羚羊。每当降雨后食物变得充足时，族群中的个体数量会壮大到几百只。雄羚羊保卫它们的领地，并与尾随而来的雌羚羊进行交配。在理想条件下，雌羚羊每年产一只小羚羊，孕期为34周左右。不过，在降水量少的年份，产下的幼崽也会变少。除繁殖期外，羚羊群成员彼此间和平共存，雄羚羊和雌羚羊根据角的长度来排资论辈。在一天中最热的时候，羚羊群会聚集在同一片树荫下乘凉。当气温变得凉爽后，羚羊群散开各自牧草，不过总会在彼此的视线范围之内。休息结束后，领路的雌羚羊带领羚羊群出发，但它会时不时停下，确保成员们紧跟其后。

阿拉伯大羚羊能嗅到方圆80千米之内的降雨情况。羚羊群通常在夜间出发，它们循着气味，一口气行进30千米。抵达后，大羚羊就开始吃沙漠里新长出的植物。同时它们用铲状的蹄子挖掘植物的根和块茎。它们能一连数周滴水不进，仅从食物中获取水分。

拯救阿拉伯大羚羊的行动

对于濒危动物来说，阿拉伯大羚羊是重归自然界并生存下来的一次成功的尝试。1972年，战绩显赫的猎人们已将野外的阿拉伯大羚羊屠杀殆尽。在接下来的十年里，阿曼的阿拉伯大羚羊保护区重新引入了圈养繁殖的大羚羊群，这些羚羊最终重返野外。今天，野生种群的数量已超过1000只。

阿拉伯大羚羊能嗅到距离两天路程之外的降水的气味。

- 1.55~2.35米
- 55~75千克
- 易危
- 草类、叶子、嫩芽和根茎

亚洲西部

▷ 抵角相斗
雄性阿拉伯大羚羊个体通过炫耀它们神气的角来确立统治地位。不过，在确定领地时，雄羚羊之间通常会发生全面对抗。

◁ 保持凉爽
小羚羊经常在灌木丛旁休息。它们拨开地表热热的沙子以便露出下面凉爽的一层，再挖一个浅坑躺在里面休息。

喉咙处有深棕或黑色的斑块

条纹鬣狗

Hyaena hyaena

条纹鬣狗遍布从非洲到中亚以及印度的大片区域,在鬣狗科动物中分布最为广泛,适应各种栖息地。但是如今,它们在许多地方已绝迹,而且大部分分布地的种群数量也在下降。与其他鬣狗一样,条纹鬣狗外形像一只身体瘦高、长有一双大耳朵的狗。它们的前肢比后肢长,整体看起来头重脚轻,背部倾斜。

碎骨者

条纹鬣狗是杂食性动物,它们也吃腐肉。它们的腭肌极其强劲有力,可将尸体撕成碎块,扯开坚韧的肌肉,然后咬碎骨头。它们也会捕捉小型猎物,还吃椰枣、甜瓜和其他新鲜果实。条纹鬣狗通常独居或集成小群活动。严格意义上说,它们是夜行性动物,在夜晚四处漫游寻找食物。雌鬣狗在岩石穴或洞穴里分娩,产下1~4只幼崽。在约30天大的时候,幼崽开始吃肉。在跟随母亲学习捕食技巧的第一年中,它们会继续吸食母乳。大多数条纹鬣狗或命丧狮口,或被人类捕杀。

▷ **斑鬣狗**

斑鬣狗(*Crocuta crocuta*)是鬣狗科中体形最大、最健壮的一种,分布于非洲撒哈拉沙漠以南地区。

前肢比后肢长

- 1~1.2米
- 26~41千克
- 近危
- 腐肉、野兔和果实

非洲西部、北部和东部,亚洲西部到南部

▷ **攻击性站姿**

条纹鬣狗的被毛极其蓬乱,后颈部长着鬃毛,一直延伸到尾部。在遇到其他具有攻击性的鬣狗或狮等捕猎者时,它们会竖起鬃毛。

蹄兔

Procavia capensis

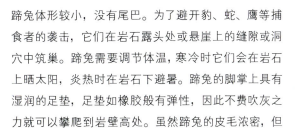

蹄兔体形较小，没有尾巴。为了避开豹、蛇、鹰等捕食者的袭击，它们在岩石露头处或悬崖上的缝隙或洞穴中筑巢。蹄兔需要调节体温，寒冷时它们会在岩石上晒太阳，炎热时在岩石下避暑。蹄兔的脚掌上具有湿润的足垫，足垫如橡胶般有弹性，因此不费吹灰之力就可以攀爬到岩壁高处。虽然蹄兔的皮毛浓密，但它们仍对极端天气十分敏感，需要避开寒风、降雨和正午的太阳。

通常，蹄兔的一天从享受1～2个小时的阳光浴开始，接着觅食1个小时，然后休息，下午再次进食。

- 30～58厘米
- 3～5千克
- 常见
- 植物

非洲西部、南部和东部，亚洲西部

◁ **群居生活**
小蹄兔会紧跟着母亲。蹄兔一家聚在太阳下休息，准备再次进食。

阿拉伯石鸡

Alectoris melanocephala

阿拉伯石鸡栖息在植被茂盛的河床、峡谷、陡坡以及沙漠边缘，尤其是灌木丛生的杜松林中。虽然目前它们较为常见，但是由于干旱、农耕及过度放牧，其栖息地发生了变化，它们的生存也受到了威胁。它们通过在地面奔跑来躲避捕食者，而非展翅高飞。大多数时候，阿拉伯石鸡在较凉爽的清晨和夜间出来觅食和饮水。雌性阿拉伯石鸡在巢穴中产下5～8枚卵，巢穴藏匿在低矮的植被中。

- 39～43厘米
- 500～550克
- 常见
- 种子、草类和昆虫
- 亚洲西南部

▷ **独一无二的外表**
阿拉伯石鸡生活在干燥的地方，它们姿态优雅，羽毛颜色较淡，腿部为红色，头部和颈部有独特的斑纹。

特莱-杜阿尔草原

世界上海拔最高的草原

这片狭窄的区域位于喜马拉雅山脉山脚,由一片片沿河分布的草原和森林组成。草原海拔都非常高,为捕猎者和猎物都提供了极好的掩护。特莱-杜阿尔草原上生活着许多种有蹄动物,至少包括5种不同的鹿类、濒危的亚洲水牛和印度犀。虎处于特莱-杜阿尔草原食物链的顶端,其物种个体数量在不断增加,尤其是在尼泊尔已建好的奇特旺国家公园和拜耳迪耶国家公园内。美洲豹和罕见的云豹也栖息在此。3种当地特有的鸟类——刺鹩鹛、灰冠山鹪莺和阿萨姆林鹑——分布在特莱-杜阿尔草原及其周边地区。

肥沃的冲积平原

季风雨来临时,冲积平原被淹没。洪水退去后,平原上堆积了肥沃的淤泥,促进了草类快速生长。这里湿润肥沃的土壤非常适合农耕,因此很多地方都已转向发展农业。特莱-杜阿尔草原上野生动物的生存依赖于自然保护区之间的廊道,这些保护区通过野生动物走廊相互连接,因此,虎、象和犀牛等物种可以在各个保护区之间自由活动,尽量避免与人类接触。

特莱-杜阿尔草原是地球上最具生物多样性的栖息地之一。

白兀鹫的困境

20世纪90年代,一些兽药被用于给家畜治疗疾病,如印度的白兀鹫等一些食腐的鸟类由于吃了体内残留兽药的家畜尸体导致种群数量急剧下降。尽管此后一些药物已被禁用,但对于繁衍速度缓慢的白兀鹫来说,恢复其种群数量需要很长一段时间。

白兀鹫

在亚洲,这里拥有数量最多的虎和犀牛

泽鹿

濒危的鹿

泽鹿生活在特莱草原上,它们长着巨大的"八"字形鹿蹄,有助于适应沼泽栖息地的生活。泽鹿是虎和豹赖以生存的猎物,由于栖息地减少和狩猎活动,泽鹿的种群数量受到了威胁。

人们一度认为恒河鳄已经灭绝,直至2006年在此发现了它们的踪影

恒河鳄

濒危的爬行动物

20世纪五六十年代,恒河鳄数量下降,主要是因为人类为了获得鳄鱼皮而对其大肆捕杀。虽然保护措施有所改善,同时圈养繁殖计划也已实施,但由于栖息地的丧失,恒河鳄仍面临困境。

特莱-杜阿尔草原

地理位置

特莱－杜阿尔草原坐落于南亚喜马拉雅山脉前方一块狭窄的带状低地上，这里是印度与尼泊尔、不丹和孟加拉国的接壤处。

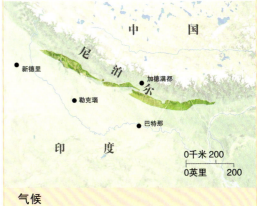

气候

特莱－杜阿尔草原属潮湿的亚热带气候，四季温暖，均温22℃。大部分降水集中于6～9月的季风期。

耕种气候变化

特莱地区的水稻种植在水田里。稻田中生长着在显微镜下才能观察到的微生物，它们能促进第二大温室气体甲烷的产生。由于甲烷含量随着空气中二氧化碳和温度的升高而不断增加，因此种植水稻很可能会加快全球变暖。稻田的季节性干旱可以减少甲烷的产生。

袖珍且罕见

倭猪站立时，肩部到地面只有25厘米，是猪家族中体形最小巧的一种。仅分布在阿萨姆邦西北部的国家公园内，现存数量只有150只。

标志性草类

特莱－杜阿尔草原主要的草类实际上隶属于甘蔗科。甜根子草能长到3米高，巴鲁瓦草较为矮小，但它们都是印度犀和倭猪等动物的重要食物。季风雨后，这些草类迅速生长。

重获新生的蝾螈

红瘰疣螈栖息在喜马拉雅地区的溪流中。它们拥有一种十分神奇的能力——失去的四肢可以重新长出来。正因为体内可含有的干细胞使得它们具有再生能力。科学家们从其伤口处提取了微小RNA，并推测未来这些物质可用来快速治愈人类的伤口。

栖息着沿泽鳄和罕见的恒河鳄　分布于印度的9种兀鹫中有6种生活在特莱草原

成年印度犀的独角平均长度为25厘米

印度犀
Rhinoceros unicornis

在所有5种犀牛物种中,印度犀的体形仅次于非洲的白犀。它们也是最喜欢水的一种犀牛——这种生活习性似乎与其外表大相径庭。印度犀的皮肤厚度为4厘米,上面布满了很深的褶皱,褶皱上长有小结节,看上去就像身披铠甲。印度犀是游泳高手,喜欢在泥水中打滚。它们在岸上也相当敏捷,高速急转弯时仍能保持平衡。由于视力相对较差,印度犀依赖敏锐的听觉和嗅觉引导它们四处行走。它们的上唇能够半卷,因此可以熟练地抓取草茎。

仍然身处困境

20世纪初,野生印度犀的数量已不足200头。更为严格的保护法规实施后,如今其数量已增长到3000多头。不过,尽管印度犀的角主要用于捕食——相对较小,但非法捕猎印度犀仍然是一个问题。

- 3.4~3.5米
- 平均2000千克
- 易危
- 草类、灌木和果实

亚洲南部

△ 和平共处

尽管印度犀通常单独生活，但如果该地区食物充足，几头印度犀可能会和平相处，一起在泥水中打滚，或紧挨着一起吃草。

▽ 形影不离

小犀牛很容易遭到虎等捕食者的袭击，因此出生后2年内，它们都会和母亲一起生活。

除了睫毛外，印度犀只有耳朵边缘和尾巴上长有被毛

脖子上长着厚厚的褶皱，可以提供保护

印度羚
Antilope cervicapra

尖尖的蹄子

印度羚一度是印度数量最多的有蹄动物，如今因其栖息地的减少和捕猎活动的开展，它们在很多地方几近灭绝。不过，在保护区内它们的数量正在慢慢恢复，阿根廷和美国得克萨斯州引进的印度羚也在当地茁壮成长。雄性印度羚比雌性印度羚体形更大、皮毛颜色更深，羊角上有螺纹。羚羊群中既有雄性也有雌性，要么是雌羚羊带着小羚羊，要么只有尚未交配的小雄羚羊。

- ↔ 1.2~1.3米
- ⚖ 25~35千克
- ⊗ 近危
- 🌾 草类和种荚
- 🏠 🌳🏔
- 📍 亚洲南部

▽ 警告性跳跃

高高跳起是一种危险信号。一阵较小幅度跳跃后，羚羊群以80千米/时的速度飞奔而去。

印度野牛
Bos gaurus

颈下的肉垂延伸到前肢

印度野牛是体形最大、身材最魁梧的野牛之一，它们喜欢群居生活。野牛群由一头体形较大的雌性野牛领导，通常有5~12头野牛。印度野牛白天活跃，当人类靠近其栖息地时，它们就会改变为夜间活动以躲避猎人。

- ↔ 2.5~3.3米
- ⚖ 650~1000千克
- ⊗ 易危
- 🌾 草类、果实、嫩枝和树皮
- 🏠 🌳🏔
- 📍 亚洲南部和东南部

◁ 危险的牛角

雄性野牛和雌性野牛都长有一对长达60厘米的弯角。不幸的是，这些野牛角是猎人竞相争夺之物。

赤麂

Munitiacus muntjak

赤麂是少数天生杂食的鹿类之一。它们喜独居,以嫩芽、种子和果实为食,偶尔也吃鸟蛋、啮齿动物以及腐肉。

它们全年都能繁殖后代,雄性散发出一种气味作为标识,可以吸引处于发情期的雌性。发情的雄性赤麂会相互打斗,头部相撞和撕咬,因此它们经常受伤。赤麂妊娠期长达7个月,每胎产下一两只幼崽,小赤麂在10周大时便早早断奶。2岁时,赤麂进入性成熟期。

▷ **简单的短角**
只有雄性才长有这种简单的角。雄性赤麂还长有长长的上犬齿,每只眼睛下方都有一个气味腺。

- ↔ 0.9~1.2米
- ⚖ 20~28千克
- ✗ 常见
- 🍴 嫩芽、果实、鸟蛋和腐肉

亚洲南部至东南部

亚洲象
Elephas maximus

长且灵活的象鼻，用起来就像第 5 条肢臂

亚洲象是亚洲最大的陆生哺乳动物，它们一天中的大部分时间都在进食，可吃掉重达 150 千克的植物，包括草类和果实等。它们也吃人类种植的香蕉等经济作物，因此人类常常与它们发生冲突。世界上约有 20% 的人类生活在亚洲象的栖息地或在其附近，人类把亚洲象逼至了更加碎片化的栖息地生活。尽管亚洲象不同于非洲象，只有雄象才长有象牙，其中还有些雄象不长象牙，但非法捕猎仍是它们面临的一个巨大的威胁。雌性亚洲象和不长象牙的少数雄象会长出"尖牙"——极少可延伸到嘴巴上方的小型长牙。与非洲象还有其他的不同之处，亚洲象背部呈拱形，前额左右有两块隆起，耳朵较小。

六七岁时，雄象就得离开出生时所在的族群，开始独居或与其他象群一起生活。雌象则与族群生活在一起，领头的"女族长"带领它们前往水源处和牧草区。雌象一生都同家族成员共同生活，它们用象鼻打招呼，抚摸彼此。

◁ **饮水大户**
成年亚洲象每天需饮用 70 ~ 90 升的水，饮水时它们先将水吸入象鼻，然后喷进嘴巴里。

▷ **正在玩耍的雄象**
小象，特别是雄象，大部分时间都在玩耍。它们常常争吵打闹，或用象鼻格斗。

- ↔ 2~3.6米
- ⚖ 2000~5000千克
- ⊗ 濒危
- 🌿 草类、果实、树皮和根茎

亚洲南部和东南部

德赖灰叶猴
Semnopithecus hector

修长而纤细的四肢

德赖灰叶猴又称赫克托尔灰叶猴，与其他种类的叶猴及其近亲一样，主要以树叶为食。它们的胃部很大，分为两室：一个是上胃室，在细菌的作用下树叶在此发酵；另一个是下胃室，呈酸性。这个消化系统与牛羊体内的一样，能分泌有助于分解树叶纤维素的消化酶。由于叶子营养含量低，叶猴一天中大部分时间都待在树上进食。不过，它们可以吃掉许多对其他物种来说有毒的树叶和果实。

▷ **黑色的脸颊**
据印度神话记载，德赖灰叶猴因偷吃了一颗杧果，脸部被烧焦成黑色以示惩戒。

- ↔ 58~76厘米
- ⚖ 17~17.5千克
- ⊗ 近危
- 🌿 树叶和果实

亚洲南部

- 1.4~2.8米
- 125~240千克
- 濒危
- 野牛、鹿类和野猪

亚洲南部和西部

▷ 水中打斗

虎通常是孤僻的。如果不速之客忽视了边界的气味标记，漫步到另一只虎的领地，那么这里往往会发生一场激烈的战斗。

每头虎都长着独一无二的斑纹

当追捕猎物或攀爬时,孟加拉虎用尾巴来保持平衡

前腿强劲有力,脚掌宽大,巨大的爪子能够牢牢地抓住猎物

孟加拉虎
Panthera tigris tigris

虎是大型猫科动物中体形最大的一种。世界上现仅存5个亚种的野生种群,其中孟加拉虎较为常见。它们广泛分布于印度和孟加拉国的森林和红树林栖息地中。孟加拉虎的皮毛十分独特,整体呈深橘色,腹部、胸部、颈部及脸上的部分区域为白色,还带有深色条纹。东北虎(*P. t. altaica*)生活在中国东北地区和俄罗斯西伯利亚北部的针叶林地带,是5个虎亚种中体形最大的一种。它们的体色最淡,但被毛最长、最浓密,可以帮助它们度过寒冬。苏门答腊虎(*P. t. sumatrae*)是生活在最南部的亚种,它们的体形最小,比生活在北部的表亲们足足小了30%,体重也只有它们的一半。

伏击型袭击者

虎主要在夜间活动,不过,在没有人类活动干扰的地方,它们白天也会出来捕猎。它们利用嗅觉和听觉来侦察和追踪猎物。它们力量强大,速度迅猛,能够扑倒体形与其相当的猎物,有时会猎杀更大的猎物。孟加拉虎一般捕食印度野牛、水鹿、白斑鹿和野猪等有蹄动物,依靠灌木丛的掩护来跟踪猎物。一旦时机成熟,它们就会发起闪电般的袭击,凭借体重将猎物撞倒在地,咬住猎物的喉咙,使猎物窒息而亡,或者将其脖子折断。小型猎物通常被一口咬住脖子,立马毙命。随后,虎将尸体拖回灌木丛中进食。尽管虎拥有巨大的杀伤力,但伏击成功率仅为20%。

独处的猫科动物

成年虎喜独居。它们用爪子在树干或岩石上留下抓痕,并在显眼的地方留下粪便堆,以此来标记自己的领地。它们将排泄的尿液与尾巴下方气味腺中的分泌物混合,也可用作气味标识,其咆哮声在2千米外都能听见。雌虎每两三年繁殖一次,它们用不同的气味来吸引附近的雄虎。在互相靠近的过程中,雌虎和雄虎会向彼此咆哮,大约交配20次后,彼此分道扬镳。雌虎一胎最多产下6只幼崽,但是其中一半的幼崽活不到2岁。存活下来的幼兽与母亲一起生活到2岁,不过在6个月大时它们就与母亲一起并肩狩猎。在四五岁时,它们可能会开始繁殖。

△ **雌性苏门答腊虎及其幼崽**
苏门答腊沼泽森林下层生长着茂密的灌木丛林,苏门答腊虎体形较小,非常适应这里的生活。

> 幼兽常常练习搏斗,以此获得成年后成为一方领主所需的速度和力量。

灰獴

Herpestes edwardsii

在尘土多的地方,灰獴能够紧闭短小而圆润的耳朵

灰獴可谓机会主义者——它们不仅吃蜥蜴、卵和植物的果实,也吃野兔和眼镜蛇等体形较大的动物。灰獴擅长捕猎啮齿类和蛇类,在某些地方人们利用它们进行生物防治。

头颅夹

灰獴的臼齿可以嚼碎昆虫,同时,它们的下颌强劲有力,犬齿锋利、向外突出,在与蛇类搏斗时占据优势,可以紧紧钳住蛇的头部,并刺穿其头骨。灰獴对蛇毒并非完全免疫,它们的反应极其灵敏,可以避免被蛇咬到。除了繁殖季节,灰獴过着独居的生活。雌性灰獴一年可生产3次,每胎产下2~4只幼崽。

> 为打碎较大的卵,灰獴将它们放在后腿间,在坚硬的物体上不断敲击。

懒熊

Melursus ursinus

被毛又长又粗糙

懒熊是独居动物，栖息在人迹罕至的森林中，但它们吃东西时发出的"吧嗒"声在 200 米外都可被听到。它们隶属于熊科，全身覆盖着蓬松的被毛，可以用长而弯曲的爪子扒开巢穴，吃蚂蚁、白蚁和其他昆虫，借助灵活的口鼻和牙齿间的特殊缝隙将食物吸入口中，同时闭紧鼻子，以免被叮咬。同其他熊类一样，懒熊也会突袭蜂窝，偷吃蜂蜜。

懒熊在夏季交配。雌熊一胎诞下 1～2 只小熊，幼崽与母亲一起生活 4 年半。在所有已知熊类中，它们是唯——种将幼崽背在背上的熊。

- ↔ 1.4～1.9米
- ⚖ 50～145千克
- ⊗ 易危
- 🍴 蚂蚁、白蚁和蜂蜜
- 🏠 🌳🌲🌿

亚洲南部

▷ 灵活的长口鼻
在吸食昆虫之前，懒熊会用鼻子将灰尘和泥土吹走。

- ↔ 35.5～45厘米
- ⚖ 0.5～4千克
- ⊗ 常见
- 🍴 啮齿类、蛇类、昆虫和植物的果实
- 🏠 🌳🌲🌿

亚洲西南部和南部

▽ 战略性搏斗
灰獴利用敏捷的身手和持久的耐力进攻眼镜蛇，避开眼镜蛇的每次袭击，然后在对手倦怠的时候一口咬穿它们的头骨。

赤颈鹤

Grus antigone

成年赤颈鹤的翅膀多为灰色

双腿修长

赤颈鹤高 1.8 米，是地球上最高的飞鸟。它们的鸣叫声十分高亢，如同管乐器发出的声音。它们边叫边起舞，舞姿十分惹人注目，弯腰——伸腰——双脚跳跃，头部挺直，翅膀半张。

赤颈鹤的种群数量正在减少。沼泽日渐干涸，密集型水稻种植的发展，导致它们只能生活在潮湿的水稻田和水库边缘。处于繁殖期的赤颈鹤夫妇会占据一块领地，在天然植被中寻找水生植物、昆虫和蛙类等食物，但偶尔也会去农田里觅食。

- ↔ 平均1.5米
- ⚖ 平均6.5千克
- ⊗ 易危
- 🍴 水生植物、昆虫和蛙类
- 🏠 🌿🔥🌾

亚洲南部和东南部、澳大利亚北部

△ 起飞
赤颈鹤修长的双腿和宽阔的翅膀在起飞时发挥了巨大的作用，但在空中时它们会采用一种稳定而高效的动作飞翔。

双角犀鸟

Buceros bicornis

这种大型犀鸟以森林中的果实为生，并从中获取必需的水分。树上的果实吸引着许多鸟，反过来，这些鸟又将树的种子散布到整个森林中。双角犀鸟头顶上长着盔突，其功能尚不清楚。它们的大嘴看起来很笨重，实际上具有中空结构，是轻盈和力量的完美结合。

▷ **光与影**
在森林林冠层的光与影之中，双角犀鸟身上的横条纹可以提供有效的掩护。

镰刀形的嘴
盔突

- ↔ 95~120厘米
- ⚖ 平均3千克
- ⊗ 近危
- 🍴 无花果、蜥蜴、蛙类和啮齿动物
- 🏠
- 📍 亚洲南部和东南部

眼镜蛇

Naja naja

眼镜蛇的栖息地分布广泛，从偏僻的高地到城市的边缘地带，其捕食对象包括蛙类、鼠等。雌蛇在树洞、啮齿动物的巢穴或白蚁洞中产卵，每次产下12~20枚卵。刚孵化的幼蛇能很快伸展颈部的皮褶，用毒液发起攻击。

- ↔ 1.8~2.2米
- ⚖ 2~3千克
- ⊗ 不详
- 🍴 蛙类、啮齿动物、蜥蜴和鸟类
- 🏠
- 📍 亚洲南部

◁ **颈背的眼镜状斑纹**
配合印度街头"耍蛇人"舞动的蛇类也被称为印度眼镜蛇，它们因颈背的眼镜斑纹而得名。

△ **安全岛**
小鳄鱼出生后数周，父母负责照顾它们，陪同它们第一次下水游泳。不过，许多其他种类的鳄鱼照顾子女的时间更长。

▷ **捕鱼器**
恒河鳄有106~110颗小而锋利的牙齿——最适合用来横扫捕鱼，只需咬几下便可将猎物制服，然后把猎物在嘴里翻转几次再从头部开始吞下。

恒河鳄

Gavialis gangeticus

雄鳄的吻部狭长

- ↔ 3.5~7米
- ⚖ 160~180千克
- ⊗ 极度濒危
- 🍴 鱼类和腐肉
- 🏠 🌾≈≈

恒河鳄狭长的上下颌十分独特——能够对游经身边的鱼类发起突然袭击。比起那些身体强健的鳄鱼表亲，它们更像水栖动物，非常适应在水中活动。它们的足上有蹼，长长的尾巴上布满了鳍状鳞甲，一直延伸至头部，可提供强大的推力。在陆地上，它们的四肢不够有力，无法撑起身体行走，因此只能在腹部的推动下前行。雌鳄8~10岁时发育成熟，体长大约为3.5米；雄鳄比雌鳄晚3~5年成熟，体长更长。在交配期，拥有领地的雄鳄会恐吓并痛打竞争者，在雌鳄面前制造出巨大的声响，还会吐出诱人的泡泡吸引雌鳄。雄鳄吻端的瘤状物被当地人称为"盖拉"。

仍濒临灭绝

20世纪70年代，由于栖息地减少、非法狩猎以及鱼类资源骤降，恒河鳄一度处于灭绝边缘。自1981年来，人工繁殖计划实施后，3000多只恒河鳄已被放归野外，但该物种仍处于极度濒危状态。

亚洲南部

东喜马拉雅
世界最高的山脉孕育着大量珍稀物种

喜马拉雅山脉是世界最高的山脉,高耸的山峰和陡峭的峡谷中生长着各种各样珍稀的动植物。东喜马拉雅中低海拔地区森林茂盛,依据其所在的纬度和海拔,这些森林可能为亚热带或温带森林、常绿林或落叶林。森林中的优势植物物种为橡树和杜鹃,同时这里也栖息着各种不同的野生动物。甚至在森林线以上的地带,如那些荒凉的岩坡上还栖息着雪豹和岩羊等。

不可或缺的水资源调节器

山川和森林对于该地区水资源的供给相当重要。它们能够储存雨水,慢慢地将水释放到亚洲几大河流的支流中,包括恒河和雅鲁藏布江。

由于气候变化,冰川融化速度加快,喜马拉雅山脉高海拔地区的动植物的生存很可能将遭遇巨大的挑战,它们不得不适应更为温暖的气候,但前提是它们可以适应。

栖息在东喜马拉雅地区的动物中,约有163种在全球范围内濒临灭绝,它们的原始栖息地现在仅有四分之一保存完好。充分保护好大片栖息地和栖息地之间的动物走廊,以保证动物能够继续在各地区间活动,这对自然保护者来说是一个考验。目前,森林及这里的野生动物所面临的威胁主要来自非法狩猎、拾柴生火或制造木炭及农耕带来的破坏。

天然伪装
喜马拉雅岩羊的皮毛呈灰蓝色,在岩石丛生的环境中是一种绝佳的伪装。在拼命逃脱猎食者的追捕时,这种灵种甚至可以越过陡峭的悬崖。

喜马拉雅岩羊

蓬勃发展的伙伴关系
喜马拉雅高海拔地区生长着各种杜鹃花,其中有50多种在印度锡金邦繁荣生长,60多种外布于不丹。杜鹃花丛中栖息着许多昆虫和鸟类,它们在食用花蜜的同时也帮助花朵授粉。

杜鹃花

适应严寒
生活在寒冷的高山气候中的牦牛善于储存身体热量——产生热量需要消耗宝贵的能源。牦牛将脂肪存储在皮肤下面,浓密的深色长毛下长着一层柔软的隔热绒毛和一层粗糙的外层被毛。

野生牦牛

世界十大高峰中有9座坐落于喜马拉雅山脉 › 近1万种植物、1000种鸟类和300种

地理位置

东喜马拉雅地区东西跨度为83000千米,从尼泊尔东部穿越不丹,直至印度东北部和缅甸北部。

气候

该地区属温带气候,夏凉冬寒。降雨主要集中在夏季季风时节;冬季海拔偏高地区多降雪。

（不丹 莱雅）

注： ── 平均温度　　▨ 降水量

改变高度

许多物种在喜马拉雅地区来回迁徙,以避开最恶劣的寒冬天气,寻找食物来源。红胸角雉就是其中的一种,冬季它们飞往低海拔的森林,夏季返回到高海拔地区。

哺乳动物的栖息地

红胸角雉

金色乌叶猴
Trachypithecus geei

夏季,金色乌叶猴的皮毛呈淡黄色,冬季则变成了闪亮的金黄色。20世纪50年代以前,人类并不认识这种神出鬼没的长尾猴,直至今日,人们仍对其知之甚少。金色乌叶猴为群居动物,通常3~40只生活在一起,它们很少在地面上活动,这种策略可以帮助它们避开虎等捕食者。由于栖息地减少,它们现在面临着严重的威胁。

- ↔ 49~72厘米
- ⚖ 9.5~12千克
- ⊗ 濒危
- 🌿 树叶、花蕾、果实和种子

亚洲中部

◁ **树顶居民**
金色乌叶猴大多数时间都待在高高的树顶,只有极少数情况才下到地面饮水或舔食矿物盐。

不丹羚牛
Budorcas whitei

筒形身体披着蓬松而粗糙的被毛

羚牛是野山羊身强力壮的近亲。春季时分,羚牛会聚集在森林里一块阳光明媚的空地上活动。冬季来临时,它们会结成四五只的小群前往海拔较低的地区。受到威胁时,羚牛会撤回到茂密的林间中就地休息。

- ↔ 1.7~2.2米
- ⚖ 150~350千克
- ⊗ 易危
- 🌿 草类、灌木和树木

亚洲中部

雄羚牛和雌羚牛都长有短粗的角

▷ **不同寻常的身体**
据说羚牛比大多数有蹄动物更加原始。它们的四肢短小粗壮,鼻子呈圆形。

| 亚洲

- ↔ 0.9~1.2米
- ⚖ 25~75千克
- ⊗ 濒危
- 🍖 盘羊、北山羊、岩羊和啮齿动物
- 🏠 ⛰

亚洲中部

▷ **雪山幽灵**

雪豹居无定所，四处奔波觅食。在食物极度匮乏的地方，雪豹可能要踏遍大约1000平方千米才能找到猎物。

雪豹
Panthera uncia

被毛厚密

雪豹是当地人眼中的"雪山幽灵",因为它们非常擅长伪装,近距离看也仍然形同隐身。在大型猫科动物中,它们是最神秘且体形最小巧的——同时也是唯一不会咆哮的一种。雪豹是地球上最濒危的物种之一。据估计,野外现存的雪豹有4000~7000只,主要分布在中亚环境恶劣的山脉中,海拔范围为3000~5000米。如今,人类仍然在对雪豹进行非法捕猎,以"报复"其杀害牲畜或是将其用于传统医药,抑或仅仅为了取其皮毛。

抵御严寒
雪豹皮毛厚实,呈淡灰色,上面点缀着棕色与灰黑色的斑点,与岩石或灌木丛生的环境浑然一体,同时腹部密实的白色绒毛也与积雪融为一体。即便是脚底,还有粗壮的长尾巴上,也长满了绒毛。尾巴不仅可以帮助雪豹控制平衡,在休息时还能当作一条毛茸茸的围巾裹住身体和脸部。雪豹的耳朵短小圆润,被浓密的绒毛遮盖着,能够最大限度地减少热量流失。它们的鼻腔宽大,在吸入的空气抵达肺部前,可对其进行预热。雪豹的前肢很短,前掌巨大,如同雪地靴,在雪地上行走时可以提供更多的抓地力。雪豹的后肢较长,强劲有力,在追捕盘羊、岩羊、北山羊时,一次可跨越15米。

孤独的猎手
除交配季和雌雪豹养育幼崽的时间之外,雪豹一般都独自生活、捕猎,翻山越岭寻找食物。由于雪豹栖息在喜马拉雅山脉到兴都库什山脉一带,自然环境恶劣,其巡视的领地面积平均为260平方千米。它们用尿液和粪便来标记领地,借散发的气味向其他雪豹传递讯息。雌雪豹一胎可产下2~3只幼崽,小雪豹会同母亲共同生活18~22个月。

> 雪豹是唯一一种不会咆哮的大型猫科动物。

△ **吸引伴侣**
当雌雪豹做好了交配的准备,便爬上一座山脊或山峰,发出悠长的哀嚎声,以吸引附近的雄雪豹。

◁ **错失良机**
尽管雪豹喜欢捕食羊,但它们也不会放过旅鼠和野兔,对伏击范围内的鸟类也来者不拒。

小熊猫
Ailurus fulgens

柔软而浓密的被毛　　尾巴上长有深浅相间的环纹

人们一度认为小熊猫与大熊猫是近亲，但实际上小熊猫在基因上与浣熊和黄鼠狼更为接近。这种行动缓慢的哺乳动物在中国也被称为红熊猫。它们一生中大部分时间都栖息在亚洲山林地有竹林的地方。小熊猫红褐色的皮毛非常醒目。它们常常爬到树冠高处长满苔藓的树枝上休息。小熊猫的主要食物由相当难消化的竹笋和竹叶构成，因此为了节省能量，它们的行动非常缓慢。小熊猫一天所吃的食物重量约为其体重的30%，但仅能从吃掉的竹子中吸收四分之一的营养物质。不过，当食物匮乏时，它们为了生存也以其他植物为食。冬季，由于食物不足，小熊猫的体重会下降15%，因此当温度下降时，它们会减缓自身的新陈代谢以作补偿。

小熊猫在地面交配，但雌性会返回巢穴产崽，通常一胎产下1～4只幼崽，幼崽会和母亲共同生活一年或更久。

- ↔ 51~73厘米
- ⚖ 3~6千克
- ⊗ 易危
- 🍴 竹笋和竹叶
- 🏠 🌲🌲 ⛰

亚洲中部到东南部

◁ **警惕的目光**
虽然小熊猫常用气味进行标记，但它们也会"瞪着"对方，不住地点头并发出声音，以此来交流。

红白相间的体毛可用于伪装

△ **携幼崽搬家**
为了防止被貂和雪豹等捕食者发现，小熊猫妈妈会带着幼崽迁往不同的巢穴。

扇状羽冠

五彩斑斓的眼状斑纹

蓝孔雀
Pavo cristatus

早在3000年前，人们就已开始收集孔雀的羽毛制作装饰品，后来又将其引入世界其他地方，因此，即便从未到过孔雀的原产地亚洲，人们对孔雀开屏也毫不陌生。现在，蓝孔雀生活在空旷的林地或河边林地上，也生活在人类居住地附近的果园和耕地中。蓝孔雀洪亮而不甚悦耳的叫声常常会吸引人们的注意，在黄昏时，它们会飞进林间寻找一个安全的栖息之所。

地面筑巢者

白天，蓝孔雀在地面觅食。求偶场是雄孔雀展示自己的场所，雌孔雀被雄孔雀的"开屏"表演吸引过来，然后选择尾部点缀着最多眼状斑纹的雄孔雀。雄孔雀不参与筑巢和抚育后代。它们的巢穴建在植被茂盛的地方。雌孔雀最多可产下6枚卵，4周后卵孵化，刚破壳而出的小孔雀必须迅速学会自己觅食。

孔雀蓝是世界上最明亮的蓝色之一。

- ↔ 1.8~2.3米
- 4~6千克
- 常见
- 种子、果实和昆虫

亚洲南部

▷ **五彩裙裾**
孔雀的"尾巴"实际是尾上覆羽，即尾屏。求偶表演时，尾屏下的尾部竖起并向前支撑覆羽。

长江上游森林
中国国宝大熊猫的家乡

长江上游森林生态区包括秦岭、大巴山以及四川盆地等，这里是北方黄河流域和南方长江流域的分水岭。该地区北部气候更加凉爽，森林中主要以落叶型树木为主。南部较为温暖，降雨充沛，森林中主要是枝繁叶茂的亚热带常绿树木。

罕见的低地物种

在这三个地区中，四川盆地中的低地人口最为密集。这里的大部分土地已被开垦，用于农业生产，不过仍保留小片的常绿阔叶林，尤其在较为陡峭的山坡。这里还生长一种珍稀的落叶型针叶树——水杉，20世纪40年代之前，人们对该树的了解仅限于化石记录，直到后来，在四川发现了大量的水杉。

长江上游森林最有名的"居民"莫过于大熊猫了，成都附近的卧龙自然保护区一直致力于保护这种黑白相间的熊。它们既有标志性却又极为稀有。在陕西秦岭森林中的中等海拔地带，下层林里长有茂密的竹子，为这种拥有黑色和白色皮毛的独特物种——大熊猫提供了栖息地和食物。此外，长江上游森林也是体形较小的树栖型小熊猫的家园。

隐匿的捕食者
灰胸竹鸡较为常见，栖息于山坡林丛间，以植物嫩芽、叶子、种子和昆虫为食。一旦受惊，它们就会迅速飞向山坡，但在不多见又在捕食者面前，因此人们常常只闻其声，不见其踪。

灰胸竹鸡

雌雄有别
赤尾青竹丝蛇是广泛分布于亚洲的一种毒蛇。它们的腹侧长有一条细纵线，自颈部延伸至尾部，可用来辨其性别。雄蛇身体上除了长有一条白色的纵线之外，旁边还有一条棕色或砖红色的纵线；而雌蛇仅有一条白色的纵线。

赤尾青竹丝蛇

群体威胁
黄喉貂的大小与狐狸相当，皮毛颜色鲜艳，以鸟卵和植物的果实为食，同时也捕食小型猎物，包括啮齿动物、爬行动物和在地面筑巢的鸟类等。捕猎时，它们也会聚集成群，一起捕杀未成年的小鹿、小野猪，甚至大熊猫幼崽。

黄喉貂

这里是世界上最大的两栖动物中国大鲵的家乡〉中国五分之一的哺乳动物种生活在片

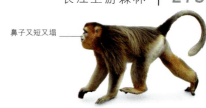

鼻子又短又塌

地理位置

长江上游森林地处中国中南部的陕西、四川和重庆境内,面积达 39 万平方千米。

气候

长江上游森林气候温暖,属温带气候,降水多发生在盛夏季节。

川金丝猴
Rhinopithecus roxellana

这种中国特有的猴一生都与大大小小的族群生活在一起,族群的规模取决于季节。在较温暖的月份,族群的成员数量就可壮大至 200 只,甚至多达 500 只。冬季,族群分成若干小群,每个小群由 60 ~ 70 名成员组成,小群又进一步分成由一只雄猴、若干雌猴及其后代组成的小家庭群,或全部由雄猴组成的小群。

骇人的面孔

川金丝猴鼻孔向上仰,深色的眼睛呈杏仁状,醒目的蓝色脸庞上长了一圈金黄色的绒毛,看上去就像来自外星的小精灵,而非灵长类。除了独特的外貌,川金丝猴由于生活在海拔较高的山林中,95% 以上的时间都在树上活动,因此人们多数也是只闻其声而未见其踪。川金丝猴的叫声与人类发出的声音极为相似,常被误认为是小孩子或婴儿的哭声。人们曾经认为川金丝猴的皮毛非常有价值,特别是从背部到肩部的部分,而对其进行盲目地捕杀。它们在树枝间跳来跳去时,就像长了一对翅膀。

- ↔ 47~83厘米
- ⚖ 6~19千克
- ✗ 濒危
- 🍃 树叶、果实、树皮和地衣

亚洲东南部

▽ 梳妆时间
川金丝猴定期为伙伴挑寄生虫,通常伴有呜咽声或吼啸声。

生长迅速的禾本科植物

竹是世界上长势最迅猛的植物之一,隶属于禾本科。仅中国就有 300 多种。有的竹类植物的奇特之处在于一生只开花一次,全林或全丛的竹同时开花、结种,然后死亡。

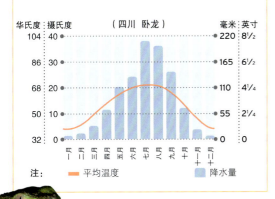

川金丝猴发声时可以不带任何面部表情或肢体动作。

| 亚洲

- ↔ 1.6~1.9米
- ⚖ 70~125千克
- ✖ 濒危
- 🍖 竹、啮齿动物、鸟类和鸟卵

亚洲东部

△ **大熊猫幼崽**
3个月之前，大熊猫幼崽很少活动。等到5~6个月大时，它们就会学爬树，并且能够在树上一连待上几个小时。

▷ **用餐时间**
大熊猫臼齿很大，咀嚼肌也十分强壮，哪怕是最难咀嚼的竹子茎干，它们也能应付。

大熊猫

Ailuropoda melanoleuca

与众不同的圆脸

前肢肌肉比后肢更为发达,便于攀爬

大熊猫是世界上最濒危和罕见的哺乳动物之一——仅分布在中国四川大、小凉山,沿邛崃山向北至岷山和甘肃白水江上游,以及陕西秦岭地区。据估计,野生大熊猫数量仅不到2000只。大熊猫一度在低地地区非常常见,但由于人类活动将其栖息地分割成若干小块,它们不得不躲进山中生活。

大熊猫的皮毛在所有熊类中最为独特,但数十年来,它们独一无二的黑白毛色、圆润的脸庞以及以素食为主的饮食习惯一度让许多科学家认为大熊猫根本就不是熊,但这种想法随后被基因测试所推翻。

行动更加迟缓

大熊猫的饮食习性仍旧是个谜。它们长有食肉动物特有的犬齿和短的消化道,但竹子占据了它们食物的99%,对大熊猫而言营养确实不足。食肉动物的肠道内都缺乏某种有助于分解竹等植物的特殊细菌,大熊猫也包括在内,这意味着它们每次进食只能吸收食物20%的营养物质。如果大熊猫吃肉食,它们吸收的能量可上升至60%~90%。因此,大熊猫行动缓慢,每天需要花大量时间进食,最多吃掉18千克

大熊猫一天最多花费16个小时吃竹子。

的竹,然后休息8~12小时,这些生活习性也就不足为奇了。大熊猫的饮食习性也使其无法进行冬眠,因为它们不能储存足够多的脂肪,无法支持其长时间不进食。不过,成年大熊猫的体形确实与其他熊类相当。它们不仅是灵活的攀爬高手,同时也是矫健的游泳健将。

哺育两只幼崽?

大熊猫到6~8岁才到达性成熟。尽管它们一般为独居动物,但每年3~5月交配季来临时,雄性大熊猫和雌性大熊猫会一起生活大约10天。大约5个月后,雌性大熊猫诞下1~2只幼崽,但是如果母亲的乳汁无法同时哺育2只幼崽时,它便会舍弃其中一只。在开始的几个月,幼崽完全依赖母亲,之后幼崽同母亲一起生活长达3年的时间。

◁ **母亲与幼崽**
刚出生的大熊猫全身裸露无毛,仅重约100克,而且不睁眼。目前,中国已新建保护区并开展相关保护工作,同时还与国外动物园携手努力,促进大熊猫数量的增长。

△ **"假"的大拇指**
大熊猫前掌上长有一块增大了的腕骨,很像人类的大拇指,能帮助大熊猫握紧竹子的茎干。

长长的尾巴有助于保持平衡

相对于其他体形较小的猫科动物，云豹脸部较长

云豹

Neofelis nebulosa

尽管名字中带有"豹"，加之身上长有能与环境相融合的斑纹，但是云豹与其他豹类并没有太近的亲缘关系。实际上，云豹在很多方面都与众不同。它们的上犬齿长约4厘米，与其体长之比在现存猫科动物中是最大的。双颌竟能张开到100度左右，而狮仅能张开到65度。

云豹四肢粗壮，爪子宽厚，尾巴与身体长度相当，长有浓密的体毛，这些特征使其成为一流的攀爬者。它们能沿树枝向下移动，头部朝下爬下树干。云豹后肢的踝关节非常灵活，能够向后转动，因此它们可以倒挂在树上。另外，云豹的游泳技术也相当娴熟。

神秘的大猫

由于云豹栖息在深山老林中，擅于利用周围环境掩护自己，人们对其生活习性所知甚少，只知道雄云豹对圈养的雌云豹深怀敌意。人们一度认为云豹在夜间捕食，但最近的证据表明，它们白天也会捕食。虽然它们如此擅长攀爬，但更多时候是在地面上狩猎。

- ⬌ 70~110厘米
- ⚖ 11~23千克
- ⊗ 易危
- 猴子、鸟类和啮齿动物

亚洲南部和东南部

头部和颈部的后面有两条明显的黑纹

◁ **点缀有云状斑纹的皮毛**

云豹身体上点缀着深色的云状斑纹，就像林间斑驳的树荫。栖息在亚洲的云豹皮毛与栖息在加里曼丹岛和苏门答腊岛的云豹不同，上面的斑块颜色更深，而且只分布在背部边缘。

豺

Cuon alpinus

豺生活在海拔较高地区，皮毛较厚实

豺是世界上最稀有的犬科动物之一，据推测，野外存活的数量不足2500只。它们的皮毛为茶色或深红色，因此常被误称为"红狼"。它们不同于其他犬类，下颌更短，每侧具有两颗臼齿。豺从外观上像是灰狼和赤狐的混合体。它们曾被认为是一种对人类有害的动物而遭到捕杀，现存数量仅为原来的40%。

群体优势

豺是一种高度群居的哺乳动物，通常5~10只（有时数量达30只）生活在同一领地内。它们白天出来活动，族群中常常只有一只处于繁殖期的雌豺。族群成员随时准备合作狩猎，通常是围捕小鹿，但也会捕杀体重为其10倍的动物，甚至野猪等攻击性很强的物种。豺擅长游泳，通常把小鹿逼入河中以获得捕猎优势。它们也会啃食亚洲象和野牛的残骸。除了能够发出尖锐的呼啸声召回同伴外，豺还能发出一系列奇特的声音，如猫叫声和尖叫声。

- 平均90厘米
- 15~20千克
- 濒危
- 鹿、野猪和腐肉

亚洲东部、东南部和南部

豺也被称为"口哨猎人"。

◁ **搏斗游戏**

豺在族群中的地位不是依靠打斗来确立的，而是通过彼此角力或制服对方而获得的。

红腹锦鸡

Chrysolophus pictus

很少有鸟类像雄性红腹锦鸡一样喜欢炫耀，但具有讽刺意味的是，当这种鸟类因鲜艳的羽毛被引入欧洲时，人们却很难在茂密的针叶林中发现它们的身影。

红腹锦鸡在地面觅食，它们啄食的样子与鸡相差无几。危险迫近时，它们更倾向于奔走而不是飞离，但夜间它们还是会飞上树顶，找一个安全的藏身之处。雄性红腹锦鸡啼声嘹亮，还会做出一些仪式性的、具有节奏感的动作，以吸引长有褐色带状斑纹的雌性红腹锦鸡。它们踮着脚，一次次地"围堵"雌性红腹锦鸡，彩色的披肩羽盖住了头部，形成了一个泛着橘色光芒的半圆，周围分布着蓝黑色环状斑纹。

- 60~110厘米
- 550~700克
- 常见
- 植物的嫩芽和昆虫

亚洲中部至东南部

雄性红腹锦鸡尾巴的长度约是雌性的两倍

△ **色彩斑斓的雄性红腹锦鸡**

红腹锦鸡又称金鸡，对于羽色华丽的雄性红腹锦鸡而言，这一名称确实恰如其分。

戈壁大沙漠
一片岩石丛生的高海拔大沙漠，面积居亚洲之首

戈壁大沙漠跨越中国北方部分地区，深入蒙古南部，面积近130万平方千米，居亚洲首位、世界第五。它地处海拔较高的平原地区，这意味着这里的温度波动大：夏季高达50℃，冬季低至-40℃。降水主要集中在夏季，但年降水量自东向西逐渐递减，东部地区年降水量达250毫升，西部地区仅有10毫升。

岩石丛生，条件恶劣

戈壁大沙漠虽为沙漠，但多数地区为裸岩。这里植被稀少，主要分布着生命力旺盛的耐旱灌木和草类。尽管植被少而且气候恶劣，许多动物仍然栖居于此。侏儒仓鼠和子午沙鼠等小型脊椎动物会钻到沙地下，避开夏季白天的暑气。它们常常松动土壤，循环利用植物养分，周围的环境也能从中受益。双峰驼、高鼻羚羊、普氏野马等大型哺乳动物需要千里跋涉，跨越沙漠才能找到足够的食物和水源。

戈壁大沙漠正以每年3600平方千米的速度不断扩大，导致极具摧毁力的沙尘暴愈发频繁。森林砍伐、过度畜牧等人类活动也正在不断加快沙漠化的步伐。

防风固沙的树木
梭梭是少数能够在戈壁大沙漠生长的树木之一。它们的树皮很厚，可以储存水分。其水平蔓延的网状根有助于固定沙土，因此被人们广泛种植，用以固定沙丘，减缓沙漠化。

梭梭

昼夜温差达35℃

重要的旱獭
蒙古旱獭是戈壁大沙漠中重要的物种之一，这不仅是因为它们为捕猎者提供了食物来源，还因为它们废弃的洞穴为沙漠狐提供了栖身之地。旱獭和沙狐的关系十分紧密，沙狐的数量会随着旱獭数量的下降而下降。

蒙古旱獭

恐龙蛋化石最早在此发现

备受骚扰的驴群
蒙古野驴群常在蒙古南部的戈壁大沙漠上悠闲地游荡。由于偷猎和过度放牧破坏了其栖息地，如今它们的数量岌岌可危。蒙古野驴在干枯的河床上挖坑，获取饮用水。

蒙古野驴

地理位置

戈壁大沙漠位于中国北部至蒙古南部,西南部与青藏高原接壤。

气候

戈壁大沙漠是一片寒冷、干燥的沙漠,每日温度与季节性温度波动都比较大。

戈壁熊

Ursus arctos gobiensis

四肢比灰熊的更长

戈壁熊是棕熊中体形最小、体重最轻的一种。它们的体毛很短,呈金色,四肢较长。戈壁熊主要以矮大黄等植物的根茎和果实为食。目前它们受到的威胁主要来自干旱、气候变化、栖息地的破坏以及幼熊被狼捕食。据估计,现存的戈壁熊数量不足30只。

▽ **基因之谜**
DNA鉴定结果表明,戈壁熊与棕熊有较为亲近的亲缘关系。对于棕熊而言,其他种类的棕熊都难以在戈壁大沙漠这种恶劣环境下生存。

- ↔ 1.5~2.2米
- ⚖ 50~160千克
- ⊗ 极度濒危
- 🍽 植物、啮齿动物和昆虫
- 🏠 🌵

亚洲中部

一对大耳朵

长耳跳鼠体形小巧,是耳朵与身体之比最大的哺乳动物之一。它们白天待在地下洞穴里,夜间出来捕食昆虫。它们的脚部长满了毛,能够像袋鼠一样在沙地上跳着前行。

95%的沙漠覆盖着岩石

长耳跳鼠

鹅喉羚

Gazella yarkandensis

鹅喉羚之所以得其名是因为在繁殖季节,雄鹅喉羚发出的巨大怒吼声会导致喉咙肿胀,状如鹅的喉咙。同雄鹅喉羚比起来,雌鹅喉羚的角更小。

▽ **"一马当先"**
与其他羚不同,鹅喉羚不会跳跃着奔跑以迷惑穷追不舍的捕食者,而是靠急速奔驰以躲避威胁。

- ↔ 0.9~1.1米
- ⚖ 20~30千克
- ⊗ 易危
- 🍽 草类和树叶
- 🏠 🌵

亚洲中部

高鼻羚羊
Saiga mongolica

冬季皮毛变厚、颜色变淡

高鼻羚羊几乎从不会被认错。这种动物外形如山羊，仅雄羚羊长有一对尖尖的螺旋状角，淡琥珀色，有环棱。雄羚羊和雌羚羊都爱炫耀那低垂的长鼻孔，它们的鼻骨高度发育，里面有一条卷曲的、长满绒毛的管道。夏天，这些绒毛可以过滤大草原上吹过的沙尘。冬季，长长的鼻管可以在空气抵达肺部前将其预热。高鼻羚羊大规模聚集在一起过冬——正好也是交配季节，它们成群结队地前往南部栖息地以避开最寒冷的天气。

- ↔ 1~1.4米
- ⚖ 26~69千克
- ⊗ 极度濒危
- 草本植物和灌木

亚洲中部

由于人类活动的影响，现仅有约750只高鼻羚羊在野外生活。

▷ **正在牧草的雄羚羊**
高鼻羚羊在早晨和下午牧草——每天通常要跋涉80千米——正午时分休息以助消化。夜幕降临时，它们就在地上刨出一个浅坑，在里面睡觉。

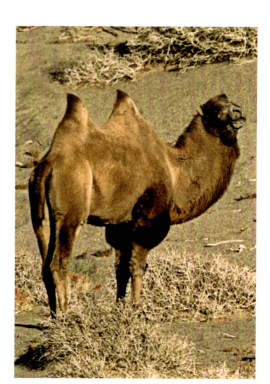

◁ **突出的两个脂峰**
双峰驼脂峰耸立，比野生或驯养的单峰骆驼的驼峰更突出。

▽ **穿越沙漠**
从中国北方到土耳其的寒冷地区，双峰驼常被驯化为役畜。它们比野生骆驼矮小，但身体更加健壮。

双峰驼

Camelus bactrianus

双峰驼蹄掌肥厚，长有两个脚趾

双峰驼在中亚地区气候干燥、岩石丛生的平原和山丘上游荡，尤其是植被稀疏、地跨中蒙两国的戈壁大沙漠。它们背部的两座驼峰可以储存脂肪，在干旱季节，这些脂肪可转化为水和能量以维持生命。当脂肪耗尽时，驼峰便缩小。

双峰驼居无定所，栖息地又非常偏僻，研究起来相当有难度，因此人们对其习性还是不甚了解。双峰驼并不守护其领地，而是加入小的族群共同生活，长途跋涉以寻找食物。在繁殖季节，发育成熟的雄性双峰驼会与对手决斗，朝对方吐口水，撕咬并踢对方。最强壮的雄性双峰驼会将周围的雌性双峰驼聚集起来，与之交配。

双峰驼以树叶为食，从中获取大部分身体所需的水分。它们很少出汗，有助于在夏季炎热的沙漠中保持水分。不过，旱季过后，当它们最终抵达水源时，15分钟便可饮下135升的水。与驯养的骆驼相比，双峰驼能忍受饮用盐度更高的水。沙漠的冬天寒冷刺骨，因此双峰驼会长出像羊毛一样又长又厚的被毛。行走时，双峰驼每只蹄上的两个脚趾会张得很开，以免陷入积雪中或是沙子里。

被驯化的生活

野生双峰驼数量不足1400只，而且数量仍在持续减少，这一物种通常被驯化为极具耐力的交通工具。它们的近亲——栖息在北非、中东和中亚的单峰驼已完全被驯化，现已引入澳大利亚。

- ↔ 3.2~3.5米
- ⚖ 400~500千克
- ⊗ 极度濒危
- 🌿 草本植物和灌木

亚洲中部

直立的鬃毛每年脱落一次
白色的口鼻

普氏野马
Equus przewalskii

这种体形健壮的哺乳动物原分布于中国新疆、甘肃和内蒙古，后被引入欧洲。但受气候变化、栖息地减少和过度捕猎的影响，18世纪时普氏野马的数量骤跌。在近一个世纪的时间里，该物种在野外濒临灭绝。后来欧洲多国、美国和澳大利亚合作实施了圈养项目，直到1986年，少量普氏野马被引入中国、蒙古、哈萨克斯坦和乌克兰等国。现今，约600匹普氏野马在其祖先曾分布的地方自由行走。

危险的联盟

尽管普氏野马和家马的祖先是近亲，但从基因层面来讲，两者相差甚远：普氏野马体内的细胞中含66条染色体，家马只有64条。这两种马可以进行杂交，产下具有生育能力的后代，因此杂交繁殖是现存野生普氏野马面临的主要威胁。普氏野马与家马在外形上相差迥异，它们的体形更小，身材更紧凑，脖子更加短小粗壮，而且长有硬硬的短鬃毛。此外，几乎所有的普氏野马毛色差异不大。普氏野马在野外四处游荡，寻找水源和矮草。野马群由一匹领头的种马、两三匹母马和它们的后代组成，新生的小马驹与父母共同生活2~3年。

△ **统治地位之争**
有单身雄马挑战领头雄马的地位时，领头雄马会依照惯例先给予警告，如果不能吓退对方，便会与之搏斗，常常会造成重伤。

> 所有现存的纯种普氏野马均为最初的12匹普氏野马的后代。

▷ **母亲和小马驹**
小马驹和母亲形影不离，以获取食物和热量，避免受到狼等捕食者的威胁。有时，几个马群会齐心协力找寻食物。

新疆沙虎
Teratoscincus przewalskii

新疆沙虎白天躲在洞穴里，晚上出来捕食。不同于其他沙虎，它们长有展开的爪垫，脚趾分开，能够在松软的沙地上轻松地挖坑、移动。

- ↔ 10~15厘米
- ⚖ 15~30克
- ⊗ 常见
- 昆虫、蜘蛛、蝎和蠕虫

▽ 夜行性动物
新疆沙虎又称蛙眼守宫，是爬行动物。它们眼睛很大，在夜间很活跃。

没有眼睑

尾部有鳞甲

亚洲中部

大鸨
Otis tarda

雄性大鸨最重可达21千克，是世界上最重的飞禽之一，但大部分大鸨更瘦更轻，雌性大鸨更小。大鸨属于大型地栖鸟类，它们栖息在野外空旷的环境中，由于缺乏参照物，看上去体形大小可能具有欺骗性。大鸨走起路来慢慢悠悠，气宇不凡，受到惊吓时，它们更倾向于跑开而非飞走，但即便如此，大鸨的飞翔水平一流，翅膀拍击起来强劲有力。尽管现在大鸨更喜欢生活在广阔的麦田里，但人类活动和农业生产给它们带来了不少的困扰。冬天时，生活在亚洲的大鸨会向南部和西部迁徙以躲避严寒。

雄性大鸨聚集在求偶场上炫耀自己和寻求伴侣。占统治地位的雄性会同多只雌性交配，每只雌鸟在地面挖坑并产下2枚卵。

- ↔ 75~100厘米
- ⚖ 3.3~21千克
- ⊗ 易危
- 植物的种子、昆虫和蛙类

欧洲、亚洲

▽ 雄鸟争斗
雄鸟相互争斗以确立主导地位，它们翘起尾巴、张开翅膀，充分展现自我，就像一个白色的大圆球。

- ↔ 2.2~2.8米
- ⚖ 200~300千克
- ⊗ 濒危
- 草类、树叶和嫩芽

亚洲中部

日本海山地林
冬季寒冷的山地生态区

这片落叶林生态区面积达 82300 平方千米，包括日本本州岛的山脊及偏北部的岛屿北海道的小部分地区。日本三分之二的领土都被森林覆盖着，但其中仅有四分之一是最原始的自然林，其余的是再生林或种植园。日本一共拥有 7 种不同类型的自然林生态区，包括多种常绿林和落叶林以及亚热带湿润林。

夏季湿润，冬季多雪

日本海山地林生长有树木、灌木和野草，夏季湿热，草木蓬勃生长，而冬季寒冷多雪，树木开始落叶。林中数量最多的落叶型树木是日本山樱，如今已广泛种植于世界各地的公园和花园中，以供观赏。山林里其他的树木还包括日本山毛榉、桂树以及日本鹅耳枥等。林中栖息着许多以树木所结的坚果和果实为食的动物，它们在传播种子方面发挥了重要作用。

除了由发育成熟的大树组成的林冠层之外，山地林中还包括由未发育成熟的树木组成的下层乔木层，和由禾本科植物、草本植物构成的林下植物层。靠近森林底层的区域生物多样性最丰富，这点与热带雨林不同，热带雨林中物种数量最多的地方位于林冠层。日本猕猴是日本海山地林最具代表性的动物。

数量激增
据估计，日本栖息着约 400 万只梅花鹿。大约一个世纪之前，它们主要的天敌狼次绝后，其数量开始激增。如今，无论是其天然林栖息地还是农田，数量庞大的梅花鹿对农业和经济都造成了巨大损失，这几乎是一种生态灾难。

梅花鹿

瞬息之美
春天，日本樱花成片绽放，或白或粉，一片烂漫，但花期短暂，转瞬即逝。对于日本人而言，它们这种瞬息之美象征着人生的苦短，赏花时节人们会一同庆祝樱花盛开。

樱花

山樱是日本北海道森林中最为常见的落叶型树木

暗绿绣眼鸟

日本七大森林生态区之一

季节性饮食
暗绿绣眼鸟是日本分布最广、数量最多的鸟类之一，这种鸟很少在地面上活动。它们在树上和灌木丛中觅食，夏季捕食昆虫，秋季寻觅浆果，春季吸食花蜜，尤其是樱花。

地理位置

从本州岛西部的广岛向东、向北一直延伸到北海道最南端。

气候

这个地区的气候是温和的季节性气候。冬天的温度可能会降到冰点以下,但夏天可能会达到30℃。

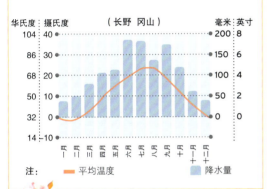

控制啮齿动物的种群数量

日本鼬最早仅在日本群岛中的三座岛上出没,但如今为了控制啮齿动物的种群数量,它们已被人们引进到日本其他的大多数岛屿上。冬季,这种高效的捕食者在雪下的隧道中捕食各种鼠类。

日本鼬

小飞鼠
Pteromys volans

前肢和后肢间的飞膜可伸展开来

凭借帆状飞膜和扁平的尾巴,小飞鼠可在林间滑翔75米,有时甚至更远。小飞鼠是夜行性哺乳动物,喜欢栖息在原始森林中,森林中的树木为它们提供了食物,树木上啄木鸟啄出的洞,可被它们当作巢穴。

- 12~23厘米
- 90~170克
- 常见
- 坚果、嫩芽和树叶

欧洲东部至亚洲东部

◁ **季节性食客**
夏季,小飞鼠主要以山杨、白桦和黑桦的叶子为食。

日本鬣羚
Capricornis crispus

脖子周围长有一圈毛茸茸的白色颈毛

日本鬣羚体形小巧,是羊的近亲,雄性鬣羚和雌性鬣羚都长有短而尖的角,身披长长的灰白色体毛,可用于抵御寒冬。日本鬣羚白天觅食,晚上返回洞中休息。它们用气味标记领地,在领地边缘的树木或灌丛上做标记,这样可以找到更多的植物作为食物来源。

- 平均1.3米
- 31~48千克
- 局部常见
- 草类、树叶和橡实

亚洲东部(日本)

◁ **独来独往**
冬季,日本鬣羚过着独居生活。它们能够充分利用领地内稀缺的食物来源。

△ 在雪中
同人类小朋友一样，年幼的日本猕猴也玩雪球。人们经常可以看到它们滚雪球或抱着雪球跑来跑去。

日本猕猴

Macaca fuscata

日本猕猴是生活在日本群岛上的物种,也被称为雪猴——其原因不难理解。这种短尾猴生活在降雪频繁的地区,是除人类以外的所有灵长动物中栖息地纬度最高的。尤其是本州岛北部,一年有三分之一的时间为白雪所覆盖。除脸部和臀部之外,日本猕猴几乎全身被毛,皮毛呈灰棕色,十分浓密,而且随着气温降低,毛还会越来越厚实,因此,它们能在-20℃的低温中生存。

猕猴的栖息地分布很广,南至亚热带森林,北达亚北极树林。雌性日本猕猴待在树上的时间更多,但雄性更喜欢在地面上活动。不过,所有的日本猕猴几乎都在树上休息,以躲避野狗等捕食者。日本猕猴是不折不扣的杂食性动物,不过比起肉类,它们更喜欢吃植物。它们偏爱的食物有水果、坚果、种子、树叶和根茎,但它们也吃菌类、昆虫、贝类、鱼类,必要时,甚至会吃土以获取矿物质。

世袭制度

雄性日本猕猴的体形比雌性略大,体重略重。猴群通常由雄性和雌性组成。不过,猴群内的雌猴有明显的等级,其地位可由母亲传给女儿。猴群内可能由多个等级不同的母系族群组成,其中一个母系族群及其家庭成员的地位高于其他母系族群。猴群内的雄性也有一套等级体系,一名雄性担任首领。雌猴终身都待在猴群中,但雄猴只有在达到性成熟后,才可能加入不同的猴群。

雌性日本猕猴可以自行决定与哪只雄性猕猴交配,不一定非得选雄性首领。交配地点可能在地面,也可能在树上,交配结束后5~6个月,雌性猕猴诞下一只幼猴(少数情况下可能是双胞胎)。约7周大时,幼猴开始独自觅食,到了18个月大时,它们才能摆脱对母亲的依赖。祖父母有时会养育被父母抛弃的幼崽——在除人类之外的所有灵长动物中,尚属首例。

多才多艺的交流者

日本猕猴很聪明,可以发出多种声音,向族群成员发出危险警报。同时它们也会向彼此学习行为技巧,比如泡温泉、滚雪球,甚至会将食物放入清水中洗净后再放入咸水中,以改善食物的口感。

> 和人类一样,日本猕猴群的口音随着栖息地的不同而不同。

在交配季,脸颊由红色变成深红色

- ↔ 47~72厘米
- ⚖ 8~11千克
- ✖ 常见
- 🍴 植物、昆虫、菌类、贝类和鱼类

亚洲东部(日本)

◁ **取暖**
日本猕猴会定期泡温泉取暖,清除身上的寄生虫。族群内地位高的猕猴能在温泉中享有更多的特权。

◁ **冬季觅食**
日本猕猴的食谱随着季节不同而变化。在冬季,它们主要以树皮和嫩芽为食。

△ 冰屋
日本貂是一种夜行性动物，空心树和地下巢穴不仅为其提供了掩护和栖身之所，也使其免受野狗等捕食者的打扰。

▷ 垫脚石
日本貂腿部的肌肉十分发达，能够跃过数倍于其体长的距离；它们的爪子也相当锋利，可以提供绝佳的抓力。穿越正在解冻的河流对它们来说毫无压力。

颈部长有米色斑块

和浣熊一样,脸部有黑色"面罩"

日本貂

Martes melampus

日本貂隶属于鼬科,全年捕食小型动物。事实上它们是杂食性的机会主义者,会根据季节变化及栖息地中所拥有的食物来调整饮食。比如春季,有些种群会捕食鸟类;夏季,它们又以昆虫为主要食物。

播种大使

日本貂捕食田鼠等小型脊椎动物,同时也吃鸟类、鸟蛋、鱼类、蛙类和甲壳动物。但是,与本地其他食肉动物相比,日本貂的排泄物中常有整株的植物,包括植物的果实和种子。因此它们也成为自然界不可或缺的播种者,特别是对那些果实肉质厚的植物而言。日本貂有3个亚种,每个亚种的毛色从淡黄到深棕各不相同。对于这种身手矫健、行踪诡秘的野生哺乳动物来说,人们对它们的习性仍然所知甚少。为了获取其皮毛,人类曾对其进行人工养殖。在野外,它们定期用排泄物来标记领地,是领地意识极强的动物。比起针叶林,它们更喜欢阔叶林,因为阔叶林可以提供更多的食物选择。

雌性日本貂体形比雄性稍小,一胎可生1~5只幼崽。除了与幼崽一起生活的雌貂之外,日本貂大多独自生活。如今由于针叶林持续扩张、大量使用农药以及皮毛贸易引发了过度狩猎等原因,日本貂的生存面临着巨大的威胁。

貉

Nyctereutes procyonoides

貉原产于东亚,具有很强的适应力。它们曾因皮毛贸易而被引入欧洲。貉属犬科动物,是狼和狗的远亲,但它们拥有几种独一无二的鉴别特征。貉是唯一一种冬天会半冬眠的犬科动物,除非其脂肪储量太低,否则它们会进入一种懒洋洋的状态。貉不能发出犬吠声,只能发出呜咽声、猫叫声或咆哮声。与其他犬类相比,它们的牙齿更小,肠道更长,这些是植食性动物的特征。秋天,在其原生栖息地上,貉主要以果实和浆果为食。

> 根据日本民间传说,日本貂能够自由变换身体的形状。

- 47~55厘米
- 1~1.5千克
- 常见
- 啮齿动物、鸟类、鱼类和植物

亚洲东部

- 50~71厘米
- 3~12.5千克
- 常见
- 鸟类、啮齿动物、蛙类和植物果实

长长的冬季被毛下面还会长出厚密的绒毛

亚洲东部

◁ **准备好过冬**

貉的视力相对较差,因此在秋天它们主要依靠嗅觉寻找食物,为即将到来的冬天囤积脂肪。

鸳鸯

Aix galericulata

与很多羽毛颜色鲜艳的鸟类一样，鸳鸯在野外竟然不易被发现。它们通常躲在湖岸边悬垂的植被下边，或栖息在高高的树上。春天，它们在老树的树洞里筑巢。最初，雄鸳鸯负责守卫巢穴，不过它们不参与孵卵，直到小鸳鸯孵化后才离开。鸳鸯以无脊椎动物、植物的种子为食，也吃橡子和其他植物，这些食物要么捕获于浅水区，要么就是在附近矮草地牧草时被发现。鸳鸯能够迅速飞越树林和宽阔的水域，发出尖细短促的"嘎嘎"声。

数量游戏

由于栖息地减少和人类的影响，自然栖息地中鸳鸯的数量直线下降，但作为一种观赏性鸟类，鸳鸯已被引入世界各地。在北美洲，有些鸳鸯从将其买来以供观赏的收藏者手中逃脱，进而形成野生种群。通常，外来物种会越界破坏生态，但就鸳鸯这一案例而言，从长远来看，它们在救助物种方面发挥了积极作用。

- 41~49厘米
- 平均625克
- 常见
- 无脊椎动物和植物的种子

亚洲东部

> 在中国文化中，鸳鸯象征着至死不渝的爱情。

雌鸳鸯羽毛颜色单一

雄鸳鸯颈侧有栗色的领羽

橘色的三角形尾巴

雄鸳鸯头上长有一块白色的新月状羽冠

◁ **华丽的雄鸟**
极少数鸟类与鸳鸯一样，外形看起来如此特别。雄鸳鸯外表独特，但雌鸳鸯外形酷似雌美国林鸭。

虎斑颈槽蛇

Rhabdophis tigrinus

虎斑颈槽蛇是一种不同寻常的蛇类，具有特别的毒腺和毒牙。它们咬住猎物之后，后沟牙会分泌毒液。虎斑颈槽蛇能从蟾蜍等有毒的猎物身上获取毒素，并储存在颈部的腺体中。一旦受到威胁，虎斑颈槽蛇就会弓起颈部威吓对方，同时颈部也能分泌毒液。雌蛇一次可产2~40（平均10~14）枚卵，30~45天后幼蛇孵化出来。

- 0.7~1.2米
- 60~800克
- 不详
- 两栖动物
- 亚洲东部和东南部

▽ **转移毒素**
虎斑颈槽蛇能够从蟾蜍身体获取毒素，再通过卵黄将毒素传给下一代。

绿带翠凤蝶

Papilio maackii

这种大型蝴蝶生活在森林边缘和灌木丛生的草地上。绿带翠凤蝶每年产卵2次，分别在春末和夏末。成年绿带翠凤蝶可存活2周，以花蜜为食。雌蝶将卵产在美洲花椒和栓皮栎上——这些都是蝴蝶幼虫偏爱的食物。

- 12~14厘米
- 不详
- 美洲花椒叶和花蜜
- 亚洲东部

五彩斑斓的鳞片

△ **俏丽的雌蝶**
雌性绿带翠凤蝶颜色比雄蝶更鲜艳，翅膀前缘有一条绿色横带纹，后缘点缀着红蓝色的斑点。

雌蝶所特有的红色斑纹

日本大鲵

Andrias japonicus

这种怪兽生活在淡水中，体形仅次于中国大鲵，是世界上第二大的大鲵。它们只能通过皮肤呼吸，生活在寒冷、湍急、富含氧气的河流中。每年的8~9月，成年的日本大鲵聚集在水下巢穴中准备产卵。雌性日本大鲵将卵产在岸边的洞穴中。这些卵都已受精，雄性日本大鲵负责守卫，直到卵孵化。日本大鲵孵化后在自然环境中生长4~5年后性腺开始发育，大约再过10年才发育成熟。

- 1~1.4米
- 夏末
- 近危
- 鱼类、昆虫和蟹类

亚洲东部（日本）

头部长有疣粒

受到威胁时，褶皱的皮肤上会渗出乳状白色液体

前肢与后肢的长度几乎相同

△ **敏感的皮肤**
日本大鲵的视力较差，在捕猎时不能发挥作用。相反，它们依靠皮肤上的疣来感知猎物经过所产生的水流。

婆罗洲雨林
东南亚珍稀动物的宝地

婆罗洲低地雨林大约形成于 1.4 亿年前,是世界上最古老、最具多样性的雨林之一。然而,该雨林中的生物多样性也吸引了人类的入侵。低地森林中生长着 267 种大型阔叶树,其中的 60% 为当地特有物种。据统计,自 1970 年来森林面积已经减少了 30%,主要是因为全球市场对硬木的需求增加导致阔叶林被大量砍伐,以及将森林土地用于农耕。雨林变得碎片化,猩猩等分布广泛的物种也陷入了困境,它们只能在小片的森林中生存。同还未开发的雨林相比,仅深入种植园数米,其生物多样性便已下降 90%,下降幅度之大真是令人震惊。

高海拔的绿色岛屿心脏

当前婆罗洲的森林覆盖面积略超过岛屿总面积的一半,其中大部分是海拔不足 1000 米的低地雨林。岛屿的中心地带气候更加凉爽,海拔更高——称之为"婆罗洲之心"——那里覆盖着未被开垦的山地雨林,由于这里不宜农耕,因此目前受到伐木和农业扩张的影响较少。婆罗洲野生动物栖息地还包括湿地森林和红树林。

免遭危险
猪笼草颜色鲜艳,气味香甜,吸引昆虫飞入它们那装满液体的黏滑的"捕虫笼"内。猎物在液体中溺亡后被消化吸收。树蛙则不受该液体的影响。它们将卵产在该液体的"捕虫笼"内,以躲避敌人。蛙卵得以安全地成长。

树蛙

马来熊

蜂蜜杀手
婆罗洲马来熊仅在岛上的雨林中出没。它们用巨大的爪子扒开蜂巢和蚁穴,寻找蜂蜜和昆虫。马来熊也吃雨林里各种树木所结的果实,在播种方面发挥了重要的作用。

世界第三大岛 〉 其中有 44 种为特有物种 〉 岛上生长着 221 种哺乳动物 〉

晚兰

神奇的晚兰
大约 2500～3000 种兰花生活在婆罗洲,其中 51 种为 2007～2010 年新发现的物种。岛上生长着许多罕见的花,比如美丽而濒危的罗氏晚兰。

> 有 18 种哺乳动物仅生活在婆罗洲的热带雨林中。

婆罗洲雨林

地理位置

婆罗洲地处亚洲东南部，其西南部为菲律宾群岛，其北部靠近爪哇岛。这座岛屿的北部为马来西亚，中间为文莱达鲁萨兰国，南部为印度尼西亚。

气候

婆罗洲的雨林地带天气酷热，属热带气候，全年降水量大。岛上平均年降水量达 2992 毫米，平均气温为 26.7℃。

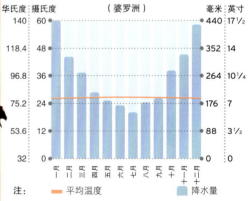

棕榈油带来的难题

为了种植油棕榈，婆罗洲大量的森林都已遭到破坏。棕榈油提取自棕榈树的果实和种子，在全球范围内被用于食品和化妆品产业。随着人口增多，人们对于平价植物油的需求将进一步增加。

印度尼西亚称这里为加里曼丹岛，或是"炙热岛"

约15000种裸子植物在此茁壮成长

毫无作用的鳞甲

在过去的20年里，因非法捕猎，马来亚穿山甲数量下降了一半。它们的鳞甲曾经被用于传统药物。

马来亚穿山甲

森林巨人

泰坦魔芋的花序高3米，实际是一堆长在肉质主干上的花，四周簇拥着名为"佛焰苞"的花瓣状结构。泰坦魔芋盛开时会散发一股腐肉般的臭味，会吸引苍蝇。

泰坦魔芋

播种者

婆罗洲栖息着8种犀鸟。与马来熊一样，凤头犀鸟、盔犀鸟和马来犀鸟都是重要的植物播种者。除面临栖息地减少的危机外，这些鸟也因羽毛和肉质而招致了杀身之祸。

盔犀鸟

马来大狐蝠
Pteropus vampyrus

不同于其他体形较小的蝙蝠，马来大狐蝠并不是仅仅凭借回声定位在黑暗中行进。觅食时，它们借助大眼睛和敏感的鼻子在雨林中寻找果实和花朵。它们也因这种习性而被称为"水果蝙蝠"。白天时，一大群喧闹的马来大狐蝠倒挂在树上休息。它们的指骨很长，末端有爪，能够抓住树枝，左右移动。每当夜幕降临时，马来大狐蝠就会飞往捕食区，距离它们的栖息地远达数千米。

- 平均42厘米
- 0.6~1.1千克
- 近危
- 果实、花和蜂蜜

亚洲东南部

▷ 倒挂树上
马来大狐蝠是世界上最大的蝙蝠之一，平均翼幅为1.5米。

指端有爪，能抓住树枝　　脸长得像狐狸

西部眼镜猴
Cephalopachus bancanus

在所有哺乳动物中，眼镜猴的眼睛与身体之比最大——每只眼睛都比大脑略重。它们属夜行性灵长动物，眼球不能转动，头可以向后转动180度，身体不动就能观察身后是否存在潜在的敌人或者猎物。西部眼镜猴也能凭借敏锐的听觉来定位猎物，一把抓住或跳到猎物身上。跳跃是西部眼镜猴主要的行动方式——它们能跃过相当于体长40倍的距离。西部眼镜猴主要生活在树上，它们的手指修长，指、趾端有软垫，有的趾端有锋利的爪，其余各指、趾端是指甲，能够牢牢地抓住树枝。雌猴一次产下一只幼猴。最初，幼猴由母亲背着，但很快就能学会扒在母亲身上。

- 11.5~13厘米
- 100~140克
- 易危
- 昆虫和小型蜥蜴

亚洲东南部

▷ 攀附
西部眼镜猴行动敏捷，利用长长的尾巴作为支撑，轻而易举地攀附在垂直的树干上。

- 61~76厘米
- 10~24千克
- 濒危
- 树叶、果实和种子

亚洲东南部

成年雄性长鼻猴长有橘色的脸颊和巨大的鼻子

长鼻猴

Nasalis larvatus

长鼻猴面部特征醒目且复杂，它们的鼻子大得出奇。相对于灵长动物，雌猴和小长鼻猴的鼻子不仅过长，而且向上翻起，成年雄猴的鼻子垂过颔部，因此它们有了"长鼻猴"这个名字。长鼻子有何作用目前尚不清楚，但构造就像一个"扩音器"，可以帮助雄猴发出更大的叫声，帮助它们吸引伴侣。

外表具有欺骗性

雄性长鼻猴的体形比雌性大很多。长鼻猴每天吃大量的树叶，再加上消化速度慢，因此它们的肚子又大又鼓，常年看上去就像怀孕一般。成年雄猴带领着几只雌猴和它们的后代一起生活。同族群中的雌猴彼此间会相互竞争，争夺与雄猴交配的机会，并且一生中可能会加入多个族群，这在灵长动物中并不常见。身体发育成熟后，在竞争到属于自己的雌猴族群之前，单身雄猴会组成一个群体。尽管情敌之间会争吵打斗，但是它们的领地意识并不强烈。黄昏时分，几个猴群通常聚集在树林的高处休息，以避开危险。

长鼻猴很少会远离水源。它们是游泳高手，这部分归功于它们的蹼足。

△ **幼猴间的争吵**

在成长的过程中，幼猴的身体越来越强壮，也学会了许多新技能，同时，它们与同类之间的关系也随之而建立或解散。

△ **奋力一跃**

长鼻猴的日常活动就是跳水——从树上往下跳，腹部先落水。受到威胁时，它们可以在水下潜游20米。

◁ **娃娃脸**

刚出生的小长鼻猴，无论雌雄，鼻子大小都"正常"，皮毛为黑色，脸颊为蓝色。随着年龄增长，它们的鼻子越长越长，身体颜色也变得与成年相同。

> 成年雄性长鼻猴的鼻子一般很长，在进食的时候，不得不先将其歪到一边。

婆罗洲猩猩
Pongo pygmaeus

臂长是腿长的两倍

婆罗洲猩猩是唯一生活在亚洲的类人猿。猩猩生活在婆罗洲和苏门答腊的森林中。婆罗洲猩猩数量比苏门答腊猩猩（*P. abelii*）多，比例约为10∶1。不过，尽管约有5.5万只婆罗洲猩猩生活在婆罗洲，但该物种仍然极度濒危。

树上的生活
婆罗洲猩猩白天爬上树枝寻找食物，夜间在树上休息。它们的臂展远超过身高——成年雄性的双臂展开可达2.2米——因此它们可以在树枝丛中自由移动，轻松地从高处快速荡到低处。婆罗洲猩猩的体重与成年人类相当，但它们比人类强壮6倍，它们无法安全地爬到树顶，因此大部分时间都在林中高度不足40米的区域内活动。年长的雄性身体太重，无法爬那么高，加之婆罗洲没有什么大型捕食者，雄性婆罗洲猩猩可以长期生活在地面上。相反，雌性和较为年幼的婆罗洲猩猩可能连续几周都不到地面上活动。

婆罗洲猩猩主要以水果为食，它们会用灵巧的双手和牙齿剥开果皮，再吃掉果肉。它们也吃树叶、树皮和花朵，此外还吃蜂蜜、鸟类的蛋和昆虫等。

独居的类人猿
成年雄性婆罗洲猩猩之间彼此互不打扰，它们发出一连串的叫声宣告自己的领地，告诫邻居不要来犯。有的雄性婆罗洲猩猩发育成熟后脸部颊囊附近没有增厚的肉垫，它们的声音不那么嘹亮，在其他雄性相互争夺交配权时，它们常常采用隐形战术偷偷靠近雌猩猩，与之交配。在短时间内，雌性红毛猩猩可能会组成小的族群抚养幼崽，让幼崽一起玩耍。幼崽7岁前，雌猩猩会专心照顾它们，直到它们完全独立，雌猩猩才会继续繁殖养育下一胎。

- 1.1~1.4米
- 40~80千克
- 濒危
- 水果、树叶、树皮、鸟蛋和昆虫

亚洲东南部

◁ 发育成熟的雄性婆罗洲猩猩
婆罗洲猩猩雌雄之间存在巨大的生理差异。在14岁时，大多数雄性猩猩的脸部会长出宽大的肉垫，下巴上有胡子，还长着用来扩大叫声的大喉囊。

△ 夜间巢穴
婆罗洲猩猩用树枝筑巢以供休息。它们每晚都会修筑巢穴。

◁ 喝一口雨水
一只小猩猩正在喝滴落在树叶上的雨水。大雨倾盆时，婆罗洲猩猩通常会用枝叶茂盛的树枝当作雨伞。

灰长臂猿
Hylobates muelleri

手臂的长度是腿部的1.5倍

长臂猿是猿类中体形最小的，也是最为灵活的灵长动物之一。在长臂的辅助下，它们可以从一棵树荡向与之相距10米的另一棵树。婆罗洲栖居着4种当地特有的长臂猿，灰长臂猿就是其中的一种，它们栖息在岛上雨林和热带森林中高大的林冠层。灰长臂猿很少下到地面上，因此它们的主要威胁来自森林砍伐所造成的栖息地减少。抚摸和整理毛发是猿类之间交流的重要手段，但长臂猿不同，它们主要通过叫喊或"唱歌"来建立感情，相互沟通，而且每种长臂猿都有自己独特的鸣叫声。成年长臂猿遵循阶段性的一夫一妻制，长臂猿夫妇会在晨间一起叫喊，共同守卫领地。雄性长臂猿在黎明前就开始歌唱，太阳升起后雌性伴侣也加入其中，平均演唱时间达15分钟，然后开始觅食行动。

灰长臂猿运用的发声技巧与人类的女高音类似。

- ↔ 41~64厘米
- ⚖ 4.6~7千克
- ⊗ 濒危
- 🍴 成熟的果实、树叶和花

亚洲东南部

◁ **秋千之王**
灰长臂猿非常灵活。它们借助双臂在树枝间荡来荡去，在树丛中穿行的速度可达55千米/时。

飞蜥
Draco volans

▷ **可控性滑翔**
滑翔时，如果气流适宜，飞蜥胸部的肌肉会舒张，肋骨倾斜使翼膜完全展开，以提供支撑，再利用尾和足来控制方向。

与神话传说不相符，飞蜥并不会飞翔，只能在树干间滑翔，寻找食物、伴侣，或是避开领地争端以及捕食者。它们的体侧长有可伸展的翼膜，由细长的肋骨支撑着。飞蜥能够滑翔10米远，最远可达50米。不滑翔时，飞蜥将翼膜沿身体两侧折叠起来以保护身体。它们的翼膜有别于一般的蜥蜴，颜色比较特别，可以帮助它们藏身于林间。飞蜥最喜爱的食物是蚂蚁和白蚁，它们通常在早晨和晚上捕食。

求偶炫耀
在繁殖季节，拥有领地的雄性飞蜥会上下点头，张开翼膜，展开亮黄色的扇形喉囊，以此驱赶雄性情敌并吸引雌性。交配结束后，雌性飞蜥爬到地面上，用鼻子挖一个浅坑产卵。

- ↔ 15~20厘米
- ⚖ 5~10克
- ⊗ 常见
- 🍴 蚂蚁和白蚁

亚洲东南部

黑红阔嘴鸟
Cymbirhynchus macrorhynchos

黑红阔嘴鸟的喙宽大而扁平,专门用来铲食昆虫和其他猎物。奇怪的是,这种颜色异常鲜艳的阔嘴鸟在密林中居然完全不引人注意。它们通常很安静,嗓音低沉而特别。雄鸟的身体修长,非常结实,直直地栖息在树枝上,尾巴指向地面,扭动巨大的头部环顾四周,然后半张开喙,发出短促的鸣叫声。

△ **般配的伴侣**
黑红阔嘴鸟将巢穴建在靠近水源的树墩上。雄性黑红阔嘴鸟会参与孵卵并抚育幼鸟。

- 平均25厘米
- 50~76克
- 常见
- 昆虫、果实、螃蟹和鱼类
- 亚洲东南部

鹳嘴翡翠
Pelargopsis capensis

鹳嘴翡翠能够潜入水中捕鱼,也在茂盛的阔叶林间捕食各种猎物。它们经常重复3个低沉的音调,会发出响亮而急促的"咯咯"声警示同伴,人们常根据这两种声音来寻找它们。鹳嘴翡翠领地意识极强,它们会将其他鸟——甚至猛禽——赶出其领地。

▷ **头重脚轻**
鹳嘴翡翠的喙是所有翠鸟中最大的一种。它们能对付体形几乎与自己相当的猎物。

与身体相比,头部显得巨大

- 平均35厘米
- 150~200克
- 常见
- 鱼类、蛙类、螃蟹和啮齿动物
- 亚洲南部和东南部

黑掌树蛙
Rhacophorus nigropalmatus

▷ **生活在地面的幼蛙**
幼蛙的皮肤呈棕色，上面长有颗粒物，与皮肤光滑呈绿色、栖息在树上的成年黑掌树蛙相比，它们更适合生活在淤泥和土壤中。

黑掌树蛙又称华莱士飞蛙，这个名字是以其发现者A. R. 华莱士命名的。这位英国博物学家与达尔文共同提出了进化论。在解释物种如何适应其生活环境这一问题时，黑掌树蛙是个绝佳的例子。它们的脚上有蹼，其祖先利用蹼足在水中游泳，如今用来当作降落伞，帮助它们在距离相隔很远的两棵树之间跳跃。成年黑掌树蛙从不需要下到地面——它们可以通过跳跃躲避捕食者，或是前往新的觅食区域。在雨季，雌蛙将分泌的黏液和卵搅打成"泡沫卵块"，再安置在树枝上。孵化出的蝌蚪便直接掉进了树枝下的池塘中。

- 7~10厘米
- 雨季
- 局部常见
- 昆虫和蜘蛛

亚洲东南部

◁ **正在降落的成年黑掌树蛙**
黑掌树蛙的蹼足呈"八"字形张开，可以助其滑翔15米。巨大的脚趾在着陆时提供了强大的抓力。

阿特拉斯蛾
Attacus atlas

阿特拉斯蛾这个名字是以希腊神话中被罚用双肩支撑苍天的擎天神阿特拉斯来命名的。这个物种又称乌桕大蚕蛾，曾被誉为世界上现存体形最大的飞蛾。栖息在南美洲热带地区的白女巫夜蛾是世界上翼展最大的飞蛾。雄性阿特拉斯蛾体形相对较小，而雌性阿特拉斯蛾身体大得可以盖住整个餐盘。

成年阿特拉斯蛾并不进食，最多只能存活一周，因此需要尽快繁殖。雄蛾利用羽状触角追踪雌蛾在数千米外发出的气味。雌蛾在树叶的背面产下约250枚卵，尤其喜欢柑橘或其他果树。

△ **"假蛇"**
在中国，阿特拉斯蛾也被称为蛇头蛾，因为它们那弯曲的前翅末端看起来像是准备进攻的眼镜蛇的头部。

雄性头部的羽状触角

- 16~30厘米
- 不详
- 树叶

亚洲南部、东南部和东部

兰花螳螂

Hymenopus coronatus

兰花螳螂身体为粉红色和米黄色相间,是完美的伪装大师。兰花螳螂的外形与林中的兰花相似,腿部看上去就像兰花花瓣,鼓起的腹部如同含苞待放的花蕾。兰花螳螂的小把戏不仅能够防止捕食者将自己从植物上拽下来,还能欺骗那些将其误认为是一朵饱含花蜜的花朵而径直飞来的猎物。

擅长模仿的杀手

这种策略也被称为"攻击性拟态"。在找到花簇之前,兰花螳螂会在植株上爬来爬去。它们能根据所处环境改变身体颜色,从粉色转变成棕色。兰花螳螂也会像娇弱的花朵一样随风摇摆,因此昆虫猎物很难察觉它们的存在。授粉的昆虫频频靠近兰花螳螂,就像靠近真花一样——然后被兰花螳螂以迅雷不及掩耳之势逮住。

- 3～6厘米
- 不详
- 昆虫

亚洲南部

▷ **用来捕食的前肢**

兰花螳螂利用前肢来捕捉猎物——有时还会在空中逮住猎物。它们的四肢长有锯齿,可以紧紧地抓住猎物。

高耸的腹部像花骨朵

突出的复眼

兰花螳螂会改变身体的颜色,与所在栖息地中的 13 种花朵的颜色保持一致。

苏禄-苏拉威西海
世界上最具生物多样性的海洋生态区

苏禄海至苏拉威西海的海洋生态区面积约为90万平方千米，位于菲律宾西南部。这里坐落于东南亚珊瑚三角区的顶部，拥有众多复杂的海洋栖息地，包括海草平原、珊瑚礁、深海海沟、海山、活火山岛和红树林。各种各样的栖息地孕育了极为丰富的海底生物多样性，有2000多种海洋鱼类和400多种珊瑚，真是令人震惊。世界上有7种海龟，其中的5种栖息在这片海域中。这里还是儒艮和短吻海豚的家园——两种濒危的海洋哺乳动物。

濒危的人间天堂

由于地处热带，这里的海水既温暖又清澈。这片富饶而美丽的海域吸引了很多游客前来体验岛屿生活和观赏珊瑚礁。许多珊瑚礁都是热门的潜水地。1993年，位于苏禄海中的图巴塔哈群礁入选联合国教科文组织世界遗产名录。渔民大量开发商品鱼资源，如金枪鱼。旅游业的发展以及持续增长的当地人口通过开发海岸线和利用珊瑚礁建设房屋，给海洋环境带来了压力。同时，未处理的污水以及工业、农业废水流入海中，导致污染进一步升级。环境保护者正努力遏制使用有害捕鱼技术，如使用炸药和氰化物，因为这些物质不仅破坏珊瑚礁，也会伤及大量海洋生物。

有毒的海蛞蝓
五彩斑斓的陆氏多彩海蛞蝓是一种生活在珊瑚礁上的无脊椎动物。它们以各种海藻为食，也吃海绵，能够将海绵的毒素吸收到自己体内，使潜在的捕食者无从下口。它们的身体颜色绚烂，仿佛是在警告——它们有毒。

过度捕捞
除了进行商业捕鱼乃至在国际市场上销售，当地人也会捕鱼以供自己食用，同时他们还会打捞岩礁鱼类进行水族贸易。沙丁鱼正濒临灭绝。

活化石
腔棘鱼曾一度被认为已经灭绝，而1997年被人们发现的苏拉威西腔棘鱼是仍然存活于世的两个腔棘鱼种类中的一种。苏拉威西国家公园已成为其旗舰物种，它们推动着公园不断加强地布纳肯国家公园中的旗舰物种的管理和保护。

陆氏多彩海蛞蝓 · 400多种珊瑚 · 生活着近2000种鱼类 · 5种海龟生活在这片海域 · 沙丁鱼 · 腔棘鱼

苏禄－苏拉威西海 | 303

地理位置

这片海洋生态区位于东南亚，北部是菲律宾，西部是马来西亚东部，南部是印度尼西亚。

气候

该海洋生态区属热带季风气候，雨量充沛，季节性台风频繁，北部和中部尤为明显。

（霍洛岛 苏禄）

注：— 平均温度　▮ 降水量

长吻原海豚

Stenella longirostris

长吻原海豚又称飞旋海豚，之所以得其名，是因为当它们跳出水面后，能在空中旋转几次。与大多海豚一样，长吻原海豚是一种高度群居的动物。它们成群聚集在一起，数量从200到1000只不等，甚至更多。它们通常和其他海豚、鲸以及黄鳍金枪鱼和鲣鱼等鱼类一起游泳——这种习惯也导致许多长吻原海豚遭到误捕，葬身于捕捞金枪鱼的渔网中。

浅水区休息，深水区捕食

虽然长吻原海豚在深水区觅食，但是白天它们会退回到远离捕食者的安全区域休息，经常在同一片区域出没，如海湾或浅水水域。捕食和进食通常发生在夜间，这也是它们跃出水面最多的时候。长吻原海豚会用身体接触的方式来沟通，如轻推身体或摩擦鱼鳍，也通过口哨声或回声定位与队伍成员保持联系。它们一年到头都可交配，雌海豚一次产下一只幼崽，刚出生的小海豚会与母亲一起生活约7年。

- 1.3~2.8米
- 45~80千克
- 不详
- 鱼类、头足类和虾

全球的热带水域

长吻原海豚能够连续跃出水面多达14次。

▽ 水栖杂技演员

对于长吻原海豚标志性的飞旋跃水的原因，主要有以下几种解释：与其他海豚交流；清除寄生虫；单纯表达喜悦之情。

多功能的海草

海草床对于海洋生态系统来说是不可或缺的。它们不仅为儒艮和海龟等动物提供了食物，也是鱼类生态系统的"托儿所"。同时海草床生态系统还能改善海水的水质，循环利用养分，帮助稳固海底的沙质沉积物。

儒艮
Dugong dugon

吻端长有又厚又硬的刚毛,可用来探寻食物

儒艮是大象的近亲,常被称为海牛,这是因为它们几乎只吃生长在热带浅海中的水生植物。儒艮的身体呈纺锤形,头部较小,两鳍短小粗硬,体态丰满,吻端长有刚毛。

儒艮潜入水中时,长有活瓣的鼻孔会自动关闭。不过,这种大型哺乳动物只能下潜约3分钟。成年儒艮体形庞大、骨骼质密,几乎没有任何天敌,不过鳄、鲨鱼和虎鲸会袭击刚出生和未成年的儒艮。至少到6岁,儒艮才开始交配,每隔3～7年才产下一只小儒艮。经过14个月的妊娠期后,雌儒艮在浅水区产下幼崽。幼崽一出生,雌儒艮就会帮助它浮出水面呼吸第一口空气。

儒艮寿命可达70年。然而,由于它们的生育率低,再加上人类活动导致水草减少、撞上船只、被渔网绕住溺亡以及捕猎等原因,儒艮的数量在不断减少。现今,世界上现存的儒艮主要集中在澳大利亚大堡礁附近。

- 2～3.3米
- 250～570千克
- 易危
- 海草和海藻

非洲东部、亚洲西部、南部和东南部,澳大利亚及太平洋群岛

◁ **相伴左右**
儒艮的生活区域附近常常有黄鲫无齿鲹活动。黄鲫无齿鲹体色鲜艳,幼鱼常伴随儒艮等大型鱼类活动,以寻求保护。

▷ **母亲和幼崽**
儒艮通过颤音、口哨声、犬吠声和"唧唧"声来彼此交流,每种声音表达的含义都各不相同。

蓝斑条尾魟
Taeniura lymma

- 最长70厘米
- 不详
- 近危
- 鱼类和贝类

从水下往海面上看,蓝斑条尾魟白色的腹面消失在阳光照射的水域中;从水面往下看,它们那布满斑点的背部与珊瑚礁融为一体。退潮时,蓝斑条尾魟在暗礁里寻找避难所,涨潮后,它们会游到浅水区觅食。它们的嘴巴里长有数不清的牙齿,特别适合咬碎贝类的外壳。蓝斑条尾魟能探测到猎物发出的电场,从而感应到猎物。它们几乎没有天敌,目前已知的捕食者只有双髻鲨。它们在春末和夏季繁殖。雌性蓝斑条尾魟一次最多诞下7条小鱼,这些小鱼直接由母亲体内的卵孵化而来。

▽ **警示斑点**
蓝斑条尾魟亮蓝色的斑点像是在给捕食者发出警告。

有毒的尾刺

印度-太平洋海域

花斑连鳍䲗

Synchiropus splendidus

花斑连鳍䲗体形小巧，体色五彩缤纷，生活在较浅的潟湖和近海岩礁区。白天它们藏身于珊瑚礁中，夜间结群觅食。花斑连鳍䲗的游泳水平一般，常用大大的胸鳍在水底"行走"。它们的嘴很小，只能以小型猎物为食，如小型贝类等。

花斑连鳍䲗皮肤的细胞能直接分泌蓝色色素。它和另外一种连鳍䲗是目前所知的自然界中能自身产生蓝色色素的两个物种。这种颜色对捕食者而言也是一种警告。花斑连鳍䲗的皮肤上包裹着一层保护性黏液，黏液中富含有毒的化学物质。同时，这种黏液还能防止企图趁花斑连鳍䲗睡着之机寄生在它们身体上的寄生虫。

- ↔ 平均6厘米
- ⚖ 不详
- ✖ 不详
- 🍴 小型贝类和蠕虫
- 🏠

印度尼西亚海域

▷ **准备产卵**

花斑连鳍䲗产卵时会将卵子和精子排放到开阔的水域，雄鱼与雌鱼的身体始终保持紧密相连。

皮肤上有白色斑点

鲸鲨

Rhincodon typus

鲸鲨可能是世界上最名不符实的水生生物,虽然它们的体形与鲸无异,但并非鲸类,而是一种鲨鱼。鲸鲨和其他鲨鱼、鳐鱼、魟鱼同属一类。看到"鲨鱼"这个词,人们大脑中总会浮现出一种牙尖齿利、一口可将猎物咬伤的捕食者,它们会对人类的生命安全构成巨大威胁。让人意想不到的是,鲸鲨是温和的大块头,它们是滤食动物,性格温顺,在水中游得很慢,潜水者甚至可以抓着它们巨大的背鳍,而不用担心遭到任何攻击。这种世界上现存的体形最大的鱼类完全以小型海洋生物为食,仅吃浮游生物、甲壳动物、软体动物等。

过滤捕食

对于鲸鲨的生活和习性,人们所知相对较少。成年鲸鲨体长可达 12 米,最大的体长可达 23 米,重约 12 吨。鲸鲨头部巨大,呈扁平状,口几乎与身体同宽,口中有几百颗细小的牙齿,其作用目前尚不清楚。它们的鳃弓具有角质鳃耙,鳃耙分成许多小枝,交叉结成过滤器,将食物与海水分离开来。它们的口在鼻子的前端,而非下面,这对鲨鱼而言不太常见。除了行动缓慢的微生物之外,鲸鲨也吃小鱼、小型鱿鱼、鱼卵。换言之,只要食物能够顺海水流入鲸鲨的口中,鲸鲨都来者不拒。鲸鲨通常过着独居生活,当食物充足时,它们偶尔也会随意地成群游动,数量最多可达 100 只。

鲸鲨会在世界各大海洋中迁徙数千千米。人们可通过卫星标签对鲸鲨进行追踪,并且可以根据其斑点的图案进行识别——每只鲸鲨的斑点都是独一无二的,就像人类的指纹一样。成年鲸鲨的性别可通过它们的腹部有无"鳍脚"进行区分——雄性鲸鲨腹部具有交配器官,而雌性则没有。关于鲸鲨何时繁殖及如何繁殖等问题,人类仍然无从知晓,但雌性鲸鲨会在体内保留 300 枚卵,直至它们孵化——这种特征被称为"卵胎生"。雌性鲸鲨直接诞下小鲸鲨,不过并非所有小鲸鲨都同时出生。

前途未卜

成年的鲸鲨几乎没有天敌,而给鲸鲨这一物种带来严重生存威胁的是人类。人们捕杀鲸鲨,获取鲸鲨的皮、肉、肝油、软骨甚至鱼鳍。不过,许多成年雄性鲸鲨身上的伤疤也可能此前是遭到虎鲸或其他鲨鱼的袭击所致。据说,自然界中的鲸鲨能够存活 70 ~ 100 年。

△ **特化的鳃耙**
鲸鲨的过滤器如同海绵一样,柔软而有弹性,可以过滤浮游生物和小鱼、鱿鱼等食物。

△ **时刻相伴**
鲸鲨头部周围常常游弋着一大群小鱼，它们可能是为了寻求庇护。

◁ **滤食**
进食时，鲸鲨通常会紧贴着水面，嘴巴一张一合，将海水和食物吸入口中，再排出海水。

↔ 平均12米
⚖ 平均12吨
⊗ 易危
〰 浮游生物
🏠 〰 🌅

全球的热带水域和温带水域

在进食期间，鲸鲨每 100 分钟过滤的海水与奥林匹克标准游泳池里的水体积相当。

大鳞魣

Sphyraena barracuda

大鳞魣又称大魣，身体很长，体形似鱼雷，它们常常独自捕食，偶尔成群一起捕食。白天，一大群大鳞魣聚在一起，在温暖水域的珊瑚礁周围巡游，以数量上的优势争取更多的捕食机会。夜间，鱼群四散，形单影只的成年大鳞魣在珊瑚礁上方的水中出没，近距离伏击猎物，而未成年的大鳞魣会成群出动，反复袭击鱼群。

下颌长有利齿

大鳞魣身体修长，呈流线型，鱼鳍短小而坚硬，它们能以多种方式在水中游动，从不徐不缓的巡游到闪电般的急冲，这都有赖于三角形尾鳍提供的动力。大鳞魣的上颌短于下颌，下颌末端到达眼部前缘下方。因此，它们嘴巴大张时，能露出颌骨和腭骨上的利齿。大鳞魣长有利齿的长下颌不仅非常适合咬住挣扎的小鱼，还能给较大的猎物致命一击。有时，一只单独行动的大鳞魣会将潜水者的手臂或者闪闪放光的潜水表误认为是银白色的小鱼，狠狠地咬上一口。

大鳞魣在开阔的水域中产卵，并将鱼卵留下，任其随波逐流。小鱼会暂居在河口，长到8厘米长后前往大海。

- ⬌ 最长2米
- ⬆ 最重50千克
- ⊗ 不详
- 鱼类和头足类

> 较大的大鳞魣体内含有致命毒素。

全球的热带水域和亚热带水域

苏禄-苏拉威西海 | 309

花纹细螯蟹
Lybia tessellata

腿上长有短刺

花纹细螯蟹腿部纤细，长有螯足，但是螯足比较细小，不能用于进攻或防御。这种螃蟹与海葵有着紧密的共生关系，它们经常抓着两只海葵在海底觅食。有了海葵的协助，如果遇到敌人，它们就会挥动前螯，紧紧抓住海葵，用海葵有毒的触手攻击任何有威胁的生物。这种关系也给海葵带来了好处，它们跟着花纹细螯蟹在水中到处移动，收集悬浮在海水中的食物颗粒。花纹细螯蟹无法自己捕捉食物，只能用长长的口去收集海葵留下的残羹冷炙。

- ↔ 1~2.5厘米
- ⊗ 不详
- 🍴 浮游生物

印度洋西部、太平洋西部和太平洋南部

△ **带刺的手套**
如果没有海葵，花纹细螯蟹或多或少会变得毫无防御之力。除了蟹壳，它们没有任何防护措施。

隆头鹦哥鱼
Bolbometopon muricatum

隆头鹦哥鱼是体形最大的鹦哥鱼，也是最喜欢群居的动物之一——一大群一起进食、睡觉并产卵，因此它们很容易沦为捕食对象。由于过度捕捞，其种群数量也在不断下降。和所有鹦哥鱼一样，隆头鹦哥鱼也啃食珊瑚。它们用前额上的凸起猛撞珊瑚礁，将珊瑚撞成碎片，再将珊瑚咬碎。

- ↔ 最长1.3米
- ⚖ 最重46千克
- ⊗ 易危
- 🍴 珊瑚和海藻

▷ **珊瑚粉碎者**
一只成年隆头鹦哥鱼一年大约要吃掉5~6吨的珊瑚。一些坚硬、难以消化的物质都会随隆头鹦哥鱼的粪便排出，给珊瑚礁生态系统的物质循环提供了动力。

印度洋和大西洋南部

△ **诡计多端的捕食者**
大鳞魣的银色鳞片在水中能够反光，使其与环境融为一体。它们的头部很窄，因此伏击猎物时，猎物很难察觉它们的到来。

△ **协作捕食**
大鳞魣通过团队协作将小鱼群赶到浅水水域以方便捕食。

斐济群岛
温暖清澈的珊瑚礁水域孕育了大量不可思议的生命。生活在珊瑚礁中的鱼类体色鲜艳，有助于辨认是否为同一种群的成员。

大洋洲

大洋洲

特色生态区

- 新几内亚山地林 ›› 314~319页
  热带湿润阔叶混交林
- 澳大利亚北部热带稀树草原 ›› 320~327页
  热带草原、灌丛
- 大沙沙漠-塔纳米沙漠 ›› 328~333页
  沙漠、灌丛
- 澳大利亚东部森林 ›› 334~343页
  温带阔叶混交林
- 大堡礁 ›› 344~353页
  海洋、珊瑚礁
- 新西兰混交林 ›› 354~359页
  温带阔叶混交林

阿纳姆地

这个地带位于澳大利亚中北部，离赤道不足1500千米，属明显的热带季风性气候。沿海景观和山地错综复杂地交织在一起，为岩鼠、蛇等当地特有的物种提供了避难所。同时，这里也为儒艮、筑巢的海龟和候鸟提供了重要的栖息地。

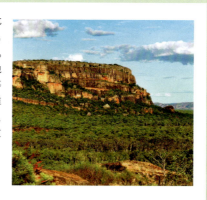

西部沿海沙漠

在寒流和盛行陆风的影响下，西部的沿海沙漠降雨极少，几乎没有植被覆盖，整个区域都为干旱气候。

纳拉伯平原

这个广袤的平原上有很多裸露的岩石，但是没有永久性水源。这里临近海岸地带，南北狭窄，人烟罕至，植物稀少。

鲨鱼湾

鲨鱼湾是一个隐蔽的浅水湾，神奇的"叠层岩"便形成于这种环境中。这些层层叠叠的沉淀物表面覆盖着蓝藻菌，几乎与30多亿年前的那些沉淀物完全一致。蓝藻菌是最早存在于地球上的有机物之一。

关键数据

生态系统
- 热带阔叶林
- 温带阔叶林
- 地中海林地、灌丛
- 热带、亚热带草地
- 温带草地
- 沙漠、灌丛
- 高山草地

平均降水量 (英寸/毫米): 394/10000, 295/7500, 197/5000, 98/2500, 0/0

平均温度 (华氏度/摄氏度): 86/30, 68/20, 50/10, 32/0, 14/-10, -4/-20, -22/-30, -40/-40

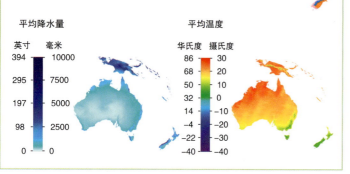

地名：帝汶海、阿拉弗拉海、印度洋、梅尔维尔岛、阿纳姆地、金伯利高原、巴克利台地、大沙沙漠、塔纳米沙漠、麦克唐奈山脉、哈默斯利岭、吉布森沙漠、艾尔斯巨石 867米、辛普森沙漠、澳大利亚、维多利亚大沙漠、纳拉伯平原、达令山脉

红色大陆
大洋洲

大洋洲由澳大利亚大陆和众多岛屿组成，包括塔斯马尼亚岛、新西兰的北岛和南岛、新几内亚岛这个巨大的热带岛屿和周边其他的岛屿。澳大利亚大陆是几大洲中面积最小，一般来说也是最为干旱的大陆：大约三分之一的地带为沙漠气候，还有三分之一为半干旱气候。在澳大利亚大陆，只有东边会有明显的降雨，广袤的内陆通常很干燥。

澳大利亚大陆拥有独一无二的进化史。8000万年前，它与冈瓦纳古陆的其他部分相分离，同时带走了当时常见的动物和植物，尤其是有袋类哺乳动物。6000年前，现在的澳大利亚大陆与新几内亚岛之间仍然有大陆桥相连，当时的海平面也是经历了最后的冰川时代之后才上升的。因此，两地拥有很多同样的野生动植物物种，其中特有物种占很高的比例——大陆上栖息着大部分植物和哺乳动物，以及很多在其他地方都未曾见过的鸟类。

新西兰更加与世隔绝，位于澳大利亚大陆东南部2100多千米处。这里也拥有很多独一无二的动植物，包括几维鸟和其他不会飞的鸟类。

冈瓦纳雨林
位于澳大利亚大陆南部的这些森林只剩下些许残余，林中生长着史前的蕨类、针叶林和古老的开花植物。在鸟类中，琴鸟、园丁鸟等物种的历史可追溯到6000万年前。

雄伟的山脉
澳大利亚大陆的主要高地南北蜿蜒3500多千米，因此其东部气候湿润，而越往西部气候越干旱。

墨累-达令河盆地
这片湿地因两条主要的河流而得名，其气候具有季节性。

塔斯马尼亚岛
位于澳大利亚南部，岛上覆盖着茂密的热带雨林和凉爽的落叶树林，为一些曾经栖息在澳大利亚大陆的物种提供了避难所。袋獾是这里的特有物种。

新西兰的南阿尔卑斯山

南阿尔卑斯山是新西兰南部岛屿的脊梁，经历长期的冰蚀作用而形成，地形高耸崎岖，山脉中分布着深谷、小片的森林和悬崖峭壁。其标志性物种包括岩鹩、食肉鹦鹉和大斑几维鸟。它是大洋洲最高的山脉。

新几内亚山地林
荒僻的热带高地是生物多样性的大本营

新几内亚岛是世界上第二大岛屿，全岛几乎位于赤道上。新几内亚岛从行政上分为两部分：位于西边的为印度尼西亚，位于东边的为巴布亚新几内亚。这个岛屿也是世界上生物多样性最丰富的地区之一，融合了澳大利亚和亚洲所拥有的野生动植物。在新几内亚岛尚未与其他大陆分离的几十万年前，这些物种就已存在。

地形的保护作用

两个世纪以来人类入侵这里并且展开了一系列森林砍伐、耕作、畜牧和矿产开采等活动——尽管这些行为仍在进行中。新几内亚岛约三分之二的土地仍然被森林覆盖着，这主要是因为岛屿上特殊的山地地形，人类难以深入腹地。在多贝莱半岛的西北部，高地森林形成了开阔的山地雨林，中部地区热带雨林沿着岛屿的脊梁一直蔓延，延伸到西北部的休恩半岛上。潮湿的热带气候促进了植物的繁荣生长。有些物种分布在与世隔绝的陡峭山谷，也零零散散地分布于山顶，现已进化成数千个物种，且在世界上的其他地方都未曾找到过。

活火山和地震仍在不断创造新的地形，进一步提高了生物多样性。山地也如此，低矮的山地炎热而潮湿，较高的山峰云雾缭绕，也更加凉爽。这些森林中栖居着6000多种植物物种和许多独一无二的鸟类和哺乳动物，其中包括产卵的针鼹和有袋动物，如树袋鼠等。

"求偶亭"建筑师
褐色园丁鸟的巢穴由嫩枝、树干和树叶搭建而成，它们会用花朵、贝壳和其他鲜艳的东西来装饰巢穴，这精心之作也是它们的"求偶亭"，所有的努力只为实现一个目的：给雌鸟留下深刻印象。

褐色园丁鸟

有袋的捕食者
袋鼬是生活在澳大利亚的有袋类食肉动物，与鼠鼬和袋獾亲缘关系较近。其中，新几内亚岛上的斑袋鼬是体形最小的一种，它们栖息在中央山脉，以各种各样的昆虫、蠕虫和蜥蜴为食。

斑袋鼬

黑头林鵙鹟

有毒的鸟类
20世纪80年代末期，科学家发现黑头林鵙鹟的皮肤和羽毛上含有神经毒素——与箭毒蛙的毒素一样，一旦接触这种毒素，人类就会感到麻痹和刺痛。此外，这种毒素也曾在其他林鵙鹟物种体内发现过。

在这里，每年都可以发现很多新物种　　四种针鼹的家园

新几内亚山地林

地理位置

新几内亚岛山地雨林海拔1000～3000米，大部分林地沿中央山脉的东西方向延伸。

气候

每个月都有大量的降雨。全年温差很小，但深受海拔降温效应的影响。

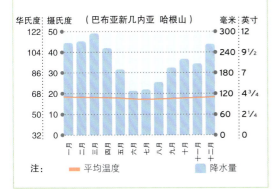

斑袋貂
Spilocuscus maculatus

斑袋貂是一种夜行性有袋动物，主要栖息在树上。它们的被毛厚密，如羊毛般柔软。斑袋貂在树枝上休息时，头蜷在四肢之间，通常还将周围的大树叶拉过来掩盖自己，以躲避捕食者。

雄性斑袋貂皮毛上的斑点和斑块比雌性的多。

- ↔ 35～44厘米
- 1.5～3.5千克
- ⊗ 常见
- 水果、花和树叶

巴布亚新几内亚和澳大利亚北部

▷ 醒目的尾巴

斑袋貂脚上长着5个脚趾，攀爬时它们不仅会用到这些脚趾，还会用到尾巴，得以更好地抓紧树枝。它们尾巴的下半段没有体毛，内侧有鳞片。

长吻针鼹
Zaglossus bartoni

长吻针鼹的背部和两侧不仅覆盖了一层粗糙的黑色皮毛，上面还长有防护性的白刺。它们是体形最大的单孔目动物——单孔目动物为卵生哺乳动物，鸭嘴兽也是其中之一。雄性后足的踝部内侧长有距。无论雌雄，长吻针鼹的吻部都长有感受器，可探测猎物。

▽ 蠕虫捕猎者

寻找蚯蚓时，长吻针鼹会将它们长长的吻部探进土壤中，用舌头抓住蚯蚓。它们的舌头上长长着刺——与背部的刺的结构一样。

- ↔ 60～100厘米
- 5～10千克
- ⊗ 极危
- 蚯蚓

巴布亚新几内亚

珍稀蝴蝶

新几内亚岛上有各种各样的鸟翼蝶。其中，又称巨型凤尾蝶翼蝶的黄绿鸟翼凤蝶翼展为15～18厘米，这种鸟翼蝶只出现在多贝莱半岛海拔2500米的地区。

> 世界上海拔最高的岛屿

黄绿鸟翼凤蝶

耳朵可以转动以探测猎物

大大的眼睛很适合夜间观察

蜜袋鼯

Petaurus breviceps

蜜袋鼯是所有袋鼯科中最常见的一种，这种高度群居的有袋动物最显著的特征就是其运动方式。蜜袋鼯从一棵树上起飞，张开一对毛茸茸的滑行膜，经过一段漫长而有节律的滑行后移动到旁边的树上。在到达目的地之前，它们用强有力的爪子紧紧抓住树干，向上俯冲着陆。蜜袋鼯极少会冒险下到地面。

气味的重要性

对于这些夜行性袋鼯而言，嗅觉是一种复杂的交流工具。雄性首领利用前额、喉咙、胸部和尾部的气味腺来标记领地——防范入侵者以及栖息地中的其他成员。白天，7只成年蜜袋鼯和当季诞下的幼崽一起挤在塞满树叶的树洞中睡觉，在某种程度上是为了取暖。每当天气变得寒冷潮湿，或在干旱时节，为了保存能量，蜜袋鼯每天处于半休眠状态的时间将长达13个小时，这段时间也是它们的"蛰伏期"。

滑行时毛茸茸的滑行膜会展开

蜜袋鼯也被形容为"圆头的走钢丝演员"。

◁ 搭顺风车
母亲外出觅食时，大一点的蜜袋鼯幼崽经常会攀在母亲的背上。

△ 舔树液
蜜袋鼯利用大的门齿凿开树皮，使树液暴露在空气中。树液是其饮食的主要构成部分。

长长的尾巴像舵一样，滑行时有助于控制方向

新几内亚山地林 | 317

古氏树袋鼠
Dendrolagus goodfellowi

古氏树袋鼠脸部宽阔、鼻吻很短、耳朵圆润，它们的头部更像熊，而不像地面活动的袋鼠。此外，它们在其他方面也有些不同，如前肢更长而且肌肉发达，肩膀强劲有力，后肢更短，可以坐立——因此它们大多数时间待在树上，主要吃树叶、水果和花朵。古氏树袋鼠全年均可繁殖，大多数在夜间独自行动。

灵活的攀爬者

古氏树袋鼠用强壮的前爪抓住树干或树枝进行攀爬，然后利用后肢沿着树干或树枝向前或向上"行走"。它们的踝关节灵活，身手更为敏捷，能够在树枝上自如行动。相对于很多有袋动物，它们的头部与身体之比更大。它们也会下到地面行走、蹦跳和寻找食物。

与大多数树袋鼠一样，古氏树袋鼠面临的最大风险是栖息地的丧失，这主要是由于森林砍伐和其他形式的森林清除行为所致。

▷ 平衡行动
古氏树袋鼠后足很宽，长有肉垫，这为它们提供了极好的抓力。长长的尾巴能够帮助它们在树枝上保持平衡。

- ↔ 52~80厘米
- ⚖ 6.5~14.5千克
- ⊗ 濒危
- 🍽 树叶、水果和花朵

巴布亚新几内亚

◁ 滑翔而过
蜜袋鼯的滑行膜从腕关节延伸到脚踝，可以使其在距离为90米的两棵树之间滑行。

- ↔ 15~21厘米
- ⚖ 80~160克
- ⊗ 常见
- 🍽 树液、花朵、昆虫和蜘蛛

亚洲东南部、巴布亚新几内亚、澳大利亚北部到西部

冠啄果鸟
Paramythia montium

冠啄果鸟是能够生活在不同海拔地区的物种，栖息在森林高处的鸟比更低处的鸟体形更大。成群的冠啄果鸟常与各种鸟群混合在一起，在林冠层游荡，或者聚集在硕果累累的树丛中。

冠啄果鸟夫妇遵循一夫一妻制，它们用苔藓和其他植物筑成宽敞的杯状巢。雌鸟独自孵卵，但是父母双方共同抚育幼鸟。孵化后15天，幼鸟羽翼变得丰满。

▷ 求偶吸引力
雄鸟通常修长而光滑，求偶时，它们会挺直身体，耸起羽毛，并竖起羽冠，将其吸引力发挥到极致。

- ↔ 平均22厘米
- ⚖ 36~61克
- ⊗ 局部常见
- 🍽 水果、浆果和昆虫

巴布亚新几内亚

大极乐鸟
Paradisaea apoda

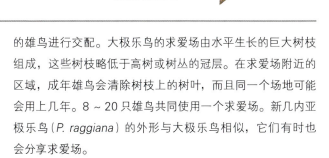

华丽的黄色羽毛

黑黄相间的头部

现存的极乐鸟有40多种，几乎全都分布在新几内亚岛茂密的森林中，不过也有少数种类分布在印度尼西亚和澳大利亚北部。大极乐鸟是极乐鸟科中最大的一种，体形大小与乌鸦相当，腿部和脚部非常强壮，长有鳞片，喙锋利。它们主要以水果和种子为食，也会吃小型昆虫、蜘蛛等。

有些种类的极乐鸟羽毛色彩相对单调，它们结成固定的配偶对进行繁殖。有一些种类为一夫多妻制，外表更为华丽的雄鸟与多只雌鸟交配。这些物种中，雄鸟漂亮的羽毛已进化成多种形式，如各种饰羽、弹簧般的羽轴、环状和螺旋状的羽毛及五彩斑斓的大羽披。雄性大极乐鸟华丽的饰羽可以向后延伸至侧翼，侧翼可以高高举起并展开，整个身体看上去就像嵌了两把又长又宽的"镰刀"。"镰刀"多为褐色、白色和金黄色相间。雌鸟身体为暗棕褐色，没有任何醒目的装饰。

表演场地
拥有多个配偶的雄鸟会在"求爱场"这一特殊场地上表演，雌鸟对雄鸟精湛的求爱舞蹈进行评估，选择最艳丽、最合适的雄鸟进行交配。大极乐鸟的求爱场由水平生长的巨大树枝组成，这些树枝略低于高树或树丛的冠层。在求爱场附近的区域，成年雄鸟会清除树枝上的树叶，而且同一个场地可能会用上几年。8~20只雄鸟共同使用一个求爱场。新几内亚极乐鸟（*P. raggiana*）的外形与大极乐鸟相似，它们有时也会分享求爱场。

疯狂的表演
正在求偶展示的大极乐鸟挥舞着翅膀，高高扬起长长的羽毛，然后摆出展开饰羽、半张翅膀的姿势。相互竞争的雄鸟在彼此周围跳来跳去，蹦上树枝，一边拍击它们的双翅，一边晃动它们的饰羽。当它们倾下身子、倒挂在树枝上时，有时甚至无法辨认哪端是头部，哪端是尾部。它们异口同声地发出"哇—哇—哇—哇—哇"的和声，雌鸟静静地看着，然后选择心仪的雄鸟与之交配。

与所有的一夫多妻制物种一样，雄鸟不参与筑巢或育雏。雌鸟用树叶和蔓藤搭建一个盆状巢，在此产下1~2枚卵。

> 在博物学家们首次描述这些鸟之前，"来自天堂的访客"这一传言就已传入欧洲。

- 42~45厘米
- 平均170克
- 局部常见
- 水果、种子、昆虫和蜘蛛

巴布亚新几内亚

◁ **黎明时分的表演**
在求爱时，雄鸟用黄色的侧翼羽毛遮住下垂的双翅，然后不断地耸起侧翼羽毛并连续抖动，以博得雌鸟的青睐。

澳大利亚北部热带稀树草原
由昆虫统治的独一无二的热带草原

在大部分地区,草地上通常以几种草类植物和大型食草动物为主。在澳大利亚北部的热带地区,稀树草原的面积约为150万平方千米,拥有种类繁多的动植物和更具多样化的自然景观,从绵延起伏的平原地带到隐匿在秘密之地中的岩石峡谷,几乎都覆盖着类似热带雨林的丛林。

雨季和旱季
热带稀树草原上零散地点缀着树木和一片片稀疏林地,这些树丛和林地大多数以桉树为主。雨季是植物赖以生存的季节,在偶有洪水泛滥的地方和临时湖泊的周围,常绿乔木和灌木蓬勃生长,而在较为干燥的南部则为洋槐的栖息地。在持续时长为6~8个月的旱季,草类枯萎,大地变成了灰褐色,而一些树木的树叶则纷纷脱落,以防止水分流失。

澳大利亚的气候具有明显的季节性,加之土壤普遍贫瘠,而且在史前一直处于与世隔绝的状态,因此这里拥有很多与众不同的野生动物,这也意味着,本土的大型哺乳动物种类相对较少——主要是指红袋鼠、大赤袋鼠、东部灰大袋鼠和西部灰大袋鼠等。不过,大部分的植物消耗和循环都由昆虫来实现,尤其是白蚁。它们的蚁丘数以千计——最高可达5米,点缀着这片风景;它们在地下生活,四处寻觅枯树,以植物为生,因此可以在旱季存活下来。此外,种类丰富的爬行动物也在此生活,如独特的伞蜥,这里也生活着一些小型有袋动物。

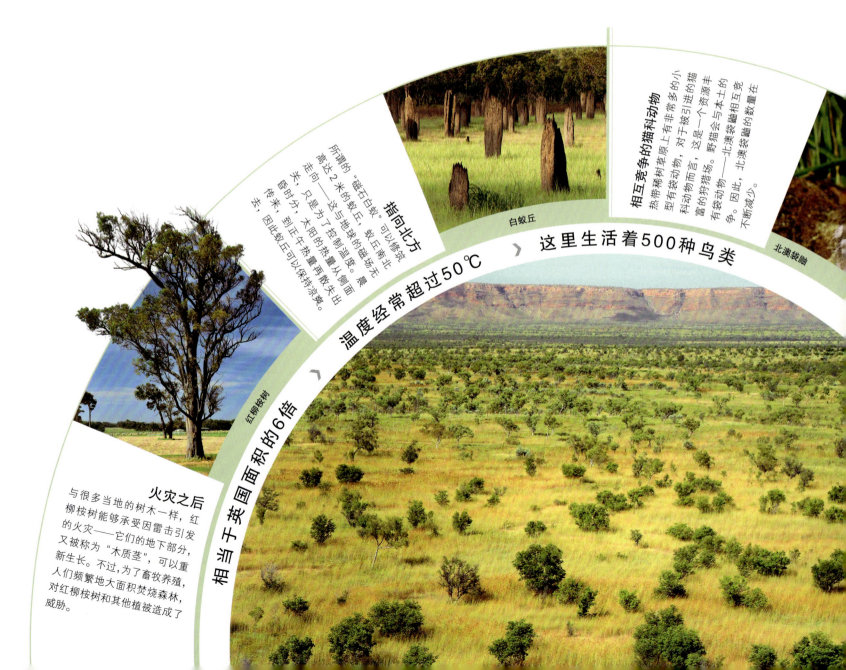

火灾之后
与很多当地的树木一样,红柳桉树能够承受因雷击引发的火灾——它们的地下部分,又被称为"木质茎",可以重新生长。不过,为了畜牧养殖,人们频繁地大面积焚烧森林,对红柳桉树和其他植被造成了威胁。

指向北方
所罗门的"磁石白蚁",可以修筑高达2米的蚁丘,蚁丘南北走向——这与地球的磁场无关,只是为了控制温度。展开的分、太阳的最早散失出来;到正午热量最大时,因此蚁丘可以保持凉爽。

相互竞争的猫科动物
热带稀树草原上有非常多的小型有袋动物,对于被引进的猫科动物而言,这是一个资源丰富的狩猎场。野猫会与本土的有袋动物——北澳袋鼬相互竞争。因此,北澳袋鼬的数量在不断减少。

红柳桉树

相当于英国面积的6倍

温度经常超过50°C

这里生活着500种鸟类

白蚁丘

北澳袋鼬

澳大利亚北部热带稀树草原 | 321

地理位置

澳大利亚热带稀树草原占整个大陆面积的五分之一，与西部的沙漠和东部的森林相融合。

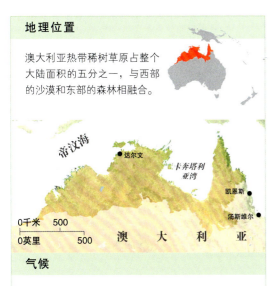

气候

由于稳定的热带气温和明显的干湿季，五分之四以上的降雨集中于12月到来年3月。

澳洲野犬
Canis lupus dingo

长脚上长有不规则的白色斑纹

澳洲野犬来自数千年前的亚洲大陆，至今那里还有这一种群。不过，与家犬杂交后，基因纯正的澳洲野犬的数量几乎无法统计。其数量之多，常被人们当作一种有害动物，因此而遭到迫害，但是它对于澳大利亚的生物多样性来说非常重要，可以帮助控制被引进动物的数量，如野猫、欧洲兔和赤狐，但对本土野生动物而言却是一种灾难。

- 0.9~1米
- 9.5~19.5千克
- 易危
- 啮齿动物、小袋鼠和鸟类

亚洲东南部和澳大利亚

◁ **照看幼崽**
在澳洲野犬群中，只有占优势地位的雌性才能繁殖后代，所有的成员都必须照顾其产下的幼崽。

眼镜兔袋鼠
Lagorchestes conspicillatus

眼镜兔袋鼠的身体适合保存水分。它们拥有所有哺乳动物中最高效的肾脏，因此这种夜行性的有袋动物能够从食物中获取水分，然后产生浓缩尿液。它们也能循环利用呼出的潮气，使其直接进入胃部。在白天，当温度升高时，眼镜兔袋鼠会藏在厚厚的草堆下，躲避被引入当地的猫科动物和狐狸等捕食。

- 40~48厘米
- 1.5~4.5千克
- 常见
- 草本植物和水果

吃种子的鸟类
在澳大利亚90多种吃种子的鸟类中，超过一半的种类经常光顾热带稀树草原。它们频繁地往返于食物丰富的地区，如七彩文鸟。与众多的野生动物一样，它们也会受到人类焚烧森林的威胁。

七彩文鸟

澳大利亚西南部

尾巴上覆盖着稀疏的灰棕色被毛

◁ **恰如其名**
眼周长着黄色的眼圈，行动起来像野兔，因此被称为眼镜兔袋鼠。

鸸鹋

Dromaius novaehollandiae

鸸鹋是澳大利亚最大的鸟。它们与同样不会飞翔的表亲食火鸡一样，长有纤细松散的羽毛。不同于非洲鸵鸟和美洲鸵鸟，它们的羽毛更加丰满，鸸鹋全身的羽毛更像粗糙的毛发，沿着背部垂向两侧。

只有不得不采取行动去寻找食物和水源时，鸸鹋才会集结成群。雌鸸鹋发起配对要求，会绕着一只雄鸸鹋转圈，发出击鼓般低沉的声音。由于特别的气管结构可以增大声音，雄鸸鹋发出的响亮叫声，2 千米以外都能被听到。为了接近雄性，雌性之间会发生激烈打斗，或击退潜在的竞争者。在产卵之前，雌雄双方会在一起待上几个月。孵卵时，雄鸸鹋会连续 8 周不吃不喝。不过，不同于鸵鸟群中的雌鸵鸟，雌鸸鹋不参与育雏，而且它们还会继续与其他雄鸸鹋交配。

问题和解决方案

1932 年，在澳大利亚西部种植谷物的农民要求政府派遣军队消灭当地的鸸鹋，因为它们不停地毁坏农作物，但是这一倡议最终以失败而告终。现在，很多鸸鹋都被圈养到"鸸鹋收容所"，但是干旱时，这些围墙会给鸸鹋带来灭顶之灾，因为它们不能随意地寻找水源。澳洲野犬、楔尾鹰及爬行动物是鸸鹋的自然天敌，它们会想方设法偷取鸸鹋的卵。

雄鸸鹋的脖子为苍白色，雌鸸鹋的是黑色

强有力的关节

▷ **适合奔跑**
鸸鹋的腿部肌肉十分发达，足有 3 趾，非常适合快速奔跑。它们可以慢跑很长的距离，速度约为 7 千米/时。猛冲时速度可达 48 千米/时，步幅为 2.7 米。

◁ **警惕的父亲**
雄鸸鹋负责孵卵。它们甚至会驱赶雌鸸鹋，以保护正在孵化的鸸鹋卵。

- 1.7~2.1 米
- 30~60 千克
- 常见
- 种子和浆果

澳大利亚

蓝翅笑翠鸟

Dacelo leachii

笑翠鸟隶属于翡翠科,因其跌宕起伏的刺耳叫声而闻名,分布于澳大利亚和巴布亚新几内亚。它们栖息在树上较显眼的地方,左右张望,然后俯冲到地面抓住猎物。笑翠鸟主要以大型昆虫、小型爬行动物和蛙类为食,通常会用宽大的喙来对付所有动物,从蠕虫、小鸟到啮齿动物。而蓝翅笑翠鸟的体形比常见的笑翠鸟稍小,它们会发出疯笑般的"咯咯"声,而且能够持续发声很长时间。

乐于助人的兄弟

蓝翅笑翠鸟是一夫一妻制,通常全家生活在一起。在一两名雄性"助手"的帮助下保卫它们的巢穴和养育幼鸟,它们的"助手"来自早期同窝孵化的雏鸟。这种行为在鸟类中也是相当罕见的。雌性蓝翅笑翠鸟在树枝高处的空洞中孵卵,很容易受到蛇类的袭击。通常只有两三只幼鸟活下来,36 天后,它们就能学会飞翔,但是需要 10 周才能完全独立。

- 38~42厘米
- 平均310克
- 常见
- 昆虫、爬行动物、蛙类和鱼类

巴布亚新几内亚南部、澳大利亚西北部到东北部

◁ 乞食

幼鸟为了争夺食物而相互竞争,两三只年长的幼鸟可能会杀死最弱小的幼鸟,而它们仍会待在巢穴中。

尖羽树鸭

Dendrocygna eytoni

尽管尖羽树鸭通常在干旱的陆地上牧草,但是它们仍然需要容易获得的水源。它们大多在夜间进食,可以飞行 30 千米前往进食地。它们的巢穴里填满了柔软的草,而不是从雌性尖羽树鸭身体上扯下的羽毛。

颈部较长

- 40~60厘米
- 0.5~1.5千克
- 常见
- 草类
- 澳大利亚北部和东部

▷ 看上去真漂亮

头部较小、喜群居是尖羽树鸭的典型特征。这一物种的胸腹部侧羽有灰白的呈弯月状的细斑纹,非常独特。

紫冠细尾鹩莺

Malurus coronatus

有 14 种鹩莺在澳大利亚茂密低矮的植被中觅食,紫冠细尾鹩莺就是其中一种。它们经常在靠近河边的长草丛中出没。雄紫冠细尾鹩莺的身体为蓝紫色。雄性和雌性会共同抚养幼鸟。不过无论性别如何,它们都会与其他鸟交配,也帮助那些配偶抚养产下的幼鸟。因此,这形成了一种复杂的社群结构。

- 平均14厘米
- 9~13克
- 常见
- 昆虫
- 澳大利亚北部

◁ 直立的尾巴

欧洲人首次抵达澳大利亚时,觉得这种鸟翘起的尾巴看起来很眼熟,但是鹩莺与北半球的鹪鹩没有任何亲缘关系。

伞蜥下颌上长着2颗尖利的长牙,被它们咬伤后会有强烈的疼痛感。

△ **逃跑模式**
逃跑时,这种以树栖生活为主的蜥蜴依靠两条腿奔跑。当它们加速时,前肢几乎完全抬离地面,因此只依靠后腿推动身体前行。

当伞蜥竖起伞状皮褶恐吓捕食者时,嘴巴会大张

澳大利亚北部热带稀树草原 | 325

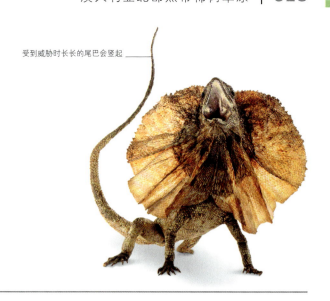

受到威胁时长长的尾巴会竖起

伞蜥
Chlamydosaurus kingii

伞蜥是飞蜥科（飞蜥科也包括澳大利亚的魔蜥）的代表成员，以其神奇的自卫表演而闻名。伞蜥的喉咙和颈部长有鲜艳的伞状皮褶，下颌、舌头和支撑伞状皮褶的软骨柱都与肌肉相连。一旦受到威胁，它们就会将这些肌肉张开并抖动颈伞。它们大张巨嘴，露出苍白的口腔内部，扬起尾巴，不停地晃动，或者猛烈地拍击地面，发出响亮的"嗞嗞"声。伞蜥可以依靠后腿完全站立，或者单腿来回跳跃，同时挥舞前肢吓跑捕食者，如蛇、蜥蜴、鹰、野猫和袋鼬（类似猫的有袋动物）。

震慑捕食者

伞蜥会突然摆出一副令人胆怯的威吓姿态，使很多捕食者受到惊吓，踌躇不前。这样它们也有了逃跑的时机，通常它们会逃到附近的树干上或岩石间——树丛是它们的栖息地和狩猎场。这时，它们的伞状皮褶会收拢，与肩膀几乎持平。伞蜥会因其他原因及自卫的需要而竖起伞状皮褶。

雄伞蜥会利用这种姿态将入侵者赶出其领地，在繁殖期，它们也可以用其来威慑情敌。无论是雄性还是雌性，伞蜥都会凭借这种行为让潜在的配偶牢记自己。颈部的伞状皮褶在控制体温方面也发挥着重要作用，有时候可以当作遮阳伞，吸收太阳的能量，有时候还能释放多余的身体热量。

温度依存性

繁殖期通常发生在9~11月，因为降雨提供了充足的食物来源，特别是蚂蚁、白蚁、蝉等昆虫。交配完成后，雌性会在松散的土壤中挖一个巢洞，产下5~20枚软壳卵，然后离开——母亲不参与抚育幼崽。大约10周后，卵孵化。幼崽的性别在一定程度上取决于温度。孵化温度为29℃~35℃时，幼崽可能为雄性，也可能为雌性，但是如果温度超过或低于这个范围，孵出的幼崽则都是雌性。当幼崽从巢洞中刨出一条路来时，它们就能够立刻展示裸露的伞状皮褶。

◁ 威吓的姿态

一旦遭遇危险，伞蜥会张开颈部的伞状皮褶，可能只是一动不动地站立在地面上，也可能会咬紧下颌，用爪子使劲抓，冲向对手佯装进攻。

▷ 树栖生活

伞蜥90%的时间待在树上。当它们静止不动或是休息时，可以很好地伪装成树干。寻找蚂蚁和小虫子时，伞蜥行动迅速而敏捷。

- ↔ 70~90厘米
- ⚖ 500~800克
- ✖ 常见
- 🐛 昆虫、蜘蛛和两栖动物

巴布亚新几内亚南部和澳大利亚北部

绿树蛙
Litoria caerulea

这种体形大、性格温顺的绿树蛙在澳大利亚热带地区很常见。它们白天藏在潮湿的裂缝里以躲避阳光照射，晚上出来捕猎。绿树蛙全年都会鸣叫，只不过到了夏末的繁殖季节它们会在地面上鸣叫。它们的卵会附着在静水中的植被上，6周后小蝌蚪会发育为成蛙。

- ↔ 5~10厘米
- 春季和夏季
- 常见
- 昆虫
- 巴布亚新几内亚南部、澳大利亚北部和东部

◁ **攀附**
这种树蛙生活在靠近水源的林地树丛中，不过也经常在户外的厕所中被发现。

红背蜘蛛
Latrodectus hasseltii

这种蜘蛛体形小，但具有潜在致命性，是澳大利亚最毒的蜘蛛中的一种。它们还被称为"黑寡妇蜘蛛"，得名原因是雌蜘蛛完成交配后通常会将雄蜘蛛吃掉。雄蜘蛛的大小不足雌蜘蛛的三分之一，它们通常小心翼翼地潜藏在雌蜘蛛凌乱的蜘蛛网四周，希望从雌蜘蛛诱捕的昆虫中偷取点残羹冷炙。

- ↔ 0.3~1厘米
- 常见
- 昆虫
- 澳大利亚

▽ **致命一咬**
雌蜘蛛用毒液杀死猎物。如果没有注射抗毒血清，毒液中含有强烈的毒素足以导致人类死亡。

前面的腿比后面的3对腿都长

红背蜘蛛的名字源于雌蜘蛛背部独特的红色条纹

雌跳蛛"戴着"深红色和白色相间的"眼罩"

绿跳蛛
Mopsus mormon

这是澳大利亚最大的跳蛛之一。大部分跳蛛的尖牙太过细小，无法刺入人类的皮肤，但是这个物种却可以咬伤人类，使人类产生疼痛感，但最终又不造成任何伤害。绿跳蛛在植物的茎上或叶片上捕捉昆虫时，它们会纵身一跃伏击猎物，跳跃距离可能是其身长的几倍。无论去哪儿，它们都会吐出一根安全的丝线，以防失足。不过，它们长着一对直视前方的大眼睛，头部还有3对眼，具有敏锐的视力，因此跳跃时极少会偏离目标。

漫长的求爱期

绿跳蛛对认可彼此非常谨慎，雄跳蛛必须花费很长的时间来赢得配偶的信任。开始时，雄跳蛛会在雌跳蛛的巢穴和丝线上发出求爱信号，轻抚雌跳蛛的腹部。求爱期通常发生在雌跳蛛刚成年且尚未繁殖之际。此前，雄跳蛛会在雌跳蛛的巢穴旁边安家，等待雌跳蛛发育成熟，同时准备好交配。

巢穴是一张粗糙的丝网，编织在狭长树叶的背面上。雌跳蛛栖息在丝网一端，跳蛛卵安置在丝网的中间部分，而雄跳蛛栖息在较远的另一端。

- ↔ 1.2~1.8厘米
- 常见
- 昆虫

澳大利亚北部

▷ **猛咬一口**
这只豆娘体形虽大但身体纤弱，遭到了一只伪装在绿叶上的绿跳蛛的迅猛袭击。

△ **相差无几**
雄跳蛛长着侧须，背部被有细毛，而雌跳蛛则没有。这种外形差异使雄跳蛛能够轻易地识别谁是对手。

◁ **战斗姿态**
在打斗前，2只雄跳蛛会彼此打量。这一物种之间的交流通常具有攻击性。

大沙沙漠-塔纳米沙漠

澳大利亚西北部广袤的沙漠上生活着丰富的野生动物

大沙沙漠和塔纳米沙漠拥有大片的半干旱和干旱栖息地，包括松散沙子构成的沙丘到暴风肆虐的裸露岩石，再到起伏不平的、灌木丛生的低海拔平原——灌木丛中主要的植被是澳大利亚特有的一类禾草，名为三齿稃。三齿稃种类繁多，几乎覆盖了整个大陆五分之一的面积。色彩鲜艳的砂岩堆乌卢鲁——以前被称为"艾尔斯巨石"——位于该生态区遥远的东南部。

以草为基础的食物链

三齿稃的叶片虽然富含硅氧，但粗糙锋利，这使很多大型食草动物望而却步，但是雨后长出的柔软的新芽和大量的种子为无数小生命提供了食物。这些小生命包括蚂蚁、白蚁、甲虫和蝉，还有虎皮鹦鹉等小型鹦鹉，以及彩火尾雀、杂食的乌草鹩莺等。本地小型啮齿动物，如北澳窜鼠和石丘伪鼠，也以三齿稃为生。栖居在草丛中的昆虫不仅为魔蜥和棘皮瘤尾守宫等爬行动物提供了食物，也是最小的有袋动物——形似老鼠、长尾扁头的袋鼩的捕食对象。食物链中更高一层的是较大的捕食者，如沙漠棘蛇、澳洲灰隼及澳大利亚最大的肉食鸟类楔尾鹰。

这张生命之网虽然极具多样性，但也不够稳固。倾盆大雨之后它们就会繁荣起来，一旦夏季没有降雨，它们就会为了生存苦苦挣扎数月，甚至数年。近几十年来，由于一些以三齿稃为生的食草动物被引进之后，尤其是野驴和骆驼，沙漠生态已经失衡。

被遗弃的小袋鼠
黑脚岩石负鼠在天色较晚、天气较凉爽和潮湿的时候进食，从食物中获取它们所需的所有水分。随着被引进的食草动物数量不断增加，负鼠种群的数量不断减少，现在分布也更为分散。

黑脚岩石负鼠

神出鬼没的捕食者
澳洲灰隼热衷于捕食小鸟和一些小型哺乳动物。但是它们的种群繁多，而且在野外难以辨识，因此其大致数量暂时还无法估算。不过，科学家们认为它们的数量在不断下降。

澳洲灰隼

流浪鸟群
虎皮鹦鹉作为一种笼中之鸟更为人们所知，它们是澳大利亚沙漠中特有的动物。大群色彩鲜艳的虎皮鹦鹉叽叽喳喳的，在野外种群之间飞翔，家畜用水域和绿洲的出现也扩大了其活动范围。

虎皮鹦鹉

> 沙丘脊长达50千米

> 富饶的蜥蜴天堂

澳大利亚人口最稀少的地区之一

地理位置

大沙沙漠位于吉布森沙漠北部。塔纳米沙漠向东延伸到达文波特山脉和默奇森山脉。

气候

东部年降水量为350毫米，向西逐渐减少。最高温度为30℃，最低温度为16℃。

脂尾袋鼩
Sminthopsis crassicaudata

脂尾袋鼩外形虽然像老鼠，但是它们是一种有袋动物，主要以昆虫为食，有时也会捕食小蜥蜴。这些夜行性哺乳动物栖居在开阔的林地、草地和沙漠中，在更加寒冷的季节，它们在原木或岩石下建一个共同巢穴，挤成一团以保存能量。当食物短缺时，它们也会一连数天处于蛰伏状态。

- 6~9厘米
- 10~20克
- 常见
- 昆虫和蜥蜴

澳大利亚

尖尖的吻部

◁ **储存脂肪**
脂尾袋鼩的尾巴可以储存多余的脂肪，在食物缺乏时为它提供能量。

皮毛颜色从奶油黄过渡到金色

袋鼹
Notoryctes typhlops

袋鼹与真正的鼹鼠相似，但是它们属于一个独立的目——袋鼹目。这些地下居民眼睛发育不全，其实已双目失明，也没有耳壳。它们并不建造隧道。事实上，当它们向前移动时，身后的沙质土壤都会崩塌。

- 12~18厘米
- 40~70克
- 不详
- 小型爬行动物、昆虫和蠕虫

澳大利亚

◁ **寻觅晚餐**
袋鼹鼻子上长着角状鼻罩，前肢的爪特长，呈铲形，这些都可以帮助它们挖掘沙质土壤，寻找食物。

长着棘刺的避难所

对很多澳大利亚干旱的栖息地而言，三齿稃非常重要。它们的根部可以向下延伸到2米或更深处以获得水分。通过这种方式，它们可以在狂风肆虐的沙子中扎根，为无数小生命提供食物和避难所。

红袋鼠
Macropus rufus

红袋鼠站立时身高可达 2 米，是世界上体形最大的有袋动物，也是澳大利亚最大的陆地动物。它们的后足强劲有力，单足跳跃前进的速度数分钟内便可达 60 千米/时，一次可跳跃几米，1 米长的尾巴伸直时可以保持平衡。

澳大利亚的沙地平原、半干旱沙漠、热带草原和灌木丛林地的环境极其恶劣，但是红袋鼠能很好地适应这些炎热、干旱和基本上为不毛之地的栖息地。它们主要在晨昏时分活动，在一天中最热的时候躲到树荫或岩石下休息。它们不停地舔前足以调节身体的温度——随着唾液的蒸发，也给皮肤下流动的血液逐渐降温。

成年雄袋鼠和袋鼠群

红袋鼠是高度游牧的物种，没有固定的活动领地。它们四处游荡，寻找新鲜的青草和树叶。红袋鼠以小群的形式一起生活，数量约为 10 只，通常由一只体形较大的成年雄性红袋鼠和几只较小的雌性红袋鼠及一些小袋鼠组成，通常雌袋鼠的体重只有雄袋鼠的一半。如果食物丰富，几个袋鼠群会聚集在一起形成更大的袋鼠群。

生育停滞

繁殖取决于食物的多少——红袋鼠可能整个旱季都不繁殖。但是，雌性红袋鼠与其他哺乳动物不同，它们能生育不同的生长周期的 3 只幼崽，一旦条件适宜，这一繁殖体系就能保证最大限度地繁育后代。经过 32～34 天短暂的妊娠期后，雌性红袋鼠会产下一只小袋鼠。这只小袋鼠爬进母亲的育儿袋里，贴近乳头，继续成长。诞下幼崽后没几天，雌性红袋鼠会再次交配，不过直到现有的小袋鼠长到 8 个月大时离开育儿袋，新的胚胎才会开始发育。当下一只幼崽诞生后，上一只小袋鼠仍会吮吸母乳——雌性红袋鼠的乳头可独立产生乳汁，这样就可以根据每只幼崽的具体需求提供乳汁。

1150 多万只红袋鼠生活在澳大利亚炎热干旱的地带。

◁ **敏捷的跳跃者**
跳跃非常节约能量，尤其是速度更快时。红袋鼠的后足如同弹簧般灵活，因此跳跃时不需要耗费太多能量就可产生推动力。

▷ **住在育儿袋里的小袋鼠**
小袋鼠大约 5 个月大时，第一次从育儿袋里探出脑袋。8 个月大时，它会离开育儿袋，但还会继续吮吸 4 个月的乳汁。

澳大利亚

魔蜥
Moloch horridus

魔蜥浑身长满了刺，这可以保护其安全。它们的步态极具特点：行动缓慢，左右摇摆，腿部僵硬。一旦察觉危险，它们就会依赖高超的伪装，保持静止不动。与食肉的鸟类或澳洲巨蜥等捕食者对峙时，这种身披棘刺的蜥蜴就会吸入大量空气使身体膨胀，让自己看起来更大——更难被吞食。一旦遭遇袭击，它们就会将头埋藏在前腿间，露出"假头"——颈部的肉瘤。如果受轻伤，它们背部的肉瘤和棘刺很快就会恢复。

追踪美食

魔蜥几乎只吃蚂蚁，它们白天捕食，因为这时蚂蚁会四处活动。它们最喜欢的战略是确定正在觅食的工蚁的行踪，站在工蚁旁边，一只一只舔食，然后再用它们的后切齿咀嚼工蚁。除了交配期，魔蜥喜独居，晚上躲藏在洞穴中或僻静的地方，盛夏或隆冬时它们也会躲藏几周。这种沙漠栖居者从露水中获取所需的大部分水分，清晨天气凉爽，当它钻出洞穴时，露水会凝结在它的鳞甲上。

魔蜥在冬末到初夏这段时间内进行交配，体形较小的雄魔蜥主动接近雌魔蜥，看它们是否处于发情期。雌魔蜥在地面挖一个约20厘米深的洞穴，产下5～10枚卵，并用沙子将其填满。刚孵化的小魔蜥3～4个月后钻出洞穴，5年后发育成熟。

- 15～18厘米
- 25～50克
- 不详
- 蚂蚁

澳大利亚西部到中部

行动时尾巴保持直立

▷ **长满棘刺的外表**
当温度较低或受到惊吓时，魔蜥全身的颜色会变暗；当天气变暖或是休息时，它们的体色又变成了灰白色。

◁ **水通道**
棘刺之间的凹槽可以收集水分，并将水流入魔蜥的口中。

兔耳袋狸
Macrotis lagotis

兔耳袋狸是澳大利亚6种本土袋狸物种中唯一的幸存者，欧洲人定居澳大利亚之前，它们的栖息地曾遍布澳大利亚70%的领土。现在，兔耳袋狸的活动范围还不足最初的20%，这主要是因为栖息地的丧失和家猫等物种的引进带来了负面影响。

兔耳袋狸是一种夜行性有袋动物，它们的前肢强劲有力，长有利爪，可挖掘长长的螺旋形洞穴，白天它们待在洞穴中休息，以躲避沙尘。兔耳袋狸具有巨大的耳朵，可以帮助它们探测捕食者，寻找白蚁和蚂蚁等猎物。它们用爪子将这些猎物刨出来。兔耳袋狸喜欢吃一种植物的鳞茎，而这种生活在沙漠中的植物，其鳞茎只在经历火灾之后才会发芽。

- 30～55厘米
- 0.6～2.5千克
- 易危
- 昆虫、果实和种子

澳大利亚西部到中部

◁ **嗅探空气**
兔耳袋狸的吻部细长，嗅觉敏锐，这些弥补了它们视力差的缺陷。它们的胡须很长，有助于在黑暗的环境中判断方向。

一只饥饿的魔蜥一次可舔食 1000 多只蚂蚁。

"假头"

眼睛上方的刺角

棕色、褐色和黄色的体色酷似沙质栖息地

沃玛蟒
Aspidites ramsayi

沃玛蟒是夜行性动物，主要吃其他爬行动物。捕食啮齿动物时，沃玛蟒通常会用身体把猎物往洞穴的墙壁上挤，将其杀死。冬季交配结束后，与大多数巨蟒一样，雌性沃玛蟒会盘绕在卵上，使卵保持温暖，直到春天卵孵化。

- ↔ 平均 1.5 米
- ⚖ 3~5 千克
- ⊗ 濒危
- ▥ 爬行动物、啮齿动物和鸟类
- ⌂
- ➤ 澳大利亚

肌肉发达

▷ **明显的条纹**
沃玛蟒头部较小，强壮的身体布满了独特的条纹，尾巴又细又短。

瘤锥蝗
Monistria pustulifera

瘤锥蝗又名彩色沙漠锥蝗，它们是一种不擅长飞行的蝗虫，专门啃食气味强烈的相思树及苏木的树叶。瘤锥蝗头部呈锥形，触角很短。雌性瘤锥蝗体形几乎是雄性的两倍，它们在土壤中产卵，寒潮结束后卵才开始孵化。

- ↔ 平均 6.5 厘米
- ⊗ 不详
- ▥ 树叶和树芽
- ⌂
- ➤ 澳大利亚

▷ **斑点警告**
"瘤状物"其实是黄色的突起，其作用主要是为了警告潜在的捕食者，这种蝗虫难以下咽。

澳大利亚东部森林

干旱大陆的一个潮湿角落

来自太平洋的风饱含水分,沿着澳大利亚的东南海岸和东海岸缓缓上升,吹向大分水岭,在此过程中水蒸气凝结成雨。悉尼附近的大蓝山地区和澳大利亚山脉尤其如此,澳大利亚山脉的年降水量超过了2300毫米。塔斯马尼亚山区的冬天一般会下雪,而位于北部2000千米处的南昆士兰则为亚热带气候。

桉树"拼图"

这幅湿润而温暖的"拼图"由一片片温带森林所组成,森林中主要分布着120多种桉树或橡胶树。高地桉树,特别是高大的高山灰桉,遮盖了岩石悬崖和陡峭的峡谷。斜坡上生长着更多的桉树林和金合欢树,还有金荆树、蕨类植物、山龙眼和银桦树。这片生态区中栖息着一些特有的动物物种,如魔蜥、树袋熊、鸭嘴兽、澳洲针鼹、笑翠鸟和艾伯氏琴鸟等。但是,人类的扩张导致了森林退化,有的森林遭到砍伐或是被转化为农田,而兔子、狐狸和猫等外来物种的引入也给当地野生动物带来了灾难。

授粉蝙蝠
岬狐蝠会"拜访"桉树花,舔食花蜜和花粉,在此过程中将花粉在树丛间传递。岬狐蝠喜欢十几只一起挤在同一棵树的大树枝上休息,这种密集栖息的习惯有时会给树木造成伤害,而其授粉行为正好起到了平衡作用。

瓦勒迈杉

活化石
1994年,大蓝山地区的一名工作人员发现了瓦勒迈杉。这在当时曾引起了一阵轰动。瓦勒迈杉是瓦勒迈属中唯一的幸存者,其历史可追溯到恐龙时代,现在只生长在少数几个地方。

易挥发的桉树油使大蓝山地区仿佛笼罩在色彩斑斓的薄雾中

岬狐蝠

沿海岸延展50公里十几千米

桉树

濒临灭绝的树木
这里的桉树耐寒耐包括而帽花。这些桉树为很多动物提供了食物,如树袋熊和负鼠。如今,森林已经被过度砍伐,而森林一旦被砍伐就很难再生。

澳大利亚五分之一的桉树都生长在这里。它们也因气候变化而面临危机。

澳大利亚东部森林

世界上第二高的树——高山灰桉生长于此

蜂蜜加工厂
山龙眼长有巨大的彩色花穗，花穗上绽放了数百朵富含蜜的液体是蜜负鼠、蜜袋鼯、鼠袋鼩和蝙蝠的重要食物来源。

蜜负鼠

合作型捕食者
大蓝山地区栖息着 20 多种吸蜜鸟，它们用尖尖的舌头舔舐花蜜。它们生活在不同海拔高度的地区，在一年中不同的时间段繁殖和迁徙，通过这种方式避开竞争，如王吸蜜鸟就偏爱较潮湿的低地。

王吸蜜鸟

濒危的利德比特负鼠的家园

森林维护
长鼻袋鼠是欧洲探险家最早描述的有袋动物中的一种，以真菌为食。这些状似松露的地下真菌为树根提供矿物质，同时吸收碳水化合物。长鼻袋鼠通过粪便排泄真菌的孢子，将其传播给新树。

长鼻袋鼠

地理位置

0千米 400
0英里 400

布里斯班
澳大利亚
悉尼
墨尔本
塔斯马尼亚岛

澳大利亚东南部和东部沿海斜坡，包括大蓝山地区和澳大利亚山脉，也包括塔斯马尼亚岛的东部海岸。

气候

澳大利亚东南部基本上位于温带，全年降水量充沛。气候带范围处于昆士兰南部的亚热带气候和塔斯马尼亚山区的寒冷气候之间。塔斯马尼亚山区温度很低，常年被积雪覆盖。高海拔地区降水量最多。

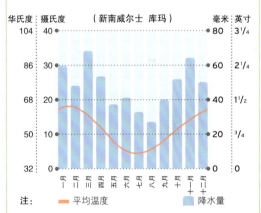

（新南威尔士 库玛）

注： ━━ 平均温度　　▇ 降水量

兔灾

欧洲野兔可能是澳大利亚最麻烦的入侵物种。它们毁坏了大片的植被，通过环剥树皮杀死树木，并且赶走了很多食草动物。欧洲野兔繁殖速度非常快，即便一个地区中 90% 的欧洲野兔被消灭了，只需要 12～18 个月，剩下的就会恢复到原来的种群数量。

鸭嘴兽
Ornithorhynchus anatinus

鸭嘴兽长着鸭喙状的吻、致密的被毛和蹼足,是地球上最与众不同的动物之一,具有一些显著的特征。鸭嘴兽隶属于单孔目,也是现存的卵生哺乳动物中的一种(另外的是针鼹),平均体温为32℃,比大多数哺乳动物都低,它们的腿部向外伸展而不是向下伸展。这些特征在爬行动物中较为常见。雄鸭嘴兽后足上长着角状毒距,可以分泌毒液,能够蜇伤争夺其繁殖领地的对手。雄鸭嘴兽分泌的毒液毒性强大,能让人感到极其疼痛,足以杀死狗一般大小的动物。

感官知觉

鸭嘴兽白天大部分时间待在利用强壮的前爪在土堤上挖掘的地洞中。它们的前脚上长有桨状蹼膜,在陆地上时,蹼膜会叠合在脚下,这样鸭嘴兽就可以行走了。夜间,它们会钻出洞穴寻找食物,用鼻子在浅水池底部拱淤泥,利用吻端敏感的电感受器探测猎物。这些电感受器能够探测到15~20厘米外小龙虾的甩尾动作。鸭嘴兽将所有捕获的食物储存在位于下颌后部的颊囊中。浮出水面呼吸时,它利用角质磨垫将食物磨碎,然后吞下。

鸭嘴兽在春天交配,交配结束后的3周,雌鸭嘴兽在适合做窝的地洞中产下3枚卵。雌兽负责孵卵直到卵孵化,然后用乳汁喂养幼崽。与其他哺乳动物不同,它们的乳汁不是来自乳头,而是直接顺着腹毛流出供幼崽吮吸。

- ↔ 40~55厘米
- ⚖ 0.7~2.2千克
- ⊗ 常见
- 昆虫幼虫和甲壳动物

澳大利亚东部、塔斯马尼亚岛

▽ 某种骗局

根据当地的传说,鸭嘴兽是雌鸭与水鼠杂交的产物。1799年鸭嘴兽的标本首次抵达英国时,很多人认为它奇特的身体是一个人为拼接的骗局。

兽皮上长有浓密的被毛,可防水

覆盖着一层如丝绒般光滑的表皮

鸭嘴兽的吻柔软而有弹性,没有鸭子的喙那么坚硬。

澳大利亚东部森林 | 337

△ 优雅的游泳健将
鸭嘴兽的前足粗短而有蹼,有助于它在水中轻松地游动,后足和尾巴可以帮助它控制方向。

△ 独特的毒距
在所有哺乳动物中,只有雄性鸭嘴兽才有能释放毒液的毒距。雄性针鼹的脚踝上也长有角状距,不过它没有功能性毒腺。

游泳时,宽阔的尾巴发挥着舵的作用

塔斯马尼亚袋熊
Vombatus ursinus

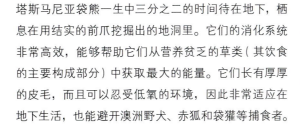

塔斯马尼亚袋熊一生中三分之二的时间待在地下,栖息在用结实的前爪挖掘出的地洞里。它们的消化系统非常高效,能够帮助它们从营养贫乏的草类(其饮食的主要构成部分)中获取最大的能量。它们长有厚厚的皮毛,而且可以忍受低氧的环境,因此非常适应在地下生活,也能避开澳洲野犬、赤狐和袋獾等捕食者。

尽管外形讨人喜欢,但是塔斯马尼亚袋熊喜独居,而且相当难相处。它们会积极地守卫食物和巢穴,不过,实质性的打斗极少出现。

它们大多数在黄昏时分出来觅食。由于上唇长有一个豁口,因此可以啃食矮小的草类和其他植物。它们的牙齿一生会不停地生长。

- ↔ 70~120厘米
- ⚖ 25~40千克
- ⊗ 常见
- 🌾 草类、根和块茎

澳大利亚东部、塔斯马尼亚岛

◁ 母亲和小袋熊
塔斯马尼亚袋熊的幼崽出生时与一种叫杰雷豆的糖果大小相当,它们会与母亲待在一起,直到17~20个月大才离开。

圆盾大袋鼠
Macropus parma

前肢小巧而纤细

圆盾大袋鼠又称为帕尔马沙袋鼠。人们一度认为圆盾大袋鼠因狩猎而惨遭灭绝,但1967年它们在新南威尔士州再次被人们发现。

圆盾大袋鼠主要在夜间活动,偏爱长满青草的茂盛下层林木,这些下层林木可以保护它们,使其免遭捕食者的袭击,如澳洲野犬、赤狐和一些食肉鸟类。此外,圆盾大袋鼠主要以草类为食,也吃形如松露的真菌,并通过排便帮助这些菌类的孢子传播。

- ↔ 45~53厘米
- ⚖ 3.2~6千克
- ⊗ 易危
- 🌾 草类和真菌

澳大利亚东部

◁ 负重
直到7个月左右大时,圆盾大袋鼠幼崽才会彻底离开母亲的育儿袋。

▷ 胚胎期
小树袋熊在妈妈的育儿袋里待6~7个月。育儿袋入口处有一块结实的肌肉,可以防止小树袋熊掉出来。

澳大利亚东部森林 | 339

树袋熊
Phascolarctos cinereus

圆圆的耳朵上长有白色的绒毛

四肢短而有力

树袋熊也叫考拉，是有袋动物。经过进化，它们拥有了一种独一无二的能力，可以吃某种对其他动物有毒的植物。它们几乎只吃桉树叶，但是也并非只要是桉树叶就来者不拒。树袋熊对食物也非常挑剔，生长在澳大利亚的600多种桉树中，它们只吃少数几十种。而且，它们也不吃那些生长在贫瘠土壤中树木的叶子，因为这些树木毒性最大。

特殊的适应能力

相对于体形而言，树袋熊的盲肠是所有哺乳动物中最长的，可以帮助消化植物纤维。这个器官可以帮助它们消化有毒的桉树叶，而且不产生任何副作用。在人体内，这个小袋状器官位于大肠最前端，长约6.25厘米，但在树袋熊体内，它长达200厘米。盲肠中存在着数百万的微生物，可以将食物中的纤维分解成可以吸收的营养物质，还能分解桉树叶中的毒素。树袋熊的新陈代谢速度慢，因此摄取的食物会在体内消化很长时间。即便如此，一只树袋熊也仅能吸收所吃食物总量的25%——所以，为了生存，它一天必须吃200～500克的桉树叶。

幸运的是，树袋熊的牙齿特别适合啃树叶这项工作。锋利的前切牙将树叶从树干上剪切下来，而臼齿将树叶割断咬碎，食物嚼碎后才抵达盲肠。咀嚼食物时，树袋熊会安全地扒在树上以躲避地面的捕食者。此外，它们那弯曲的利爪上长有粗糙的肉垫，可以抓住树皮和树枝。它们的前足最里面的两趾和后足最里面的一趾能与其他足趾对握，因此树袋熊拥有牢固的抓力。树袋熊的被毛厚密，毛色因分布地的不同而表现出明显的差异性，北部树袋熊为淡灰色，南部树袋熊呈深棕色。这层又长又柔软的被毛不仅能帮助树袋熊避开极端温度，还可以防雨。

树袋熊主要在夜间活动，具有很强的领地意识。每只成年树袋熊在一个繁殖地内维护自己的活动范围，用划痕来标记定期光顾的树木。雄性树袋熊的胸部中间长有棕色的胸腺，它会用这个胸腺摩擦树干，释放出气味来进行标记。

住在育儿袋里的小树袋熊

树袋熊的繁殖季节从8月持续到下一年的2月，在此阶段雄性树袋熊会频繁吼叫。雌性树袋熊会产下一只光秃秃的、胚胎状的小树袋熊，长度约为2厘米，体重不足1克。瘦小的小树袋熊从产道爬进母亲的育儿袋，进入后它立刻抓住两只乳头中的一只，开始吮吸乳汁。它待在这里慢慢长大，大约22～30周后，除了乳汁，还开始吃一种半流质食物。这种软食是母体从盲肠中排出来的半流质食物，里面含有消化桉树叶所需的微生物。当小树袋熊长到足够大，可以离开育儿袋时，它就会爬到母亲的背上，直到下一个小树袋熊出生才离开。

由于森林过度砍伐和城市不断扩张，树袋熊的栖息地遭到了破坏，变得碎片化，这也是它们当前面临的主要威胁。据估计，每年约有4000只树袋熊因狗和车祸而丧生。

△ **休息时间**
桉树叶无法提供很多能量，为了降低能耗，树袋熊每天要休息18个小时。树袋熊在进食过程中也会时不时睡着，臀部的皮毛就是它们厚厚的垫子。

◁ **最喜欢的食物**
树袋熊的食谱几乎完全由桉树叶构成，不过它们偶尔也会吃茶树叶和金合欢树叶。

- 65～82厘米
- 4～15千克
- 常见
- 桉树叶

澳大利亚东部

树袋熊吃掉的桉树叶数量如此之多，以至于它们的身体散发出类似止咳药的味道。

胸部、侧面、臀部有白色斑块

袋獾

Sarcophilus harrisii

袋獾是世界上现存最大的有袋类食肉动物，它们在捕食时会发出可怕的尖叫声和咆哮声，因此也被称为"塔斯马尼亚恶魔"。袋獾也进食腐肉。它们宽阔的下颌强劲有力，可以吞食动物尸体腐烂的肉以及皮毛、骨头。不过，只要是能吃的东西它们都会吃，如昆虫和哺乳动物，甚至包括被称为"小恶魔"的小袋獾。袋獾对其栖息地也不加挑剔，只要它们白天能找到藏身之处，晚上能找到食物就行。

无法确定的未来

袋獾这一物种曾经在澳大利亚很常见，但现在只生活在塔斯马尼亚岛。但是由于动物之间相互撕咬，传播了一种名为袋獾面部肿瘤病的传染性疾病——这种情况对于袋獾而言屡见不鲜，因此生活在野外的袋獾陷入了极度濒危的处境。为了保护这一物种，澳大利亚启动了一系列保护工作，建立了没有染病的袋獾种群专属的保育区。

△ **躲藏**
小袋獾藏在洞穴、空心原木或地洞中以躲避捕食者，如老鹰和其他袋獾。

大多数强有力的撕咬与动物的体形大小相关

半小时内，袋獾就可以吃掉重量为其体重 40% 的食物。

- ↔ 52~80厘米
- ⚖ 4~12千克
- ⊗ 濒危
- 🍖 腐肉、爬行动物和哺乳动物
- 🏠 🌳🌿

塔斯马尼亚岛

斑尾袋鼬
Dasyurus maculatus

身上有斑点

斑尾袋鼬又称斑袋鼬，是6种袋鼬中最大的一种，它们是凶猛的夜行性捕食者，既可以在树上安家，也能在地面栖息。这种食肉的有袋动物更喜欢栖息在森林中，但也会冒险进入开阔的农田里寻找食物。它们狠狠地咬住袋狸和袋鼩等小动物的头部和颈部，然后狼吞虎咽地将它们吃掉。森林砍伐是斑尾袋鼬生存下去面临的主要威胁。

长长的胡须

◁ 嘴巴大张
袋獾嘴巴大张时极具特色，看起来很恐怖，但是这通常是应对压力而非面对侵略时所做出的反应。

△ 占上风
尽管雌性斑尾袋鼬的体形比雄性斑尾袋鼬小很多，但是它的攻击力不亚于雄性斑尾袋鼬。有人曾看到雌性斑尾袋鼬将正在腐尸旁边进食的袋獾赶走。

- ↔ 40~76厘米
- ⚖ 1.8~3.5千克
- ⊗ 近危
- 🍖 小型哺乳动物和爬行动物
- 🏠 🌳🌿🌊

澳大利亚东部、塔斯马尼亚岛

葵花凤头鹦鹉
Cacatua galerita

- ↔ 平均50厘米
- ⚖ 平均950克
- ⊗ 常见
- 🌾 种子、水果和农作物
- 🏠 🌳🌿🌊

巴布亚新几内亚、澳大利亚和塔斯马尼亚岛

葵花凤头鹦鹉以种子和水果为食。它们的脚、眼睛和喙协调能力极好。它们组成大的鸟群，聚集在澳大利亚部分地区，有时也在农田附近活动，取食粮食作物。它们独特的羽冠通常保持水平状，但是当它们兴奋时，如交配时，羽冠就会像扇子一样竖立起来，高度达14厘米。

淡黄色的后翅

▷ 瞄准高处
人们曾经将葵花凤头鹦鹉当作宠物来饲养，以至于当它们在野外树木丛生的山坡上展翅高飞时，人们会感到惊讶。

长长的腿和爪子可用来攀爬

狭长的尾巴有助于游动

横纹长鬣蜥

Intellagama lesueurii

这种大型蜥蜴俗称澳洲水龙，恰如其名，它们经常会光顾附近有水流的栖息地，包括凉爽的山涧溪流和城市河流，甚至是临时性河口。它们既是技术娴熟的游泳健将，也是能力超凡的攀爬高手。

晒完太阳再捕食

横纹长鬣蜥在岩石上（或一条路上，或一个天井）晒太阳，直到身体足够暖和了才去捕食——在树上、地面和岸边狩猎。它们捕捉昆虫、蜗牛、螃蟹，以及蛙类、小鸡等小型脊椎动物。不过在有些地方，水果等植物占据它们一半的饮食。为了避开危险，横纹长鬣蜥会迅速地爬到树上或潜入水中。它们可以在水下待一个多小时。冬天栖居在南部的横纹长鬣蜥会躲在洞穴、树根或岩石间，进入类似冬眠的一种状态；在北部，它们全年都非常活跃。春天，拥有领地的雄性横纹长鬣蜥会上下移动头部、轻轻拍打尾巴并挥舞腿部，通过这种方式向对手炫耀，吸引雌性。在尚未发育成熟之前，刚孵化的小横纹长鬣蜥主要以昆虫为食。

- 平均1米
- 1~1.3千克
- 不详
- 昆虫、贝类、脊椎动物和水果

澳大利亚东部

巨大的鼓膜（外鼓膜）

◁ **塌鼻子侧面像**
身体中间的鳞状颈脊从头部延伸到尾部，这不仅更加突出了它短而深的吻部和棱角分明的头部，也扩大了颈部后面的部分。

悉尼漏斗网蜘蛛
Atrax robustus

这种漏斗网蜘蛛是蜘蛛目中的一员。它们突出的尖牙垂直指向下方，而不是像其他蜘蛛一样折叠起来。它们的蛛网呈管状，建造在凉爽而潮湿的阴暗地带，如岩石、原木下面，或室外的厕所下面。它们不停地攻击猎物，迅速将其征服。如果不及时进行治疗，它们的毒液可能会给人类带来致命危险。

雄蜘蛛体形更小、腿更长、活动的范围更广。夏末时，它们会寻找合适的雌蜘蛛进行交配。雌蜘蛛将100～150枚卵安放在一个丝质卵囊中，埋藏在洞穴里以保护其安全。在3～4周后卵孵化，不过小蜘蛛仍然会在洞穴里待上几个月。

▷ **美妙的震动**
巢穴的入口有类似绊马索的丝线，从蛛网的入口呈扇形向外发散，这样悉尼漏斗网蜘蛛就可以时刻注意到过往的猎物。

- 2.5～4厘米
- 不详
- 昆虫和蜗牛

澳大利亚东南部

巨刺竹节虫
Extatosoma tiaratum

巨刺竹节虫又称麦克雷的幽灵竹节虫。它们最喜欢的树木为桉树，非常擅长用桉树树枝进行伪装。雌性巨刺竹节虫的身体比雄性巨刺竹节虫长，体重是雄性巨刺竹节虫的两倍，长有更多的刺。雌性巨刺竹节虫的翅芽很小，这意味着它们不会飞翔。雄性巨刺竹节虫身材较苗条，长有翅膀，飞行起来很轻松，尤其是在寻找配偶时。雌性巨刺竹节虫在产卵时会轻拍腹部，使卵到达森林地面。蜘蛛蚁会收集它们的卵，将这些卵搬到蚁群中，然后吃掉卵的最外层，但是其他的部分完好无损。刚孵化的幼虫会模仿宿主的颜色以保护自己，直到它们离开寄主去寻找桉树。

防卫时，长满棘刺的腿会不停地踢对方

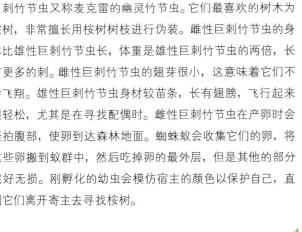

◁ **外表像绿色的地衣**
这一物种体色各异，不过当巨刺竹节虫藏在绿色的树叶、地衣和青苔中时，它们极难被发现。

- 7.5～16厘米
- 不详
- 树叶，特别是桉树叶

澳大利亚东部

雌性巨刺竹节虫长有小小的翅芽

前腿抬起，准备发动自卫性反击

腹部下垂，仿佛树叶

◁ **防守姿势**
一旦遭遇威胁，这种竹节虫就会直立起身体，然后像蝎子一样拱起腹部，喷射出一种刺鼻的液体。

大堡礁
世界上最著名的珊瑚礁系统

大堡礁可能是地球上最庞大的单一生态区——实际上这里是 3000 多个相互连接的珊瑚岛礁——长 2300 千米，有些部分宽 100 多千米，面积为 34.5 万平方千米。这个位于 900 多座岛屿中的珊瑚系统由 400 多种珊瑚虫（像海葵一样的小生物）组成。该系统中的水域沐浴在暖流中，温暖而清澈，还能受到阳光直射。令人眼花缭乱的珊瑚鱼、虾、海星、海蛞蝓等海洋生物都在此栖息，它们宣布各自的领地，同时它们又成为 100 多种鲨鱼和蝠鲼的捕食对象。此外，约有 200 多种鸟类全年生活在此。

复杂的生态系统

在珊瑚礁系统中，温度从南至北攀升了几度，海底的地貌不断发生着变化。沿岸水域与珊瑚礁相互交融，平均深度达 35 米，沙岛、海草、草垫、海绵花园和红树林被俯冲到海底 2000 米处的大陆架所取代。大堡礁是地球上最复杂、最具生态多样性的生态区之一，这里在某些方面得到了精心的管理和保护。即使工业和农业污染在减弱，但环境的退化仍然是一大难题。此外，由于气候变化所引起的水温和酸性上升也导致了环境剧变，使得受威胁程度不断升级。

大堡礁每年要接待 200 多万游客。

长有棘刺的敌人 棘冠海星会定期大肆破坏珊瑚礁。它们喜欢吃珊瑚表面的珊瑚虫，通过这种方式毁掉大量的珊瑚。陆地上的径流富含营养盐冲刷到珊瑚礁海域中的普长，因为这有助于海星数量的增长，暴风雨使陆地径流中的营养盐冲刷到珊瑚礁海域，这又促进了浮游生物的繁殖，而这些浮游生物恰好是棘冠海星幼虫的食物。

棘冠海星

大堡礁是地球上最大的生命活体结构

1981 年大堡礁被联合国教科文组织认定为世界自然遗产

黑玄燕鸥

鸟类繁殖中心 大堡礁养育了澳大利亚四分之一以上的热带繁殖鸟类及一半以上的燕鸥物种。燕鸥用粪便将树叶、树枝和岩石属粘在一起，筑成巢穴。

脑珊瑚

多种多样的珊瑚 450 多种软珊瑚和硬珊瑚是珊瑚礁的"建造者"。珊瑚虫构成了石灰石的杯状器官和钙质底座，环绕在柔软的身体四周。珊瑚礁形态各异，有的像鹿角，有的甚至像大脑。

大堡礁 | 345

互惠互利的合作伙伴
护卫蟹负责清除残骸，保护其宿主珊瑚免遭入侵者的袭击，偶尔也会帮助这些宿主捕食猎物。珊瑚为护卫蟹提供避难所，与它们一起分享食物。

护卫蟹

> 从太空中可以看见这里

> 几乎与日本的面积相当

> 大约有8000～10000年的历史

海蛇热点地区
海蛇是生活在海洋中的爬行动物，直接在水中产下活的幼体，它们几乎都有毒，捕食鱼和类似的猎物。大堡礁的珊瑚礁中大约栖居着17种海蛇，由于栖息地的改变和水质的恶化，它们的生存受到了威胁。

橄榄海蛇

微妙的平衡
大气中的二氧化碳不仅可以使气温升高，还能在海洋中溶解，提高海水的酸度。酸能够分解珊瑚的骨架，甚至抑制珊瑚的形成。珊瑚中死亡后，它们的白色石灰质骨骼会积累下来。

珊瑚

地理位置

几乎与澳大利亚东北海岸平行，从约克角向南延伸到弗雷泽岛。珊瑚礁的边缘从大陆向外延伸30～250千米。

气候

几乎全部位于热带，一年中大部分时间，气候介于温暖湿润和炎热之间，平均温度为23℃～26℃，极少低于17℃或高于32℃。12月到来年4月是最潮湿的季节，雨水降低了那些潟湖中的盐度。

（昆士兰州 凯恩斯）

注： ━━ 平均温度　▪▪ 降水量

珊瑚礁上的生活

数千种物种全年都生活在珊瑚礁中，这些物种的数量因每年前来的访客而不断增加，这些访客有座头鲸和小须鲸等。这里最小的"常住居民"包括侏儒海马和虾虎鱼等，最大的动物可能就是游经此地的鲸鲨。

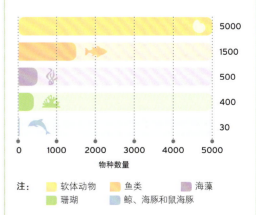

注： ▇ 软体动物　▇ 鱼类　▇ 海藻
　　 ▇ 珊瑚　▇ 鲸、海豚和鼠海豚

海龟

Chelonia mydas

海龟又称绿海龟,是世界上第二大海龟属动物(仅次于棱皮龟),大多数喜独居,会从一个捕食区游到另一个捕食区。成年海龟没有牙齿,但是下颌中的角状喙很锋利,具有锯齿,可以用来啃食近海区的海洋植物。小海龟在一定程度上也是肉食动物,会吃水母、甲壳动物、蠕虫和海绵。

海龟的背甲呈流线型,形状像泪珠。它们的别称绿海龟源自背甲和身体之间的一层绿色脂肪。海龟游泳时,会拍打、扭动前鳍肢,较短的后鳍肢充当舵。它们游动的速度可达2~3千米/时。在迁徙过程中,它们每天可游80千米,如果遭遇威胁,它们的速度可达30千米/时。在水下休息时,海龟屏住呼吸的时间可长达5小时。不过,在捕食或游动时,它们每隔3~5分钟就会浮出海面。它们通常会在暗礁下或海底睡觉。

独特的种群

太平洋和大西洋中有2个海龟种群。所有的海龟都会四处漫游,有些每年往返于其传统捕食区和交配筑巢区之间,行程达8000千米。发育成熟后,它们会回到出生(孵化)的海滩。很多雄海龟每年都会回去,雌海龟每隔两三年回去一次。数百只海龟聚集在1~2千米的近海地区进行交配。晚上,雌海龟爬到沙滩上,用它们的鳍肢挖一个洞以存储100~200枚卵,然后将洞填好,返回海洋中。卵孵化的时间由温度来决定,一般需要45~70天。

修长的前肢演变成了桨状

- 1~1.2米
- 65~130千克
- 濒危
- 海草和海藻

全球范围内的温带和热带海域

△ 在珊瑚礁中求爱

雄海龟与雌海龟体形大小相当，不过雄海龟的尾较长。雄性竞争对手之间会相互撕咬、拍打鳍肢，获胜者会挡住雌海龟，然后用鳍肢上的爪抓住雌海龟的背甲进行交配。

◁ 生存竞赛

刚孵化的小海龟进入海洋后，会沦为螃蟹、蜥蜴、蛇、海鸥及其他捕食者的盘中餐。海洋中潜藏着更多危险的捕食者，包括鲨鱼、无鳔石首鱼和海豚。

龟头海蛇

Emydocephalus annulatus

这种海蛇终生生活在海洋中，它们的头颈部不易区分，鼻孔位于吻背面，下颌鳞片锋利，特别适合寻找特殊的食物——海底巢穴中的鱼卵。龟头海蛇几乎与所有其他的海蛇都不同，它们不需要麻痹猎物，因此其毒腺退化，毒牙长度不足1毫米。每条龟头海蛇都生活在一个小的区域，这似乎是为了记住卵产在什么地方、产在哪个季节。

- ⬌ 60~120厘米
- 最重1.5千克
- 常见
- 鱼卵
- 菲律宾海、帝汶海和珊瑚海

▽ 长长的肺部

龟头海蛇只有一个肺，沿身体分布，其长度几乎与体长相当，因此龟头海蛇可以在水下待2个小时。

翻车鲀

Mola mola

翻车鲀又称翻车鱼，是世界上最大的硬骨鱼，它们会潜入深水中捕食，随后浮出海平面晒太阳，常侧卧于水面，让自己暖和起来。翻车鲀下颌具有喙状齿板，可用来捕捉它们主要的猎物——水母，并分解食物。雌性翻车鲀所产的卵几乎比任何鱼类都多——约有3亿颗。

- ⬌ 最长4米
- 最重2000千克
- 不详
- 水母
- 菲律宾海、帝汶海和珊瑚海

△ 划桨的动作

翻车鲀的尾鳍退化为肉质褶边。游动时，它们会左右摇摆细长的背鳍和臀部。

▷ **白天的鲨鱼群**
雌性双髻鲨白天会成群聚集在珊瑚礁旁。晚上，鲨鱼群解散，各自捕猎。

▽ **扇贝状头部**
双髻鲨之所以得其名，是因为它们锤状头部的最前端长有凹口。这与延伸到嘴部的凹槽相汇合，使双髻鲨的下侧看起来像一个扇贝状的碟盘。

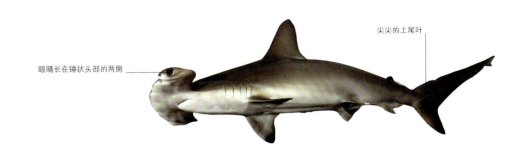

尖尖的上尾叶

眼睛长在锤状头部的两侧

路氏双髻鲨

Sphyrna lewini

没有哪种鱼像双髻鲨一样具有知名度和辨识度，路氏双髻鲨是其中最常见的一种。这些鲨鱼与其"孤独杀手"的美誉不相符，它们是高度群居的动物——至少雌性是这样。年长的、占主导地位的雌性鲨鱼组成了鲨鱼群，处于中心位置，而地位较低的个体则位于外围的边缘区。双髻鲨会回旋游动或彼此撞击，以此来彰显其主导地位。较弱的个体臣服于领头的鲨鱼。

爱之咬痕

雄性路氏双髻鲨到6岁时才发育成熟——雌性则需要10年。在准备好繁殖前，它们的体长会达到2米。成年雄性路氏双髻鲨会游到雌性鲨鱼群中，沿"S"形路径横扫中心。一旦邂逅了心仪的对象时，雄性就会咬住雌性的一只胸鳍以保证自己的安全。路氏双髻鲨会直接诞下活体幼崽，经过8~12个月的妊娠期后，大约会产下25尾幼鲨。

出生时，小鲨鱼体长只有40厘米，但是它们独特的锤形头部已完全成形。由于父母不参与抚育幼崽，因此它们必须依靠自己捕食。大多数捕食行为发生在夜间，较小的路氏双髻鲨在浅水水域捕食，而大点的会前往更远的海域。无论栖息在何处，锤状特征都能给它们带来好处。宽大的头部就像水翼——可以产生浮力的水下翅膀，使路氏双髻鲨能够浮在水面上。同时，它也可以充当一个通信接收器，使鲨鱼的感官发挥更好的作用。

猎物探测器

与其他鲨鱼一样，双髻鲨拥有敏锐的嗅觉。它们可以利用类似于鼻孔的凹槽来探测水中极其微量的化学物质，这个凹槽正好位于眼睛前方的锤状头部两端。鼻孔之间的距离很宽，这意味着从某个特定方向散发出来的味道到达每个鼻孔的时间不同。因此，双髻鲨也可以集中注意力找出气味的确切来源。

双髻鲨丁字形头部的下侧有一排极小的凹陷，里面充满了名为"洛伦齐尼瓮"的电传感器。由于头部提供了巨大的扫描面，这些传感器的灵敏度得到了极大的提高，因此可以探测到几乎所有动物的神经和肌肉产生的微弱电流。双髻鲨像一个金属探测器一样在海床上摆动头部，以此来定位躲藏在沙子里的猎物，有时它们还会用头部按住猎物，将猎物抓住。

双髻鲨的牙齿更适合抓住猎物，而非撕碎猎物。

- 1.4~2.1米
- 29~80千克
- 濒危
- 鱼类、头足类和甲壳动物

全球范围内的热带和温带海域

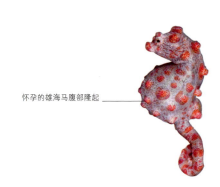

怀孕的雄海马腹部隆起

巴氏豆丁海马
Hippocampus bargibanti

巴氏豆丁海马生活在 16～40 米深的珊瑚礁中。它们特别善于模仿，因此直到 20 世纪 60 年代末期才被人们偶然发现。当时一名实验室的研究员正在检查一块柳珊瑚——一种柔软的珊瑚——发现这种小鱼依附在珊瑚上。相比那些体形较大的海马，巴氏豆丁海马的吻较扁平，而且比一般的海马短很多。除此之外还有很多的不同之处，比如，雄性巴氏豆丁海马的育儿袋位于体腔内而不是尾巴底部，交配后它们在育儿袋中孕育受精卵。它们的身体更加肥胖，没有容易辨认的体节。它们依附在柳珊瑚或扇形珊瑚上，这两种珊瑚都隶属于小尖柳珊瑚属。

人们对巴氏豆丁海马所知甚少，但是与很多其他的海马一样，它们用盘卷的尾将自己牢牢固定在珊瑚上，捕捉游经此处的微小的甲壳动物。

- 平均2.5厘米
- 不详
- 不详
- 微型甲壳动物

印度洋-太平洋海域

△ 丹尼斯豆丁海马
最初，人们以为丹尼斯豆丁海马是巴氏豆丁海马的幼崽。它的身长只有 1.6 厘米，是当前已知的最小的海马物种——同样也是一位高超的伪装艺术大师。

▷ 伪装大师
巴氏豆丁海马全身长满了肉疣般的结节，与其宿主柳珊瑚的颜色和结构极其相似，因此几乎无法被发现。

大堡礁双锯鱼

Amphiprion akindynos

身体上有两条白色条纹，条纹边缘为黑色

大堡礁双锯鱼又称大堡礁双带小丑鱼。双锯鱼成群生活在25米深的珊瑚礁水域中，隐蔽在海葵的触手之间。所有的双锯鱼出生时都是雄性，但是有些会根据需要变成雌性。鱼群中最大的双锯鱼会变成雌性成为首领，第二大的会成为它的配偶。雌性死亡后，继任的雄性首领会改变性别取而代之。

- ↔ 4.5~13厘米
- ⚖ 平均28克
- ⊗ 不详
- 🍴 海藻和浮游动物
- 🏠

太平洋西南部

◁ **安全的避难所**
双锯鱼将海葵的黏液与其皮肤上自带的黏液混合在一起，以避开毒刺和捕食者。

雀尾螳螂虾

Odontodactylus scyllarus

- ↔ 3~18厘米
- ⊗ 不详
- 🍴 螃蟹、贝类和鱼类
- 🏠

雀尾螳螂虾体色非常鲜艳复杂。它们的复眼能够识别约12种（人眼为3种）不同的颜色，还能看见红外光、紫外光和偏振光。它们通过肌肉产生的震动进行交流。它们的颚足可充当"粉碎器"，在水下引发爆炸，甚至能够粉碎水族馆的玻璃。

印度洋-太平洋海域

后面的"粉碎器"贴着身体折叠

◁ **致命打击**
雀尾螳螂虾的颚足"粉碎器"如同棍棒一样，以在动物王国测得的最快速度将猎物击晕。快速打击时，冲击力甚至可以使水汽化。

新月豹纹蛸
Hapalochlaena lunulata

依靠喷射推进游泳

尽管这种物种小到可以装进一只茶杯里,但是它们给人类带来的危险比任何章鱼都大。白天,它们在靠近海岸的岩石缝隙中休息,堆起一堵石墙以获得额外的隐私保护。一旦被打扰,新月豹纹蛸会给对方致命的一咬。虽然因被咬而造成的死亡很罕见,但是它们分泌的毒液是比氰化物毒性更强的河豚毒素。它们在海床上捕食,用口来捕捉猎物,或将毒素释放到水中以麻痹猎物。

- ↔ 15~20厘米
- ✖ 不详
- 鱼类和甲壳动物
- 印度洋–太平洋海域、澳大利亚南部海岸

▷ **蓝色警告**
一旦受惊,新月豹纹蛸的环状斑纹就会变成铁青色,警告对方,它们即将给对方致命的一咬。

大砗磲
Tridacna gigas

贝壳呈褶皱状,上面布满了海藻

大砗磲是现存最重的软体动物。它们巨大的贝壳借助强劲有力的肌肉进行开合,途经的动物有时也会被它们困住,不过它们并非肉食动物。它们通过过滤海水中的食物颗粒为生。有些藻类生活在成年大砗磲的体内,也会给大砗磲提供营养物质。这些单细胞植物需要光来进行光合作用,因此大砗磲常常栖息在有阳光照射的浅水水域。

- ↔ 1~1.4米
- ✖ 易危
- 藻类和浮游植物
- 太平洋、印度洋–太平洋海域

△ **产卵**
大砗磲出生时为雄性,后来就变成了雌雄同体。但是,为了避免自体受精,它们会一般先将精子排出体外,再在产卵期释放卵子。

僧帽水母
Physalia physalis

僧帽水母是水母的近亲,它们常漂浮在海洋表面,用其带刺细胞的触手捕捉鱼类,触手向海面下蔓延达数十米。当浮囊体充气后,僧帽水母可以在海面漂浮,这时它们的外形与18世纪战船上的风帆相似,也像僧侣的帽子,因此而得其名。它们无法推动自己前进,而浮囊体上的冠膜——也相当于船帆,可以借助风力在水面漂行,将它们带到任何地方。

群居生物

僧帽水母看起来像单个动物,其实是由很多独立的水螅体组成的群落,所有的水螅体在浮囊下相互连接。主要的水螅体有3种,为指状体、营养体和生殖体,每种都适应某一特定的工作。指状体为棒状,长着长长的蓝绿色触手。这些触手上长着一排排刺细胞,随时准备向接触它的物体发射带刺的"毒镖"。触手也可用于防卫,让所有与其纠缠的动物感到剧烈刺痛。触手中的刺丝囊也用于收集食物,通过触手将食物输送给上方的营养体中。这些营养体可以吞食各种大小的猎物,并分泌酶将其消化。生殖体包括雄性部分和雌性部分,可以繁殖出新的个体,这些个体从母体上分离来后,就可以独立生活。

- ↔ 10~50米
- ✖ 不详
- 小鱼和浮游生物

全球范围内的热带和温带海域

▷ **漂浮的危险**
浮囊体中大部分为空气,也有一氧化碳。一旦在海洋表面遭到袭击,僧帽水母的浮囊体就会释放气体,这样它们就可以安全地沉到水下。

新西兰混交林
剩余的广袤林木植被形成了常绿植物的绿洲

新西兰的领土呈南北走向，长约 1600 千米，跨越了相当大的纬度，因此气温变化范围也很大。新西兰最南端的年平均气温不足 10℃，而最北端的年平均气温差不多是最南端的两倍。这个国家位于太平洋西南部，最宽处为 400 千米，因此整体上气候比较湿润，从凉爽过渡到温暖，此地的温带森林生长也十分茂盛。

主要的森林植物带

里士满温带森林位于南岛的东北部。西部较潮湿，越往南地势就越崎岖，穿越了西部温带森林生态区，一直延伸到最西南端的峡湾国家公园高山地带。在北岛，更加平坦、更加温和的温带贝壳杉森林坐落于最北端。这些混合林中生长着多种针叶树，如新西兰罗汉松、芮木泪柏和巨型贝壳杉——全都属于松柏科植物，还有银山毛榉、红山毛榉和黑山毛榉。这些树大部分都是常绿树木，因此森林地面常年被树荫遮盖，林中长满了由苔藓、蕨类和小灌木组成的浓密的下层植被。

新西兰有很多独一无二的野生动物，既有形如蚱蜢的沙螽和凶猛的啄羊鹦鹉，又有不会飞翔的鸮鹦鹉和生活在地面的几维鸟，它们在这些森林中茁壮成长。在人类到来之前，新西兰四分之三的面积被温带混交林覆盖着。由于森林火灾、砍伐和发展农业，现在剩余的森林覆盖率仅剩下四分之一。

负鼠成灾
19 世纪 30 年代为了开展皮毛贸易，新西兰从澳大利亚引入了刷尾负鼠。这些杂食性有袋动物对于新西兰当地的生态环境来说是一场灾难，它们不仅毁坏了树木，还捕食昆虫、蜗牛，甚至蝙蝠。

种子的刺激效应
有些树木，如芮木泪柏、夜囊（少数本地动物物种，如新西兰鸽）来传播种子。种子必须经过它们的肠道，用以摧毁的形式排泄出来才能发芽。

濒危的蜗牛
拳头大小的琥珀色蜗牛——是新西兰森林中的特有物种。它们属于肉食动物，以蚯蚓为食。但是，自从森林中引入负鼠、老鼠，刺猬和其他动物后，它们的数量已严重减少。

刷尾负鼠

贝壳杉的寿命达 1500 年

新西兰拥有全球种类最多的不会飞的鸟类

新西兰鸠

琥珀色蜗牛

地理位置

除较干燥的东部之外，大部分混交林位于南岛及北岛北部。

气候

新西兰为温和的海洋气候，即便在盛夏，每个月都拥有充沛的降雨；冬季气温会下降。

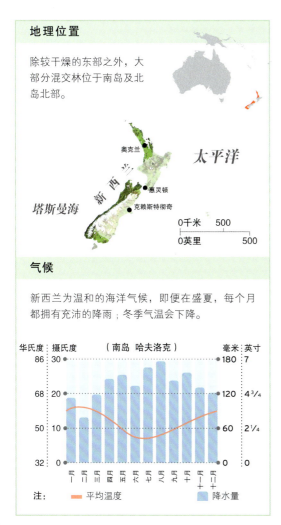

雄伟壮观的贝壳杉

在北岛，巨型贝壳杉从侏罗纪时代一直活到现在。它们的高度可达 50 米，胸径达 20 米。其数量因森林砍伐而骤降，现在仅剩下 5%。

贝壳杉的球果

短尾蝠
Mystacina tuberculata

在一天中，短尾蝠 30% 的时间都在觅食——在森林地面深厚的落叶层中寻找食物。它们的手指和足部长有利爪，使其在地面行动时更加矫健。

▽ 地面捕食者

当短尾蝠在地面活动时，翼膜可以折合起来，使其免遭损害。

- 6~8厘米
- 平均24克
- 易危
- 水果、花蜜、花粉和昆虫

新西兰

手指末端的利爪可以获得额外的抓力

管状鼻孔

喜燕
Hirundo neoxena

喜燕在澳大利亚乡村和郊区非常常见，与人类比邻而居，在建筑物的墙上衔泥筑巢。不同于雨燕，它们常常在电线和光秃秃的树枝上休息，不过它们擅长捕捉正在飞行的昆虫，能够在低空中优雅地改变方向追逐苍蝇，在潮湿环境中它们可以飞得更高。

- 平均15厘米
- 12~17克
- 易危
- 昆虫

澳大利亚和新西兰

◁ 进食时间

雏鸟飞离建在小屋和车棚中的巢穴，排成一行栖息在电线上。只要父母一出现，它们就大声呼喊，要求喂食。

啄羊鹦鹉
Nestor notabilis

身体羽毛呈鳞状

啄羊鹦鹉是新西兰唯一一种高山鹦鹉，它们也是当地吸引游客的一大亮点——由于好奇心强，所以常常用其钩状喙去啄汽车、书包和衣服——不过很多当地的牧民却深受其扰。啄羊鹦鹉吃树根、浆果和昆虫，早在19世纪60年代它们就已经受到密切关注，因为人们怀疑它们袭击了羊群。当时的政府决定出赏金扑杀啄羊鹦鹉，1870~1970年就有约15万只啄羊鹦鹉被杀害。从那时起，啄羊鹦鹉的数量就只剩下5000只，虽然政府采取了保护措施，可是其数量仍然在不断下降，至今尚未恢复。

- 平均48厘米
- 平均825克
- 易危
- 树根、浆果和昆虫
- 新西兰

◁ **高山幸存者**
啄羊鹦鹉特别聪明——这对其在环境恶劣的高山栖息地中生存下来至关重要。

鸮鹦鹉
Strigops habroptila

圆圆的脸盘与猫头鹰很像

鸮鹦鹉是最大、最笨重的鹦鹉，也是唯一一种不会飞的鹦鹉。它们是世界上寿命最长的鸟类之一——平均寿命为95岁，最长可达120岁。雄性鸮鹦鹉在求偶场上争夺雌性时，会在地面挖一些浅槽，这也许是为了使其叫声变得更响亮。挖槽行为每晚都会发生，并持续8个多小时，长达数月之久。

- 平均64厘米
- 平均2千克
- 极危
- 植物
- 新西兰

◁ **珍稀鸟类**
2014年，已知的鸮鹦鹉数量仅为126只，而自从2011年以来仅有6只雏鸟孵化。对于这一物种而言，存活下来的最佳机会就是迁移到近海岸区域，以避开捕食者的袭击。

几维鸟是世界上唯一鼻孔长在喙顶端的鸟类。

柔软的羽毛呈丝状

△ 小斑几维鸟
小斑几维鸟通常隔3周在青苔上产下2枚卵。每枚卵的重量为雌鸟体重的四分之一。

北岛褐几维
Apteryx mantelli

几维鸟的外形几乎与所有鸟类迥异，不过它们的起源却与其他不会飞翔的鸟类相似，并且与鸸鹋和食火鸡最为接近。几维鸟更喜欢雨林，但是由于栖息地丧失，它们不得不从海岸地带转移到高山地带，迁往灌木林和油松林。它们需要湿度高、透水性良好的土壤，挖掘适合筑巢的地洞和白天栖居的窝巢。此外，它们也需要潮湿的落叶层，晚上在此寻找蠕虫和蛴螬等食物。它们利用声音、嗅觉和触觉来探测猎物，在它们用喙探测过的地方留下一长串小洞。

神奇的卵
几维鸟在固定的领地上结成一生的伴侣。它们挖好地洞，几个月或几年后才将地洞用作巢穴，因此新长出来的植物会遮盖入口处。雌几维鸟的体形比雄几维鸟大，据说它们产下的卵可能是母体重量的三分之一。北岛褐几维鸟的卵约为其母体重量的20%，但卵黄居然占整个卵体积的60%。卵在雌鸟体内的孕育期需要1个月的时间，在此期间雌鸟腹部明显肿胀，并且停止进食。雄鸟负责孵卵，利用腹部临时形成的孵卵斑使卵保持温暖，孵化期可能持续90天。

长着肉垫的大脚和锋利的长爪

细长的喙

△ 国家标志
几维鸟是新西兰的国鸟。它们的身体又大又圆，头部很小，喙部修长。这些特点使得它们具有极高的辨识度。

- 50~65厘米
- 2.8~3.5千克
- 濒危
- 昆虫、蠕虫、蛴螬和蜈蚣

新西兰北部

楔齿蜥
Sphenodon punctatus

尽管楔齿蜥从外表上看起来很像一只大蜥蜴,但实际上它们是古爬行动物喙头类残留下来的代表物种,也是喙头目中唯一现存的动物。除了牙齿、头骨和其他结构等方面存在着差异,它们与2亿年前最初的物种相差无几,这些差异将其与蜥蜴、蛇区别开来。

岛屿据点

楔齿蜥栖息在新西兰的30多座没有外来物种的岛屿上,因为老鼠等外来物种会偷吃它们的卵和幼崽。最近,人们在陆地上的放生之所中发现了正处于繁殖期的楔齿蜥,在那里,它们被防护栅栏保护起来了。

在所有爬行动物中,楔齿蜥最适应潮湿凉爽的气候。哪怕温度降到5℃,它们仍然能保持活跃,当温度超过25℃时,它们也会露面。冬天,它们会蛰伏在栖居的地洞中——洞穴是自己挖的或是侵占海鸟的,有时会持续数周。楔齿蜥的繁殖周期很长,需要10~20年达到性成熟。雌楔齿蜥每隔三四年才产下一枚卵,而这枚卵至少需要一年才能孵化。小楔齿蜥面临着被成年楔齿蜥吃掉的危险。通常楔齿蜥的寿命可超过100年。

楔齿蜥具有瞬膜,又称"第三眼睑"

△ **强壮的体格**
楔齿蜥四肢强健,肌肉发达,脚趾上长有利爪,咬合力极强,具有可怕的摧毁力。

奥克兰树沙螽
Hemideina thoracica

这种身体短粗的奥克兰树沙螽在新西兰北岛的花园和灌木丛中很常见。它们大多在夜间活动,白天待在洞穴里,洞穴位于树枝和树干上。每个洞穴中栖居着10多只奥克兰树沙螽,由一只雄树沙螽、几只雌树沙螽和幼虫组成。这些昆虫用咬合力强劲的口器咬掉树皮,以扩建某个天然洞穴或甲虫幼虫闲置的洞穴。大多数树沙螽都没有翅膀,即便少数长有小翅膀,但是并不适合飞翔。雌树沙螽腹部长有一根像大刺针样的东西,这其实就是产卵器,主要用于将卵产在腐烂的树木或土壤中。一旦遭遇威胁,雄树沙螽和雌树沙螽都会迅速地发出"咝咝"声,撕咬来犯者,还会向前移动带刺的后腿,来抓伤袭击者。

- ↔ 平均4厘米
- ✗ 不详
- 🌿 树叶、水果、种子和昆虫
- 🏠 🌳

新西兰北部

腿部带刺,可用于防卫

雄虫头部长度是雌虫的两倍

头部顶端长有触角

◁ **雄性奥克兰树沙螽**
雄性奥克兰树沙螽的头部和口器比雌性的大,可用来守护它的雌性配偶群和洞穴,防止其他雄性入侵。

新西兰混交林 | 359

锯齿状颈脊非常柔软，沿着背部和尾部延伸，雄性的颈脊稍大

6000 多万年前，楔齿蜥最近的亲属已灭绝。

四肢结实，脚趾上长着锋利的爪子，可以用来挖洞

- 50~60厘米
- 0.4~1千克
- 局部常见
- 蜘蛛、昆虫和蠕虫

新西兰沿海岛屿

△ 骨状牙齿
锋利的牙齿生在前颌骨上，与大多数爬行动物不同，这些牙齿既不会脱落也不会重生。

蓝豆娘
Austrolestes colensonis

休息时翅膀向后伸直

蓝豆娘是新西兰最大的豆娘。人们可以看到它们在静水水域的芦苇丛或灯芯草旁振翅轻舞。蓝豆娘经常会被误认为是蜻蜓，其实它们不擅长飞翔；休息时，它们的翅膀会沿着身体折合，直立于背上，而不是向两侧伸展。蓝豆娘可以通过改变颜色来控制体温——当天气变冷时，蓝色的雄豆娘和绿色的雌豆娘颜色都会变得更深，这样它们就可以从周围的环境中吸收更多的热量。

空中猎人
成年的豆娘只能存活几周。它们在空中捕猎，利用巨大的圆眼睛追踪移动的目标，逮住较小的昆虫。人们常常可以看到两只正在交配的蓝豆娘在静水水面飞翔——雌豆娘产卵时，雄豆娘会守护，确保其他雄豆娘不会与这只雌豆娘交配。冬天，破蛹而出的幼虫会待在水下，通过腹部顶端的鳃进行呼吸，它们在水底捕食，利用特化的口器刺穿猎物。春天，还未长出翅膀的幼虫会爬出水面，蜕变成成虫的模样。

- 4~4.8厘米
- 常见
- 小昆虫

新西兰

◁ 恋人的拥抱
交配时，雄豆娘会从背后紧紧抱住雌豆娘，接着雌豆娘将灵活的腹部伸过来，接住雄豆娘释放出的精子。

南大洋
帽带企鹅冬天会出海捕捉磷虾、鱼和乌贼，豹海豹是它们的主要捕食者。为了躲避豹海豹的袭击，帽带企鹅会躲在大型冰山上。

南极洲

南极洲

雪生藻类

有些单细胞藻类能够在冰雪中生存。有的能产生红色素，遮挡叶绿素，抵御霜冻和穿透白雪的致命紫外线。冬天，这些藻类几乎消失不见。而到了夏天，它们会浮出海面形成藻华，将整个雪堤染成红色、粉色、橘色、绿色或灰色。

南极植物

南极半岛的海岸边缘是唯一一块没有永久性积冰的区域。苔藓和地衣是苔原上主要的植被。成片的南极发草和南极珍珠草是唯一开花的植物。

怒吼的狂风

西风横扫南大洋，势不可挡。咆哮西风带位于南纬40°和南纬50°之间。现在，由于气候变化，天气模式发生了改变，这个西风带似乎在向南偏移，变得越来越强劲。

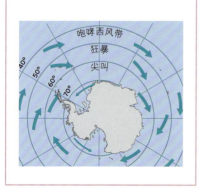

海洋循环 环绕在南极四周的风推动南极绕极流将南大洋封闭起来，使其成为世界上环境最恶劣的海域。

特色生态区

- 南大洋群岛 ›› 364～369页 岛屿
- 南极半岛 ›› 370～375页 苔原、冰

罗斯海和罗斯冰架

辽阔的罗斯冰架下栖居着大量的无脊椎动物。风吹散了冰架附近的海冰，形成了一些无冰水域，人们称之为冰间湖。夏天，太阳催生了浮游植物水华，罗斯海充满了生机，为鲸、海豹、企鹅、海燕、鱼和1000多种无脊椎动物提供了食物。

冰雪之地
南极洲

南极冰盖覆盖了大部分南极大陆，是地球上最大的冰块，体积超过了3000万立方千米，拥有地球上70%多的淡水资源，有的地方冰盖厚度达4.5千米。这个冰盖被横贯南极山脉分成了两个部分，其中大部分处于隐藏状态，但是有些冰峰会浮出冰面，有4000多米高。对于这些山脉究竟是如何形成的这个问题，人们争论不休。不过，该山脉靠近西南极洲的一边有活动裂谷，这个裂谷对山脉的形成发挥了重要作用。该裂谷可能会使一个板块被推到东南极大陆之下，导致地壳隆起。西南极大陆面积较小、地势较低，而东南极大陆面积较大、地势较高，上面覆盖着古老的岩石，如页岩、石灰岩和煤，其中煤在地球环境较温暖的时期就已被埋藏在地下。

植物、恐龙和有袋动物化石的发现进一步证明南极洲一度很温暖，后来才与冈瓦纳古陆相分离，并向南移动。现在，南极洲全年的温度通常低于0℃。据记录，最低温度曾降至-89℃。难怪除了少数研究者之外，南极洲仍然杳无人烟。

冰下的湖泊
辽阔的湖泊位于冰块深处，数千年来一直与大气隔绝，但仍然拥有由数千种微生物组成的复杂群落。

横贯南极山脉
横贯南极山脉蜿蜒盘旋，将南极分成了东南极洲和西南极洲。

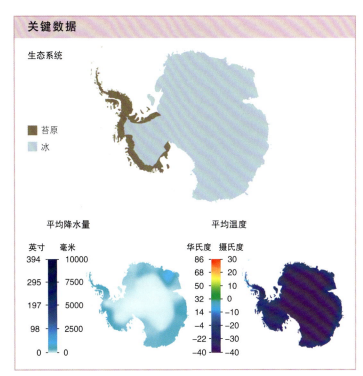

关键数据

生态系统
- 苔原
- 冰

平均降水量 | 平均温度

南大洋群岛
不适合人类居住，濒危物种最后的避难所

这些火山岛屿非常荒僻，大多数地方杳无人迹，常年被冰川、冰盖和雪原覆盖着，星星点点地分布在南大洋分界线以北的地方。它们包括南乔治亚岛、南桑威奇群岛、布韦岛、爱德华王子群岛、凯尔盖朗群岛和赫德岛等。这些岛屿靠近南极辐合带，冰冷的南极水域在此下沉，较温暖的海域成为各种各样、数量众多的鱼类、鸟类和哺乳动物的家园。

食物链的支柱

微型浮游植物和数量庞大的磷虾是生活在此的大部分生物赖以生存的食物链基础。磷虾是一种类似小虾的甲壳动物，也是很多动物饮食的主要构成部分，如海燕和信天翁、食蟹海豹以及在夏天从热带海域来到南极度夏的座头鲸、露脊鲸、蓝鲸、长须鲸、塞鲸和小须鲸等。具有讽刺意味的是，这些岛屿上的鲸一直遭到大规模的商业捕杀，直到1965年，部分物种已灭绝。这也导致了南极磷虾过剩，因此其他海洋物种的种群数量也随之出现了增长。例如，人们一度认为海狗已灭绝，但现在却在此繁殖了数百万只。不过，即便磷虾数量过剩，也无法改善鲸类种群恢复极其缓慢的现状。现在，人类已转向开发磷虾资源，然而这也对南极所有海洋生命的基础构成了威胁。

易受老鼠侵袭
凯岛针尾鸭仅出现在南乔治亚岛和南桑威奇群岛，它们偏爱附近有草丛的淡水水域和海岸沼泽区。鼠类被人类引入后，开始偷吃它们的卵和幼崽，给它们带来了威胁。

过滤海水
食蟹海豹是世界上数量最多的海豹物种，它们以磷虾为食，先吸入海水，然后将海水从咬合的牙齿之间排出。它们的牙齿如同筛子般，可以滤出海水，保留食物。不捕食时，它们会在漂浮的海冰上休息。

潜水觅食
抹香鲸是地球上潜水最深的哺乳动物。当它们潜到水下寻找乌贼——其主要的食物时，可以屏住呼吸一个小时，甚至一个多小时。当潜至3000米深时，它们的肺部会因强大的水压而衰竭。

数百万只食蟹海豹在此栖居　南极磷虾的总质量比地球上人类的总质量还大

凯岛针尾鸭　食蟹海豹　抹香鲸

地理位置

群岛从南极南端向北延伸至新西兰、南非和南美洲。

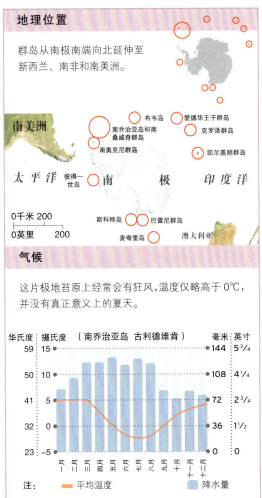

气候

这片极地苔原上经常会有狂风，温度仅略高于0℃，并没有真正意义上的夏天。

颜色鲜艳的虾群

夏天，大群的南极磷虾聚集在一起活动，海洋会变成橘红色。磷虾是一种类似于小虾的生物，它们以浮游植物为生，虽然体长只有5厘米，但是可以持续200天不进食。

南象海豹

Mirounga leonina

兴奋或愤怒时鼻子会膨胀

南象海豹隶属于鳍足目——拥有鳍状足的海洋哺乳动物中最大的一种，雄性南象海豹和雌性南象海豹之间的大小差异也是所有哺乳动物中最大的。雄性体重可达雌性的十倍，只有成熟的雄性才长有象鼻般的长鼻子，兴奋或发怒时就会膨胀。

- 3~5米
- 600~3000千克
- 常见
- 鱼类和头足类

为繁殖而战

南象海豹可以潜入2000多米深的水下觅食。它们体内拥有特化的富含氧气的红细胞，该细胞在潜水过程中起到了一定的辅助作用。它们一生中90%的时间都生活在海上，甚至在水下睡觉。不过与所有的海豹一样，它们也会到陆地上换毛、繁殖和产崽。为了争夺与雌海豹交配的权利，成年雄性南象海豹会相互打斗，不过只有2%~3%的雄海豹会获胜。处于统治地位的雄海豹被称为"沙滩之王"，它控制着雌海豹群。常常会有雌海豹和小海豹被这些争斗波及而受伤，甚至死亡，因此繁殖季节对于雄海豹和雌海豹而言都是艰难的。繁殖期的雄海豹的体重平均每天减少12千克——最终甚至会超过其体重的40%。

南大洋和亚南大洋

南象海豹每次在水下可以待两个小时。

▽ 统治地位之争

在繁殖季节早期，雄性南象海豹会为了争夺繁殖权而相互打斗。它们将大半个身体抬离地面，用牙齿咬伤对手的颈部和脸部。

漂泊信天翁

Diomedea exulans

漂泊信天翁的翼展达 3.5 米，是世界上最大的飞行鸟类。雄性漂泊信天翁成年后通体变白，因此它们也被称为"雪白的信天翁"。事实上，漂泊信天翁会在南半球海洋上空展翅飞翔几个月。

雄性漂泊信天翁的体重比雌性重 20%，但是翅膀只比雌性稍大一点。相比雌性，它们的觅食范围更加偏南，翼面负载达 12%（体重与翅膀面积之比），可能有助于它们承受更强劲的风。漂泊信天翁需要十年才能发育成熟、开始繁殖，在此之前，未发育成熟的漂泊信天翁会在南半球盘旋。漂泊信天翁在荒僻的群岛上形成繁殖群落，用泥巴和土堆筑巢。伴侣们会终身厮守，每两年繁殖一次，卵孵化大约需要 80 天，父母双方共同抚育后代。

延绳捕鱼的威胁

漂泊信天翁鼻孔很大，呈管状，拥有极其敏锐的嗅觉，它们以鱼类和乌贼为主要食物，这些食物通常在海洋表面或浅水区。漂泊信天翁会围绕着渔船盘旋以获得被扔在一旁的鱼或其他的海洋生物，对它们而言，这是种轻松的捕食策略，不过这也带来了额外的风险。尽管每年有 8000 对信天翁筑巢繁育后代，但是它们的生育量很低，特别是漂泊信天翁，极易遭遇威胁，例如被拖网渔船带大量鱼钩的长绳困住，导致溺水而亡。

依靠巨大的蹼足站立

- ↔ 平均1.1米
- ⚖ 8~11.5千克
- ⊗ 易危
- ⋔ 鱼类、头足类和动物内脏

亚南大洋

△ 自由翱翔

漂泊信天翁飞翔时，会保持翅膀紧绷，而不是不停地拍击翅膀。它们利用空气动力自由翱翔，借助于气流的作用从海浪上升起。不过，它们起飞时仍然需要依赖顶头风。

△ 珍贵的美食

它们出生时进食非常频繁，之后雏鸟只需要每2~4天喂食一次。它们会一直待在巢穴中，直到9~11个月大。

◁ 求偶仪式

求偶仪式煞费苦心，包括展翅、闭上喙以及低声哼叫等。所有大型信天翁物种的求偶仪式都大同小异。

跳岩企鹅
Eudyptes chrysocome

跳岩企鹅在海冰上待 6 个月，四处寻觅鱼和磷虾，一旦海冰融化，它们抵达坚实的陆地时就得立刻开始筑巢。在马尔维纳斯群岛上栖息着大约 350 万对企鹅，其中约有 250 万对会繁殖后代。雄企鹅最先返回，开始用岩石、草和鱼骨筑巢。求偶期很短暂，但是热情的亲吻、爱抚和其他求偶仪式可以重申过去的配偶关系，并建立新的配偶关系——如果配偶一致同意共同抚养幼崽，那么这点至关重要。

父母中的一方负责孵化两枚卵，另一方前往海洋中捕食 7～17 天。它们可能会在离聚居地 250 千米的地方觅食。由于进食间隔太长，只有较强壮的小企鹅才能活下来。第二枚卵在第一枚卵产下后数天才产下，它比第一枚卵重 70%，而且首先孵化，这在鸟类中极不寻常。科学家们推测该物种可能以后每一窝只产一枚卵。卵需要持续不断地被孵化 3 周，之后小企鹅会被转移到"育婴所"，"育婴所"中的"阿姨们"全力守护数量庞大的小企鹅，防止它们遭到大海燕、贼鸥和海鸥的袭击。在小企鹅前往"育婴所"之前，它们仍处于父母的守护之下，这几天它们遭到捕食的风险最大。

- ↔ 平均 50 厘米
- ⚖ 平均 2.5 千克
- ✗ 易危
- 🍴 鱼类、螃蟹和头足类
- 🏠 🌊

南美洲南部、太平洋南部、大西洋南部、印度洋南部和南大洋

强健的蹼足上长有锋利的爪，拥有很好的抓地力

黑黄相间的独特鸟冠和黄色的眉毛

▷ **匆忙回家**
这些跳岩企鹅从潜藏在沿海地带捕食的豹海豹那里死里逃生，返回聚居地，肚子里装满了食物。

南大洋群岛 | **369**

蓝颜鸬鹚
Phalacrocorax atriceps

换毛时，旧的棕色羽毛被新的黑色羽毛所取代

蓝颜鸬鹚在岩岬和岛屿上筑巢，大多数时候它们在离海岸很近的地方捕食。与其他鸬鹚一样，它们的骨骼相对较重，身体脂肪相对较少——这减轻了浮力，使其能够更有效地在水下捕食。不同于燕鸥和鹈鹕需要依靠视觉在空中锁定鱼类，蓝颜鸬鹚会潜入很深的水域，系统地寻找猎物。

△ **捕鱼**
这些矮壮的小企鹅前往海洋捕食或从海洋归来时，会利用它们短小而强劲的腿，像袋鼠一样向左右张开，越过岩石。

- 68~76厘米
- 2.5~3.5千克
- 常见
- 鱼类

南美洲南部、南大洋群岛和南极半岛

△ **卵杯**
鸬鹚将白色的粪便与海藻、草、泥巴混合在一起，再堆砌成巢穴，巢穴里有个浅浅的杯状凹陷，可以容纳2~3枚卵

南极燕鸥
Sterna vittata

南极燕鸥的外表与北极燕鸥相似，不过它们不会从南到北大规模迁徙。它们在10~12月繁殖，而此时北极燕鸥正在海上过冬。有些鸟在筑巢地附近待着，还有一些南极燕鸥会前往更远的海域，沿着浮冰块的边缘捕食，也会在浮冰上休息。

- 35~40厘米
- 150~175克
- 常见
- 鱼类

南美洲东南部、南大洋群岛、南极半岛

◁ **处于繁殖期的南极燕鸥**
南极燕鸥的夏羽与其北极表亲非常像。它们在南大洋的岩石岛屿上繁殖。

南极半岛
这片最寒冷、最荒僻的大陆被冰川覆盖着

99%的南极陆地——地球上最干燥、最寒冷、风力资源最丰富的大陆——被冰川覆盖着。长度仅为2000千米的南极半岛向南延伸至南极圈,向北靠近合恩角。这里的生命形成于极端环境之下。南极内陆地势较高,由于空气太过寒冷,该地区无法保持湿度,但沿海地带很潮湿。寒冷的空气从内陆下沉,形成了猛烈的狂风。当晴天温度达5℃时,雨水、雾、暴风雪也会交替出现。一连数月的黑暗被夏天的极昼所取代,不过即便是最美好的夏天,这里的环境仍然极具挑战性。

冰上生活

对大多数南极生物而言,海冰的起伏变化是它们生存的驱动力。大块的浮冰以4千米/天的速度不断扩张,浮冰顶部覆盖着积雪,厚度达2米。一年中大部分时间里,很多生物的觅食区和繁殖地被冰封冻了。只有当冰融化、露出坚硬的岩石时,大部分海豹和企鹅、贼鸥及其他鸟类才会繁殖。因此当冰川扩张时,它们会远离陆地。然而,帝企鹅却会前往南部,雄性帝企鹅能够忍受南部最寒冷的冬天。它们之所以来到这里是为了孵卵,雄性帝企鹅孵卵时的禁食期会持续65天,而雌性帝企鹅要返回海洋中捕食。威德尔海豹可以利用呼吸孔,因此整个冬天都可以待在冰下生活。

在这片冰雪覆盖的景观中,已知的现存物种大约有300种藻类、200种地衣、85种苔藓和25种地苔,只有两种开花植物被认为是南极的本土物种。

忠诚的伴侣
在所有鸟中,雪海燕的筑巢地位于最南端,很多栖息地都沿着南极半岛而建。成对的配偶刚孵下一枚卵。它们在岩石裂缝里产下一枚卵。它们纯白色的羽毛在冰雪中提供了极好的伪装。

雪海燕

黑鳍冰鱼
黑鳍冰鱼能够在足以将其他大多数鱼类冻成冰块的温度下生存。它们体内的糖蛋白可以防止体液冻结,虽然液冻蛋白,但血液更容易流动,因此在身体较少的能量便可以在身体中循环。

黑鳍冰鱼

蔓延的花朵
整个南极大陆上仅有两种开花植物,南极珍珠草是其中的一种。它们形成了绿色的草垫,在南极边缘地区较为常见。由于天气不断变暖,这种开白色花朵的植物的分布范围在不断扩大。

南极珍珠草

> 这里如此之干燥,以至于被当作是一个寒冷的沙漠
> 南极拥有地球上90%的冰

地理位置

南极半岛位于南极的最北端，德雷克海峡将它与合恩角分隔开来。

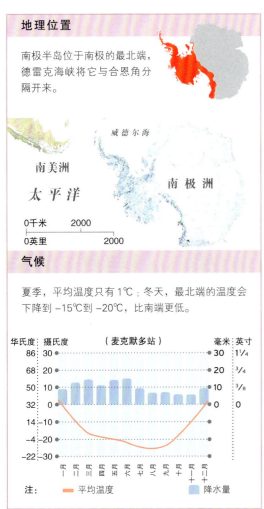

气候

夏季，平均温度只有1℃；冬天，最北端的温度会下降到–15℃到–20℃，比南端更低。

豹海豹

Hydrurga leptonyx

头部没有前额

这种海洋哺乳动物因其皮毛上的斑点而得名。它们的头部与蛇极其相似，宽阔而强有力的下颌上长有长犬齿，是高超的捕食专家。尽管它们是唯一捕食其他海豹的真海豹，但是磷虾也占据了它们一半的饮食，而且豹海豹还长有特化的颊齿，能够像筛子一样过滤捕获的磷虾。

不同的划水动作

不同于其他真海豹，游泳时，豹海豹不仅依靠后腿和臀部，还需要同时划动巨大而细长的前鳍肢来推动自己前进。这种方式可以增加它们在水中的速度和灵活性，但也使它们在陆地上难以行走。雌性豹海豹的体形比雄性稍大——这种体形差异与大多数真海豹恰好相反。雌性豹海豹在大块浮冰上产下一只幼崽，幼崽需要吮吸三四周的乳汁。

尽管它们是其生态区内最可怕的肉食动物，豹海豹有时也会遭到虎鲸的猎杀。虽然商业捕猎对海豹来说伤害性不大，但是小海豹主要依赖磷虾生存，而商业性过度捕捞导致磷虾数量不断减少，它们也会因此受到威胁。

- ↔ 2.5～3.5米
- ⚖ 200～455千克
- ⊗ 常见
- 磷虾、头足类、海豹和企鹅

南大洋和亚南极水域

▽ 机会主义捕食者

豹海豹会在企鹅聚居地上巡逻，寻找刚长满羽毛的小企鹅。

不会飞翔的昆虫

南极蠓是南极唯一的昆虫。它们不会飞行，因此可以避开不断肆虐的狂风。它们能够忍受较高的盐度和体内水分流失，而且南极蠓通体黑色，可以吸收热量。南极蠓栖息在较浅的洞穴里，即便温度略低于冰点，它们也可以存活。

以及70%多的淡水资源

南极蠓

豹海豹可以在水下发出叫声，声音极其悠远，能够穿透冰层。

55～68条喉腹褶

蓝鲸
Balaenoptera musculus

除了所吃的食物是小小的磷虾，与蓝鲸相关的一切都是超大型的。蓝鲸是地球上最大的动物，体积几乎与一架大型喷气式飞机相当。其体重为最大的恐龙体重的2倍，舌头也有4吨重。蓝鲸的血管中流动着10吨的血液，人类可以在里面轻松地游泳，这些血液通过900千克重的心脏循环——心脏几乎与一辆小汽车差不多大。

尽管蓝鲸体积极为庞大，但是它们拥有几乎完美的流线型身体——强有力的尾巴推动着身体，在最小的阻力下穿行于海水之中。它们要么独自漫游，要么三五成群一起出游，偶尔会有60头蓝鲸聚集在一起觅食。蓝鲸通过一系列低频率叫声相互沟通，这些叫声在水下数百千米深都可以听见。它们发出的是地球上最响亮的声音——高达188分贝。

绝处逢生

蓝鲸庞大的身体可以使其免受人类的威胁，但是直到19世纪中期，爆炸鱼叉发明后，捕鲸工业开始将注意力转移到这一物种上，成千上万头蓝鲸被捕杀。尽管1966年全球颁布了捕杀禁令，据估计现在的蓝鲸数量也至少下降了70%，也可能是90%。不过，近些年蓝鲸的数量出现了缓慢增长，目前约有1万～2.5万头。

◁ **最高的水柱**
在所有鲸中，蓝鲸喷出的水柱最高，有9～12米。当鲸将空气从两个喷水孔中排出时，水柱就会出现。

- ↔ 32～33米
- ⚖ 113～150吨
- ⊗ 濒危
- 磷虾和桡足类

除北极外，全球所有的海洋

沙漏斑纹海豚
Lagenorhyncus cruciger

该物种的名字源于身体上的黑白斑纹

沙漏斑纹海豚在远海中很常见，它们生活在较寒冷、较深的南极和亚南极水域。虽然人们也曾看到过由60～100只海豚组成的大群，但常见的是7～8只海豚组成的小群。沙漏斑纹海豚擅长驾驭激波，经常会靠近渔船和长须鲸等更大的鲸类，以"搭乘顺风车"。尽管人们对它们的行为所知甚少，但是研究发现这一物种能够发出一种"咔哒"声进行回声定位，在距离其他海豚2倍远的地方寻找猎物。

- ↔ 1.4～1.9米
- ⚖ 平均94千克
- ⊗ 常见
- 鱼类、头足类和甲壳动物
- 太平洋南部、大西洋南部、印度洋、南极海洋

▷ **纵向跳跃**
沙漏斑纹海豚的游泳速度可达22千米/时。它们可以乘着波浪跳出水面。

阿德利企鹅
Pygoscelis adeliae

眼睛周围有一圈白色圆环

阿德利企鹅在没有冰雪覆盖的大片岩石区域筑巢，巢穴通常会远离海岸，约有28万对企鹅集大群在陆地上繁殖。尽管科研基地和旅游业给它们造成了干扰，但是仍然有200万对企鹅在南极繁殖。它们拥有极好的保温性，积雪只会覆盖在它们的身体上，但不会融化。

- ↔ 46～61厘米
- ⚖ 4～5.5千克
- ⊗ 近危
- 磷虾和小鱼
- 南极圈附近

△ **轮班捕食**
父母双方轮流喂养小企鹅，16～19天后小企鹅就准备去育婴所了。

南极半岛 | 375

脸颊上长有金色斑块

游动时，白色的前襟和黑色背部有助于伪装

帝企鹅

Aptenodytes forsteri

帝企鹅能够适应地球上最恶劣的一些环境，能在南极严寒的冬季繁殖后代。它们是体形最大的企鹅，不过与其他企鹅一样，它们也可以保持直立的姿势。帝企鹅的腿部较短，行走时左右摇摆，特化为鳍脚的前肢像手臂一样紧贴在身体两侧。它们还有一颗无法遏制的好奇心。

适合生存的体格

从冰冷的海水来到温暖的阳光下时，帝企鹅会挥动前肢散热，也会不停地喘气保持凉爽。天气寒冷时，帝企鹅就会向后倾，将重心放在后脚跟和尾巴上，以避免双脚接触冰面。黑色的羽毛可以吸收太阳的热量，而且浓密的羽毛下有能维持体温、抵御风寒的密封层。密封层下面是一层厚厚的脂肪，因此帝企鹅身体圆乎乎的，具有流线型——要想在低至零下60℃的低温中存活下来，这种体形至关重要。

帝企鹅栖息在环绕南极大陆四周的狭窄浮冰带和冰冻海湾中。天气变冷后，帝企鹅的栖息地开始结冰，离远海越来越远。这些不会飞的鸟不得不在三四月间开始每年一次的长途跋涉，建立它们的群落，接着重复在为漫长的征程——单程可达60千米，将食物带回来给小企鹅。

合作

雌帝企鹅产下一枚卵，在前往远海开始为期约两个月的捕食之旅前，它将卵转交给雄企鹅。雄企鹅在孵育囊中将卵孵化，孵育囊位于双腿和腹部下方之间的一块没有羽毛的皮肤上。帝企鹅群落中可能会有数千只企鹅，正在孵卵的雄企鹅在宽阔的公共领域挤成一团。在温度很低或是风雪肆虐时，它们会一连数天站着一动也不动。雌企鹅归来后负责照顾刚孵化的小企鹅，而濒临饿死的雄企鹅则准备动身去捕食。

45天后，当健康成长的小企鹅全身长满绒毛时，就会来到育婴所，不过它们仍然由自己的父母喂养。5个月后，育婴所解散，父母抛下自己的幼崽，前往远海。最后，小企鹅换上成鸟的羽毛后，会尾随着父母下水捕食。

与其他所有鸟类相比，帝企鹅可以潜到最深的海底去寻找食物。

◁ **泡泡的作用**
企鹅潜入很深的水底，当它们返回海面时，羽毛可以释放出一串气泡。这可以加快它们上升的速度，清除身体上的水分，使其安全地回到冰上。

▷ **保暖**
这只孤独的小帝企鹅刚孵化时几乎是全裸。它依靠父亲取暖，直到全身长满绒毛，长到足够大时才前往育婴所。

- ↔ 平均1.1米
- ⚖ 30~40千克
- ⊗ 易危
- ⋔ 磷虾、鱼类和头足类
- ⌂

南极圈附近

黄石国家公园

一只孤独的美洲野牛穿越怀俄明州黄石公园中的大棱镜温泉。这座国家公园——既是美国也是世界上的第一座国家公园——是野牛最后的根据地之一。

词汇表和索引

词汇表

B

板块：地球岩石圈层被构造活动带分割成的不连续的板状岩石圈块体。

半岛：延伸到海洋或湖泊中，三面被水域包围的陆地。

抱握器：在交配过程中雄性昆虫用来固定雌性昆虫的器官。

北方带：北半球较寒冷的地方，处于北极与温带之间，包括整个欧亚大陆北部和北美洲北部。

北方针叶林：分布于北极冻原南部和南部的温带阔叶林之间的森林，针叶树林为主要植被。

背甲：龟、鳖等爬行动物背部拱起的骨质硬甲。

变态：某些动物在发育过程中，在外形、内部结构上发生重大变化的现象，例如蝌蚪变成蛙、蛹变成蝴蝶等。

捕食者：猎捕或吃其他生物的动物。

C

产卵：卵生动物将卵从母体中排出的过程，例如鱼类、两栖动物和海洋无脊椎动物，这些动物所产的卵数量巨大。

常绿植物：全年都有绿叶的植物。

巢寄生：一种利用其他物种而非亲自养育幼崽的特殊的繁殖行为，例如杜鹃有巢寄生行为。

触角：昆虫、甲壳动物和其他无脊椎动物位于头部成对的感觉器官。

雌雄同体：在同一个体的生物体内，雌性和雄性的生殖腺同时存在。

D

单孔类：卵生的哺乳动物，包括鸭嘴兽和针鼹等。

单配制：在繁殖期，一个雄性动物只和一个雌性动物组成配偶对。所形成的配偶关系可能会持续终生或只维持一个繁殖期。

岛屿：四面环水、面积比大陆小的陆地。

地盾：在地理学中，由大面积的基底岩石构成的稳定的地区，这些岩石在长期的地质历史中没有发生大的变化。地盾区通常相对平坦，构成了大陆的核心部分。

地幔：地球内部介于地壳和地核中间的结构层。地幔受到高温和高压的制约，可以缓慢移动。

地中海灌木林：分布在夏季炎热干燥、冬季凉爽湿润的温带栖息地的植被类型。除了地中海地区之外，这种植被类型还分布在美国加利福尼亚州、澳大利亚部分地区等。

顶级捕食者：位于食物链顶端的捕食其他生物的动物。

冬化：爬行动物和其他冷血动物中出现的一种类似冬眠的状态。

冬眠：在寒冷冬季，动物体温下降，新陈代谢进程迅速放缓，进入昏睡状态的行为。

洞角：由骨质芯和角质鞘形成的角，质地坚硬，终生不脱落。这种结构常见于牛、羊和羚羊等哺乳动物的头部。

毒液：动物在捕食或自卫时，通过毒牙、刺或类似的结构来分泌的有毒液体。

断奶：哺乳动物的幼崽不再吃母乳，开始吃其他的食物。

多孔菌：真菌的一类。一年生或多年生，子实体具有多种形状，带菌盖，能够产生孢子。

多配制：在繁殖期，一个雄性动物和一个以上的雌性动物组成配偶对。

多样性：种类、特征、性状和数量存在的各种类型。

E

厄尔尼诺：指赤道东太平洋冷水域的海水每隔几年会发生异常升高的现象。这种现象会使热带环流和气候发生异常，导致大规模的灾害性天气，给海洋生命带来致命打击。

颚骨：昆虫和其他节肢动物用于摄食的器官。

F

发情期：雌性哺乳动物生殖周期的一个生理阶段。例如在发情期，雄鹿之间会发生激烈较量，通常会有咆哮和炫耀。

反刍动物：鲸偶蹄目反刍亚目动物的统称，包括羚羊、羊、牛等，它们拥有以多个胃室为基础的特化消化系统。第一个胃室是瘤胃，用于储存植物，其他胃室中含有帮助分解消化纤维素的微生物。

非禾本科草本植物：除了禾本科植物以外，茎内的木质部不发达、含木质化细胞较少的草本植物。通常在世界各地的草原上广泛分布。

分布区：某一动植物科、属、种或群落类型在地球表面的分布区域。

分层放牧：同一区域中的各种食草动物所吃的植物（草、灌木、树）的高度、部位都不同。

凤梨科：单子叶植物中的一科。主要分布于热带，多为短茎附生草本，有时也为陆生耐寒植物，通常长有坚硬的蜡状树叶，在短茎上形成叶丛。

伏击式捕食者：某些食肉动物会安静地埋伏起来等待猎物，通过伪装和快速的动作来攻击，以这种方式为主要捕食策略的动物被称为伏击式捕食者。

浮囊体：水母身体上的充气浮囊。

浮游动物：在水中营浮游性生活的动物的统称，包括异养型无脊椎动物和脊索动物幼体，例如磷虾等。

浮游生物：生活在宽阔水域的游泳能力很弱而随波逐流的微型生物，包括浮游植物和浮游动物。

浮游植物：能够通过光合作用自己制造有机物的营浮游生活的微型藻类的统称。

俯冲：猛禽类在捕食时，通常在高空翱翔，发现猎物后，迅速向目标猎物冲过去。

俯冲带：当大洋板块和大陆板块碰撞时，大洋板块俯冲到大陆板块下面的地带。

腐肉：腐烂的动物尸体。通常是肉食性和杂食性动物的食来源之一。

附生植物：附着于其他植物体表，彼此之间没有营养上联系的植物。

腹部：指动物身体背部的对侧。

腹足纲：软体动物门下的一纲。足部非常发达，大多数种类有螺旋形外壳，包括蜗牛和蛞蝓等。

G

干旱森林：降水少的地区生长的森林。

高山草甸：分布于高原或高山的一种草地类型，其植被组成主要为多年生草本植物，例如南美洲的安第斯山脉中分布着高山草甸。

高原：海拔在500米以上，顶面平缓，起伏较小，面积较为辽阔的高地，例如南美洲中部安第斯山脉中分布着广袤的高原。

共生关系：两种物种之间存在的亲密的、缺失彼此都不能生存的、相对长期的种间关系。

关键种：任何某一特定生态系统中生长的物种，其出现或消失会影响其他许多在此生存的物种，对该生态系统的正常运转产生了重大影响。

光合作用：绿色植物利用太阳能将二氧化碳和水转变成碳水化合物，同时释放氧气的过程。

H

海底山：高出周围海底1000米以上的孤立或相对孤立的海底山脉，通常具有圆形顶部。

寒温带针叶林：位于寒温带地区的针叶林，主要分布着耐寒的常绿或落叶针叶树种。这些地带通常冬冷夏暖、降水量较为充沛。

赫蕉属：单子叶植物赫蕉科下的一属，主要分布在美洲热带地区，通常拥有艳丽多彩的苞片，通过蜂鸟来授粉。

后肠发酵：马、大象等动物的一种消化方式。在消化过程中，难以消化的植物性食物在后肠中发酵。

呼吸根：某些生活在沼泽或海滩的植物，其主干附近伸出来的具呼吸和通气作用的根。

呼吸孔：鲸目动物的鼻孔，位于头部背面。

壶腹：又称坛囊。管道或导管一端的膨大部分。

互利共生：两种不同物种之间的相互依赖，长期共存，双方获利的共生关系。

回声定位：一种空间定向的方法。海豚、蝙蝠和其他的一些动物能够通过口腔或鼻腔把超声波发射出去，再利用折回的声音定向，常用于探测周围物体和猎物的方法。

汇流点：两条河流、溪流或冰川交汇的地方。

喙：鸟类取食、喂雏、防御以及梳理羽毛的器官。由覆盖着一层角质鞘的骨头构成。

混交林：阔叶树种和针叶树种等多种树种组成的森林。

火山喷气孔：因火山作用而产生的地壳裂缝，炙热的蒸汽及其他气体从这里喷发。

J

急流：产生于大气层中的相对窄而强的风速带。急流带环绕地球自西向东延伸数千千米，是全球大气环流的重要环节。

脊索：脊索动物体内的支撑身体的中轴骨骼，也是脊索动物的重要特征。对于脊索动物而言，脊索在胚胎时期就已存在。

脊索动物：动物界脊索动物门动物的统称，包括至少在生命中的部分阶段拥有脊索的动物。脊索是一种沿身体延伸的杆状支撑物。

脊椎动物：脊索动物门脊椎动物亚门动物的统称，包括鱼类、两栖动物、爬行动物、鸟类和哺乳动物等。

寄生：一种生物从另一种生物上获取营养以维持生命的现象。

甲壳动物：节肢动物门甲壳动物亚门动物的统称。分布广泛，栖息于海洋、湖泊、江河及陆地上，包括螃蟹、龙虾、磷虾、哲水蚤、藤壶、鼠妇等。

间歇泉：每隔一段时间就从地面喷发的温泉，多发生于火山运动活跃的区域。

碱性泥炭沼泽：一种营养物质比较丰富的泥炭沼泽，水和营养盐类由地下水、地表径流补给。在生长季节，该区域内具有丰富的水源补给，而且比泥沼更富含营养。

角蛋白：脊椎动物毛发、爪、羽毛和角等部位存在的一种坚硬的结构纤维硬蛋白。

节肢动物：动物界中种类最多的一类，通常具有外骨骼，体壁骨化，并有分节的附肢，包括昆虫、甲壳动物和蛛形动物等。

界：生物分类中的最高阶元。

进化：生物的演化过程。生物与其生存环境相互作用，生物群体的遗传组成随时间而发生优胜劣汰的改变，并逐渐产生相应的表型。在大多数情况下，这种改变使生物适应其生存环境。

精囊：雄性直接或间接转移给雌性精子的囊状器官。很多动物具有精囊，例如乌贼、蝾螈和昆虫等。

鲸目：哺乳纲的一目。分为须鲸和齿鲸两大类，包括鲸、海豚和鼠海豚等。

警戒色：动物身体上的鲜艳颜色或斑纹，其作用主要是为了警告潜在的捕食者，它们身体有毒或是很危险。

K

喀斯特：水对可溶岩的溶蚀作用所产生的地质现象。喀斯特作用造成的地貌特征为幽深的峡谷、地下河和洞穴。

块茎：植物茎部的一种变态，呈不规则的块状。

L

两性异形：同一物种的雄性和雌性在外形（如颜色、形状或大小）上存在明显不同的状态。

獠牙：一些哺乳动物颌骨上长出的非常强壮的大牙齿，通常伸出嘴巴。

猎物：被另一种动物当作食物的动物。

林冠：森林的一个部分，由树木地上部枝与叶所形成，距离地面一定距离。

鳞甲：某些动物身体上的坚硬覆盖物，例如盾板或鳞片等。

岭：较长的高地，中间有分水线，两侧有陡峭的山坡。

领域：动物个体、家庭或种群占有和保卫的一块特定的区域或一片栖息地，其中含有占有者所需的各种资源，不让其他同种入侵自己的生存空间。

流动：流体在压力差作用下引起的宏观运动，例如在海洋中，大规模的洋流不仅发生在海洋表面，也发生在深海中，可能会受到风或不同的温度和盐度所驱动。

鹿角：长在大多数鹿科动物头部成对的已骨化的角或锯茸后翌年春季脱落的角基。大部分鹿角每年都会脱落，然后又重新长出。

露生树木：在热带雨林中，露生树木是指高于周围树木林冠层的大树。

落叶：在每年中某一特定的时间树木或灌木的叶片基部与枝条分离脱落的现象，常发生在冬天或干旱季节。

M

马勃：能够结出球状子实体的担子菌，当它们裂开时，释放的孢子形成了灰尘般的云状物。

盲肠：消化道上的一个盲端，位于大肠和小肠之间。

猛禽：隼形目和鸮形目鸟类的统称。

觅食：寻找和获取食物的活动。

鸣声：蟋蟀等昆虫通过摩擦身体的部位、振动翅膀、振动鼓膜等发出的声音。

N

内骨骼：脊椎动物和头足类动物体内的骨骼。

拟态：一种生物在形态、行为上模拟另一种生物的现象。

O

偶蹄：鲸偶蹄目动物的四足具有四趾或二趾，趾甲特化为鞘状的角质蹄，因此它们的蹄甲被称为偶蹄，例如牛和鹿。

Q

栖息地：生物或生物群落出现在环境中的空间范围和环境条件的总和。

鳍脚：雄性的鲨鱼等软骨鱼类腹鳍变异而成的交接器，可将精子导入雌性体内。

迁徙：指动物物种在固定的季节有规律地进行大规模移动的现象。有些动物的迁徙会跨越漫长的距离。

侵蚀：地表的岩石等物质在风、浪的作用下，被逐渐剥落分离的过程。

求偶炫耀：繁殖期异性动物之间在相互吸引、相互选择的过程中的各种仪式化的活动和行为表现，通常雄性为了得到配偶，在雌性面前尽力展示，而雌性静观其表演后会做出选择。

全雄群：由尚未发育成熟的雄性个体或没有性伴侣的同一类雄性个体组成的动物群。

颧弓：颧骨颞突与颞骨颧突连成的弓形骨板。

犬齿：哺乳动物门齿与前臼齿之间又长又尖的牙齿，例如食肉动物的犬齿异常发达，可以用来咬住或刺穿猎物。

犬科动物：哺乳纲食肉目犬科动物的统称，包括犬、狐、狼等。

群岛：海洋中成群分布的岛屿，通常彼此距离较近。

R

热带：位于北回归线（北半球）及南回归线（南半球）之间的温暖地带。

热带常绿阔叶林：分布于雨量充沛、无旱季的热带湿润地区，由常绿阔叶树种构成的地带性植被类型。

热带干燥阔叶林：又称季雨林、季风林。具有明显干湿季节的地带性植被类型。

热带稀树草原：分布在热带和亚热带的植被类型，以旱生禾草为主，零星地分布耐旱乔木或灌木。

热点：在地理学中，地幔中的岩浆具有强烈上升趋势的位置。岩浆沿着地壳薄弱点上升并喷出地表形成热点火山，例如夏威夷和加拉帕戈斯群岛。

妊娠期：在能够产下幼崽的动物中，妊娠期是指胚胎受精到幼崽诞生之间的这段时间。

入侵物种：从分布区以外引入，在某一特定地区下能够自我再生的物种，常常会给当地生态系统造成影响。

S

鳃盖：硬骨鱼和两栖动物身体上的一种骨质外壳，可以覆盖鳃腔、保护鳃瓣和辅助呼吸。

三角洲：河流在进入海洋、湖泊等地时，因水流能量减弱，泥沙在河口区沉积下来形成的扇形的地貌形态。

伞护种：栖息地需求能够涵盖其他物种对栖息地需求的物种。保护该物种的同时也为其他生活在此栖息地中的物种提供了保护伞。

山地草原：位于高山上的草原栖息地，分布于热带地区和温带地区。

山区：多山的地区。

珊瑚：又称珊瑚虫。刺胞动物门珊瑚虫纲动物的统称。

珊瑚礁：热带海洋中，由造礁珊瑚的骨骼和生物碎屑组成的钙质堆积体。

生态区域：任何以特定的生态系统和以其所独有的动植物群为基础的地理区域。通常具有相似的地貌结构、气候和土壤条件。

生态位：在生态系统中，一种动物或其他生物所处的时空位置。根据相关生态理论，任何两个物种都不可能拥有完全相同的生态位。

生态系统：在一定空间范围内，任何相互关联、相互影响的生物群落及与其相关的自然环境形成的生态单位。

生物多样性：在地球上或某一特定区域内各种生物类群层次结构和功能的多样性。通常指物种及其生存环境的总和，包括遗传多样性、物种多样性、生态系统多样性和景观多样性。

生物多样性热点：在生态学中生物多样性高度丰富的地方或区域，有很多特有物种或濒危物种比较集中。

生物量：某一特定区域内生物物质的总量。

生物群系：由气候和地理等环境因素或占优势的植被类型确定的地理区域，例如沙漠、热带雨林等生态区域中都具有独特的物种。

石生植物：生长在岩石表层或里面的植物。

食草动物：以植物为食的动物。

食虫动物：以昆虫、蠕虫等小动物为食的动物。

食果动物：以水果为食的动物。

食肉动物：主要以食草动物为食物的动物，包括猫、狗、熊、海豹等。

食物链：生物群落中，从植物到顶级捕食者等不同营养层级的生物由摄食而形成的链状食物关系。其物质或能量以线性方式单向流动。

世界遗产地：联合国教科文组织和世界遗产委员会确认的世界级重要遗址，这些地方之所以享誉盛名主要是由于某些文化方面的原因（如具有历史意义的文化中心）或其自然遗产方面的原因，例如自然美景、自然保育价值或地质意义。

世界自然保护联盟：全球性非营利环保机构，关注保护自然资源的完整性和多样性，专注于拯救濒危物种，评估物种和生态系统的保护现状。

适应：生物体的结构或功能产生变化，从而对其栖息地的生存条件能够自行调节的过程。

嗜球果伞素：农业上，具有杀菌活性的化合物。

梳理：一些物种自身或同种个体之间相互梳理身体表面的覆盖物（毛、羽毛等）得以去除异物、保持身体良好状况的行为。

属：介于族和种之间的生物分类阶元。一个属包括一个或多个物种。例如狮隶属于豹属。

双眼视觉：双眼同时看一个物体时，通过三维空间成像来观察的能力，可以判断距离。

顺序雌雄同体：个体先以雌性或雄性参与繁殖活动，再以雄性或雌性参与生殖活动的行为。

嗉囊乳：某些鸟类的嗉囊内的腺体中分泌出来的富含营养的牛奶状物质，可以用来哺育雏鸟。

酸化：加入酸，使溶液由碱性或中性变成酸性的过程。例如地球上的海洋和淡水环境酸化对生态系统会产生巨大影响。

酸雨：又称酸沉降。呈酸性的污染物通过降水或其他方式（如雾、雪）到达地表。由于大气污染、火山释放的气体，导致降水具有越来越强的酸度。

T

胎生：动物的受精卵在雌性动物体内发育成熟并生产的生殖方式。

台风：一种强烈的热带气旋，发生在西太平洋和南海海域。

苔原：又称冻原。由低矮的耐寒植物构成的无林的栖息地，分布于北美洲最北端、俄罗斯和南极半岛等永久冻土地带。

泰加林：指离苔原区最近的北方针叶林和生长在低纬度高海拔山地的针叶林。

特有种：仅分布于特定区域或某种特有生境内的物种，而其他地区没有自然分布种群。

挺水植物：茎、叶露出水面的植物，而根生长在水下底泥中，例如芦苇、荷花等。

头胸甲：蟹、虾类头胸部覆盖的坚硬的甲壳质外骨骼。

蜕皮：昆虫幼虫在成长过程中，重新形成新表皮，脱去旧表皮的过程。

W

外骨骼：位于动物身体外部的骨骼。常见于昆虫或其他节肢动物。

外来种：由于人类活动，出现在其历史上自然分布范围之外的物种。

外套膜：软体动物、腕足动物等覆盖身体的膜状物。软体动物的外套膜能分泌珍珠质形成贝壳。

维管植物：具有可将水和营养物质输送到不同部分的维管组织或维管系统的植物。除了苔藓及其近亲之外的大多数陆生植物都是维管植物。

伪装：一种让捕食者、猎物无法侦测到的自我保护方式，包括颜色、图案、形状的伪装。

温带：地球上南北回归线和两极地区之间的地带。

温带阔叶林：位于温带地区的阔叶林，主要分布着阔叶树种。

吻部：动物头部的口或口周的管状构造。

无脊椎动物：动物界中除脊椎动物以外的其他动物类群的统称。

物种：生物分类的基本单位。外形和行为相似的一群个体，能相互繁殖，而且和其他物种生殖隔离。

物种内合作：同一物种的个体为了防卫、赢得领地或接近雌性而进行合作的行为。这种合作可能是长期的，也可能是短期的。

物种形成：生物分类上的新物种的形成。

X

犀角：犀科动物的角，大多不是成对的，从皮肤中长出来，主要由角蛋白构成。

峡湾：高纬度地带狭窄幽深的海湾，两岸陡峭，是冰川谷地被海水淹没而形成的。

下颌骨：人和脊椎动物口腔的下部，是面部唯一能活动的骨骼。

夏眠：一些动物在炎热干旱季节的一种适应性休眠状态，常伴随体温和代谢水平的下降。

咸水：溶解较多盐类物质的水，包括海水和一些湖泊。

新陈代谢：生物体从环境中摄取营养物质转变为自身的成分，同时把体内的废物排出体外的过程。

型：物种内部存在的不同的形态类型。在体色、图案等方面有差异，因季节、生境、性别等差异而形成。

胸肌：将前肢拉向胸部的成对的大块肌肉。鸟类的胸肌异常发达。

胸鳍：长在鱼类身体两侧的成对的鱼鳍，通常位于头部后面或胸部。

须肢：指蜘蛛和昆虫身体前部的颚体上的一对附肢。其功能因物种的不同而表现出差异性，有的可感知周围的环境，有的能够辅助繁殖。

Y

亚热带干燥阔叶林：分布于温暖的亚热带干旱地区的森林。这些地区适合阔叶林树木生长，冬季降水较少。

洋中脊：沿着深海海底延伸的水下山系。当地壳构造板块相互分离、熔化的岩浆从地幔中上涌构成新的地壳时，便形成了洋中脊。

野生种：在野外的自然环境中生活繁衍的物种，或者来自野生种群，还未经过驯化或培育的物种。

叶腋：在植物中，叶与其着生的茎之间或者小分枝与主干之间形成的夹角。

夜行性：动物在夜间活动的习性。

永冻土：温度至少在一年之内持续在0℃以下的土壤层或岩石层。

永加斯地区：位于安第斯山脉东部的具有丰富生物多样性的热点地带。具有不同种类的栖息地，例如低地森林、高地落叶林、高地常绿林和亚热带云雾林等。

蛹：对于蝇和蛾等完全变态昆虫来说，蛹是生长发育过程中的相对静止的虫态，处于幼虫和成虫之间，没有翅和生殖器官。

有袋动物：哺乳纲有袋目动物的统称，包括袋鼠、袋貂、袋熊等。不同于包括人类在内的大多数哺乳动物，有袋动物产下的后代发育相对不成熟，通常要待在母亲体外的育儿袋中继续成长。

有蹄类：哺乳动物的一类。趾端有角质的蹄，蹄数不等。

幼体：动物形态发育的早期阶段，其外形和习性不同于成体，例如毛虫和蝌蚪。

原始林：未受到人类活动影响而发生重大变化的自然森林。

Z

杂交：不同的生物物种或品种之间进行交配育种形成新的遗传型个体的过程。

杂食动物：摄食两种或两种以上性质不同的食物的动物。

藻类：没有根茎叶分化的叶状体植物，含有光合色素，光合自养并能产生氧气。包括单细胞植物和缺乏维管组织的较大的物种，在海洋中多有分布。

沼泽：地表长期或暂时积水的地段，植被多为湿生植物，下层主要由腐烂的植物物质构成。水源大多数来自地下水、河流和降水。土壤缺乏营养，呈酸性。

针叶树：种子包裹在球果中、叶片针状或鳞状的常绿的乔木或灌木。针叶树种大多生长缓慢，寿命长，例如松树、冷杉和云杉等。

指示种：指其出现和消失可以指示某一生态区域或显示某项因子的物种。

种群：在同一地域生活、相互影响、彼此能交配繁殖的同种动物个体的集合，例如处于繁殖期的帝企鹅、蜜蜂群和构成珊瑚礁的珊瑚虫。

昼行性：动物在夜晚休息、在白天活动的习性。

蛛形纲：节肢动物门螯肢动物亚门下最大的一纲，包括蜘蛛、蝎子等。

紫外辐射：一种光学辐射，其波长比可见辐射波长短，有的动物能看到。

自然区划：按照自然地理环境的特征进行的地域划分。

世界自然保护联盟（IUCN）是有关动植物保护及其现状信息的主要来源。科学家们和一些组织收集了有关某一物种种群及其栖息地等方面的数据，国际自然保护联盟根据这些信息对野生物种面临的风险进行评估，并划分了物种的濒危等级。

索引

A

阿巴拉契亚山脉 23
阿波罗绢蝶 163
阿德利企鹅 373
阿尔卑斯山旱獭 160
阿尔卑斯山脉 10,11,132,133,158-163
　　阿拉伯高原 248,249
　　埃塞俄比亚高原 179
　　安第斯高原 109
　　安第斯山脉永加斯地区 84,85
　　奥卡万戈三角洲 219
　　澳大利亚北部热带稀树草原 321
　　澳大利亚东部森林 334,335
　　巴伐利亚森林 164,165
　　北美洲 22
　　长江上游森林 272
　　大堡礁 345
　　大沙沙漠-塔纳米沙漠 329
　　大洋洲 313
　　东非大裂谷 185
　　佛罗里达大沼泽地 67
　　刚果盆地 209
　　戈壁大沙漠 278,279
　　黄石国家公园 35
　　季风 246
　　加里曼丹岛 293
　　加拿大极地 25
　　卡拉哈迪沙漠 228,229
　　卡玛格 147
　　科隆群岛 123
　　马达加斯加森林 237
　　莫哈韦沙漠 60
　　南大洋群岛 365
　　南极洲 363,370,371
　　内华达山脉 52,53
　　挪威峡湾 135
　　欧洲 133
　　潘帕斯草原 115
　　潘塔纳尔湿地 101
　　日本海山地林 285
　　塞伦盖蒂大草原 193
　　森林 12-13
　　苏禄-苏拉威西海 302,303
　　塔霍河峡谷 153
　　特莱-杜阿尔草原 254
　　新几内亚山地林 314,315
　　新西兰混交林 354,355
　　亚马孙热带雨林 91
　　亚洲 246
　　中央大平原 45
阿尔卑斯雨燕 146
阿根廷 257
　　潘帕斯草原 114-121
阿根廷长耳豚鼠 117
阿拉伯半岛 246
阿拉伯豹 248
阿拉伯大羚羊 250-251
阿拉伯大头蛇 248-249
阿拉伯狒狒 249
阿拉伯高原 248-253
阿拉伯狼 248,249
阿拉伯石鸡 253
阿拉达尔荒野保护区 140
阿拉瓜亚河 77
阿拉斯加 23,27,36,43,76
　　白头海雕 43
　　北极狐 27
　　北美灰熊 36
阿留申群岛 22
阿纳姆地 312
阿萨姆林鹟 254
阿塔卡马沙漠 17,77
阿塔卡马盐沼 113
阿特拉斯蛾 300
阿特拉斯山脉 176
阿西尔山 248
埃尔门泰塔湖 184
埃塞俄比亚 180
埃塞俄比亚高原 178-183
埃塞俄比亚狼 179,182
埃塞俄比亚山羚 179
埃氏剑螈 59
埃托沙盐沼 188
矮石南灌丛 15
艾伯氏琴鸟 334
艾草松鸡 50
爱达荷州 36
爱德华王子群岛 364
安第斯冠伞鸟 89
安第斯火烈鸟 77,108
安第斯扑翅䴕 111
安第斯山脉 76,87
　　安第斯高原 108-113
　　安第斯山脉永加斯地区 84-89
安第斯神鹫 112-113
桉树 13,152,320,334,339
鞍背狨猴 92
暗绿绣眼鸟 284
鳌肢
　　帝王蝎 217
奥地利 10
奥杜瓦伊峡谷 192
奥基乔比湖 66
奥卡万戈河 176

奥卡万戈三角洲 218-227
奥克兰树蚤 358
奥兰治河 176
澳大利亚北部热带稀树草原 320-327
澳大利亚大分水岭 334
澳大利亚东部森林 334-343
澳大利亚山脉 334
澳洲灰隼 328
澳洲巨蜥 332
澳洲水龙 342
澳洲野犬 321,322
澳洲针鼹 334

B

巴布亚新几内亚 314
巴尔干半岛 133,161
巴伐利亚森林 164-173
巴哈马群岛 23
巴拉圭河 100,101
巴拉圭凯门鳄 106-107
　　鳞甲 107
巴厘岛 247
巴鲁瓦草 255
巴氏豆丁海马 350-351
巴塔哥尼亚 76
巴西
　　潘塔纳尔湿地 100-107
巴西橡胶树 90
巴雅卡人 209
霸王角蛙 121
白斑鹿 261
白背啄木鸟 134
白唇西猯 101
白俄罗斯 47
白鹳 193
白鲑鱼 159
白鲸 24,29,31
白令海 29
白鹭 146
　　小白鹭 152
白皮松 34
白鹈鹕 189
白头海雕 35,42-43
白尾海雕 43
白尾鹿 40,153
白兀鹫 254
白犀 222-223,256
白蚁 114,116,206,218,226,229,235,
　　263,320,328,332
白蚁丘 320
白鼬 40

柏木沼泽 66-67
拜耳迪耶国家公园 254
斑袋貂 315
斑袋鼬 314-315
斑颈水獭 184
斑鬣狗 198,252
斑马 192,193,198
　　查普曼斑马 200
　　格兰特斑马 200
斑马宫丽鱼 191
斑尾袋鼬 341
板块运动
　　火山岛弧 247
豹 193,199,214,254
　　阿拉伯豹 248
　　雪豹 266,268-269
　　云豹 254,276
豹海豹 371
豹纹陆龟 226
北澳窜鼠 328
北澳袋鼬 320-321
北冰洋 16
北岛褐几维 356
北方猫头鹰 164
北方普度鹿 85
北方针叶林 12
北非
　　单峰骆驼 281
　　狮 194
北海道
　　日本海山地林 284-291
北极 10,16,22,24-33,38,137
北极海鹦 138-139
北极狐 24,27
北极狐 27
北极苔原 16
　　加拿大极地 24-25
北极兔 25
北极熊 24,25,26,27,28-29,31
北极鳕鱼 25,30
北极燕鸥 24,369
北落基山狼 37
北美白眉山雀 56
北美狐 61
北美浣熊 68-69
北美灰熊 36
北美鼠兔 40,52
北美星鸦 34
北美洲 22-73
　　加拿大极地 24-33
　　佛罗里达大沼泽地 66-73
　　黄石国家公园 34-43
　　莫哈韦沙漠 60-65

内华达山脉 52-59
中央大平原 44-51
北美洲板块 22
贝尔山 178
贝氏倭狐猴 237
背甲
　豹纹陆龟 226
　大砗磲 352
　加拉帕戈斯象龟 127
　绿海龟 346
　拟鳄龟 72
本尼维斯山 140
本州岛
　日本海山地林 284-291
鼻
　巴拉圭凯门鳄 106
　长鼻猴 295
比亚沃维耶扎森林 47
俾格米人 209
壁虎
　棘皮瘤尾守宫 328
　平额叶尾守宫 243
　新疆沙虎 283
蝙蝠
　短尾蝠 355
　洪都拉斯白蝙蝠 79
　岬狐蝠 334
　马来大狐蝠 294
　吸血蝙蝠 115
变色龙 236
　帕达利斯避役 242-243
　侏儒变色龙 236-237
濒危物种
　阿拉伯大羚羊 250
　草原鹿 114
　大熊猫 275
　戈壁熊 279
　恒河鳄 265
　灰冠鹤 189
　金色乌叶猴 267
　马来亚穿山甲 293
　美洲黑熊 55
　欧亚河狸 140
　婆罗洲猩猩 297
　普氏野马 282
　山貘 85
　树袋熊 339
　伊比利亚猞猁 154
　印度犀 256
　渔貂 52
　泽鹿 254
冰岛 132,133,161
冰间湖 24
波兰 47
波西米亚森林 164
玻璃蛙 89
博茨瓦纳
　奥卡万戈三角洲 218-227

博格利亚湖 184
捕猎
　巴拉圭凯门鳄 107
　豹 214
　豹海豹 371
　北极狐 27
　北美灰熊 36
　豺 277
　赤狐 168
　丛林狼 49
　大蓝鹭 71
　大鳞鲆 308
　东非狒狒 185
　短尾猫 37
　黑猩猩 210
　虎鲸 137
　虎猫 80
　蓝豆娘 359
　狼 37
　猎豹 196
　马岛獴 237
　美洲豹 95
　美洲沙漠木蝎 50
　美洲蛇鹈 70,71
　美洲狮 62
　孟加拉虎 261
　尼罗鳄 191
　狞猫 229
　欧洲野猫 143
　狮 194
　竖琴海豹 31
　乌林鸮 58
　伊比利亚猞猁 154
　游隼 144
　鬃狼 119
捕鸟蛛
　墨西哥金背 65
　亚马逊巨人食鸟蛛 99
不丹 255,267
不丹羚牛 267
不会飞的鸬鹚 111
不列颠哥伦比亚省 37
布列塔尼 132
布纳肯国家公园 302
布韦岛 364

C

彩火尾雀 328
彩色沙漠锥蝗 333
苍鹭 146
　大蓝鹭 71
　紫鹭 152
草原 10,14-15,114
　澳大利亚北部热带稀树草原 320-321
　北美洲 22
　低地草原 11

分层放牧 193
佛罗里达大沼泽地 66
潘帕斯草原 114
热带草原 15
塞伦盖蒂大草原 192-193
三齿稃 328,329
山地草原 178
特莱-杜阿尔草原 254-255
温带草原 15
中央大平原 44-45
草原狒狒 180
草原狐 45
草原鹿 114
叉角羚 44,45
查普曼斑马 200
豺 277
蝉 328
蟾蜍
　产婆蟾 162
　甘蔗蟾蜍 91
　枯叶蟾蜍 84
　库奇掘足蟾 64
　峡谷蟾蜍 61
产卵器
　奥克兰树沙螽 358
产婆蟾 162
颤杨 35
长鼻
　高鼻羚羊 280
　长鼻猴 295
　南象海豹 365
　山貘 85
长鼻浣熊 86
长耳跳鼠 279
长颌鱼 209
长江 272
长江上游森林 272-277
长颈鹿 191,192,193,199,200,216
　马赛长颈鹿 199
长须鲸 364,373
常绿阔叶林 13
　长江上游森林 272-273
超级火山 35
超级鲸群 30
巢 15
　安第斯冠伞鸟 89
　白头海雕 43
　白蚁 218
　北极海鹦 139
　大极乐鸟 319
　大蓝鹭 71
　反嘴鹬 149
　非洲剪嘴鸥 226
　非洲雉鸻 224
　凤头鸬鹚 157
　凤尾绿咬鹃 81
　冠啄果鸟 317
　黑头群织雀 204-205

黑猩猩 210
红嘴弯嘴犀鸟 206
环颈直嘴太阳鸟 216
黄喉蜂虎 150,151
灰冠鹤 189
尖羽树鸭 323
金雕 162
鲸头鹳 190
蓝孔雀 271
蓝颜鸲鹟 369
裸颈鹳 103
绿跳蛛 326
美洲蛇鹈 70
美洲鸵 121
盘尾蜂鸟 88
婆罗洲猩猩 297
伞蜥 325
托哥巨嘴鸟 96
西方蜜蜂 171
小红鹳 188
小军舰鸟 124
疣鼻天鹅 148
游隼 144
鸳鸯 290
脂尾袋鼩 329
紫青水鸡 71
紫胸佛法僧 207
巢穴网络
　黑尾草原犬鼠 48
成都 272
城镇
　黑尾草原犬鼠 48
池杉 66-67
赤褐象鼩 182
赤狐 163,168,321,337
赤鹿 258
赤颈鹤 263
赤颈鸭 184
赤松鸡 140
赤尾青竹丝蛇 272-273
翅膀
　安第斯神鹫 112
　飞蜥 298-299
　黑框蓝闪蝶 81
　红头美洲鹫 56,57
　胡兀鹫 183
　漂泊信天翁 366
　小军舰鸟 124
　疣鼻天鹅 148
雏鸟
　艾草松鸡 50
　安第斯神鹫 112
　白头海雕 42
　北极海鹦 139
　大蓝鹭 71
　帝企鹅 375
　粉红琵鹭 104
　非洲雉鸻 224

冠啄果鸟 317
红头美洲鹫 56
黄喉蜂虎 150
灰冠鹤 189
金雕 162
蓝翅笑翠鸟 323
蓝脚鲣鸟 125
美洲蛇鹈 70
苏格兰交嘴雀 143
跳岩企鹅 368
托哥巨嘴鸟 96
小红鹳 188
紫青水鸡 71
触觉
　北美浣熊 69
　长吻原海豚 303
触手
　僧帽水母 352
川金丝猴 273
穿山甲
　马来亚穿山甲 293
　树穿山甲 215
刺鸫鹛 254
刺萼茄 44
刺鼠 90
刺猬 156
丛林狼 49

D

达尔文 122,300
达尔文雀 128
打斗
　北极熊 28
　赤鹿 258
　大鸨 283
　东非狒狒 185
　鸸鹋 322
　非洲野犬 224
　高山臆羚 159
　格兰特斑马 200
　极北蝰 145
　加拿大盘羊 53
　骆马 111
　驴羚 221
　南象海豹 365
　欧洲马鹿 141
　普氏野马 282
　锹形甲虫 172-173
　麝牛 26
　驼鹿 39
　驯鹿 26
　疣猪 230
大巴山 272
大鸨 283
大堡礁 304,344-353
大堡礁双带小丑鱼 351
大堡礁双锯鱼 351

大比目鱼 30
大不列颠岛 133
　苏格兰高地 140-145
大砗磲 352
大雕鸮 58
大东非鼹鼠 179
大红鹳 146,149,152
大极乐鸟 318-319
大戟阁 248
大蓝鹭 71
大蓝鹭印度亚种 71
大蓝山地区 334
大鳞大麻哈鱼 52-53
大鳞舒 308-309
大羚羊 228
大马岛猬 241
大盆地沙漠 60
大沙沙漠-塔纳米沙漠 328-333
大食蚁兽 116-117
大水獭 102
大天鹅 148
大西洋 22,23,76,124,346
大西洋鲱鱼 134
大西洋鲑鱼 137
大猩猩 212-213
大熊猫 272,274-275
大烟山 23
大洋洲 310-359
　澳大利亚北部热带稀树草原 320-327
　澳大利亚东部森林 334-343
　大堡礁 344-353
　大沙沙漠-塔纳米沙漠 328-333
　新几内亚山地林 314-319
　新西兰混交林 354-359
袋貂 335
袋獾 314,337,340-341
袋狸
　兔耳袋狸 332
袋鼠 320
　古氏树袋鼠 317
　红袋鼠 330-331
袋鼹 329
袋鼬 314,325,328
　北部袋鼬 320-321
　斑尾袋鼬 341
戴胜 157
丹尼斯豆丁海马 350
单峰驼 281
单孔目
　长吻针鼹 315
　鸭嘴兽 336-337
单雄群
　非洲水牛 220
　格兰特斑马 200
　黑斑羚 197
　麝牛 26
　狮尾狒 180

淡水河豚 209
岛屿
　火山岛弧 247
　加勒比群岛 76
　加拿大极地 24
　科隆群岛 122-123
　南大洋 364-365
　欧洲 133
道格拉斯冷杉 140
道路系统
　赤褐象鼩 182
得克萨斯州 45,47,51,66
德国
　巴伐利亚森林 164-173
德拉肯斯山脉 176
德赖灰叶猴 259
地热活动 34
地松鼠
　黑尾草原犬鼠 48
　莫哈韦地松鼠 60
地下生活
　北极狐 27
　丛林狼 49
　袋鼹 329
　狗獾 165
　黑尾草原犬鼠 48
　黑足鼬 48
　剑纹带蛇 50
　库奇掘足蟾 64
　锹形甲虫 172
地衣 26,362,370
地震
　新几内亚山地林 314
地中海 10,13,15,132
地中海灌丛 10
地中海森林 10,13
　塔霍河峡谷 152-153
地中海石龟 152
的的喀喀湖 108
的的喀喀湖盆地 111
的的喀喀湖水蛙 108
灯蛾毛虫 25
瞪羚 248
瞪羚
　鹅喉羚 279
　汤氏瞪羚 192,200,224
低地林羚 179
迪恩斯蓝洞 23
帝企鹅 370,374-375
帝王蝎 216-217
帝汶海 347
貂
　黄喉貂 272
　日本貂 288-289
　松貂 165
貂熊 38
雕鸮 11,58,164
东北虎 261

东部灰大袋鼠 320
东非大裂谷 174,176,178,184,188
　东非大裂谷湖泊 184-191
东非大裂谷湖泊 184-191
东非狒狒 185
东喜马拉雅 266-271
冬眠
　阿尔卑斯山旱獭 160
　北极熊 29
　北美灰熊 36
　刺猬 156
　高山花栗鼠 56
　冠北螈 170
　貉 289
　极北蝰 145
　蓝斑蜥蜴 157
　美洲黑熊 55
　内华达黄腿林蛙 59
　尼罗河巨蜥 226
　森林 12
洞穴
　北极熊 28,29
　北美浣熊 69
　北美灰熊 36
　丛林狼 49
　钝尾毒蜥 64
　伊比利亚猞猁 154
洞穴和隧道
　阿尔卑斯山旱獭 160
　阿根廷长耳豚鼠 117
　安第斯扑翅䴕 111
　奥克兰树沙螽 358
　北岛褐几维 356
　北极狐 27
　北美狐 61
　黑尾草原犬鼠 48
　黑足鼬 48
　库奇掘足蟾 64
　六带犰狳 117
　魔蜥 332
　墨西哥金背 65
　塔斯马尼亚袋熊 337
　兔耳袋狸 332
　细尾獴 232
　楔齿蜥 358
　穴鸮 121
　鸭嘴兽 336
洞螈 133
兜兰 292
豆科灌木 44
豆象甲虫 192
毒蛇
　赤尾青竹丝蛇 272-273
　黑头巨蝮 79
　极北蝰 145
毒素
　埃氏剑螈 59
　大鳞舒 308

帝王蝎 216
钝尾毒蜥 64
番茄蛙 243
黑脉金斑蝶 51
黑曼巴蛇 207
黑头林鸱鹩 314
红背蜘蛛 326
虎斑颈槽蛇 291
黄金眼镜蛇 234
极北蝰 145
蓝斑条尾魟 304
墨西哥金背 65
僧帽水母 352
悉尼漏斗网蜘蛛 343
小盾响尾蛇 64
新月豹纹蛸 352
鸭嘴兽 336
眼镜蛇 264
独角鲸 29,30-31
杜鹃花 266-267
杜鹃科
　走鹃 63
杜松 52,140,146,178,248,253
短翅鹛鹩 111
短尾蝠 355
短尾猫 37
短吻海豚 302
短叶丝兰 60
钝尾毒蜥 64-65
多贝莱半岛 314,315
多孔冠珊瑚 134,135
多瑙河 164

E

俄克拉何马州 44,51
俄罗斯 261
鹅喉羚 279
蛾
　米勒飞蛾 34
　茸毒蛾 170
　蛇头蛾 300
　丝兰蛾 60
　乌桕大蚕蛾 300
　伊莎贝拉虎蛾 25
厄尔尼诺现象 122,123,124,129
厄瓜多尔 125
恶水盆地 60
恶水蜗牛 60
鳄
　美洲鳄 66
　尼罗鳄 190-191,198
　湾鳄 191
鸸鹋 322,357
耳朵和听觉 15
　北美狐 61
　非洲草原象 203
　黑尾长耳大野兔 63

加拉帕戈斯海狮 123
狞猫 229
兔耳袋狸 332
乌林鸮 58
伊比利亚猞猁 154

F

发情期
　长鼻浣熊 86
　赤鹿 258
　黑斑羚 197
　美洲狮 62
　魔蜥 332
　欧洲马鹿 141
　帕达利斯避役 242
　西白须角马 198
法国 10,31,154
　卡玛格湿地自然保护区 146-151
番茄蛙 243
翻车鱼 347
反嘴鹬 149
防卫
　番茄蛙 243
　黑脉金斑蝶 51
　花斑连鳍䲗 305
　花纹细螯蟹 309
　黄金眼镜蛇 234
　蓝斑蜥蜴 157
　麦克雷的幽灵竹节虫 343
　魔蜥 332
　南非豪猪 231
　内华达黄腿林蛙 59
　尼罗河巨蜥 226
　犰狳蜥 234-235
　僧帽水母 352
　树穿山甲 215
　条纹臭鼬 54
　细尾獴 232,233
　亚马逊巨人食鸟蛛 99
飞蜥 298-299
飞行
　白鹈鹕 189
　安第斯神鹫 112
　大鸨 283
　绯红金刚鹦鹉 97
　黑脉金斑蝶 51
　红腿叫鹤 120
　胡兀鹫 183
　金雕 162
　裸颈鹳 103
　盘尾蜂鸟 88
　漂泊信天翁 366,367
　锹形甲虫 172
　王绒鸭 137
　小红鹳 189
　小军舰鸟 124
　疣鼻天鹅 149

游隼 144
非洲 14,174-243
　埃塞俄比亚高原 178-183
　奥卡万戈三角洲 218-227
　东非大裂谷湖泊 184-191
　刚果盆地 208-217
　卡拉哈迪沙漠 228-235
　马达加斯加的干燥林 236-243
　塞伦盖蒂大草原 192-207
非洲霸王树 236
非洲板块 176
非洲草原象 202-203
非洲桂樱 208
非洲剪嘴鸥 226
非洲牛箱头蛙 229
非洲蛇鹈 70
非洲食蚁兽 228
非洲水牛 192,193,220
非洲象 15,202-203
非洲小爪水獭 184
非洲野犬 218,221,224-225
非洲鱼雕 43
非洲雉鸻 224
菲律宾群岛
　苏禄-苏拉威西海 302-309
绯红金刚鹦鹉 97
翡翠树蚺 97
肺鱼 219
狒狒
　阿拉伯狒狒 249
　草原狒狒 180
　东非狒狒 185
　狮尾狒 178,180-181
费边蜥蜴 113
费尔南迪纳岛 124
分层放牧 193
粉红琵鹭 104
蜂巢 171
蜂鸟 78-79
　盘尾蜂鸟 88
蜂王
　西方蜜蜂 171
凤头鹛鹩 157
凤尾绿咬鹃 81
孵化
　巴拉圭凯门鳄 107
　非洲雉鸻 224
　冠啄果鸟 317
　蓝翅笑翠鸟 323
弗吉尼亚 31
伏尔塔河 164
佛法僧
　蓝头佛法僧 207
　紫胸佛法僧 207
佛罗里达 33,43,55,71
佛罗里达豹 62
佛罗里达大沼泽地 66-73
佛罗里达美洲狮 66

佛罗里达湾 66
浮游生物 306,364,365
俯冲 144
负鼠
　蜜负鼠 335
　刷尾负鼠 354
覆盖沼泽 140

G

甘蔗 255
甘蔗蟾蜍 91
感受器
　长吻针鼹 315
　蓝斑条尾魟 304
　路氏双髻鲨 349
　鸭嘴兽 336
橄榄海蛇 345
干旱
　大沙沙漠-塔纳米沙漠 328
　戈壁大沙漠 278
　卡拉哈迪沙漠 228
　莫哈韦沙漠 60
冈瓦纳 313,363
冈瓦纳雨林 313
刚果河 176,208,209
刚果盆地 208-217
高鼻羚羊 278,280
高地
　阿拉伯高原 248-249
　埃塞俄比亚高原 178-183
　苏格兰高地 140-145
高加索山 133
高山草甸 11,14
　阿尔卑斯山脉 158-159
　东喜马拉雅 266-267
　黄石国家公园 34-35
高山花栗鼠 52,56
高山灰桉 334
高山火绒草 158
高山苔原 16
高山臆羚 159
高山硬叶灌木 177
戈壁大沙漠 278-283
戈壁熊 279
哥斯达黎加热带雨林 76,78-83
割喉鳟 35
格兰特斑马 200
格陵兰 22
更格卢鼠 60
弓头鲸 24
公牛真鲨 66
攻击性拟态 301
共生
　海鬣蜥 128
贡贝溪自然保护区 210
狗獾 165
古柯灌木 84

古氏树袋鼠 317
冠北螈 170
冠海豹 24
冠悬猴 102
冠啄果鸟 317
灌木 15
鹳
　白鹳 193
　裸颈鹳 103
　秃鹳 188
鹳嘴翡翠 299
光线 344
　蓝斑条尾魟 304
龟 183,312
　豹纹陆龟 226
　地中海石龟 152
　海龟 346-347
　加拉帕戈斯象龟 126-127
　棱皮龟 346
　丽箱龟 44
　马达加斯加陆龟 236
　拟鳄龟 72
　沙漠龟 60
龟头海蛇 347
鲑鱼
　大鳞大麻哈鱼 52-53
　大西洋鲑鱼 137
国际塔霍自然公园 152
国王峡谷国家公园 52

H

哈得孙湾 29
海
　冰间湖 24
　苏禄-苏拉威西海 302-309
海岸沙漠 17
海拔 11,14
　阿拉伯高原 248
　埃塞俄比亚高原 178
　安第斯高原 108
　安第斯山脉永加斯地区 84
　卡拉哈迪沙漠 228
　内华达山脉 52
　婆罗洲雨林 292
　新几内亚山地林 314
海豹 24,25,27,29,370
　豹海豹 371
　冠海豹 24
　灰海豹 135
　南象海豹 365
　食蟹海豹 364-365
　竖琴海豹 31
　威德尔海豹 370
海冰 24
海草 303
海狗 364
海龟 302,346-347

海葵 309,351
海鬣蜥 113,122,128-129
海马
　巴氏豆丁海马 350-351
　丹尼斯豆丁海马 350
海牛 67,304-305
海蛇 345
　龟头海蛇 347
海狮 123
海獭 43
海豚 187
　长吻原海豚 303
　短吻海豚 302
　虎鲸 136-137
　沙漏斑纹海豚 373
　亚马孙河豚 91
海象 32
海燕 364
　雪海燕 370
海洋金丝雀 31
海鹦 139
海藻
　海鬣蜥 129
寒冷沙漠 17
　戈壁大沙漠 278-279
寒冷条件
　北极狐 27
　帝企鹅 375
　东北虎 261
旱獭
　阿尔卑斯山旱獭 11,160
　蒙古旱獭 278
貉 289
嚎叫
　丛林狼 49
　狼 37
河狸
　美洲河狸 34,41,52
　欧亚河狸 140
河马 19,186-187,224
颌
　巴拉圭凯门鳄 107
　大鳞鲆 308
　貂熊 38
　翡翠树蚺 97
　费边蜥蜴 113
　灰獴 262
　美洲豹 95
赫布里底群岛 140
赫德岛 364
赫克托尔灰叶猴 259
褐色园丁鸟 314
鹤
　赤颈鹤 263
　黑冠鹤 189
　灰冠鹤 189
黑斑羚 192,197,224
黑背啄木鸟 52

黑冠鹤 189
黑海 135
黑红阔嘴鸟 299
黑脚岩石负鼠 328
黑框蓝闪蝶 81
黑脉金斑蝶 51
黑脉金斑蝶自然保护区 51
黑曼巴蛇 207
黑鳍冰鱼 370-371
黑头巨蟒 79
黑头林鵙鹟 314
黑头群织雀 204-205
黑尾草原犬鼠 48
黑尾长耳大野兔 63
黑犀 222,223
黑猩猩 208,210-211
　倭黑猩猩 208,210
黑熊 34,52,54-55
　路易斯安那黑熊 55
　美洲黑熊 34,52,54-55
黑玄燕鸥 344
黑疣猴 209
黑掌树蛙 300
黑啄木鸟 169
黑足鼬 48
恒河 266
恒河鳄 264-265
横斑渔鸮 219
横纹长鬣蜥 342
红瓣蹼鹬 24
红背蜘蛛 326
红袋鼠 330-331
红点鲑 33
红腹锦鸡 277
红海 248
红河猪 215
红褐林蚁 140
红吼猴 92-93
红柳桉树 320
红瘰疣螈 255
红杉 52
红杉国家公园 52
红石蟹 122
红树林沼泽 19
　佛罗里达大沼泽地 66
　哥斯达黎加热带雨林 78
　婆罗洲雨林 292
红头美洲鹫 56-57
红腿叫鹤 120
红胸角雉 267
红熊猫 270
红眼树蛙 82-83
红燕麦 192
红嘴奎利亚雀 225
红嘴弯嘴犀鸟 206
洪都拉斯白蝙蝠 79
洪水 10,11

特莱-杜阿尔草原 255
亚马孙雨林 90
猴科 78
　阿拉伯狒狒 249
　草原狒狒 180
　长鼻猴 294-295
　川金丝猴 273
　德赖灰叶猴 259
　东非狒狒 185
　冠悬猴 102
　黑疣猴 209
　金色乌叶猴 267
　肯尼亚绿猴 201
　蓝色僧帽猴 77
　日本猕猴 286-287
　山魈 213
　狮尾狒 178,180-181
猴面包树 236
猴面兰花 84-85
吼猴属 92
厚岸草 146
呼吸
　阿尔卑斯山旱獭 160
　埃氏剑螈 59
　海龟 346
　日本大鲵 291
狐蝠
　岬狐蝠 334
　马来大狐蝠 294
狐猴 236
　贝氏倭狐猴 237
　环尾狐猴 238-239
　克氏冕狐猴 241
　领狐猴 239
　维氏冕狐猴 240-241
狐狸
　安第斯狐 109
　北极狐 24,27
　北美狐 61
　草原狐 45
　赤狐 163,168,321,337
　灰狐 67
　山狐 109
胡兀鹫 182-183
胡须
　大马岛猬 241
　灰海豹 135
湖泊
　东非大裂谷湖泊 184-191
蝴蝶 78,315
　阿波罗绢蝶 163
　黑框蓝闪蝶 81
　黑脉金斑蝶 51
　黄绿鸟翼凤蝶 315
　绿带翠凤蝶 291
　艺神袖蝶 89
虎 254
　东北虎 261

孟加拉虎 260-261
苏门答腊虎 261
虎斑颈槽蛇 291
虎鲸 136-137,306
虎猫 80-81
虎皮鹦鹉 328-329
虎头海雕 43
琥珀色蜗牛 354-355
护卫蟹 345
花斑连鳍鲔 305
花纹细螯蟹 309
华莱士 300
华莱士飞蛙 300
华莱士线 247
华盛顿州 36,59
滑翔
　飞蜥 298-299
　黑掌树蛙 300
　蜜袋鼯 335
　鼠袋鼯 335
　小飞鼠 285
桦树 140
怀俄明州 36
獾
　狗獾 165
　蜜獾 224
獾穴
　狗獾 165
环颈直嘴太阳鸟 216
环太平洋火山带 246
环尾狐猴 238-239
浣熊
　北美浣熊 68-69
　长鼻浣熊 86
皇狨猴 92
黄蜂 51
黄河 272
黄喉貂 272
黄喉蜂虎 150-151
黄花刺茄 44
黄金眼镜蛇 234
黄鹂 51
黄绿鸟翼凤蝶 315
黄鳍金枪鱼 303
黄石公园 34
黄石国家公园 34-43
黄嘴山鸦 161
蝗虫
　瘤锥蝗 333
　肿脉蝗 163
灰冠鹤 189
灰冠山鹪莺 254
灰狼 37,130,140,158-159
灰獴 262-263
灰胸竹鸡 272
灰熊 34,36
灰叶猴
　德赖灰叶猴 259

回声定位
　蝙蝠 294
　长吻原海豚 303
　沙漏斑纹海豚 373
惠特尼山 52
喙
　白鹈鹕 189
　白头海雕 42
　北极海鹦 139
　大红鹳 149
　短翅鹪鹛 111
　反嘴鹬 149
　非洲剪嘴鸥 226
　粉红琵鹭 104
　黑红阔嘴鸟 299
　黑啄木鸟 169
　红腿叫鹤 120
　红嘴奎利亚雀 225
　鲸头鹳 190
　裸颈鹳 103
　双角犀鸟 264
　苏格兰交嘴雀 143
　托哥巨嘴鸟 96-97
　鸭嘴兽 336
火 35
　佛罗里达大沼泽地 66
　塞伦盖蒂大草原 192,193
　中央大平原 44
火地岛 77
火烈鸟
　安第斯火烈鸟 108
　大红鹳 146,149,152
　小红鹳 188-189
　詹姆斯火烈鸟 108
　智利火烈鸟 108
火炉溪 60
火山
　冰岛 132
　环太平洋火山带 246
　黄石火山 35
　火山岛弧 247
　科隆群岛 122
　南极洲 363
　新几内亚岛 314
火蚁 90
霍氏树懒 79
獾狐狓 208,216

J

吉尔国家公园 194
极北蝰 145
极地 16
　加拿大极地 24-25
　南极半岛 370-371
极端环境 16-17
　安第斯高原 108-109
　大沙沙漠-塔纳米沙漠 328-329

戈壁沙漠 278-279
加拿大极地 24-25
卡拉哈迪沙漠 228-229
莫哈韦沙漠 60-61
南极半岛 370-371
极乐鸟
　大极乐鸟 318-319
　新几内亚极乐鸟 319
棘刺
　大马岛猬 241
　南非豪猪 231
　欧洲刺猬 156
棘冠海星 344
棘皮瘤尾守宫 328
几维鸟 313,354,356
　北岛褐几维 356
　小斑几维鸟 357
脊椎
　美洲蛇鹈 70
季风气候 246
加岛企鹅 124
加拉帕戈斯地雀 123
加拉帕戈斯象龟 126-127
加勒比海 13,22,76
加利福尼亚 13,15,22,51
　莫哈韦沙漠 60-65
　内华达山脉 52-59
加拿大
　加拿大地盾 22
　加拿大极地 24-33
　加拿大盘羊 53
加州罂粟 60-61
家燕 146
颊囊
　婆罗洲猩猩 297
甲虫 328
　豆象 192
　罗莎琳天牛 158
　蜣螂 193
　锹形甲虫 172-173
　圣甲虫 100
甲烷 255
岬狐蝠 334
尖羽树鸭 323
间歇泉 34,132
鲣鸟 125
　蓝脚鲣鸟 125
鲣鱼 303
碱湖 18
　东非大裂谷湖泊 184
剑纹带蛇 50
箭毒蛙 98
降水量
　阿拉伯高原 248
　安第斯高原 108
　澳大利亚东部森林 334
　大洋洲 313
　刚果盆地 208

戈壁大沙漠 278
季风 246
卡拉哈迪沙漠 228
南极洲 363
欧洲 133
交流
　白鲸 31
　豹海豹 371
　北美鼠兔 40
　长吻原海豚 303
　豺 277
　川金丝猴 273
　丛林狼 49
　独角鲸 30
　鸸鹋 322
　非洲草原象 203
　绯红金刚鹦鹉 97
　冠悬猴 102
　鹳嘴翡翠 299
　海象 32
　貉 289
　河马 187
　黑斑羚 197
　黑啄木鸟 169
　红吼猴 93
　红腿叫鹤 120
　虎鲸 137
　黄喉蜂虎 150
　灰长臂猿 298
　灰狐 67
　獾狐狓 216
　巨獭 102
　肯尼亚绿猴 201
　蓝翅笑翠鸟 323
　蓝鲸 372
　美洲豹 95
　普通鸵鸟 234
　雀尾螳螂虾 351
　日本猕猴 287
　山獏 85
　狮尾狒 180,181
　维氏冕狐猴 240
　鸮鹦鹉 356
　小熊猫 270
　肿脉蝗 163
　鬃狼 119
交配
　阿拉伯大羚羊 250
　艾草松鸡 50
　豹海豹 371
　赤狐 168
　刺猬 156
　丛林狼 49
　帝王蝎 216
　短尾猫 37
　翡翠树蚺 97
　河马 187
　黑斑羚 197

红袋鼠 331
红吼猴 93
红眼树蛙 82-83
环尾狐猴 239
极北蝰 145
箭毒蛙 98
鲸鲨 306
蓝豆娘 359
狼 37
路氏双髻鲨 349
美洲野牛 47
孟加拉虎 261
南象海豹 365
婆罗洲猩猩 297
日本猕猴 287
驼鹿 39
西白须角马 198
细尾獴 232
伊比利亚猞猁 154
交嘴鸟
　红交嘴雀 143
　苏格兰交嘴雀 143
　鹦鹉交嘴雀 143
蕉鹃
　利氏蕉鹃 192
　王子冠蕉鹃 178
角
　阿拉伯大羚羊 250
　埃塞俄比亚山羚 179
　白犀 222
　叉角羚 45
　长颈鹿 199
　鹅喉羚 279
　非洲水牛 220
　高鼻羚羊 280
　高山臆羚 159
　黑斑羚 197
　加拿大盘羊 53
　美洲野牛 47
　日本鬣羚 285
　山薮羚 179
　麝牛 26
　印度羚 257
　印度犀 256
　印度野牛 257
角雕 76,78,79,86,93
角马 192,193,200
金雕 162-163
金发藓 165
金刚鹦鹉
　绯红金刚鹦鹉 13,97
　蓝紫金刚鹦鹉 100-101
金合欢 178,193,197,199,205,
　334,339
金枪鱼
　黄鳍金枪鱼 303
　鲣鱼 303
金泰加蜥 105

进化论 122
巨獭 102-103
巨型半边莲 178
巨型贝壳杉 354,355
锯齿草甸 66
眷群
　阿拉伯狒狒 249
　长鼻猴 295
　赤鹿 258
　海鬣蜥 129
　南象海豹 365
　欧洲马鹿 141
　普氏野马 282

K

喀斯特地貌 133,236
卡拉哈迪沙漠 218,228-235
卡玛格湿地自然保护区 146-151
凯岛针尾鸭 364
凯恩戈姆高原 140
凯尔盖朗群岛 364
凯门鳄
　巴拉圭凯门鳄 106-107
　普通凯门鳄 107
　眼镜凯门鳄 107
考拉 334,338-339
柯莫德熊 55
科隆群岛 76,122-129
科罗拉多河 23
蝌蚪
　黑掌树蛙 300
　红眼树蛙 83
　箭毒蛙 98
　库奇掘足蟾 64
　绿树蛙 326
　内华达黄腿林蛙 59
　峡谷蟾蜍 61
　瞻星蛙 89
克伦威尔洋流 124
克氏冕狐猴 241
克氏原螯虾 184
肯尼亚
　东非大裂谷湖泊 184
　格兰特斑马 200
　黑头群织雀 204-205
　西白须角马 198
肯尼亚山 200
空白之地 248
口哨声 31,110,137,303,304
枯叶蟾蜍 84
库奇掘足蟾 64
狂风
　南极洲 362
盔顶珠鸡 206
葵花凤头鹦鹉 341
蝰蛇
　极北蝰 145

沙漠棘蛇 328
昆虫
　奥克兰树沙螽 358
　巨刺竹节虫 343
　兰花螳螂 301
　蓝豆娘 359
　麦克雷的幽灵竹节虫 343
　蜻蜓 146
　蚊子 146
　西方蜜蜂 170-171
昆士兰 334

L

兰花 78
　兜兰 292
　猴面兰花 84-85
兰花螳螂 301
蓝斑条尾魟 304
蓝鲸 372-373
蓝岭山 23
蓝色僧帽猴 77
狼 27,38,164
　阿拉伯狼 248,249
　埃塞俄比亚狼 178,182
　北落基山狼 37
　灰狼 37,130,158-159,249,277
　鬃狼 118-119
老忠实间歇泉 34
棱皮龟 346
冷杉 52
　道格拉斯冷杉 140
藜麦 108-109
里海 133
鲤鱼 184
丽箱龟 44
丽鱼 176,185
　斑马宫丽鱼 191
利氏蕉鹃 192
獠牙
　独角鲸 30
　非洲草原象 203
　海象 32
　亚洲象 259
　疣猪 230
鹩莺
　乌草鹩莺 328
　紫冠细尾鹩莺 323
猎豹 196-197
鸳形树雀 125
鬣狗 192,199
　斑鬣狗 198,252
　条纹鬣狗 248,250,252-253
鬣蜥
　费边蜥蜴113
　海鬣蜥 113,122,128-129
　绿鬣蜥 80
林波波河 176

林羚 208
　低地林羚 179
　山薮羚 178,179
磷虾 364,365,371
鳞片
　澳洲水龙 342
　钝尾毒蜥 64
　费边蜥蜴 113
　南非犰狳蜥 235
　树穿山甲 215
灵巧
　北美浣熊 69
　婆罗洲猩猩 297
灵长目
　贝氏倭狐猴 237
　黑猩猩 210-211
　狐猴 236
　灰长臂猿 298
　婆罗洲猩猩 296-297
　倭黑猩猩 208,210
　西部大猩猩 212-213
　眼镜猴 294
　指猴 241
羚羊
　阿拉伯大羚羊 250-251
　埃塞俄比亚山羚 179
　叉角羚 44,45
　鹅喉羚 279
　黑斑羚 197
　林羚 208
　驴羚 220-221
　跳羚 230-231
　印度羚 257
羚羊谷 60
领地
　阿拉伯大羚羊 250
　埃塞俄比亚山羚 179
　豹 214
　北极熊 29
　北美鼠兔 40
　丛林狼 49
　费边蜥蜴 113
　鹳嘴翡翠 299
　河马 187
　黑啄木鸟 169
　巨獭 102
　考拉 339
　六带犰狳 117
　骆马 110
　驴羚 220,221
　美洲豹 95
　美洲黑熊 55
　孟加拉虎 261
　蜜袋鼯 316
　欧亚水獭 167
　欧洲野猫 143
　盘尾蜂鸟 88
　锹形甲虫 172

犰狳蜥 235
日本貂 289
日本鬣羚 285
蛇鹫 206
维氏冕狐猴 240
犀牛 223
细尾獴 232
雪豹 269
伊比利亚猞猁 154
紫胸佛法僧 207
鬃狼 119
领狐猴 239
留尼汪岛 243
瘤锥蝗 333
柳树 140
六带犰狳 117
龙卷风 23
龙目岛 247
隆头鹦哥鱼 309
鸸鹋 70,125,369
　　不会飞的鸸鹋 122
鲁卜哈利沙漠 248
陆氏多彩海蛞蝓 302
鹿 145,254
　　白尾鹿 40,153
　　赤鹿 258
　　梅花鹿 284
　　南美草原鹿 114
　　欧洲马鹿 141
　　普度鹿 85
　　驼鹿 38-39
　　西方狍 153,164
　　沼鹿 254
鹿角
　　白尾鹿 40
　　赤鹿 258
　　欧洲马鹿 141
　　驼鹿 38,39
　　西方狍 153
　　驯鹿 26
路氏双髻鲨 348-349
路易斯安那黑熊 55
露脊鲸 364
卵
　　埃氏剑螈 59
　　安第斯神鹫 112
　　巴拉圭凯门鳄 107
　　斑马宫丽鱼 191
　　豹纹陆龟 226
　　北岛褐几维 356
　　北极海鹦 139
　　产婆蟾 162
　　大蜥蜴 358
　　帝企鹅 375
　　钝尾毒蜥 65
　　翻车鲀 347
　　非洲雉鸻 224
　　凤尾绿咬鹃 81

红眼树蛙 83
黄喉蜂虎 150
加岛企鹅 124
加拉帕戈斯象龟 127
箭毒蛙 98
金泰加蜥 105
鲸鲨 306
巨刺竹节虫 343
库奇掘足蟾 64
绿海龟 346
美洲蛇鹈 70
美洲驼 121
墨西哥金背 65
尼罗河巨蜥 226
帕达利斯避役 242
日本大鲵 291
伞蜥 325
跳岩企鹅 368
悉尼漏斗网蜘蛛 343
小红鹳 188
鸭嘴兽 336
眼镜蛇 264
卵齿
　　乌林鸮 58
罗拉 105
罗讷河三角洲 146-147
罗莎琳天牛 158
罗氏兜兰 292
罗斯冰架 362
络新妇 73
骆马 110-111
骆驼 328
　　单峰驼 281
　　双峰驼 278,280-281
骆驼刺 228
落基山脉 34,44,47,51,60,72
落叶林 12
　　巴伐利亚森林 164-165
　　日本海山地林 284-285
落叶树 133,284
驴羚 220-221
旅鼠 24,27,33
　　挪威旅鼠 134-135
绿带翠凤蝶 291
绿鬣蜥 80
绿树蛙 326
绿跳蛛 326-327
绿洲
　　奥卡万戈三角洲 218-219
滤食
　　鲸鲨 306

M

马
　　家马 282
　　普氏野马 278,282-283

野马 147
马达加斯加 13
　　马达加斯加森林 236-243
　　马达加斯加陆龟 236
马岛仓鼠 237
马岛獴 237
马尔维纳斯群岛 368
马拉河 198
马拉维湖 184,185,191
马来大狐蝠 294
马来犀鸟 293
马来熊 292
马利筋 51
马赛长颈鹿 199
玛丽亚·西碧拉·梅里安 99
蚂蚁 229,263,328,332
　　火蚁 90
　　举腹蚁 192
　　切叶蚁 98
　　树林 140
　　蜘蛛 343
麦哲伦海峡 77
螨虫 24
盲肠 339
　　树袋熊 339
蟒
　　翡翠树蚺 97
　　缅甸蟒 67
　　森蚺 105
　　沃玛蟒 333
猫科
　　豹 193,199,214,254
　　虎猫 80-81
　　猎豹 196-197
　　美洲豹 87,94-95,107
　　美洲黑豹 95
　　美洲狮 62,66,69,87
　　孟加拉虎 260-261
　　狞猫 229
　　欧洲野猫 143,164
　　狮 193,194-195,199
　　雪豹 266,268-269
　　伊比利亚猞猁 154-155
　　云豹 254,276
毛皮
　　阿拉伯狒狒 249
　　斑袋貂 315
　　北极野兔 25
　　川金丝猴 273
　　貂熊 38
　　东非狒狒 185
　　洪都拉斯白蝙蝠 79
　　虎猫 80
　　皇狨猴 92
　　霍氏树懒 79
　　秘鲁兔鼠 109
　　日本貂 289
　　山貘 85

条纹鬣狗 252
小熊猫 270
伊比利亚猞猁 155
茅草 192
《美国濒危物种保护法》 55
没药树 178
玫红琵鹭 104
美国
　　佛罗里达大沼泽地 66-73
　　黄石国家公园 34-43
　　莫哈韦沙漠 60-65
　　内华达山脉 52-59
　　中央大平原 44-51
美国黑松 35,52
美国红沼泽螯虾 146
美国黄松 52
美国水貂 141
美洲豹 76,87,94-95,107
美洲豹 94-95
美洲豹 95
　　佛罗里达美洲豹 66
美洲短吻鳄 66,72-73
美洲鳄 66
美洲河狸 34,41,52
美洲黑熊 54-55
美洲沙漠木蝎 50
美洲蛇鹈 70-71
美洲狮 62,66,69,87
美洲驼 121
美洲鸵鸟 120,322
　　美洲驼 121
美洲野牛 46-47
蒙大拿州 36
蒙弗拉格国家公园 152
蒙古 278-283
蒙古旱獭 278
蒙古野驴 278-279
猛禽
　　白头海雕 42-43
　　白尾海雕 43
　　非洲鱼雕 43
　　虎头海雕 43
　　角雕 76,78,79,86,93
　　金雕 162-163
　　西班牙帝雕 152-153
　　楔尾鹰 322,328
　　靴雕 152
獴科
　　灰獴 262-263
　　细尾獴 232-233
孟加拉国 261
孟加拉虎 260-261
米勒飞蛾 34
米却肯州 51
秘鲁 89,125
秘鲁兔鼠 109
密苏里河 44
蜜袋鼯 316-317,335

蜜负鼠 335
蜜獾 224
缅甸蟒 67
魔蜥 325,328,332-333
抹香鲸 364
莫哈韦地松鼠 60
莫哈韦沙漠 16,60-65
莫哈韦响尾蛇 60
墨累-达令河盆地 313
墨西哥 22
    白头海雕 43
    黑脉金斑蝶 51
    加州山王蛇 59
    美洲黑熊 55
墨西哥湾暖流 132,134
貘
    南美貘 100
    山貘 85
冕狐猴
    克氏冕狐猴 241
    维氏冕狐猴 240-241
木棉树 78

N

纳库鲁湖 184
纳拉伯平原 312
纳米比亚 194
纳米布沙漠 177
纳特龙湖 184
奈瓦沙湖 184
南阿尔卑斯山 313
南大洋 16,362
    南大洋群岛 364-369
    南大洋海风 362
        尖叫 362
        狂暴 362
        咆哮西风带 362
南非 176,177,225
南极冰盖 363
南极发草 362
南极辐合带 364
南极蠓 371
南极绕极流 362
南极燕鸥 369
南极珍珠草 362,370
南极洲 10,360-375
    南大洋群岛 364-369
    南极半岛 362,370-375
    南极洲 16,363-371
南美貘 100
南美洲 14,75-125
南乔治亚岛 364
南桑威奇群岛 364
脑珊瑚 344
内华达山脉 52-59
内流盆地
    奥卡万戈三角洲 219

尼格利罗人 209
尼罗鳄 190-191,198
尼罗河 176
尼罗河巨蜥 226-227
尼罗河鲈 184
尼罗河三角洲 176
尼泊尔 254,255
尼日尔河 176
尼亚萨湖 184
泥炭藓 140-141
泥炭沼泽 140
拟鳄龟 72
拟态
    巴氏豆丁海马 350
    加州山王蛇 59
    兰花螳螂 301
    狮尾狒 180
    艺神袖蝶 89
捻角羚 179
鸟类
    阿德利企鹅 373
    阿拉伯石鸡 253
    艾草松鸡 50
    安第斯冠伞鸟 89
    安第斯扑翅䴕 111
    安第斯神鹫 112-113
    白鹈鹕 189
    白头海雕 42-43
    北岛褐几维 356
    北极海鹦 138-139
    北美白眉山雀 56
    赤颈鹤 263
    大鸨 283
    大红鹳 149,152
    大极乐鸟 318-319
    大蓝鹭 71
    戴胜 157
    帝企鹅 370,374-375
    短翅鹪鹩 111
    鹪鹩 322,357
    反嘴鹬 149
    非洲剪嘴鸥 226
    非洲雉鸻 224
    绯红金刚鹦鹉 97
    粉红琵鹭 104
    凤头鹪鹩 157
    凤尾绿咬鹃 81
    冠啄果鸟 317
    鹳嘴翡翠 299
    黑红阔嘴鸟 299
    黑头群织雀 204-205
    黑啄木鸟 169
    红腹锦鸡 277
    红头美洲鹫 56-57
    红腿叫鹤 120
    红嘴奎利亚雀 225
    红嘴弯嘴犀鸟 206
    胡兀鹫 182-183

    环颈直嘴太阳鸟 216
    黄喉蜂虎 150-151
    黄嘴山鸦 161
    灰冠鹤 189
    加岛企鹅 124
    加岛信天翁 125
    尖羽树鸭 323
    金雕 162-163
    鲸头鹳 190
    盔顶珠鸡 206
    葵花凤头鹦鹉 341
    蓝翅笑翠鸟 323
    蓝脚鲣鸟 125
    蓝孔雀 271
    蓝颜鸲鹟 369
    鸳形树雀 125
    裸颈鹳 103
    美洲蛇鹈 70-71
    美洲鸵 121
    南极燕鸥 369
    盘尾蜂鸟 88
    漂泊信天翁 366-367
    迁徙 76,152,248
    蛇鹫 206
    双角犀鸟 264
    松鸡 145
    苏格兰交嘴雀 143
    跳岩企鹅 368-369
    托哥巨嘴鸟 96-97
    鸵鸟 234,322
    王绒鸭 137
    乌林鸮 58
    喜燕 355
    鸮鹦鹉 354,356
    小红鹳 174,188-189
    小军舰鸟 124
    穴鸮 121
    雪鸮 33
    雪雁 33
    岩雷鸟 161
    疣鼻天鹅 148-149
    游隼 144
    鸳鸯 290
    啄羊鹦鹉 354,356
    紫冠细尾鹩莺 323
    紫青水鸡 71
    紫胸佛法僧 207
    走鹃 63
鸟群
    白鹈鹕 189
    北美白眉山雀 56
    鹪鹩 322
    反嘴鹬 149
    绯红金刚鹦鹉 97
    黑头群织雀 204-205
    红嘴奎利亚雀 225
    红嘴弯嘴犀鸟 206
    黄嘴山鸦 161

葵花凤头鹦鹉 341
小红鹳 188
岩雷鸟 161
疣鼻天鹅 148
啮齿动物
    秘鲁兔鼠 109
    南非豪猪 231
    欧亚红松鼠 142
    水豚 101
狞猫 229,248
牛
    卡玛格黑牛 146,147
    印度野牛 257
牛椋鸟 219
纽芬兰岛 25
农药 51,144
努比亚板块 176
挪威狼蛛 164
挪威旅鼠 134-135
挪威峡湾 132,134-139
挪威云杉 140

O

欧亚大陆 114,133,248
欧亚红尾鸲 177
欧亚水獭 166-167
欧亚野猪 169
欧洲 14,130-173
    阿尔卑斯山脉 158-163
    巴伐利亚森林 164-173
    卡玛格湿地自然保护区 146-151
    挪威峡湾 134-139
    苏格兰高地 140-145
    塔霍河峡谷 152-157
欧洲赤松 140
欧洲的半岛 133
欧洲鳗鲡 147
欧洲野猫 143,164
欧洲野牛 47
欧洲棕熊 158

P

爬行动物
    巴拉圭凯门鳄 106-107
    美洲短吻鳄 66,72-73
    美洲鳄 66
    魔蜥 325,328,332-333
    尼罗鳄 190-191,198
    帕达利斯避役 242-243
    湾鳄 191
    楔齿蜥 358-359
    新疆沙虎 283
帕达利斯避役 242-243
潘帕斯草原 77,114-121
潘塔纳尔湿地 100-107

攀爬
　长鼻浣熊 86
　古氏树袋鼠 317
　虎猫 80
　美洲黑熊 55
　婆罗洲猩猩 297
　西班牙羱羊 153
　云豹 276
　侏食蚁兽 86
螃蟹
　红石蟹 122
　护卫蟹 345
　花纹细螯蟹 309
狍
　西方狍 153, 164
泡泡圈 31
皮尔里驯鹿 26
皮肤
　黑掌树蛙 300
　花斑连鳍䲗 305
　印度犀 256
　瞻星蛙 89
皮毛
　豹 214
　北极狐 27
　北极熊 29
　北美狐 61
　北美灰熊 36
　长颈鹿 199
　大熊猫 275
　东北虎 261
　高山臆羚 159
　金色乌叶猴 267
　考拉 339
　骆马 110
　美洲豹 95
　美洲狮 62
　美洲野牛 47
　孟加拉虎 261
　欧亚红松鼠 142
　欧亚水獭 167
　欧洲马鹿 141
　日本鬣羚 285
　日本猕猴 287
　麝牛 26
　双峰驼 281
　雪豹 269
　野生牦牛 266
　云豹 276
䴙䴘
　短翅䴙䴘 111
　凤头䴙䴘 157
蜱螨 24
　漂泊信天翁 366-367
　平额叶尾守宫 243
　苹果螺 107
　婆罗洲猩猩 296-297
　婆罗洲雨林 292-301

婆罗洲之心 292
葡萄牙
　塔霍河峡谷 152-157
蒲苇 114-115
普氏野马 278, 282-283
蹼足
　水豚 101

Q

七彩文鸟 321
栖息 15
　安第斯神鹫 112
　帝企鹅 375
　洪都拉斯白蝙蝠 79
　马来大狐蝠 294
　吸血蝙蝠 115
奇特旺国家公园 254
鳍肢
　豹海豹 371
　加拉帕戈斯海狮 123
　竖琴海豹 31
企鹅 370, 371
　阿德利企鹅 373
　帝企鹅 370, 374-375
　加岛企鹅 124
　跳岩企鹅 368-369
气候 10, 14
　阿尔卑斯山脉 159
　阿拉伯高原 248, 249
　埃塞俄比亚高原 179
　安第斯高原 109
　安第斯山脉永加斯地区 84, 85
　奥卡万戈三角洲 219
　澳大利亚北部热带稀树草原 321
　澳大利亚东部森林 334, 335
　巴伐利亚森林 164, 165
　北美洲 22
　长江上游森林 272
　大堡礁 345
　大沙沙漠-塔纳米沙漠 329
　大洋洲 313
　东非大裂谷 185
　佛罗里达大沼泽地 67
　刚果盆地 209
　戈壁大沙漠 278, 279
　黄石国家公园 35
　季风 246
　加里曼丹岛 293
　加拿大极地 25
　卡拉哈迪沙漠 228, 229
　卡玛格 147
　科隆群岛 123
　马达加斯加森林 237
　莫哈韦沙漠 60
　南大洋群岛 365
　南极洲 363, 370, 371
　内华达山脉 52, 53

挪威峡湾 135
欧洲 133
潘帕斯草原 115
潘塔纳尔湿地 101
日本海山地林 285
塞伦盖蒂大草原 193
森林 12-13
苏禄-苏拉威西海 302, 303
塔霍河峡谷 153
特莱-杜阿尔草原 254
新几内亚山地林 314, 315
新西兰混交林 354, 355
亚马孙热带雨林 91
亚洲 246
中央大平原 45
气候变化 255
气味标记
　白唇西猯 101
　北美鼠兔 40
　赤鹿 258
　巨獭 102
　考拉 339
　六带犰狳 117
　蜜袋鼯 316
　日本貂 289
　日本鬣羚 285
　维氏冕狐猴 240
　雪豹 269
气味腺
　内华达黄腿林蛙 59
　条纹臭鼬 54
迁徙 16
　阿拉伯半岛 248
　北极燕鸥 24
　大鸨 283
　独角鲸 30
　格兰特斑马 200
　黑脉金斑蝶 51
　红点鲑 33
　红头美洲鹫 56
　黄喉蜂虎 150
　加拉帕戈斯象龟 127
　鲸鲨 306
　绿海龟 346
　美洲野牛 47
　鸟类 76, 152, 248, 312
　塞伦盖蒂大草原 192
　山薮羚 179
　竖琴海豹 31
　西白须角马 198
　雪鸮 33
　雪雁 33
　驯鹿 26
潜水
　北极海鹦 139
　帝企鹅 375
　独角鲸 30
　海鬣蜥 129

灰海豹 135
蓝颜鸬鹚 369
南象海豹 365
欧亚水獭 167
儒艮 304
王绒鸭 137
蜣螂 193
锹形甲虫 172-173
切叶蚁 98
秦岭 272
琴鸟 313
　艾伯氏琴鸟 334
蜻蜓 19, 146
　埃塞俄比亚高原蜻蜓 178-179
　蓝豆娘 359
丘吉尔城 29
犰狳蜥 234-235
求偶
　大极乐鸟 319
　粉红琵鹭 104
　凤头鹦鹉 157
　冠北螈 170
　黑头群织雀 204-205
　红腹锦鸡 277
　红眼树蛙 82
　加岛信天翁 125
　金雕 162
　蓝脚鲣鸟 125
　绿跳蛛 326
　美洲短吻鳄 72
　苏格兰交嘴雀 143
　跳岩企鹅 368
　王绒鸭 137
求偶场
　艾草松鸡 50
　大鸨 283
　大极乐鸟 319
　蓝孔雀 271
　驴羚 221
　松鸡 145
　鸮鹦鹉 356
求偶炫耀
　艾草松鸡 50
　安第斯冠伞鸟 89
　赤颈鹤 263
　大鸨 283
　大极乐鸟 319
　飞蜥 298
　费边蜥蜴 113
　粉红琵鹭 104
　恒河鳄 265
　横纹长鬣蜥 342
　红腹锦鸡 277
　红腿叫鹤 120
　灰冠鹤 189
　金雕 162
　蓝孔雀 271
　裸颈鹳 103

美洲蛇鹈 70
帕达利斯避役 242
盘尾蜂鸟 88
漂泊信天翁 367
普通鸵鸟 234
伞蜥 324-325
松鸡 145
王绒鸭 137
西部大猩猩 212,213
小军舰鸟 124
雀
 达尔文雀 128
 加拉帕戈斯地雀 123
 鸳形树雀 125
 七彩文鸟 321
 苏格兰交嘴雀 143
 仙人掌地雀 122
雀尾螳螂虾 351
群
 川金丝猴 273
 红吼猴 93
 环尾狐猴 239
 肯尼亚绿猴 201
 日本猕猴 287
群居
 白犀 223
 长鼻猴 295
 长鼻浣熊 86
 大堡礁双锯鱼 351
 独角鲸 30
 巨獭 102
 蓝鲸 372
 猎豹 196
 骆马 110
 南非犰狳蜥 235
 尼罗鳄 191
 山魈 213
 维氏冕狐猴 240
 西部大猩猩 212
 细尾獴 232
 亚洲象 259
 疣猪 230
 脂尾袋鼩 329
 侏狨 92

R

热带草原 15
 澳大利亚北部热带稀树草原 320-321
 塞伦盖蒂大草原 192-93
 特莱-杜阿尔草原 254-255
热带干旱森林 13
 马达加斯加森林 236-237
热带沙漠 17
 阿拉伯高原 248-249
 大沙沙漠-塔纳米沙漠 328-329
 卡拉哈迪沙漠 228-229

莫哈韦沙漠 60-61
热带稀树草原
 阿拉伯高原 248
 澳大利亚北部热带稀树草原 320-327
 卡拉哈迪沙漠 228
 内华达山脉 52
 塞伦盖蒂大草原 192-207
 特莱-杜阿尔草原 254-255
热带雨林 90-91
 安第斯山脉永加斯地区 84-89
 刚果盆地 208-209
 哥斯达黎加热带雨林 78-83
 婆罗洲雨林 292-293
 新几内亚山地林 314-315
 亚马孙雨林 90-91
人工养殖
 阿拉伯大羚羊 250
 恒河鳄 265
 普氏野马 282
 伊比利亚猞猁 154
人类
 巴雅卡人 209
 俾格米人 209
 早期人类 192
妊娠期
 阿拉伯大羚羊 250
 北极熊 29
 赤鹿 258
 东非狒狒 185
 短尾猫 37
 红袋鼠 331
 红吼猴 93
 路氏双髻鲨 349
 美洲沙漠木蝎 50
 美洲野牛 47
 狮 194
日本
 火山岛弧 247
 日本海山地林 284-291
 日本貂 288-289
 日本鹅耳枥 284
 日本海 285
 日本海山地林 284-291
 日本猕猴 284,286-287
 日本山毛榉 284
 日本山樱 284
 日本鼬 285
 日德兰半岛 133
茸毒蛾 170
狨猴
 鞍背狨猴 92
 皇狨猴 92
绒毛丝鼠 109
绒鸭
 欧绒鸭 24
 王绒鸭 137
熔岩蜥蜴 123

熔岩仙人掌 122-123
蝾螈
 埃氏剑螈 59
 洞螈 133
 冠北螈 170
 红瘰疣螈 255
 日本大鲵 291
 中国大鲵 291
肉质植物 66
乳汁
 冠海豹 24
 红袋鼠 331
 树袋熊 339
 鸭嘴兽 336
软体动物
 大砗磲 352
 芮木泪柏 354

S

撒哈拉沙漠 17,176
萨赫勒 176,177
塞鲸 364
塞伦盖蒂大草原 192-207
塞米恩山 178
塞舌尔 12
鳃耙
 鲸鲨 306
三角洲
 奥卡万戈三角洲 218-219
 卡玛格湿地自然保护区 146-147
 罗讷河三角洲 147
 尼罗河三角洲 176
三趾啄木鸟 164
伞蜥 320,324-325
森林 10,12-13
 埃塞俄比亚高原 178
 安第斯山脉永加斯地区 84-85
 澳大利亚东部森林 334-335
 巴伐利亚森林 164-165
 北方针叶林 12
 北美洲 22
 波西米亚森林 164
 长江上游森林 272-273
 常绿阔叶林 13
 地中海森林 13
 东喜马拉雅 266
 冈瓦纳雨林 313
 刚果盆地 208-209
 哥斯达黎加热带雨林 78-79
 黄石国家公园 34
 马达加斯加森林 236-237
 内华达山脉 52
 婆罗洲雨林 292-293
 热带干旱森林 13
 热带湿润森林 13
 日本海山地林 284-285

山地林 11,13
温带落叶阔叶林 12
温带针叶林 12
新几内亚山地林 314-315
新西兰混交林 354-355
亚马孙雨林 76,90-91
云雾林 13
森林象 208,209
森林野牛 47
沙尘暴
 北美洲 44
沙丁鱼 177
沙里河 176
沙鳗 138,139
沙漠 10,17
 阿拉伯高原 248-249
 澳大利亚 312
 北美洲 22
 大沙沙漠-塔纳米沙漠 328-333
 戈壁大沙漠 278-279
 卡拉哈迪沙漠 228-229
 莫哈韦沙漠 60-61
沙漠龟 60
沙漠棘蛇 328
沙蚤 354
 奥克兰沙蚤 358
莎草 24
鲨鱼 344
 公牛真鲨 66
 路氏双髻鲨 348-349
 双髻鲨 304
鲨鱼湾 312
山地林 11,13
 埃塞俄比亚高原 178
 日本海山地林 284-285
 新几内亚山地岛 314-315
山梨 140
山龙眼 334,335
山脉 11
 阿尔卑斯山脉 133,158-159
 阿拉伯高原 248-249
 阿特拉斯山脉 176
 埃塞俄比亚高原 178-179
 安第斯山脉 76
 澳大利亚 313
 长江上游森林 272-273
 内华达山脉 52-53
 苏格兰高地 140-141
 喜马拉雅山脉 246,266
山毛榉 354
 日本山毛榉 284
珊瑚海 347,351
珊瑚礁 19,309,350
 大堡礁 344-353
 挪威峡湾 134,135
 苏禄-苏拉威西海 302
珊瑚三角区 302
猞猁 158,164-165

伊比利亚猞猁 154-155
舌
　安第斯扑翅䴕 111
　长颈鹿 199
　长吻针鼹 315
　大食蚁兽 116
　獾狮狓 216
　尼罗河巨蜥 227
　帕达利斯避役 242,243
蛇
　阿拉伯大头蛇 248-249
　翡翠树蚺 97
　橄榄海蛇 345
　龟头海蛇 347
　海蛇 345
　黑曼巴蛇 207
　黑头巨蝮 79
　虎斑颈槽蛇 291
　黄金眼镜蛇 234
　极北蝰 145
　加州山王蛇 59
　剑纹带蛇 50
　缅甸蟒 67
　莫哈韦绿蛇 64
　莫哈韦响尾蛇 60
　森蚺 105
　沃玛蟒 333
　西部菱背响尾蛇 64
　眼镜蛇 264
　鹦鹉蛇 105
蛇鹫 206
蛇鹈 70-71
蛇头蛾 300
麝牛 24,26
麝雉 91
生态区
　阿尔卑斯山脉 158-159
　阿拉伯高原 248-249
　埃塞俄比亚高原 178-179
　安第斯高原 108-109
　安第斯山脉永加斯地区 84-85
　奥卡万戈三角洲 218-219
　澳大利亚北部热带稀树草原 320-321
　澳大利亚东部森林 334-335
　巴伐利亚森林 164-165
　长江上游森林 272-273
　大堡礁 344-345
　大沙沙漠—塔纳米沙漠 328-329
　东非大裂谷湖泊 184-185
　东喜马拉雅 266-267
　佛罗里达大沼泽地 66-67
　刚果盆地 208-209
　戈壁大沙漠 278-279
　哥斯达黎加热带雨林 78-79
　黄石国家公园 34-35
　加拿大极地 24-25
　卡拉哈迪沙漠 228-229

　卡玛格湿地自然保护区 146-147
　科隆群岛 122-123
　马达加斯加森林 236-237
　莫哈韦沙漠 60-61
　南大洋群岛 364-365
　南极半岛 370-371
　南极洲 362-363
　内华达山脉 52-53
　挪威峡湾 134-135
　潘帕斯草原 114-115
　潘塔纳尔湿地 100-101
　婆罗洲雨林 292-293
　日本海山地林 284-285
　塞伦盖蒂大草原 192-193
　水生 18-19
　苏格兰高地 140-141
　苏禄—苏拉威西海 302-303
　塔霍河峡谷 152-153
　特莱—杜阿尔草原 254-255
　新几内亚山地林 314-315
　新西兰混交林 354-355
　亚马孙雨林 90-91
　中央大平原 44-45
生物多样性
　澳大利亚 321
　大堡礁 344
　哥斯达黎加热带雨林 78
　婆罗洲雨林 292
　日本海山地林 284
　苏禄—苏拉威西海 302
　新几内亚山地林 314
　澳大利亚 321
　大堡礁 344
　哥斯达黎加热带雨林 78
　婆罗洲雨林 292
　日本海山地林 284
　苏禄—苏拉威西海 302
　新几内亚山地林 314
圣安德烈亚斯断层 22
圣甲虫 100
诗神袖蝶 89
狮 193,194-195,199
狮群 194
狮尾狒 178,180-181
湿地 10,15
　奥卡万戈三角洲 218-219
　北美洲 22
　佛罗里达大沼泽地 66-67
　卡玛格湿地 146-147
　墨累—达令河盆地 313
　潘塔纳尔湿地 76,100-101
　塔霍河峡谷 152
石灰岩洞穴 133
使用工具
　黑猩猩 210
　冠悬猴 102
　鸮形树雀 125
世界遗产地 51

世界自然基金会 114
首领
　灰狼 37
　日本猕猴 287
寿命
　安第斯神鹫 112
　白头海雕 43
　豹纹陆龟 226
　北极海鹦 139
　北极熊 29
　绯红金刚鹦鹉 97
　海象 32
　黑猩猩 210
　环尾狐猴 239
　加拉帕戈斯象龟 127
　金雕 162
　鲸鲨 306
　蓝豆娘 359
　裸颈鹳 103
　美洲豹 95
　拟鳄龟 72
　儒艮 304
　小红鹳 188
　亚马逊巨人食鸟蛛 99
授粉 16
　蜜蜂 171
梳理
　阿拉伯狒狒 249
　川金丝猴 273
　吸血蝙蝠 115
鼠
　北澳窜鼠 328
　更格卢鼠 60
　马岛仓鼠 237
　石丘伪鼠 328
　岩鼠 312
鼠海豚 135
树
　埃塞俄比亚高原 178
　桉树 152,320,334,339
　颤杨 35
　杜松 52,140,146,178,248,253
　短叶丝兰 60
　非洲桂樱 208
　红柳桉树 320
　红杉 52
　猴面包树 236
　金合欢树 178,193,334
　巨型贝壳杉 354,355
　阔叶林 11
　冷杉 52
　落叶林 284
　马达加斯加森林 236-237
　美国黑松 35,52
　美国黄松 52
　木棉树 78
　日本樱花 284-285
　芮木泪柏 354

　森林 12-13
　树商陆 115
　栓皮栎 13,153
　苏格兰高地 140
　梭梭 278
　桃花心木 66
　瓦勒迈杉 334
　橡树 52,66,266
　亚马孙雨林 90-91
　针叶林 11
树袋鼠 314
　古氏树袋鼠 317
树袋熊 338-339
树懒 78
　霍氏树懒 79
栓皮栎 13,153
水杉 272
水生贝类 107
水生环境 18-19
　奥卡万戈三角洲 218-219
　大堡礁 344-345
　东非大裂谷湖泊 184-185
　佛罗里达大沼泽地 66-67
　加拿大极地 24-25
　卡玛格湿地自然保护区格 146-147
　科隆群岛 122-123
　南大洋群岛 364-365
　南极半岛 370-371
　挪威峡湾 134-135
　潘塔纳尔湿地 100-101
　苏禄—苏拉威西海 302-303
水獭
　斑颈水獭 184
　非洲小爪水獭 184
　海獭 43
　巨獭 102-103
　欧亚水獭 166-167
水螅体
　僧帽水母 352
睡莲 100
睡眠
　考拉 339
　日本猕猴 287
丝兰蛾 60
斯堪的那维亚 133
　挪威峡湾 132,134-139
斯洛文尼亚 133
死谷 60
四川盆地 272
松鸡 44-45,145
松雀 51
松鼠
　道氏红松鼠 53
　灰松鼠 12
　欧亚红松鼠 142
　小飞鼠 285
松树 13
　白皮松 34

黑松 34,52
　美国黑松 35
　美国黄松 52
　欧洲赤松 140
　瓦勒迈杉 334
　新西兰混交林 354
苏格兰 140-145
苏拉威西海 247
苏拉威西腔棘鱼 302-303
苏禄-苏拉威西海 302-309
苏门答腊虎 261
苏门答腊猩猩 297
速度
　阿根廷长耳豚鼠 117
　北极海鹦 139
　北美浣熊 69
　叉角羚 45
　长颈鹿 199
　赤褐象鼩 182
　鸸鹋 322
　高山臆羚 159
　格兰特斑马 200
　河马 187
　黑曼巴蛇 207
　红袋鼠 331
　红腿叫鹤 120
　狼 37
　猎豹 196,197
　绿海龟 346
　美洲短吻鳄 72
　美洲野牛 46,47
　尼罗鳄 191
　狞猫 229
　普通鸵鸟 234
　伞蜥 324
　狮 194
　跳羚 230
　西白须角马 198
　驯鹿 26
　疣猪 230
　游隼 144
嗉囊乳
　小红鹳 188
隼
　澳洲灰隼 328
　游隼 144
索马里板块 176
索诺拉沙漠 60

T

塔霍湖 52
塔吉克斯坦 133
塔纳米沙漠 328-333
塔斯马尼亚袋熊 337
塔斯马尼亚岛 313,335,336-337,340-341
胎仔数

北极熊 29
北美狐 61
北美浣熊 69
赤狐 168
刺猬 156
短尾猫 37
狼 37
美洲黑熊 55
孟加拉虎 261
欧亚野猪 169
狮 194
鬃狼 119
苔藓 24,362,370
　金发藓 165
　南极半岛 370
　泥炭藓 140-141
苔原
　北极苔原 22,33
　南极苔原 362
　欧洲苔原 133
太平洋 22,25,77,334,354
　厄尔尼诺 122,123,124,129
　科隆群岛 122-123
太平洋板块 22,247
太平洋鸟类迁徙路径 76
泰坦魔芋 293
坦噶尼喀湖 184,185
坦桑尼亚 184,193,198,205,210
汤氏瞪羚 192,200,224
桃花心木 66
特莱-杜阿尔草原 254-265
鹈鹕 125
　白鹈鹕 189
蹄
　阿拉伯大羚羊 250
　埃塞俄比亚山羚 179
　高山臆羚 159
　加拿大盘羊 53
　驴羚 221
　驼鹿 39
　西班牙羱羊 153
　驯鹿 26
蹄兔 67,253
天气变化
　北极 25
　大堡礁 344,345
　稻田 255
　东喜马拉雅 266
田鼠 27,58
　水鼠 141
甜根子草 255
条纹鬣狗 248,250,252-253
跳虫 24
跳舞
　大极乐鸟 319
　帝王蝎 216,217
　粉红琵鹭 104
　凤头鹮鹳 157

蓝脚鲣鸟 125
维氏冕狐猴 240
西方蜜蜂 171
跳岩企鹅 368-369
同种相残
　楔齿蜥 358
偷猎
　阿拉伯大羚羊 250
　白犀 222
　非洲草原象 203
　亚洲象 259
　印度犀 256
图尔卡纳湖 184
土狼 40,69
土豚 229
兔 14,146-147,154,321,335
兔鼠
　秘鲁兔鼠 109
腿
　北美狐 61
　北美浣熊 69
　大熊猫 275
　袋鼹 329
　巨獭 102
　蓝脚鲣鸟 125
　山貘 85
　树袋熊 339
　双峰驼 281
　水豚 101
　松貂 165
蜕皮
　白鲸 31
　帝王蝎 217
　美洲沙漠木蝎 50
　小盾响尾蛇 64
豚鼠 101,117
托哥巨嘴鸟 96-97
鸵鸟 228,234,322

W

蛙类
　的的喀喀湖水蛙 108
　番茄蛙 243
　非洲牛箱头蛙 229
　黑掌树蛙 300
　红眼树蛙 82-83
　箭毒蛙 98
　绿树蛙 326
　内华达黄腿林蛙 59
　欧洲树蛙 152
　树蛙 24,292
　瞻星蛙 89
　钟角蛙 121
瓦勒迈杉 334
湾鳄 191
腕骨
　大熊猫 275

王吸蜜鸟 335
王子冠蕉鹃 178
威德尔海 362
威奇托山野生动物保护区 44
维多利亚湖 177,184
伪装
　巴氏豆丁海马 350
　丹尼斯豆丁海马 350
　短尾猫 37
　飞蜥 298
　翡翠树蚺 97
　红眼树蛙 82
　虎猫 80
　巨刺竹节虫 343
　兰花螳螂 301
　美洲豹 95
　美洲沙漠木蝎 50
　魔蜥 332
　拟鳄龟 72
　帕达利斯避役 242
　平额叶尾守宫 243
　伞蜥 325
　森蚺 105
　山貘 85
　喜马拉雅山岩羊 266
　雪豹 269
　岩雷鸟 161
　钟角蛙 121
胃部
　德赖灰叶猴 259
　美洲野牛 47
温带草原 14
　潘帕斯草原 114-115
　中央大平原 44-45
温带落叶阔叶林 12
　巴伐利亚森林 164-165
　日本海山地林 284-285
　新西兰混交林 354-355
温带森林
　澳大利亚东部森林 334-335
　北美洲 22
　新西兰混交林 354-355
温带针叶林 12
　阿尔卑斯山脉 158-159
　黄石国家公园 34-35
　内华达山脉 52-53
　日本海山地林 284-285
　苏格兰高地 140-141
温度 10,12
温度控制
　北美狐 61
　大马岛猬 241
　黑尾长耳大野兔 63
　红袋鼠 331
　加岛企鹅 124
　鲸头鹳 190
　美洲蛇鹈 70
　尼罗鳄 190

伞蜥 325
蹄兔 253
托哥巨嘴鸟 96
温泉 34
吻部
　长吻针鼹 315
　土豚 229
倭黑猩猩 208,210
倭猪 255
蜗牛
　恶水蜗牛 60
　琥珀色蜗牛 354-355
　苹果螺 107
沃玛蟒 333
沃特·迪斯尼 153
卧龙自然保护区 272
乌草鹩莺 328
乌灰鸫 152
乌桕大蚕蛾 300
乌克兰 282
乌拉尔山脉 133
乌尤尼盐沼 108
乌贼 30
伍德布法罗国家公园 47

X

西班牙
　塔霍河峡谷 152-157
西北航道 25
西伯利亚 33,246,261
西部大猩猩 212-213
西部灰大袋鼠 320
西部菱背响尾蛇 64
西部山系 22,23
西方蜜蜂 170-171
西方狍 153
西印度海牛 67
吸蜜鸟 335
　王吸蜜鸟 335
吸血蝙蝠 115
犀鸟
　凤头犀鸟 293
　红嘴弯嘴犀鸟 206
　盔犀鸟 293
　马来犀鸟 293
　双角犀鸟 264
犀牛
　白犀 222-223,256
　黑犀牛 223
　印度犀 254,255,256-257
锡金 266
锡卢埃特岛 12
蜥蜴
　钝尾毒蜥 64-65
　飞蜥 298-299
　费边蜥蜴 113
　横纹长鬣蜥 342

金泰加蜥 105
蓝斑蜥蜴 157
魔蜥 332-333
尼罗河巨蜥 226-227
犰狳蜥 234-235
熔岩蜥蜴 123
伞蜥 320,324-325
喜马拉雅山脉 161,246,254
　东喜马拉雅 266-271
喜马拉雅岩羊 266
喜燕 355
细尾獴 228,232-233
虾虎鱼 345
峡谷蟾蜍 61
峡湾国家公园 354
下加利福尼亚州 59
仙人掌 87,108
　熔岩仙人掌 122-123
响尾蛇
　莫哈韦绿蛇 64
　莫哈韦响尾蛇 60
　西部菱背响尾蛇 64
　小盾响尾蛇 64
象 67,192,193,304
　非洲草原象 15,202-203
　亚洲象 258-259
　森林象 208,209
象草 15
象鼩
　赤褐象鼩 182
象牙
　非洲草原象 203
象牙鸥 24
橡胶树 90
橡树 52,66,169,266
　栓皮栎 153
鸮形目
　北方猫头鹰 164
　长须鸮 84
　大雕鸮 58
　雕鸮 11,58,164
　横斑渔鸮 219
　乌林鸮 58
　穴鸮 121
　雪鸮 33
　眼镜鸮 86
鸮鹦鹉 354,356
消化系统
　大熊猫 275
　德赖灰叶猴 259
　霍氏树懒 79
　美洲野牛 47
　树袋熊 339
小白鹭 152
小斑几维鸟 357
小红鹳 184,188-189
小鹿斑比 153
小熊猫 270,272

小须鲸 345,364
笑翠鸟 334
　蓝翅笑翠鸟 323
楔齿蜥 358-359
蝎尾蕉属植物 78-79
蝎子
　帝王蝎 216-217
　美洲沙漠木蝎 50
心脏
　长颈鹿 199
　蓝鲸 372
新陈代谢
　北极熊 29
　贝氏倭狐猴 237
　霍氏树懒 79
　小熊猫 270
新几内亚岛 313,325-326,341
　山地林 314-319
新几内亚岛山地雨林 314
新几内亚极乐鸟 319
新疆沙虎 283
新南威尔士州 337
新西兰 313
　混交林 354-359
新西兰
　里士满温带森林 354
新西兰鸠 354
新月豹纹蛸 352
信天翁 364
　加岛信天翁 125
　漂泊信天翁 366-367
信息素 232
猩猩 292
　婆罗洲猩猩 296-297
　苏门答腊猩猩 297
行军切根虫 34
兴都库什山脉 269
熊
　白灵熊 55
　北极熊 24,25,27,28-29,31
　戈壁熊 279
　黑熊 34,52,54-55
　灰熊 34,36
　懒熊 263
　路易斯安那黑熊 55
　马来熊 292
　欧洲棕熊 158
　眼镜熊 87
　棕熊 29,36,52,279
熊猫
　大熊猫 272,274-275
　小熊猫 270,272
休恩半岛 314
嗅觉 15
　阿拉伯大羚羊 250
　北极熊 29
　赤褐象鼩 182
　大食蚁兽 116

貉 289
红头美洲鹫 56
路氏双髻鲨 349
美洲黑熊 55
漂泊信天翁 366
土豚 229
穴鸮 121
雪 10,16
　日本猕猴 286,287
　森林 12,13
　藻类 362
雪豹 266,268-269
雪海燕 370
鳕鱼 30
　北极鳕鱼 24,25
驯化
　美洲野牛 47
驯鹿 38
　北美驯鹿 26

Y

鸦科
　北美星鸦 34
　黄嘴山鸦 161
鸭科
　尖羽树鸭 323
　王绒鸭 137
　鸳鸯 290
鸭嘴兽 334,336-337
牙
　阿拉伯狒狒 249
　巴拉圭凯门鳄 107
　豹 214
　豹海豹 371
　豺 277
　大鳞鲆 308
　袋熊 337
　翻车鱼 347
　非洲草原象 203
　河马 187
　恒河鳄 265
　灰獴 262
　鲸鲨 306
　考拉 339
　肯尼亚绿猴 201
　卵齿 58
　骆马 110
　美洲短吻鳄 72
　美洲河狸 41
　尼罗鳄 190,191
　尼罗河巨蜥 226
　山魈 213
　吸血蝙蝠 115
　楔齿蜥 359
　云豹 276
　指猴 241
雅鲁藏布江 266

亚伯达 72
亚马孙河豚 76,91
亚马孙热带雨林 76,84,90-99,102
亚洲 14,244-309
　　阿拉伯高原 248-253
　　长江上游森林 272-277
　　东喜马拉雅 266-271
　　戈壁沙漠 278-283
　　婆罗洲雨林 292-301
　　日本海山地林 284-291
　　苏禄–苏拉威西海 302-309
　　特莱–杜阿尔草原 254-265
亚洲水牛 254
亚洲象 258-259
岩鼠 312
炎热气候
　　黑尾长耳大野兔 63
　　红袋鼠 331
盐
　　安第斯高原 108
　　费边蜥蜴 113
　　刚果盆地 209
颜色
　　海鬣蜥 129
　　黑框蓝闪蝶 81
　　加州山王蛇 59
　　蓝豆娘 359
　　条纹臭鼬 54
　　小红鹳 188
眼
　　巴拉圭凯门鳄 106
　　豹 214
　　袋鼹 329
　　红眼树蛙 82
　　金雕 162
　　路氏双髻鲨 349
　　绿跳蛛 326
　　美洲豹 95
　　帕达利斯避役 242
　　雀尾螳螂虾 351
　　西部眼镜猴 294
眼镜凯门鳄 107
眼镜蛇 206,262-263
　　黄金眼镜蛇 234
　　眼镜王蛇 207
　　印度眼镜蛇 264
眼镜鸮 86
燕鸥南极燕鸥 369
　　北极燕鸥 24,369
燕子 146,184
　　喜燕 355
羊
　　加拿大盘羊 53
　　喜马拉雅岩羊 266
鹞 146
　　乌灰鹞 152
野驴 328
野猫 320

野牦牛 266
野牛 34,44,46-47
　　美洲野牛 34,44,46-47
　　欧洲野牛 47
　　森林野牛 47
野犬
　　非洲野犬 224-225
野兔
　　北极野兔 25
　　黑尾长耳大野兔 63
野猪 164,169,261
夜行性动物
　　阿拉伯大头蛇 248
　　埃氏剑螈 59
　　奥克兰树沙螽 358
　　斑袋貂 315
　　斑尾袋鼬 341
　　豹 214
　　北美狐 61
　　北美浣熊 69
　　贝氏倭狐猴 237
　　刺猬 156
　　大马岛猬 241
　　帝王蝎 216
　　河马 187
　　黑尾长耳大野兔 63
　　红河猪 215
　　红眼树蛙 82-83
　　洪都拉斯白蝙蝠 79
　　虎猫 80-81
　　灰狐 67
　　考拉 339
　　马来大狐蝠 294
　　美洲短吻鳄 72
　　美洲河狸 41
　　孟加拉虎 261
　　蜜袋鼯 316
　　墨西哥金背 65
　　日本貂 288
　　条纹臭鼬 54
　　条纹鬣狗 252
　　土豚 229
　　兔耳袋狸 332
　　沃玛蟒 333
　　西部眼镜猴 294
　　小飞鼠 285
　　新疆沙虎 283
　　鸭嘴兽 336
　　眼镜兔袋鼠 321
　　伊比利亚猞猁 154
　　圆盾大袋鼠 337
　　瞻星蛙 89
　　脂尾袋鼯 329
　　指猴 241
　　侏食蚁兽 86
　　鬃狼 119
伊比利亚半岛 133
伊比利亚猞猁 154-155

伊朗 196
伊莎贝拉岛 124
蚁后
　　切叶蚁 98
易北河 164
意大利 10,133
印度 246
　　孟加拉虎 261
　　狮 194
　　小红鹳 188
　　印度羚 257
　　印度野牛 257
印度尼西亚 314,319
印度神话 259
印度犀 256-257
印度洋 12
印度野牛 257,261
英国 133
　　苏格兰高地 140-145
樱花 284-285
鹦鹉
　　绯红金刚鹦鹉 97
　　虎皮鹦鹉 328-329
　　鸮鹦鹉 354,356
　　啄羊鹦鹉 356
永久冻土 24
蛹
　　锹形甲虫 172
油棕榈 293
疣鼻天鹅 148-149
疣猪 218,230
游泳
　　豹海豹 371
　　北极熊 28
　　北美浣熊 69
　　北美灰熊 36
　　长鼻猴 295
　　大鳞鲆 308
　　海鬣蜥 129
　　加拉帕戈斯海狮 123
　　六带犰狳 117
　　美洲豹 95
　　欧亚水獭 167
　　沙漏斑纹海豚 373
　　西印度海牛 67
　　驯鹿 26
　　印度犀 256

刷尾负鼠 354
兔耳袋狸 332
眼镜兔袋鼠 321
圆盾大袋鼠 337
脂尾袋鼯 329
有耳海豹 123
幼虫
　　阿波罗绢蝶 163
　　黑脉金斑蝶 51
　　锹形甲虫 172
　　茸毒蛾 170
幼崽
　　阿拉伯大羚羊 250
　　豹 214
　　北极熊 29
　　北美灰熊 36
　　长颈鹿 199
　　赤狐 168
　　丛林狼 49
　　大熊猫 275
　　东非狒狒 185
　　短尾猫 37
　　红袋鼠 331
　　红吼猴 93
　　虎猫 80
　　环尾狐猴 239
　　懒熊 263
　　狼 37
　　驴羚 221
　　美洲豹 95
　　美洲黑熊 55
　　美洲狮 62
　　孟加拉虎 261
　　婆罗洲猩猩 297
　　日本猕猴 287
　　树袋熊 339
　　条纹鬣狗 252
　　跳羚 230
　　驼鹿 39
　　西白须角马 198
　　鸭嘴兽 336
　　眼镜熊 87
　　伊比利亚猞猁 154
　　鬃狼 119
鼬
　　貂熊 38
　　巨獭 102-103
　　欧亚水獭 166-167
　　日本貂 288-289
　　日本鼬 285
鱼类
　　奥卡万戈三角洲 218
　　斑马宫丽鱼 191
　　大堡礁 344
　　大堡礁双锯鱼 351
　　大鳞鲆 308-309
　　大西洋鲑鱼 137
　　电鳗 98

东非大裂谷湖泊 184
翻车鲀 347
佛罗里达大沼泽地 66
刚果盆地 208
红点鲑 33
花斑连鳍鰤 305
鲸鲨 306-307
蓝斑条尾魟 304
隆头鹦哥鱼 309
沙丁鱼 177,302
鱼群
　大鳞鲆 308
　鲸鲨 306
　路氏双髻鲨 348,349
羽毛
　大极乐鸟 319
　帝企鹅 375
　鸸鹋 322
　凤尾绿咬鹃 81
　红腹锦鸡 277
　灰冠鹤 189
　蓝孔雀 271
　盘尾蜂鸟 88
　乌林鸮 58
　雪鸮 33
　岩雷鸟类 161
　紫胸佛法僧 207
雨林 13
　冈瓦纳雨林 313
　刚果盆地 208-209
　哥斯达黎加热带雨林 76,78-79
　婆罗洲雨林 292-293
　亚马孙雨林 76,90-91
雨燕 184
　阿尔卑斯雨燕 146
育婴所
　跳岩企鹅 368
园丁鸟 313
约塞米蒂国家公园 52
云豹 254,276
云杉
　挪威云杉 140
云雾林 13
　安第斯山脉永加斯地区 84-85
　哥斯达黎加热带雨林 78

Z

赞比西河 176
藻类 19
　南极洲 362,370
贼鸥 370
乍得湖 176
爪
　大食蚁兽 116
　雀尾螳螂虾 351
　侏食蚁兽 86
沼泽

佛罗里达大沼泽地 66-67
奥卡万戈三角洲 218-219
潘塔纳尔湿地 100-101
蛰伏
　贝氏倭狐猴 237
　大蜥蜴 358
　蜜袋鼯 316
　脂尾袋鼩 329
针鼹 314,336
　澳洲针鼹 334
　长吻针鼹 315
针叶林 12
　黄石国家公园 34
　内华达山脉 52
　欧洲 133
　新西兰混交林 354
侦察式跳跃
　虎鲸 137
侦探式跳跃 137
珍妮·古道尔 210
榛睡鼠 164
织布鸟 228-229
织雀
　黑头群织雀 204-205
　织布鸟 228-229
脂鲤 103
蜘蛛
　红背蜘蛛 326
　络新妇 73
　绿跳蛛 326-327
　墨西哥金背 65
　挪威狼蛛 164
　食鸟蛛 99
　悉尼漏斗网蜘蛛 343
　亚马逊巨人食鸟蛛 99
蜘蛛蚁 343
植物
　阿尔卑斯山脉 158
　阿拉伯高原 248
　埃塞俄比亚高原 178
　安第斯高原 108
　安第斯山脉永加斯地区 84
　澳大利亚北部热带稀树草原 320
　澳大利亚东部森林 334-335
　巴伐利亚森林 164
　长江上游森林 272
　大洋洲 313
　东喜马拉雅 266-267
　佛罗里达大沼泽地 66
　刚果盆地 208
　哥斯达黎加热带雨林 78
　黄石国家公园 34
　加拿大极地 24
　卡拉哈迪沙漠 228
　卡玛格湿地 146
　科隆群岛 122-123
　马达加斯加森林 236
　莫哈韦沙漠 60-61

南极洲 362,370
挪威峡湾 134
潘帕斯草原 114
潘塔纳尔湿地 100-101
日本海山地林 284-285
塞伦盖蒂大草原 192
森林 12-13
食虫植物 292
苏格兰高地 140
新几内亚山地林 314
亚马孙雨林 90
纸莎草 218
智力
　非洲草原象 203
　黑猩猩 210
　虎鲸 137
　日本猕猴 287
智利 113
中东
　单峰驼 281
　狮 194
中国 247
　长江上游森林 272-277
　戈壁大沙漠 278-283
中国大鲵 291
中美洲和南美洲 74-129
　安第斯高原 108-113
　安第斯山脉永加斯地区 84-89
　哥斯达黎加热带雨林 78-83
　科隆群岛 122-129
　潘帕斯草原 114-121
　潘塔纳尔湿地 100-107
　亚马孙雨林 90-99
种群
　白鹈鹕 189
　北极海鹦 139
　大蓝鹭 71
　帝企鹅 375
　反嘴鹬 149
　粉红琵鹭 104
　海鬣蜥 128-129
　黑头群织雀 204-205
　黄喉蜂虎 150
　灰海豹 135
　加拉帕戈斯海狮 123
　美洲河狸 41
　美洲蛇鹈 70
　蜜袋鼯 316
　漂泊信天翁 366
　切叶蚁 98
　僧帽水母 352
　西方蜜蜂 171
　小红鹳 188
侏狐 92
侏儒变色龙 236-237
侏儒仓鼠 278
侏儒海马 345
　巴氏豆丁海马 350-351

丹尼斯豆丁海马 350
猪
　红河猪 215
　欧亚野猪 169
　倭猪 255
　野猪 164,261
　疣猪 230
猪笼草 292
蛛网
　络新妇 73
　悉尼漏斗网蜘蛛 343
竹子 15,272,273,275
啄木鸟
　安第斯扑翅䴕 111
　白背啄木鸟 134
　黑背啄木 52
　黑啄木鸟 169
　三趾啄木鸟 164
啄羊鹦鹉 354,356
子午沙鼠 278
紫冠细尾鹩莺 323
紫鹭 152
紫外线 26
棕榈油 293
棕熊 29,36,52,158,164,279
鬃狼 118-119
鬃毛
　狒狒 181
　狮 194-195
走鹃 63
嘴
　巴拉圭凯门鳄 107
　豹 214
　大食蚁兽 116
　粉红琵鹭 104
　黑曼巴蛇 207
　蓝斑条尾魟 304
　美洲短吻鳄 72
　伞蜥 325
　鹦鹉蛇 105
　钟角蛙 121
座头鲸 345,364

致谢

DK would like to thank:

Robert Dinwiddie for consultancy on main continent feature pages; Christopher Bryan for additional research; Sanjay Chauhan, Parul Gambhir, Alison Gardner, Meenal Goel, Konica Juneja, Roshni Kapur, Alexander Lloyd, Upasana Sharma, Riti Sodhi, and Priyansha Tuli for additional design assistance; Suefa Lee, Vibha Malhotra, and Ira Pundeer for editorial assistance; Katie John for proofreading, and the following people and organizations for allowing us to carry out photography:

British Wildlife Centre, Lingfield, Surrey, UK

The British Wildlife Centre is home to more than 40 species of native British wildlife, all housed in large natural enclosures that mimic their wild habitats. The centre actively manages or participates in several conservation programmes for British wildlife, and focuses on education in all aspects of their work. The British Wildlife Centre is an excellent place to see Britain's wonderful wildlife up close and personal.
(Liza Lipscombe, Marketing and Information Officer; Matt Binstead, Head Keeper); Izzy Coomber (Senior Keeper)

Liberty's Owl Raptor and Reptile Centre, Hampshire, UK

Liberty's Owl, Raptor and Reptile Centre is located near Hampshire's New Forest National Park. It is named after Liberty, the Alaskan bald eagle who lives there. Liberty's houses a large collection of birds of prey including owls, hawks, falcons, and vultures, as well as a collection of reptiles and other small animals. The centre also offers falconry experience days, photographic experience days, and hawking days.
(Lynda Bridges and all the staff)

Wildlife Heritage Foundation, Kent, UK

Wildlife Heritage Foundation (WHF) is a centre of excellence dedicated to the captive breeding of endangered big cats within European Endangered Species Programmes with the eventual aim of providing animals for scientifically based re-introduction projects. WHF is also a sanctuary for older big cats.
(The trustees, management, staff, and volunteers)

Blackpool Zoo, UK

Blackpool Zoo is a medium-sized collection of more than 1,000 animals that has been open for over 40 years on its current site. Species vary from those critically endangered such as Amur tigers, Bactrian camels, and Bornean orangutans to western lowland gorillas, Asian elephants, giraffes, and many other favourites. A growing and varied collection of birds includes the only Magellanic penguins in the UK, and Californian sea lions offer an educational display daily throughout the year.
(Judith Rothwell, Marketing & PR Coordinator; Laura Stevenson, Digital Marketing Executive; all the keepers)

Cotswolds Wildlife Park, Oxfordshire, UK

The Cotswold Wildlife Park was opened in 1970. It covers 65 hectares (160 acres) and is home to 254 species. Highlights include a breeding group of white rhinos and a collection of lemurs. The gardens are also highly regarded among the horticultural community. The park has its own charity that funds conservation work all over the world and also directly manages the Sifaka Conservation Project in Madagascar.
(Jamie Craig, Curator; Hayley Rothwell, Activities Coordinator)

Picture credits

The publisher would like to thank the following for their kind permission to reproduce their photographs:

(Key: a-above; b-below/bottom; c-centre; f-far; l-left; r-right; t-top)

1 FLPA: Frans Lanting. **2-3 FLPA:** Minden Pictures / Tui De Roy. **4 Alamy Images:** Matthijs Kuijpers (cl); Life On White (fcr). **Corbis:** Joe McDonald (fcl). **Dorling Kindersley:** Thomas Marent (c). **Getty Images:** Tim Flach (ffcr). **SuperStock:** Animals Animals (cr). **5 FLPA:** ImageBroker (fcl); Minden Pictures / Chris van Rijswijk (fcr). **6 Corbis:** AlaskaPhotoGraphics / Patrick J. Endres (fcl); AlaskaStock (cr). **FLPA:** Minden Pictures / Ingo Arndt (cl). **Getty Images:** Gail Shumway (c). **7 Corbis:** Anup Shah (cl); Staffan Widstrand (c). **Getty Images:** Digital Vision / David Tipling (fcr). **National Geographic Creative:** Tim Laman (cr). **8 Carl Chapman:** (cl). **FLPA:** Frans Lanting (cb); Albert Visage (tl); Ben Sadd (tr); Minden Pictures / Thomas Marent (cla). **Getty Images:** Grambo Grambo (bl); Gail Shumway (tc). **naturepl.com:** Aflo (clb). **stevebloom.com:** (br). **9 Corbis:** Design Pics / Natural Selection William Banaszewski (cl); All Canada Photos / Wayne Lynch (cla). **FLPA:** Frans Lanting (bc); Minden Pictures / Steve Gettle (tl); Minden Pictures / Konrad Wothe (clb). **Tom & Pat Leeson Photography:** Thomas Kitchin & Victoria Hurst (c). **SuperStock:** Mark Newman (cb). **10 Alamy Images:** Bernd Schmidt (cr). **Getty Images:** Stocktrek Images (c). **11 Corbis:** Tim Graham (bl). **Dreamstime.com:** Viophotography (br). **FLPA:** Minden Pictures / Ingo Arndt (cra). **Getty Images:** Ascent Xmedia (ca). **iStockphoto.com:** Anita Stizzoli (cr). **12 FLPA:** Minden Pictures / Tim Fitzharris (cr); Minden Pictures / Konrad Wothe (clb). **12-13 Corbis:** Minden Pictures / Buiten-beeld / Wil Meinderts (b). **13 Alamy Images:** MShieldsPhotos (crb). **Dreamstime.com:** Isselee (cra). **FLPA:** ImageBroker (c). **naturepl.com:** Nick Upton (cl). **14 Dreamstime.com:** Iakov Filimonov (cla). **FLPA:** Imagebroker / Herbert Kratky (crb); Minden Pictures / Michael Durham (ca). **naturepl.com:** Onne van der Wal (clb). **14-15 Alamy Images:** Blaine Harrington III (b). **15 123RF.com:** Tatiana Belova (cr). **FLPA:** Bob Gibbons (cl); Minden Pictures / Richard Du Toit (c). **16 Dorling Kindersley:** Liberty's Owl, Raptor and Reptile Centre, Hampshire, UK (cra). **FLPA:** Dickie Duckett (c); Imagebroker / Peter Giovannini (crb). **Getty Images:** DC Productions (clb). **16-17 FLPA:** ImageBroker (b). **17 Dreamstime.com:** Subhrajyoti Parida (cla). **FLPA:** ImageBroker (cra); Minden Pictures / Michael & Patricia Fogden (c). **Getty Images:** Imagemore Co., Ltd. (crb). **18 Dreamstime.com:** Fabio Lotti (clb); Welcomia (c). **FLPA:** Minden Pictures / Kevin Schafer (cr). **18-19 Getty Images:** Design Pics / Vince Cavataio (bc). **19 FLPA:** Imagebroker / Alfred & Annaliese T (cl); Minden Pictures / Konrad Wothe (cr). **OceanwideImages.com:** Gary Bell (c). **20-21 SuperStock:** age fotostock / Don Johnston. **22 Alamy Images:** Charline Xia Ontario Canada Collection (cb). **23 123RF.com:** David Schliepp (bc). **Ardea:** (cra). **Getty Images:** Jad Davenport (tr). **24 Alamy Images:** Gary Tack (tr). **FLPA:** Biosphoto / Sylvain Cordier (c). **naturepl.com:** MYN / Carl Battreall (bc). **24-25 FLPA:** Minden Pictures / Jim Brandenburg (c). **25 Alamy Images:** Wildscotphotos (ca). **Corbis:** Tim Davis (br). **FLPA:** Minden Pictures / Jim Brandenburg (c). **Peter Leopold, University of Norway:** (bl). **naturepl.com:** MYN / Les Meade (tl). **26 Corbis:** All Canada Photos / Wayne Lynch (tr). **FLPA:** Minden Pictures / Jim Brandenburg (b). **27 Corbis:** AlaskaStock (tr); Tom Brakefield (tl). **Getty Images:** Photodisc / Paul Souders (b). **28 Corbis:** Cultura (tr); Jenny E. Ross (tc). **stevebloom.com:** (b). **30-31 National Geographic Creative:** Paul Nicklen (t). **30 FLPA:** Minden Pictures / Flip Nicklin (tl). **Getty Images:** National Geographic / Paul Nicklen (b). **31 Alamy Images:** Andrey Nekrasov (tr). **Corbis:** All Canada Photos / Wayne Lynch (bc). **Getty Images:** AFP / Kazuhiro Nogi (ca). **32 Corbis:** All Canada Photos / Wayne Lynch (b). **Dreamstime.com:** Vladimir Melnik (l). **FLPA:** Minden Pictures / Flip Nicklin (tr). **33 123RF.com:** Vasiliy Vishnevskiy (cra). **Alamy Images:** Blickwinkel (br). **Dorling Kindersley:** Liberty's Owl, Raptor and Reptile Centre, Hampshire, UK (tc). **Getty Images:** Universal Images Group (bl). **34 Margarethe Brummermann Ph.D.:** (c). **Corbis:** Joe McDonald (cb). **naturepl.com:** Ben Cranke (tr). **34-35 Alamy Images:** Nature Picture Library (c). **35 Corbis:** Jeff Vanuga (br). **FLPA:** Minden Pictures / Donald M. Jones (ca); Minden Pictures / Michael Quinton (bl); Fritz Polking (c). **36 FLPA:** Frans Lanting (b). **naturepl.com:** Andy Rouse (tr). **37 Corbis:** Charles Krebs (bc). **Dorling Kindersley:** Jerry Young (tl, tr). **38-39 Alaskaphotographics.com:** Patrick J. Endres (Moose). **38 Alamy Images:** Danita Delimont (tc). **Getty Images:** Robert Postma (bl). **39 Corbis:** Minden Pictures / Mark Raycroft (tr). **40 FLPA:** Minden Pictures / Donald M. Jones (tr). **naturepl.com:** Shattil & Rozinski (bl). **Robert Harding Picture Library:** James Hager (cr). **41 Ardea:** Tom & Pat Leeson (tr, b). **Dreamstime.com:** Musat Christian (tl). **42 Alamy Images:** franzfoto.com (tc). **Corbis:** Arthur Morris (b). **43 FLPA:** Frans Lanting (cr). **Getty Images:** Tom Murphy / National Geographic (tl). **44 FLPA:** ImageBroker (c); Photo Researchers (cl). **Getty Images:** Jake Rajs (b). **45 Alamy Images:** (bl, br). **Dreamstime.com:** Izanbar (tr). **naturepl.com:** Gerrit Vyn (clb). **46 FLPA:** Minden Pictures / Ingo Arndt (bl). **Ben Forbes:** (t). **National Geographic Creative:** Tom Murphy (br). **48 FLPA:** Minden Pictures / Donald M. Jones (b). **48-49 FLPA:** Paul Sawer. **49 123RF.com:** Steve Byland (tr). **50 123RF.com:** Melinda Fawver (cr); Benjamin King (br). **FLPA:** Minden Pictures / Donald M. Jones (bl). **SuperStock:** Animals Animals (tc). **51 Dreamstime.com:** Janice Mccafferty | (cr). **FLPA:** Minden Pictures / Ingo Arndt (b). **52 Corbis:** All Canada Photos / Glenn Bartley (clb). **naturepl.com:** Tom Vezo (cb). **Photoshot:** NHPA (bc). **53 123RF.com:** (tr). **Corbis:** Imagebroker / Michael Rucker (bl). **FLPA:** Minden Pictures / Donald M. Jones (br). **naturepl.com:** (clb). **54 Corbis:** First Light / Thomas Kitchin & Victoria Hurst (b). **FLPA:** S & D & K Maslowski (tc). **Getty Images:** Fuse (tl). **54-55 Alamy Images:** Melody Watson (t). **55 Ardea:** M. Watson (bc). **FLPA:** Minden Pictures / Donald M. Jones (tr); Minden Pictures / Konrad Wothe (bl). **56 Corbis:** 167 / Ralph Lee Hopkins / Ocean (bl). **FLPA:** Frans Lanting (br). **Paul Whalen:** (cl). **57 Getty Images:** mallardg500. **58 FLPA:** Jules Cox (b); Minden Pictures / Michael Quinton (tc). **Robert Royse:** (tr). **59 123RF.com:** Tom Grundy (crb). **Alamy Images:** Design Pics Inc (tr). **FLPA:** Minden Pictures / Sebastian Kennerknecht (bl). **60 Christopher Talbot Frank:** (bc). **Robert A. Klips, Ph.D.:** (clb). **Wikipedia:** Ryan Kaldari (cb). **61 FLPA:** Minden Pictures / Tim Fitzharris (clb); Minden Pictures / Kevin Schafer (br). **Getty Images:** Joel Sartore (tr). **Warren E. Savary:** (bc). **62 123RF.com:** Eric Isselee (l). **Corbis:** George H H Huey (br). **63 Alamy Images:** Jaymi Heimbuch (tc). **Corbis:** Minden Pictures / Alan Murphy / BIA (cr). **Getty Images:** Danita Delimont (tr). **Rick Poley Photography:** (b). **64 Dorling Kindersley:** Jerry Young (tc). **FLPA:** Photo Researchers (crb). **naturepl.com:** Daniel Heuclin (clb). **64-65 Dorling Kindersley:** Jerry Young (c). **65 Corbis:** Visuals Unlimited / Jim Merli (tr). **National Geographic Creative:** Joel Sartore (b). **66 4Corners:** Susanne Kremer (bc). **Alamy Images:** WaterFrame (cb). **FLPA:** Frans Lanting (clb). **67 Alamy Images:** F1online digitale Bildagentur GmbH (bl). **Corbis:** Design Pics / Natural Selection William Banaszewski (bc). **FLPA:** Mark Newman (clb). **Photoshot:** Franco Banfi (c). **68-69 Getty Images:** Life on White. **69 Alamy Images:** Arco Images GmbH (br). **Getty Images:** Craftvision (tr); Joe McDonald (bl). **70 123RF.com:** Tania and Jim Thomson (tr). **FLPA:** Imagebroker / Christian Hutter (tl). **70-71 FLPA:** Minden Pictures / Donald M. Jones (b). **71 123RF.com:** John Bailey (tr). **Alamy Images:** Blickwinkel (cr). **Getty Images:** Russell Burden (ca). **naturepl.com:** George Sanker (bc). **72-73 Alamy Images:** Jeff Mondragon (t). **72 Corbis:** Biosphoto / Michel Gunther (bc). **Dorling Kindersley:** Jerry Young (tl, crb). **73 Science Photo Library:** MH Sharp (br). **74-75 Corbis:** Jim Zuckerman. **76 Corbis:** Galen Rowell (cra). **77 Corbis:** Novarc / Nico Stengert (bc). **Oscar Fernandes Junior:** (tr). **Getty Images:** Pasieka (tc). **78-79 Photo Bee1, LLC / Myer Bornstein. . Photo Bee1, LLC / Myer Bornstein:** (cb). **78 FLPA:** Minden Pictures / Michael & Patricia Fogden (bc). **Paul Latham :** (cb). **naturepl.com:** Nick Garbutt (clb). **79 Lucas M. Bustamante / Tropical Herping:** (bl). **FLPA:** Minden Pictures / Konrad Wothe (ca); Minden Pictures / Suzi Eszterhas (br). **80 Corbis:** E & P Bauer (bl). **81 Corbis:** Minden Pictures / Stephen Dalton (br). **FLPA:** Minden Pictures / Juan Carlos Vindas (tr). **82-83 Dorling Kindersley:** Thomas Marent. **83 FLPA:** Minden Pictures / Michael & Patricia Fogden (tl); Minden Pictures / Ingo Arndt (tr). **84 Alamy Images:** All Canada Photos (clb). **Corbis:** Image Source / Gary Latham (bc). **National Geographic Creative:** Christian Ziegler (cb). **85 Ardea:** Kenneth W. Fink (cb, tr). **Flickr.com:** diabola62 / www.flickr.com / photos / bilder_heinzg / 11874681244 (clb). **Getty Images:** Joel Sartore (br). **Science Photo Library:** James H. Robinson (bl). **86 Corbis:** Kevin Schafer (ca). **FLPA:** Chris Brignell (b).

Photoshot: Jany Sauvanet (tr). **87 Robert Harding Picture Library:** C. Huetter (br). **88 Dreamstime.com:** Suebmtl (tl). **Getty Images:** Mark J Thomas (r). **89 Alamy Images:** Wildlife GmbH (ca). **FLPA:** Minden Pictures / James Christensen (cb). **Getty Images:** Kim Schandorff (br). **90 Corbis:** JAI / Gavin Hellier (cb). **FLPA:** Robin Chittenden (c). **Keith Newton:** (tr). **90-91 Getty Images:** Elena Kalistratova (c). **91 FLPA:** Minden Pictures / Flip de Nooyer (c); Minden Pictures / Kevin Schafer (bl); Silvestre Silva (br). **92 Alamy Images:** Wildlife GmbH (cb). **Dorling Kindersley:** Gary Ombler, Courtesy of Cotswold Wildlife Park (tc, ca). **92-93 Ardea:** Thomas Marent (c). **93 FLPA:** Minden Pictures / Piotr Naskrecki (bc). **94 FLPA:** Frans Lanting. **95 123RF.com:** Anan Kaewkhammul (tr). **Corbis:** Minden / Foto Natura / SA Team (clb). **FLPA:** Frans Lanting (br). **96-97 Alamy Images:** Steve Bloom Images (b). **97 Corbis:** Joe McDonald (crb). **FLPA:** Minden Pictures / Chris van Rijswijk (tc). **98 Dorling Kindersley:** Thomas Marent (cl). **Getty Images:** Gail Shumway (b). **SuperStock:** Mark Newman (cra). **99 123RF.com:** Mirosław Kijewski (tl). **Getty Images:** Tim Flach (c). **100 FLPA:** Mike Lane (clb); Malcolm Schuyl (c); Minden Pictures / Luciano Candisani (bc). **101 123RF.com:** Noppharat Manakul (bl). **Ardea:** François Grohier (tr). **Dorling Kindersley:** Courtesy of Blackpool Zoo, Lancashire, UK (bc). **FLPA:** Biosphoto / Sylvain Cordier (clb); Minden Pictures / Pete Oxford (c). **102-103 FLPA:** Minden Pictures / Pete Oxford (t). **102 Alamy Images:** DPA Picture Alliance (bc). **naturepl.com:** Angelo Gandolfi (crb). **103 Corbis:** Jami Tarris (cr). **FLPA:** ImageBroker (b); Frans Lanting (tr). **104 FLPA:** Minden Pictures / Steve Gettle (bc). **Getty Images:** Dickson Images / Photolibrary (r). **105 FLPA:** Minden Pictures / Pete Oxford (cra). **Getty Images:** Suebg1 Photography (br). **Andrew M. Snyder:** (cr). **John White:** (cl). **106-107 Corbis:** SuperStock / Nick Garbutt (b). **106 Corbis:** Minden Pictures / Tui De Roy (tr). **107 Corbis:** SuperStock / Nick Garbutt (tl). **FLPA:** Minden Pictures / Luciano Candisani (tr). **108 Ignacio De la Riva:** (cb). **FLPA:** Biosphoto / Denis Bringard (cr); Biosphoto / Alain Pons (clb); Imagebroker / GTW (cl); ImageBroker (bc). **109 Flickr.com:** Fernando Rosselot (br). **FLPA:** Biosphoto / Antoni Agelet (ca). **Pablo Omar Palmeiro:** (tr). **110-111 Getty Images:** Padmanaba01 (b). **111 Corbis:** All Canada Photos / Glenn Bartley (bc). **FLPA:** Minden Pictures / Tui De Roy (tl). **Paul B Jones:** (ca). **112 Getty Images:** Joel Sartore (tr). **naturepl.com:** Daniel Gomez (ca). **112-113 Alamy Images:** Blickwinkel. **113 Manuel Francisco Gana Eguiguren:** (c). **María de la Luz Vial Bascuñán www.fotonaturaleza.cl:** (br/FabianLizard). **114 FLPA:** Carr Clifton (bc); Minden Pictures / Luciano Candisani (c). **naturepl.com:** Luiz Claudio Marigo (cl, clb). **115 Dreamstime.com:** Lunamarina (clb). **Flickr.com:** Yeagov C / www.flickr.com / photos / yeagovc / 15252486009 (bl). **FLPA:** Minden Pictures / Michael & Patricia Fogden (br). **naturepl.com:** Barry Mansell (tr). **116-117 Alamy Images:** Life On White. **117 Ardea:** (ca). **Corbis:** Tom Brakefield (tl). **Dreamstime.com:** Poeticpenguin (tr). **119 Dorling Kindersley:** Jerry Young (tr). **FLPA:** Minden Pictures / Tui De Roy (bc); Minden Pictures / Pete Oxford (br). **120 123RF.com:** Eric Isselee (tl). **FLPA:** Minden Pictures / Pete Oxford (tr). **Photoshot:** Picture Alliance (br). **121 FLPA:** Minden Pictures / Jim Brandenburg (bl). **Photoshot:** Juniors Tierbildarchiv (cra). **122-123 FLPA:** Frans Lanting (cb). **122 FLPA:** Frans Lanting (bc); Minden Pictures / Pete Oxford (clb); Minden Pictures / Tui De Roy (c). **123 FLPA:** Minden Pictures / Tui De Roy (tr, br); Minden Pictures / Pete Oxford (bl). **124 Corbis:** Kevin Schafer (tl). **FLPA:** Frans Lanting (br). **Dan Heller Photography:** (tr). **125 123RF.com:** Keith Levit (tr). **FLPA:** Minden Pictures / Tui De Roy (cra, bc). **126-127 SuperStock:** Mark Jones. **127 123RF.com:** Smileus (cra). **FLPA:** Minden Pictures / Tui De Roy (bc). **128-129 FLPA:** Frans Lanting (t). **128 FLPA:** Minden Pictures / Tui De Roy (bl, br). **129 FLPA:** Imagebroker / Ingo Schultz (tr). **130-131 naturepl.com:** Bruno D'Amicis. **132 FLPA:** Imagebroker / Hans Blossey (cl). **Getty Images:** Traumlichtfabrik (tl). **133 Corbis:** Imagebroker / Günter Lenz (bl). **FLPA:** Minden Pictures / Karl Van Ginderdeuren (bc). **134 Corbis:** imagebroker / Olaf Krüger (bc). **naturepl.com:** Espen Bergersen (cb). **Markus Varesvuo:** (bl). **135 Corbis:** Andrew Parkinson (ca). **FLPA:** Minden Pictures / Peter Verhoog (br). **naturepl.com:** Geomar / Solvin Zankl (bl). **136-137 Corbis:** AlaskaStock. **137 FLPA:** Harri Taavetti (cr). **National Geographic Creative:** Paul Nicklen (bc). **138 FLPA:** Minden Pictures / Luc Hoogenstein. **139 Fotolia:** Lux / Stefan Zeitz (tr). **Tomi Muukkonen:** (bc). **naturepl.com:** Asgeir Helgestad (br). **140 Corbis:** Fortunato Gatto / PhotoFVG (bc). **naturepl.com:** Arco / Meul (clb); Paul Hobson (cb). **141 Alamy Images:** (cb). **Corbis:** Niall Benvie (clb). **Dorling Kindersley:** British Wildlife Centre, Surrey, UK (tr, br). **FLPA:** Terry Whittaker (bl). **142 123RF.com:** Eric Isselee (tr). **FLPA:** Albert Visage (br). **Fotolia:** Eric Isselée (l). **143 Dorling Kindersley:** British Wildlife Centre, Surrey, UK (tc, cra). **FLPA:** Paul Hobson (bc). **144 Photoshot:** Picture Alliance (cr); Dave Watts (bc). **145 Alamy Images:** Christoph Bosch (tc). **Matt Binstead, British Wildlife Centre:** (br). **FLPA:** Desmond Dugan (tr). **146 123RF.com:** Wouter Tolenaars (bc). **Alamy Images:** Tim Moore (clb). **FLPA:** Fabio Pupin (cb). **147 Corbis:** JAI / Nadia Isakova (br). **FLPA:** Minden Pictures / Wim Weenink (clb); Minden Pictures / Wil Meinderts (bl). **148-149 naturepl.com:** 2020VISION / Fergus Gill (t). **148 FLPA:** Minden Pictures / Flip de Nooyer (br). **149 FLPA:** Imagebroker / Winfried Schäfer (tr); Minden Pictures / Ramon Navarro (br). **150 Dreamstime.com:** Geanina Bechea (tl). **150-151 FLPA:** Imagebroker / Franz Christoph Robi. **151 FLPA:** Rebecca Nason (tl). **Getty Images:** Joe Petersburger (tc). **152 Corbis:** JAI / Mauricio Abreu (bc). **Dorling Kindersley:** Thomas Marent (cb). **FLPA:** Minden Pictures / Lars Soerink (clb). **153 123RF.com:** Eric Isselee (tr). **Ardea:** Stefan Meyers (crb). **FLPA:** Bob Gibbons (bl); Minden Pictures / Willi Rolfes (cr). **naturepl.com:** Juan Carlos Munoz (clb). **Wild-Wonders of Europe, Staffan Widstrand:** (br). **154 FLPA:** Biosphoto / Jorge Sierra (tr). **Iberian Lynx Ex-situ Conservation Programme. www.lynxexsitu.es:** (bc). **naturepl.com:** Wild Wonders of Europe \ Pete Oxford (bl). **155 Marina Cano www.marinacano.com:** (r/lynx). **156 FLPA:** Paul Hobson (tr); Minden Pictures / Ingo Arndt (bc). **157 Corbis:** Biosphoto / Michel Gunther (b). **FLPA:** Gianpiero Ferrari (cl); Imagebroker / Bernd Zoller (tr). **158 FLPA:** Imagebroker / Bernd Zoller (clb); ImageBroker (cb). **Getty Images:** Look-foto / Andreas Strauss (bc). **159 FLPA:** Biosphoto / Remi Masson (bl); Imagebroker / Stefan Huwiler (tr). **naturepl.com:** Angelo Gandolfi (clb). **Wild-Wonders of Europe, Staffan Widstrand:** (bc). **160 123RF.com:** Eric Isselee (tl). **FLPA:** Minden Pictures / Misja Smits, Buiten-beeld (tr). **naturepl.com:** Alex Hyde (b). **161 Corbis:** Minden Pictures / BIA / Patrick Donini (cb). **FLPA:** Jurgen & Christine Sohns (cl). **naturepl.com:** Radomir Jakubowski (br). **162 Dreamstime.com:** Outdoorsman (tr). **FLPA:** Minden Pictures / Jelger Herder (bc). **162-163 age fotostock:** Blickwinkel / P Cairns (c). **163 Ettore Balocchi:** (br). **naturepl.com:** Stefan Huwiler (cr); Alex Hyde (cb). **164 Corbis:** Novarc / NA / Martin Apelt (bc). **FLPA:** Imagebroker / Christian Hütter (clb); Gerard Lacz (cb). **165 Alamy Images:** Blickwinkel (ca); imagebroker (bl). **Dorling Kindersley:** British Wildlife Centre, Surrey, UK (tr). **FLPA:** ImageBroker (clb). **166 FLPA:** Minden Pictures / Ernst Dirksen. **167 123RF.com:** Eric Isselee (tr). **Alamy Images:** AGE Fotostock (bc, br). **168 James Kruger:** (b). **169 Ardea:** Duncan Usher (ca). **Dreamstime.com:** Isselee (tr). **FLPA:** Duncan Usher (br). **Photoshot:** Niko Pekonen (crb). **170-171 Heidi & Hans-Jürgen Koch:** (t). **170 Dorling Kindersley:** Frank Greenaway / Courtesy of the Natural History Museum, London (cb). **FLPA:** Minden Pictures / Jelger Herder (cla); Minden Pictures / Thomas Marent (bc). **171 Getty Images:** Bill Beatty (bl); Oxford Scientific (OSF) (bc). **172 Dom Greves:** (bc). **172-173 FLPA:** Minden Pictures / Thomas Marent. **174-175 Corbis:** Minden Pictures / Tim Fitzharris. **176 FLPA:** Imagebroker / Egmont Strigl (tr). **177 Alamy Images:** Steve Bloom Images (tr). **naturepl.com:** Rhonda Klevansky (bl, cr); Poinsignon & Hackel (clb). **178 Corbis:** Robert Harding World Imagery / Gavin Hellier (bc). **FLPA:** Imagebroker / Stefan Auth (clb). **Fran Trabalon:** (c). **179 Africa Image Library:** (crb). **Alamy Images:** Papillo (bc). **© Dr Viola Clausnitzer. :** (clb). **FLPA:** Ignacio Yufera (bl). **Rene Mantei www.zootierliste.de:** (cra). **180 Dorling Kindersley:** Andy and Gill Swash (tc). **FLPA:** Imagebroker / GTW (bc). **Getty Images:** Anup Shah (bl). **180-181 FLPA:** Ignacio Yufera. **181 FLPA:** Imagebroker / Christian Hütter (crb). **182 Corbis:** Biosphoto / Michel Gunther (ca). **Dorling Kindersley:** Andy and Gill Swash (tc). **FLPA:** Martin B Withers (cb). **Getty Images:** John Downer (bc). **182-183 Mitchell Krog www.mitchellkrog.com:** (b). **183 Photoshot:** Jordi Bas Casas (tl, tr). **184 Ardea:** Ian Beames (c). **FLPA:** Frans Lanting (bc); Jack Perks (clb). **185 FLPA:** Dickie Duckett (clb); ImageBroker (tr); Frans Lanting (crb). **Magdalena Kwolek-Mirek. :** (bl). **186 FLPA:** Frans Lanting (t). **186-187 FLPA:** Frans Lanting (b). **187 Corbis:** Minden Pictures / ZSSD (bc). **Fotolia:** Eric Isselée (tr). **188-189 Corbis:** Anup Shah (b). **FLPA:** Elliott Neep (t). **190 Alamy Images:** Sue O'Connor (bc). **FLPA:** Frans Lanting (tl). **191 Ardea:** Leesonphoto / Thomas Kitchin & Victoria Hurst (br). **192 123RF.com:** Mike Price (c). **Getty Images:** Claudia Uribe (tr). **naturepl.com:** Visuals Unlimited (bc, crb, cb). **192-193 FLPA:** Frans Lanting (c). **193 Corbis:** (cb); Anup Shah (bl). **Getty Images:** Joel Sartore (c). **Kimball Stock:** HPH Image Library (tc). **194 Ardea:** Chris Harvey (br). **FLPA:** Frans Lanting (bl). **195 Alamy Images:** Chris Weston. **196 Dorling Kindersley:** Wildlife Heritage Foundation, Kent, UK (tl). **FLPA:** Frans Lanting (c). **197 Dorling Kindersley:** Greg & Yvonne Dean (tr). **FLPA:** Minden Pictures / Stephen Belcher (cl); Minden Pictures / Richard Du Toit (cb). **198 123RF.com:** mhgallery (tl). **FLPA:** Minden Pictures / Tui De Roy (tr). **Photoshot:** Andy Rouse (b). **199 123RF.com:** Fabio Lotti (c). **Corbis:** Hemis / Denis-Huot (tr). **200 FLPA:** Biosphoto / Mathieu Pujol (cl). **Cain Maddern / wildfocusimages.com:** (tr). **201 Getty Images:** Angelika Stern (bc); Pal Teravagimov Photography (tr). **202-203 stevebloom.com. 203 FLPA:** Frans Lanting (tr). **Getty Images:** Danita Delimont (bc). **204-205 FLPA:** Bernd Rohrschneider. **205 FLPA:** Minden Pictures / Tui De Roy (cra, bc). **206 123RF.com:** Gerrit De Vries (cb). **Dorling Kindersley:** Frank Greenaway, Courtesy of the National Birds of Prey Centre, Gloucestershire (br). **FLPA:** Frans Lanting (bc). **naturepl.com:** Charlie Summers (cla). **207 Corbis:** Richard du Toit (tr). **naturepl.com:** Michael D. Kern (bc). **SuperStock:** Animals Animals (cr). **208 Ardea:** Chris Harvey (tr). **FLPA:** Frans Lanting (c). **Witbos Indigenous Nursery:** (br). **208-209 Getty Images:** Cultura Travel / Philip Lee Harvey (c). **209 Alamy Images:** Blickwinkel (bl). **FLPA:** Phil Ward (br). **naturepl.com:** Tim Laman (tc); Mark MacEwen (c). **210 FLPA:** Frans Lanting (bl); Minden Pictures / Konrad Wothe (bc). **211 FLPA:** Frans Lanting. **212-213 FLPA:** Minden Pictures / Cyril Ruoso (t). **212 Alamy Images:** Terry Whittaker (bc). **OceanwideImages.com:** Mark Carwardine (bl). **Thinkstock:** Matt Gibson (tl). **214 Corbis:** Jami Tarris (br). **Dorling Kindersley:** Jerry Young (tl). **naturepl.com:** TJ Rich (bl). **215 123RF.com:** Jatesada Natayo (tr). **FLPA:** Frans Lanting (bc). **216 FLPA:** Neil Bowman (bc). **Getty Images:** Joel Sartore (cla). **217 San Diego Zoo Global:** (tl/EmperorScorpion). **218 FLPA:** Biosphoto / Sergio Pitamitz (tr); Biosphoto / David Santiago Garcia (c); David Hosking (br). **218-219 FLPA:** Frans Lanting (c). **219 FLPA:** Wendy Dennis (tc). **naturepl.com:** (c). **Science Photo Library:** Tom McHugh (bl); NASA (br). **220 123RF.com:** Nico Smit (tc). **Ardea:** Ferrero-Labat (bl). **220-221 FLPA:** Frans Lanting (t). **221 Alamy Images:** David Hosking (bl). **FLPA:** Imagebroker / Andreas Pollok (tr). **222-223 FLPA:** Minden Pictures / Tui De Roy (b). **223 Kevin Linforth:** (tc). **224 Corbis:** Minden Pictures / Suzi Eszterhas (c). **Dorling Kindersley:** Jerry Young (tl). **FLPA:** Minden Pictures / Martin Willis (bc). **225 123RF.com:** Alta Oosthuizen (br). **naturepl.com:** Tony Heald (t). **226 Dorling Kindersley:** Jerry Young (cra). **FLPA:** Chris Mattison (bc); Minden Pictures / Winfried Wisniewski (tc). **Chris Van Rooyen:** (cla). **227 naturepl.com:** Francois Savigny (b). **Shannon Wild:** (t). **228 FLPA:** Imagebroker / Winfried Schäfer (clb); Minden Pictures / Vincent Grafhorst (bc). **naturepl.com:** Philippe Clement (cb). **228-229 naturepl.com:** Ingo Arndt (c). **229 123RF.com:** Anan Kaewkhammul (tr). **Dorling Kindersley:** Courtesy of Blackpool Zoo, Lancashire, UK (bc). **Getty Images:** Heinrich van den Berg (ca). **Sharifa Jinnah:** (clb). **Photoshot:** Karl Switak (bl). **230 Corbis:** Imagebroker / Erich Schmidt (tc). **FLPA:** Frans Lanting (ca). **231 FLPA:** Minden Pictures / Richard Du Toit (b). **Getty Images:** Tim Jackson (ca). **232 FLPA:** Minden Pictures / Pete Oxford (tc). **naturepl.com:** Will Burrard-Lucas (bc); Charlie Summers (clb). **233 FLPA:** Ben Sadd. **234 Corbis:** Nature Picture Library / Tony Heald (ca); Ocean / 2 / Martin Harvey (bl). **234-235 Alamy Images:** Matthijs Kuijpers. **235 Corbis:** Biosphoto / Michel Gunther (tr). **236 FLPA:** Minden Pictures / Thomas Marent (clb). **naturepl.com:** Brent Stephenson (cb). **Photoshot:** Nick Garbutt (bc). **237 Dr. Melanie Dammhahn:** (br). **Dr. Jörn Köhler:** (clb). **naturepl.com:** Alex Hyde (tr). **238 FLPA:** Minden Pictures / Cyril Ruoso. **239 Corbis:** Nature Picture Library / Inaki Relanzon (bc). **Dorling Kindersley:** Courtesy of Blackpool Zoo, Lancashire, UK (tr). **FLPA:** Minden Pictures / Konrad Wothe (crb). **240 FLPA:** Frans Lanting (tl). **240-241 naturepl.com:** Nick Garbutt. **241 FLPA:** Frans Lanting (cb). **naturepl.com:** Nick Garbutt (cra, br). **242-243 FLPA:** Jurgen & Christine Sohns (c). **243 Corbis:** Biosphoto / Michel Gunther (tr); Visuals Unlimited / Simone Sbaraglia (tl). **Dorling Kindersley:** Thomas Marent (br).

Tom & Pat Leeson Photography: Thomas Kitchin & Victoria Hurst (cra). **244-245 4Corners:** Andy Callan. **246 Dreamstime.com:** Horia Vlad Bogdan (tr). **FLPA:** Minden Pictures / Hiroya Minakuchi (bc); Winfried Wisniewski (tc). **247 Getty Images:** Datacraft Co Ltd (cr). **248 FLPA:** Imagebroker / Winfried Schäfer (bc). **Svein Erik Larsen www.selarsen.no:** (clb). **naturepl.com:** Hanne & Jens Eriksen (cb). **249 Dreamstime.com:** Lawrence Weslowski Jr (tr). **FLPA:** Biosphoto / Xavier Eichaker (bl); ImageBroker (br). **naturepl.com:** Michael D. Kern (clb). **250 123RF.com:** Sirylok (tc). **FLPA:** Biosphoto / Michel Gunther (bc). **250-251 Corbis:** Staffan Widstrand. **252-253 Ardea:** Jean Michel Labat (t). **Dreamstime.com:** Isselee (b). **253 Alamy Images:** Blickwinkel (bl). **FLPA:** Minden Pictures / Ingo Arndt (tr); Jurgen & Christine Sohns (c). **254 FLPA:** Bernd Rohrschneider (c). **naturepl.com:** Hanne & Jens Eriksen (tr); Axel Gomille (cb). **254-255 iStockphoto.com:** Danielrao (c). **255 Christopher Casilli:** (c). **Getty Images:** EyeEm / Damara Dhanakrishna (br). **naturepl.com:** Sandesh Kadur (tc). **256 123RF.com:** Carlos Caetano (tl). **256-257 FLPA:** John Zimmermann (b). **257 Dreamstime.com:** Shailesh Nanal (crb). **FLPA:** Biosphoto / Patrice Correia (tl); Minden Pictures / ZSSD (bc). **naturepl.com:** Bernard Castelein (cra). **258-259 FLPA:** Biosphoto / Stéphanie Meng (t). **258 Alamy Images:** Blickwinkel (bc). **259 Dreamstime.com:** (tr, bc). **FLPA:** Minden Pictures / Cyril Ruoso (c). **260-261 Dreamstime.com:** Happystock. **261 FLPA:** ImageBroker (bc). **262 Alamy Images:** Papillo (tr). **262-263 FLPA:** Biosphoto / Daniel Heuclin (b). **263 FLPA:** Harri Taavetti (br). **Gunnar Pettersson:** (tr). **Dyrk Daniels - Woodinville, WA:** (cra). **264 Alamy Images:** Arco Images GmbH (ca). **Corbis:** Yannick Tylle (br). **Photoshot:** Bruce Coleman (bl). **264-265 Udayan Rao Pawar:** (t). **265 Dreamstime.com:** Lukas Blazek (cb). **266 Corbis:** Radius Images (bc). **naturepl.com:** Wim van den Heever (cb); Xi Zhinong (clb). **267 Alamy Images:** Luis Dafos (clb); Petra Wegner (bl); Kevin Schafer (tr). **James Cargin:** (crb). **Scott Klender:** (br). **naturepl.com:** Bernard Castelein (ca). **268-269 FLPA:** Paul Sawer. **269 Alamy Images:** Nature Picture Library (crb). **Dorling Kindersley:** Wildlife Heritage Foundation, Kent, UK (tr). **naturepl.com:** Jeff Wilson (bc). **270 Alamy Images:** Wildlife GmbH (br). **Dorling Kindersley:** Gary Ombler, Courtesy of Cotswold Wildlife Park (tr, b). **271 FLPA:** Frans Lanting (r). **272 Alamy Images:** Fuyu Liu (bc). **FLPA:** F1online (clb). **Natalia Paklina:** (cb). **273 FLPA:** Biosphoto / Emmanuel Lattes (bl); Minden Pictures / Cyril Ruoso (tr); Minden Pictures / Thomas Marent (br). **naturepl.com:** Michael D. Kern (clb). **274 FLPA:** Biosphoto / Juan-Carlos Munoz (clb). **274-275 FLPA:** Minden Pictures / Konrad Wothe. **275 FLPA:** Minden Pictures / Katherine Feng (bc); Minden Pictures / Thomas Marent (br). **Fotolia:** Eric Isselée (tr). **276 Dorling Kindersley:** Gary Ombler / Wildlife Heritage Foundation, Kent, UK (t, b). **277 123RF.com:** Iakov Filimonov (tr). **naturepl.com:** Mary McDonald (ca). **278 Alamy Images:** Cultura RM (cb). **FLPA:** Imagebroker / Stefan Auth (clb). **Getty Images:** Wan Ru Chen (bc). **279 FLPA:** Biosphoto / Eric Dragesco (clb, br). **naturepl.com:** Eric Dragesco (tr); Roland Seitre (bl). **Jenny E. Ross:** (cra). **280 FLPA:** Biosphoto / Eric Dragesco (tr). **naturepl.com:** Igor Shpilenok (bc). **Science Photo Library:** Anthony Mercieca (tc). **280-281 Corbis:** Yi Lu (b). **282 FLPA:** Imagebroker / Dieter Hopf (tr); Minden Pictures / ZSSD (br). **283 Alamy Images:** AGE Fotostock (br). **Vladimír Motyčka. Vladimir Motycka:** (ca). **284 Ardea:** Chris Knights (cb). **Corbis:** Amanaimages / Satoru Imai (bc). **FLPA:** Imagebroker / Klaus-Werner Friedri (clb). **285 Alamy Images:** Yuriy Brykaylo (clb); Interfoto (crb). **FLPA:** Imagebroker / Stefan Huwiler (bc). **naturepl.com:** Jussi Murtosaari (ca); Nature Production (bl, tr). **286 Corbis:** Nature Picture Library / Yukihiro Fukuda (b); T.Tak (tr). **FLPA:** Minden Pictures / Hiroya Minakuchi (tl). **287 Dreamstime.com:** Mikelane45 (tr). **288-289 naturepl.com:** Aflo (t). **288 naturepl.com:** Nature Production (b). **289 Alamy Images:** Prisma Bildagentur AG (br). **Ardea:** Stefan Meyers (tr). **Asian Nature Vision:** Masahiro Iijima (tc). **290 Alamy Images:** Bildagentur-online / McPhoto-Rolfes (tr). **FLPA:** ImageBroker (b). **291 Alamy Images:** Survivalphotos (cra). **Dreamstime.com:** Valeriy Kirsanov | (tr). **Getty Images:** Joel Sartore (b). **Kevin Messenger:** (cla). **292 FLPA:** Biosphoto / Berndt Fischer (crb); Minden Pictures / Chien Lee (tr). **naturepl.com:** Nick Garbutt (c). **292-293 FLPA:** Frans Lanting (c). **293 FLPA:** Biosphoto / Alain Compost (tc); Minden Pictures / Sebastian Kennerknecht (br). **naturepl.com:** Tim Laman (bl); Neil Lucas (c). **294 FLPA:** Frans Lanting (bc). **Getty Images:** Lucia Terui (ca). **294-295 FLPA:** Minden Pictures / Suzi Eszterhas (t). **295 FLPA:** Minden Pictures / Sebastian Kennerknecht (tr); Minden Pictures / Suzi Eszterhas (bl). **naturepl.com:** Anup Shah (bc). **296 FLPA:** Frans Lanting. **297 FLPA:** Biosphoto / Theo Allofs (tr); Frans Lanting (bc); Minden Pictures / Konrad Wothe (br). **298-299 FLPA:** Photo Researchers (b). **298 Johannes Pfleiderer www.zootierliste.de/en:** (tr). **SuperStock:** age fotostock (ca). **299 123RF.com:** Kajornyot (cr). **Alamy Images:** Panu Ruangjan (ca). **300 Corbis:** Minden Pictures / Stephen Dalton (cl). **FLPA:** Minden Pictures / Thomas Marent (bc). **Kurt (Hock Ping Guek) :** (tr). **301 FLPA:** Minden Pictures / Thomas Marent. **302 Alamy Images:** Steve Bloom Images (clb). **Didi Lotze, roundshot360.de:** Location: Wakatobi Dive Resort, Indonesia (bc). **Kar Seng Sim:** (c). **303 Corbis:** Robert Harding World Imagery / Michael Nolan (br). **Dreamstime.com:** Caan2gobelow (tr). **naturepl.com:** Constantinos Petrinos (bl). **SeaPics.com:** Mark V. Erdmann (clb). **304 FLPA:** Imagebroker / Fotoatelier, Berlin (tc); Imagebroker / Norbert Probst (c). **304-305 naturepl.com:** Doug Perrine (t). **305 FLPA:** Colin Marshall (br). **306 Dreamstime.com:** Torsten Velden (tl). **FLPA:** Reinhard Dirscherl (br). **Science Photo Library:** Alexis Rosenfeld (bl). **306-307 National Geographic Creative:** Brian J. Skerry. **308 FLPA:** Biosphoto / Tobias Bernhard Raff (t). **naturepl.com:** Pascal Kobeh (crb). **309 Alamy Images:** WaterFrame (tr). **Ardea:** Valerie Taylor (bl). **Dreamstime.com:** Teguh Tirtaputra (cra). **Photoshot:** Linda Pitkin (bc). **310-311 National Geographic Creative:** Tim Laman. **312 Corbis:** Nature Connect (tc). **FLPA:** Minden Pictures / Mitsuaki Iwago (br). **313 Alamy Images:** Clint Farlinger (c). **FLPA:** Imagebroker / FB-Fischer (bc). **314 FLPA:** Biosphoto / Daniel Heuclin (clb); Minden Pictures / Piotr Naskrecki (bc). **naturepl.com:** Richard Kirby (cb). **315 Alamy Images:** AGE Fotostock (bl). **FLPA:** Minden Pictures / Gerry Ellis (tr); Minden Pictures / Konrad Wothe (ca). **Markus Lilje:** (clb). **National Geographic Creative:** Tim Laman (br). **316 Corbis:** Nature Connect (b). **Getty Images:** David Garry (bc); Imagemore Co., Ltd. (tl). **316-317 Getty Images:** Joe McDonald. **317 FLPA:** Minden Pictures / Otto Plantema (bc). **naturepl.com:** Roland Seitre (tr). **318-319 National Geographic Creative:** Tim Laman. **319 FLPA:** Biosphoto / Alain Compost (tr). **320 Dreamstime.com:** Metriognome | (clb). **FLPA:** Minden Pictures / Ingo Arndt (cb). **Getty Images:** UIG / Auscape (bc). **321 123RF.com:** Christian Musat (tr). **Ardea:** Hans & Judy Beste (clb). **Michael J Barritt:** (bc). **Photoshot:** Picture Alliance / I. Bartussek (ca). **322 FLPA:** Biosphoto / Jami Tarris (bl). **323 FLPA:** Minden Pictures / Martin Willis (tr). **Steve Murray:** (br). **324 Ardea:** Auscape (tl). **FLPA:** Biosphoto / Sylvain Cordier (c). **325 FLPA:** Malcolm Schuyl (bc). **326 123RF.com:** Christopher Ison (cl). **OceanwideImages.com:** Gary Bell (bl). **Steve and Alison Pearson Airlie Beach Queensland Australia:** (tr). **327 Michael Doe:** (t). **FLPA:** Minden Pictures / Mark Moffett (bl, br). **328 David Cook:** (ca). **Getty Images:** UIG / Auscape (bc). **Nathan Litjens:** (clb). **329 Alamy Images:** Auscape International Pty Ltd (bc). **Ardea:** Jean Michel Labat (cl). **FLPA:** ImageBroker (bl); Jurgen & Christine Sohns (clb). **OceanwideImages.com:** Gary Bell (ca). **Photoshot:** NHPA (crb). **330-331 Getty Images:** Tier Und Naturfotographie J & C Sohns. **331 Corbis:** Jami Tarris (bc). **332 Getty Images:** Theo Allofs (ca). **naturepl.com:** Roland Seitre (bc). **332-333 naturepl.com:** Steven David Miller (t). **333 Bill & Mark Bell. :** (br). **Stephen Mahony:** (bc). **334 Corbis:** Minden Pictures / Roland Seitre (tr). **Dreamstime.com:** Jeremy Wee (c). **FLPA:** Keith Rushforth (bc). **334-335 123RF.com:** Tim Hester. **335 Corbis:** Minden Pictures / BIA / Jan Wegener (c). **Dorling Kindersley:** Courtesy of Blackpool Zoo, Lancashire, UK (bl). **FLPA:** Martin B Withers (tc). **Getty Images:** Mike Powles (br). **338-339 FLPA:** Jurgen & Christine Sohns (t). **338 Alamy Images:** AGE Fotostock (br). **FLPA:** Minden Pictures / Suzi Eszterhas (bc). **339 Fotolia:** Eric Isselée (tr). **340 Corbis:** Laurie Chamberlain (clb). **National Geographic Creative:** Joel Sartore (tl). **Science Photo Library:** Gerry Pearce (r). **341 123RF.com:** Eric Isselee (cb). **Alamy Images:** Gerry Pearce (tr); David Sewell (ca). **Photoshot:** NHPA (br). **342 123RF.com:** Peter Zaharov (b). **343 Alamy Images:** Redbrickstock.com (tr). **Getty Images:** Oktay Ortakcioglu (cr). **Minibeast Wildlife:** Alan Henderson (ca). **naturepl.com:** Chris Mattison (b). **Koen van Dijken:** (cb). **344 Corbis:** Ocean / 167 / Jason Edwards (br). **FLPA:** Imagebroker / Norbert Probst (tr). **naturepl.com:** Dave Watts (c). **344-345 naturepl.com:** Inaki Relanzon (c). **345 naturepl.com:** Brandon Cole (c). **OceanwideImages.com:** Gary Bell (tc). **346-347 naturepl.com:** David Fleetham (t). **346 FLPA:** Minden Pictures / Pete Oxford (crb). **347 FLPA:** Minden Pictures / Tui De Roy (bl); Minden Pictures / Richard Herrmann (br). **SeaPics.com:** Gary Bell (cra). **348 Alamy Images:** Martin Strmiska (t). **348-349 OceanwideImages.com:** David Fleetham (b). **349 Robert Harding Picture Library:** David Fleetham (tr). **350 OceanwideImages.com:** Gary Bell (tc, cl). **350-351 Vickie Coker. 351 Carl Chapman:** (ca). **Ecoscene:** Phillip Colla (tr). **FLPA:** (br). **352 Alamy Images:** Natural History Museum, London (tc). **Ardea:** D. Parer & E. Parer-Cook (bc). **353 Corbis:** Stephen Frink. **354 FLPA:** Minden Pictures / Sebastian Kennerknecht (cb). **Wim Kok, Vlaardingen:** (bc). **Photoshot:** Dave Watts (clb). **355 Tom Ballinger:** (bl). **FLPA:** Minden Pictures / Martin Willis (crb); Geoff Moon (ca). **naturepl.com:** Brent Stephenson (bc). **www.rodmorris.co.nz:** (clb). **356 123RF.com:** Eric Isselee (tc). **Alamy Images:** Frans Lanting Studio (cb). **FLPA:** Minden Pictures / Tui De Roy (cla). **Photoshot:** (bl). **356-357 123RF.com:** Eric Isselee. **357 Alamy Images:** Prisma Bildagentur AG (tc). **358 Jérôme Albre:** (b). **359 Alamy Images:** Bruce Coleman (cra). **Grahame Bell (www.grahamenz.com):** (bc). **Alastair Stewart www.flickr.com/photos/alstewartnz:** (crb). **360-361 Corbis:** Maria Stenzel. **362 Corbis:** Wolfgang Kaehler (bc). **Getty Images:** Ralph Lee Hopkins (cla); Henryk Sadura (tc). **364 Xavier Desmier:** (bc). **Linda Martin Photography:** (c). **naturepl.com:** Doug Perrine (bl). **365 FLPA:** Minden Pictures / Konrad Wothe (clb). **naturepl.com:** Charlie Summers (br); David Tipling (bl). **Rex Features:** Gerard Lacz (tr). **366-367 Corbis:** Ocean / 145 / Mike Hill (t). **366 FLPA:** Frans Lanting (cr). **367 Corbis:** National Geographic Creative / Paul Nicklen (crb). **FLPA:** Frans Lanting (bl). **368 FLPA:** Minden Pictures / Tui De Roy (tr). **368-369 Corbis:** Minden Pictures / Otto Plantema / Buiten-beeld (b). **369 Alamy Images:** Cultura RM (tl). **FLPA:** Bill Coster (bc); James Lowen (tr); Malcolm Schuyl (cra). **370 Corbis:** Ocean / 167 / Keenpress (bc). **Getty Images:** Daisy Gilardini (c). **Dr Roger S. Key:** (clb). **371 Corbis:** Momatiuk - Eastcott (tr); Nature Picture Library / Doug Allan (clb); Paul Souders (br). **Richard E. Lee:** (bl). **372 Phillip Colla www.oceanlight.com. 373 Dreamstime.com:** Freezingpictures / Jan Martin Will (crb). **Graham Ekins:** (cra). **FLPA:** Minden Pictures / Hiroya Minakuchi (br). **Robert Harding Picture Library:** Anthony Pierce (tr). **374-375 National Geographic Creative:** Paul Nicklen. **375 FLPA:** Biosphoto / Samuel Blanc (bc). **PunchStock:** Photodisc / Paul Souders (tr). **376-377 Corbis:** Imagebroker / Christian Handl. **381 Dreamstime.com:** Farinoza (tc)

Jacket images: *Front:* **Getty Images:** Paul Souders; *Back:* **4Corners:** Reinhard Schmid cra; **Alamy Images:** Chris Weston clb; **Corbis:** Jon Hicks cb; **FLPA:** Frans Lanting cr; **Getty Images:** Tim Flach ca, Narvikk cla, Alexander Safonov crb, Mark J Thomas cl; *Spine:* **Getty Images:** Paul Souders t

All other images © Dorling Kindersley
For further information see: www.dkimages.com

本书插图系原文插图。